用于国家职业技能鉴定
国家职业资格培训教程
YONGYU GUOJIA ZHIYE JINENG JIANDING
GUOJIA ZHIYE ZIGE PEIXUN JIAOCHENG

安全防范系统安装维护员

（基础知识）

编审委员会

主　任　刘　康
副主任　张亚男　柳晓川
委　员　谭晓准　靳秀凤　李明甫　李仲男
　　　　田　竞　安福东　陈　蕾　张　伟

编审人员

主　编　李仲男
编　者　李仲男　田　竞　安福东
审　稿　靳秀凤

中国劳动社会保障出版社

图书在版编目(CIP)数据

安全防范系统安装维护员：基础知识/中国就业培训技术指导中心组织编写. —北京：中国劳动社会保障出版社，2010

国家职业资格培训教程

ISBN 978-7-5045-7751-1

Ⅰ. 安…　Ⅱ. 中…　Ⅲ. ①安全装置-电子设备-设备安装-技术培训-教材②安装装置-电子设备-维护-技术培训-教材　Ⅳ. TM925.91

中国版本图书馆CIP数据核字(2010)第048336号

中国劳动社会保障出版社出版发行

(北京市惠新东街1号　邮政编码:100029)

出 版 人:张梦欣

*

北京市白帆印务有限公司印刷装订　新华书店经销

787毫米×1092毫米　16开本　24印张　463千字

2010年4月第1版　2022年11月第15次印刷

定价:43.00元

营销中心电话:400-606-6496

出版社网址:http://www.class.com.cn

前　言

为推动安全防范系统安装维护员职业培训和职业技能鉴定工作的开展，在安全防范系统安装维护员从业人员中推行国家职业资格证书制度，中国就业培训技术指导中心在完成《国家职业标准·安全防范系统安装维护员》（试行）（以下简称《标准》）制定工作的基础上，组织参加《标准》编写和审定的专家及其他有关专家，编写了安全防范系统安装维护员国家职业资格培训系列教程。

安全防范系统安装维护员国家职业资格培训系列教程紧贴《标准》要求，内容上体现“以职业活动为导向、以职业能力为核心”的指导思想，突出职业资格培训特色；结构上针对安全防范系统安装维护员职业活动领域，按照职业功能模块分级别编写。

安全防范系统安装维护员国家职业资格培训系列教程共包括《安全防范系统安装维护员（基础知识）》《安全防范系统安装维护员（初级）》《安全防范系统安装维护员（中级）》《安全防范系统安装维护员（高级）》4 本。《安全防范系统安装维护员（基础知识）》内容涵盖《标准》的“基本要求”，是各级别安全防范系统安装维护员均需掌握的基础知识；其他各级别教程的章对应于《标准》的“职业功能”，节对应于《标准》的“工作内容”，节中阐述的内容对应于《标准》的“技能要求”和“相关知识”。

本书是安全防范系统安装维护员国家职业资格培训系列教程中的一本，适用于对各级别安全防范系统安装维护员的职业资格培训，是国家职业技能鉴定推荐辅导用书，也是各级别安全防范系统安装维护员职业技能鉴定国家题库命题的直接依据。

本书在编写过程中得到中国安全防范产品行业协会及其专家委员会、公安部第一研究所、部分安防企业等单位的大力支持与协助，在此一并表示衷心的感谢。

中国就业培训技术指导中心

目　录

CONTENTS

国家职业资格培训教程

第1章 职业道德

我国《公民道德建设实施纲要》第 16 条指出："职业道德是从业人员在职业活动中应该遵循的行为准则，涵盖了从业人员与服务对象、职业与职工、职业与职业之间的关系。随着现代社会分工的发展和专业化程度的增强，市场竞争日趋激烈，整个社会对从业人员职业观念、职业态度、职业技能、职业纪律和职业作风的要求越来越高。"因此，认真学习、了解职业道德的基本知识，对从业人员的成长与发展具有重要意义。

第 1 节　职业道德基本知识

一、道德

马克思主义伦理学认为，道德是人类社会特有的，由社会经济关系决定的，依靠内心信念和社会舆论、风俗习惯等方式来调整人与人之间、个人与社会之间以及人与自然之间的关系的特殊行为规范的总合。它包含了以下三层含义：

第一，一个社会的道德的性质、内容，是由社会生产方式、经济关系（即物质利益关系）决定的；也就是说，有什么样的生产方式、经济关系，就有什么样的道德体系。第二，道德是以善与恶、好与坏、偏私与公正等作为标准来调整人们之间的行为的。一方面，道德作为标准，影响着人们的价值取向和行为模式；另一方面，道德也是人们对行为选择、关系调整做出善恶判断的评价标准。第三，道德不是由专门的机构来制定和强制执行的，而是依靠社会舆论推崇和人们的内心信念、传统思想和教育的力量来形成并提高的。根据马克思主义理论，道德属于社会上层建筑领域，是一种特殊的社会现象。

道德是一个庞大的体系，职业道德是这个庞大体系中的一个重要组成部分，也是劳动者素质结构中的重要组成部分，职业道德与劳动者素质关系紧密。

二、职业道德

1. 职业道德的内涵

职业道德是从事一定职业的人们依据社会道德和职业要求，应共同秉承和遵循的具有本职业特征的道德观念、情操、品质、行为准则和规范等的总和。它调节从业人员与服务对象、从业人员之间、从业人员与职业之间的关系。它是职业或行业范围内的特殊要求，是社会道德在职业领域的具体体现。

2. 职业道德的作用

职业道德作为社会意识形态之一，对社会的发展起着重要的作用。《中共中央关于社会主义精神文明建设指导方针的决议》中要求“我们社会的各行各业，都要大力加强职业道德建设”。

《中华人民共和国劳动法》规定“劳动者应当完成劳动任务，提高职业技能，执行劳动安全卫生规程，遵守劳动纪律和职业道德。”

加强职业道德建设，有利于促进良好社会风气的形成，增强人们的社会公德意识。同样，人们社会公德意识的增强，又能进一步促进职业道德建设，引导从业员工的思想和行为朝着正确的方向前进，促进社会文明水平的全面提高。

3. 职业道德的基本要素

（1）职业理想

职业理想即人们对职业活动目标的追求和向往，是人们的世界观、人生观、价值观在职业活动中的集中体现。它是形成职业态度的基础，是实现职业目标的精神动力。

（2）职业态度

职业态度即人们在一定社会环境的影响下，通过职业活动和自身体验所形成的、对岗位工作的一种相对稳定的劳动态度和心理倾向。它是从业者精神境界、素质和劳动态度的重要体现。

（3）职业义务

职业义务即人们在职业活动中自觉履行对他人、对社会应尽的职业责任。我国的每一个从业者都有维护国家、集体利益，为人民服务的职业义务。

（4）职业纪律

职业纪律即从业者在岗位工作中必须遵守的规章、制度、条例等职业行为规范。例如公务员必须廉洁奉公、甘当公仆，司法人员必须秉公执法、铁面无私等。这些规定和纪律要求，都是从业者做好本职工作的必要条件。

（5）职业良心

职业良心即从业者在履行职业义务中所形成的对职业责任的自觉意识和自我评价活动。人们所从事的职业和岗位的不同，其职业良心的表现形式也往往不同。例如，商业人员的职业良心是“诚实无欺”，医生的职业良心是“治病救人”，从业者能做到这些，良心就会得到安宁；反之，内心则会产生不安和愧疚感。

（6）职业荣誉

职业荣誉即社会对从业者职业道德活动的价值所做出的褒奖和肯定评价，以及从业者在主观认识上对自己职业道德活动的一种自尊、自爱的荣辱意向。当一个从业者职业行为的社会价值赢得社会公认时，就会由此产生荣誉感；反之，就会产生耻辱感。

（7）职业作风

职业作风即从业者在职业活动中表现出来的相对稳定的工作态度和职业风范。从业者在职业岗位中表现出来的尽职尽责、诚实守信、奋力拼搏、艰苦奋斗等作风，都属于职业作风。职业作风是一种无形的精神力量，对其所从事事业的成功具有重要作用。

4. 职业道德的特征

职业道德作为职业行为的准则之一，与其他职业行为准则相比，有以下特征：

（1）鲜明的行业性

行业之间存在差异，各行各业都有特殊的道德要求。例如，商业领域对从业者的道德要求是“买卖公平，童叟无欺”，会计行业的职业道德要求是“不做假账”，驾驶员的职业道德要求是“遵守交规、文明行车”等，这些都是职业道德行业性特征的表现。

（2）适用范围上的针对性

尽管不同的职业道德之间也有共同的特征和要求，存在共同的内容，如敬业、诚信、互助等，但在某一特定行业和具体的岗位上，必须有与该行业、该岗位相适应的具体的职业准则和规范，即职业道德具有各行各业不同的针对性。例如，律师的职业道德要求他们在法律框架内努力维护当事人的利益，而警察则要尽力去搜寻犯罪嫌疑人的犯罪证据。可见，职业道德的适用范围不是普遍的，而是特定的、有限的。

（3）表现形式的多样性

职业领域的多样性决定了职业道德表现形式的多样性。随着社会经济的高速发展，社会分工将越来越细、越来越专，职业道德的内容也必然千差万别；各行各业为适应本行业的行业公约、规章制度、员工守则、岗位职责等要求，都会将职业道德的基本要求规范化、具体化，使职业道德的具体规范和要求呈现出多样性。

（4）一定的强制性

本质上，道德不是通过强制手段推行的，更多的是依赖于人们的共识、普遍准则和社会秩序的约束，以及社会舆论的推崇而得以推行。但是，职业道德与职业责任、职业纪律和职业规范紧密相关。职业纪律、职业规范属于职业道德的范畴，当从业者违反了具有一定法律效力的职业章程、职业合同、职业责任和操作规程，给企业和社会带来损失和危害时，违规者就会受到处罚，轻则受到经济和纪律处罚，重则移交司法机关，由法律来进行制裁。这就是职业道德强制性的表现所在。因此，职业道德本身并不存在强制性，而是其总体要求与职业纪律、行业法规具有重叠内容，一旦从业者违背了这些纪律和法规，除了受到职业道德的谴责外，还要受到纪律和法律的处罚。

（5）相对稳定性

职业一般处于相对稳定的状态，决定了反映职业要求的职业道德必然处于相对稳定的状态。如商业行业“童叟无欺”的职业道德、医务行业“救死扶伤、治病救人”的职业道德等，千百年来为从事相关行业的人们所传承和遵守。

（6）利益相关性

职业道德与物质利益具有一定的关联性。利益是道德的基础，各种职业道德规范及表现状况，关系到从业者的利益。对于爱岗敬业的员工，单位不仅应该给予精神方面的鼓励，也应该给予物质方面的褒奖；相反，违背职业道德、漠视工作的员工则会受到批评，严重者还会受到纪律的处罚。一般情况下，当企业将职业道德如爱岗敬业、诚实守信、团结互助、勤劳节俭等纳入企业管理时，都要将其与自身的行业特点、要求紧密结合在一起，变成更加具体、明确、严格的岗位责任或岗位要求，并制定出相应的奖励和处罚措施，与从业者的物质利益挂钩，强调责、权、利的有机统一，便于监督、检查、评估，以促进从业者更好地履行自己的职业责任和义务。

三、职业道德对于安全防范行业的重要性

1. 安全已成为现代社会的基本需求

在人类与生俱有的需求中，生存是首要的，而安全在生存要素中是第一位，因

此，对于生存而言，人们的安全需求超过温饱等需求。生活在现代社会的人们解决了衣食住行的最低需求，无不增加安全的需求。人们的经济活动、文化活动、体育和娱乐休闲活动等无不牵涉安全考虑；资金与技术的流向、人才的走向无不随安全因素而动，人民群众心中安居乐业的企盼无不牵扯安全。

安全防范护卫人民的生命、财产安全，维护社会的法制与秩序，适应社会的安全需求，它和社会主义物质文明、精神文明建设息息相关。

中共中央提出的构筑和谐社会要求，各地政府提出的建设“平安省市”要求，广大人民群众对安全日益增加的需求，表明安全防范已经成为渗透到现代社会各层的基本要素，其社会意义非常重大。正因为对安全的需求，才使得安全防范行业能够实现社会化、市场化、产业化、规模化；而安全防范行业的发展又促使现代社会的安全需求进一步提高。

2. 安全防范行业是实现“以人为本”“和谐社会”的重要力量

以人为本、构建社会主义和谐社会，是全面建设小康社会、开创有中国特色社会主义事业的重要指导思想，社会公共安全则是实现这一重要思想的重要部分。

实现社会公共安全不仅需要国家力量，也需要社会力量。安全防范行业的诞生与发展，与社会公共安全体系建设是密不可分的，现已成为社会治安防控体系中不可或缺的力量，通过安装、建设防范设施设备和系统与工程，提供多种多样的探测、监控、巡查，及时获取安全相关信息，快速处置危及安全的事件与事故等，安全防范行业在维护社会治安，有效预防各种违法犯罪活动，切实保障国家财产、人民群众生命财产安全方面发挥的作用为政府和人民群众所公认并信赖。在不断加强社会公共安全体系建设的今天，要减少不和谐因素，实现全社会的长治久安，提高应对突发事件、危机管理和抗风险能力，提升社会公众的安全感，安全防范行业愈显重要。

四、安全防范从业者的基本职业道德

安全防范行业是朝阳行业，是涉及生命、财产安全的行业，显然，也是必须要求从业人员具备高尚职业道德的行业。

1. 以社会和公众的安全为己任

社会主义道德的基本要求是：爱祖国、爱人民、爱劳动、爱科学、爱社会主义。同样，安全防范从业者职业道德的最基本要求与此一致，并且首先体现在热爱本职工作上。

安全防范从业者作为维护社会公共安全的一支社会化、专业化力量，随着社会主义物质文明、精神文明建设的日益发展，其地位和作用也日益提高。选择安全防范行业，不仅选择了个人人生的职业发展，也选择了把社会和公众的安全与自己的职业生涯紧密地联系在一起。因此，每个安全防范从业者既然肩负着社会和公众安全的重任，就应逐步树立起崇高、坚定的职业意志和职业信念。

2. 把保护生命与财产安全放在首位

企业承担着安全防范系统和工程的建设、施工任务，就是做出了对被保护对象（用户）生命与财产的安全承诺，作为安全防范系统和工程安装、施工、维护维修工作的成员，就意味着要以国家、人民、单位（集体）的利益为重，要把被保护对象（用户）的生命与财产安全放在首位。

3. 平时忠于职守，突发情况下值得信赖

虽然安全防范从业者的职务和岗位有所不同，但是在任何时候、任何情况及任何环节上忠于职守的要求都相同，因为任何疏忽、懈怠或渎职都将导致安全防范系统和工程的防范效能降低甚至失效，进而可能造成被保护对象（用户）的生命、财产损失；若遇突发情况、危急时刻或是未曾预测的困难，安全防范从业者更要勇于挺身而出，千方百计地克服困难、解决问题、排除隐患，保证安全防范系统和工程的安装、施工、维护维修按照规划、设计得以实施，达到预定防范效能，忠实地履行自己的职责和义务，值得领导、同事和被保护对象（用户）信赖。

4. 不断进取，适应安全需求和行业发展

安全防范行业是涉及生命、财产安全的行业，是朝阳行业，集先进科学技术、现代社会科学之大成，并且还在加快发展，因此，安全防范从业者必须具有先进的思想、过硬的素质和熟练的技能，并且要与时俱进，适应社会安全日益增长的需求，适应科学技术的不断发展，遵循安全防范行业发展规律，不断加强学习与实践，不断提高自己的能力与水平，力争使自己，也使安全防范事业立于不败之地。

第2节 职业守则

职业守则是职业道德的具体化、专业化、一致化，也体现出不同职业对从业者特定的、统一的要求。职业守则作为从业者的行为准则，通过规范从业者的行为，有助于提高从业者的职业素质，也有助于提升从业者和全行业的专业形象。

安全防范从业者的职业守则如下：

1. 安全至上，恪尽职守

由于安全防范行业是涉及生命、财产安全的行业，要求安全防范职业把保护生命与财产安全放在至高无上的地位；安全防范职业具有高风险、高要求的特点，安全防范从业者必须在各自岗位上忠实地履行职责，具备职业能力、体现职业素质，无论顺利或困难，都应认真、细致地完成每一项任务，努力打造合格、有效的安全防范系统和工程，为被保护对象（用户）提供持续、有效的服务与支持。

2. 爱岗敬业，遵纪守法

热爱本职工作是社会的基本道德，由于安全防范职业在维护社会公共安全中所具有的重要地位和作用，选择安全防范行业，就是肩负着护卫生命、财产安全的重任，就要兢兢业业地做好本职工作。安全防范从业者不仅肩负着护卫生命、财产安全的重任，同时也是有组织有纪律的企业人员，还是法制社会的公民；要遵循安全防范行业的自律、诚信要求，贯穿于安全防范系统和工程的投标、设计、采购、安装施工、检验验收、维护维修与评估等各个环节中；同时，安全防范从业者既要充分运用法律来保护自己的合法权益，又要善于运用法律武器使被保护对象（用户）的人身和财产不受到侵害。

3. 防范为重，严守机密

有备才能无患，只有加强防范才能减少和预防可能危及生命、财产安全的事件、事故。安全防范从业者要以防范及安全为重，特别要认识到安全中存在风险、平安中存在危机，“安防无小事”，所有工作以建立有效防范为重；防范中包括保密工作，相关于安全的机密与不宜公开的信息，包括行业的、从业企业的和安全防范工程、系统、设备的以及被保护对象（用户）的等，都应严格保密。

4. 精心施工，精益安装

安全防范系统和工程的设计、安装施工、检验验收、维护维修等一系列环节，通过从业者的辛勤劳动才能得以完成，才能实现安全防范系统和工程的预定防范效能，任何环节出现马虎、疏忽、缺失或留下隐患，都将可能导致安全防范系统和工程的防范效能降低甚至失效，进而造成被保护对象（用户）生命、财产损失，这就要求从业者在安装、施工中精益求精，追求基础施工和器材装备安装、调试、维护维修的高标准、高要求，实现人力防范、技术防范、实体防范有机结合，使每个安全防范系统和工程都能成为精品工程、放心工程。

思考题

1. 简述职业道德的基本内涵。
2. 简述职业道德的作用。
3. 简述职业道德的基本要素。
4. 简述职业道德的特征。
5. 简述安全防范行业的地位与作用。
6. 简述安全防范从业者的基本职业道德及具体要求。
7. 简述职业守则的含义和作用。
8. 简述安全防范从业者的职业守则及具体内容。

第2章 电工基础知识

电工学是电子线路和无线电技术的基础，在电子系统工程方面更是必备的基础知识。本教材从安全防范系统工程安装调试员的实际需要出发，介绍电路的基本概念和主要参数、电路中的基本元件及特征，同时，对安防系统工程中十分重要的配电和防雷所必备的基础知识也作一介绍。

第1节 电工与电路基础

一、电路的基本概念

电路就是传递电能的通路，这是电工学的概念；电子学则认为电路是传送信息的通路。前者强调电流、电压在各种电路元件上的关系和变化，后者则重点描述载有信息的电信号的各种变换。本书中的电路主要是电工学的概念，是根据实际电路的基本特性抽象出来的、理论上的电路。我们日常生活、生产中应用的各种电路，都可以用它来等效。

1. 电路和电路模型

电路，电流的通路，由各种电工设备或元件按一定方式组合起来，以实现某一功能。在电工学中，电路用电路图来表示，图中的设备或元件都采用国家统一规定的符号。

在生产、生活中广泛地使用着各种电路，如照明电路，摄像机、电视机中的放大电路，各种遥控装置的控制电路等。这些电路使用不同的设备和元件消耗电能，或进行能量的转换和传递（信息传递也是能量的传递），为了便于进行分析和计算，在一定条件下，把实际设备、元件抽象化、理想化，用其共性的基本特征来表示（强调其主要特征，忽略其次要特征），然后用这些元件来表示电路，就是电工学的电路或电路模型，这些元件被称为理想元件。

由理想电路元件构成的电路称为实际电路的“电路模型”。如图 2—1a 所示为手电筒的实际电路，图 2—1b 为电路模型，在这里灯泡被看做为一个电阻元件，用 R 表示，干电池则由电阻元件 R_s（消耗电能的内阻）和理想电压源 U_s 串联组成，连接导线视为理想导线（电阻为零，不消耗电能）。

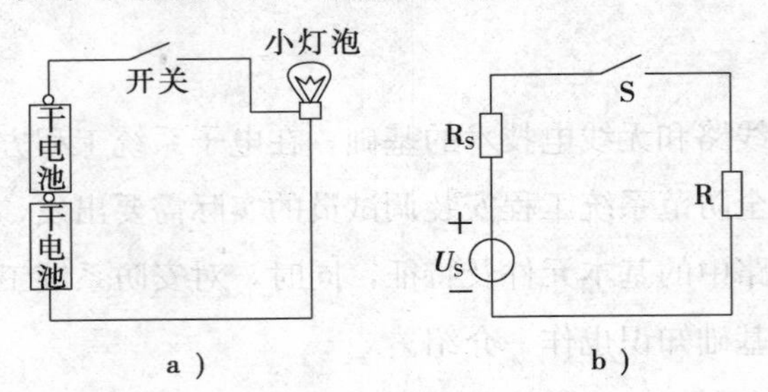

图 2—1　实际电路与电路模型

a）实际电路　b）电路模型

显然，该模型还可以表示其他实际电路，在计算设备的功耗时，R 可以表示任何消耗电能的设备，如收音机、手机等的全部电路。

2. 电路中的基本物理量

（1）电流

电流是电荷的定向移动。电流的方向，指正电荷运动的方向。在分析电路时，对复杂电路中某一段电路里电流的实际方向很难立即判断出来，有时电流的实际方向还会不断改变，因此，在电路中很难标明电流的实际方向。为分析方便，引入电流“参考方向”这个概念。

在一段电路中（或一个电路元件）应首先确定一个电流方向作为电流的参考方向。然后进行电路的分析和计算，当电流的参考方向与实际方向一致时，电流 $I>0$；当选定电流的参考方向与实际方向相反时，电流 $I<0$。需要说明的是：电流的参考方向是任意选定的，而电流的实际方向是客观存在的，由于参考方向的不同，会出现分析电流方向的不同（正或负），但实际电流方向是不变的。图 2—2 所示给出了电流参考方向与实际方向的关系。

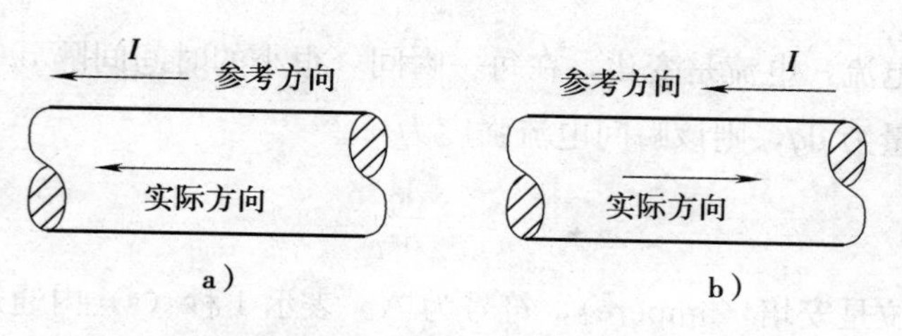

图 2—2　电流的参考方向与实际方向

图中导体上方的箭头表示电流的参考方向，导体上的箭头表示电流的实际方向，图 2—2a 两者相同，$I>0$；图 2—2b 两者相反，$I<0$。

电流的大小用电流强度来表示，是指单位时间内通过导体横截面的电荷量。如在 t 秒内通过导体横截面的电量为 Q 库仑，则电流 I 可表示为 $I=Q/t$。电流强度通常简称为电流。

根据上述两个概念，电流主要分为两类：一类是方向和大小均不随时间改变的电流，称为恒定电流，简称直流，简写为 dc 或 DC，其电流强度用符号 I 或 i 表示；另一类是方向和大小都随时间变化的电流，称为变动电流，用符号 i（小写字母）表示。其中一个周期内电流的平均值为零的变动电流称为交流电，简写为 ac 或 AC，其强度也用符号 i 表示。人们工作和日常生活中应用最普遍的市电是典型的交流电。图 2—3 所示给出了几种常见的电流，图 2—3a 为直流，图 2—3b、图 2—3c 均为交流。

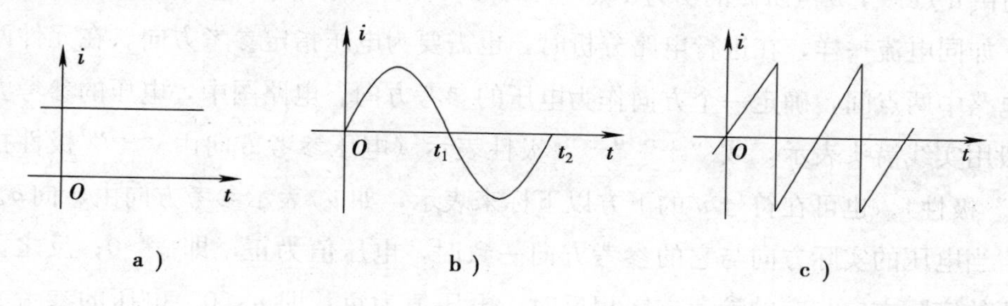

图 2—3　几种电流

a）直流　b）正弦电流　c）锯齿波电流

图 2—3a 中的电流是一恒定值，故为直流；图 2—3b、2—3c 中电流的大小是变化的，同时方向也变化（在水平轴上，下方表示相反的方向），所以称为变动电流。

理论分析证明：任何变动电流都可以分解为一个恒定电流和几个交变电流。或者说：由一个直流分量和若干交流分量组成。

对于直流，单位时间内通过导体横截面的电荷量是恒定不变的，其电流强度为：

$$I=\frac{Q}{t} \qquad (2—1)$$

对于变动电流，电流是变化，在每一瞬间（很小的时间间隔 dt 内），通过导体横截面的电荷量为 dq，则该瞬间电流强度为：

$$i=\frac{\mathrm{d}q}{\mathrm{d}t} \tag{2—2}$$

电流的单位是安培（ampere），符号为 A。表示 1 秒（s）内通过导体横截面的电荷为 1 库仑（C）。

（2）电压

电路中 a、b 两点间电压的大小等于电场力把单位正电荷由 a 点移动到 b 点所做的功。电压的实际方向就是正电荷在电场中受电场力作用移动的方向。在直流电路中，电压为一恒定值，用 U 或 u 表示，即：

$$U=\frac{W}{Q} \tag{2—3}$$

在变动电流电路中，电压值是变化的，而在每一瞬间（很小的时间间隔 dt 内），其移动正电荷 dq 由 a 点移动到 b 点所做的功为 dW。则该瞬间两点间的电压用 u 表示，为：

$$u=\frac{\mathrm{d}W}{\mathrm{d}q} \tag{2—4}$$

电压的单位是伏特（volt），简称伏，用符号 V 表示，即电场力将 1 库仑（C）正电荷由 a 点移至 b 点所做的功为 1 焦耳（J）时，a、b 两点间的电压为 1 伏特（V）。

如同电流一样，在进行电路分析时，也需要为电压指定参考方向。在元件两端或电路中两点间，确定一个方向作为电压的参考方向。电路图中，电压的参考方向一般用实线箭头表示，或"＋""－"极性表示（电压参考方向由"＋"极性指向"－"极性）。也可在符号 u 的下方以下标来表示，如 u_{ab} 表示参考方向由 a 向 b。

当电压的实际方向与它的参考方向一致时，电压值为正，即 $u>0$；反之，当电压的实际方向与它的参考方向相反时，电压值为负，即 $u<0$。电压的参考方向与实际方向的关系如图 2—4 所示。

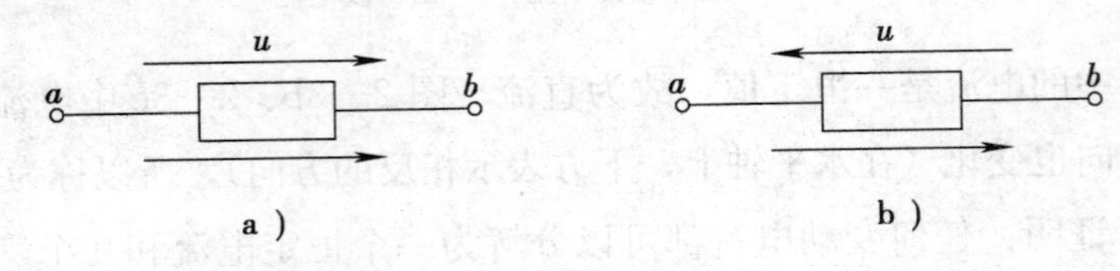

图 2—4　电压的参考方向与实际方向

a）$u>0$　b）$u<0$

图中电阻上方的箭头表示电压的参考方向，电阻下方的箭头表示电压的实际方向。图 2—4a 两者一致，电压值为正；图 2—4b 两者相反，故电压值为负。

显然，电压的实际方向也是客观存在的，它不会因参考方向选择的不同而改变。由此可知：$U_{ab}=-U_{ba}$。

（3）电位

在进行电路分析时，特别对较复杂的电路，电位是经常应用的概念。所谓电位是指：在选择电路中某一点为参考点后，任一点到参考点的电压就是该点的电位。电位用 V 表示（不是电压单位），如电路中 a 点的电位可表示为 V_a，参考点为 o 电位。电位的单位和电压的单位一样，用伏特（V）表示。已知 a、b 两点的电位分别为 V_a、V_b，则两点间的电压为：

$$U_{ab}=U_{ao}-U_{bo}=V_a-V_b$$

即：

$$U_{ab}=V_a-V_b \tag{2—5}$$

图 2—5 所示给出了电位的表示法和与电压的关系。

（4）功率和能量

在电路分析和计算时，功率和能量是十分重要的物理量。因为任何电路在工作时，总会伴有各种形式能量的交换，同时，电气设备和电路部件本身都有功率的限制，保证其在使用时的电流值或电压值不超过额定值，是保证其正常、安全工作的前提。功能过载是造成设备或部件损坏，不能正常工作的主要原因。

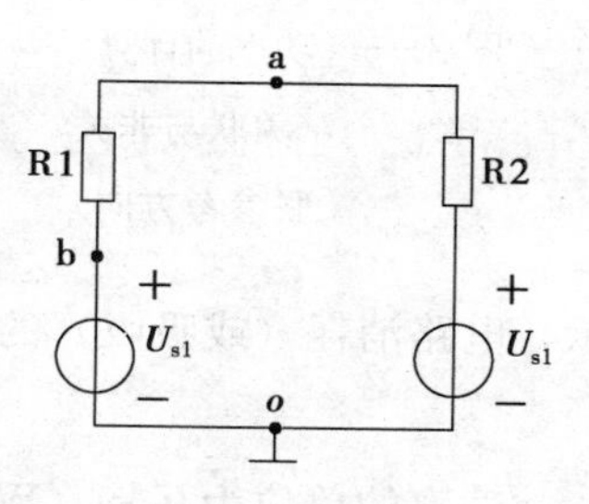

图 2—5　电位的表示

电功率与电压和电流密切相关。当正电荷从元件上电压的“+”极性点经过电路（的元件）移动到电压的“—”极性点时，正电荷从电源的正极端流到电源的负极端。电场力（与电压值相对应）将对电荷做功，这时，元件吸收能量；反之，正电荷从电压的“—”极经过元件移动到电压“+”极点时，电场力做负功，元件向外释放能量。

在直流电路中，电流、电压均为恒值，在 $0\sim t$ 时间段内，电路消耗的电能量为：

$$W=UIt \tag{2—6}$$

电路消耗（或吸收）的功率等于单位时间内电路消耗（或吸收）的能量。由此可定义：

$$P=\frac{dW}{dt}=ui \tag{2—7}$$

在直流电路中，电流、电压均为常量，故：

$$P = UI \tag{2—8}$$

对于交流电路、从 t_0 到 t 的时间内，元件吸收的电能可根据电压的定义（a、b 两点的电压在量值上等于电场力将单位正电荷由 a 点移动到 b 点时所做的功），将每一瞬间（极小的时间间隔）所做功积分（相加）来求得，即：

$$W = \int_{q(t_0)}^{q(t)} u \mathrm{d}q$$

由于 $i = \mathrm{d}q/\mathrm{d}t$，因此：

$$W = \int_{t_0}^{t} u(i)i(t)\mathrm{d}t \tag{2—9}$$

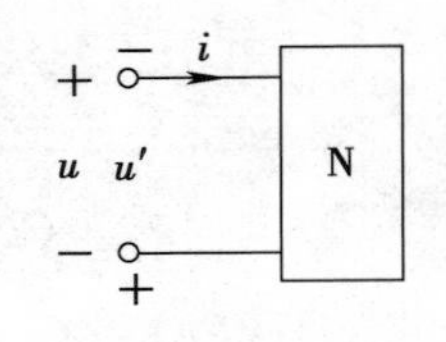

图 2—6　功率的计算（关联与非关联参考方向）

计算功率和能量要涉及电流和电压两个物理量，前面介绍过，它们都会因参考方向的选择而表现为不同的值（正或负），因此，这两个参考方向选择也关系到功率和能量的计算，从而引出了电流、电压关联参考方向的概念。两者相同为关联参考方向，反之，为非关联参考方向。上面计算中电流和电压为关联参考方向，若电流和电压为非关联参考方向，如图 2—6 所示，电路消耗（或吸收）的功率为：

$$P = -UI \tag{2—10}$$

功率的单位为瓦特（Watt），简称瓦，用符号 W 表示。

根据实际，电路消耗的功率有以下几种情况：

1）$p>0$，说明该段电路消耗功率为 p；

2）$p=0$，说明该段电路不消耗功率；

3）$p<0$，说明该段电路消耗功率为 $-p$，实际上是发出（或提供）功率 p。

下面通过一个例题来说明上述的内容：

【例题 2—1】求图 2—7 中元件的功率。

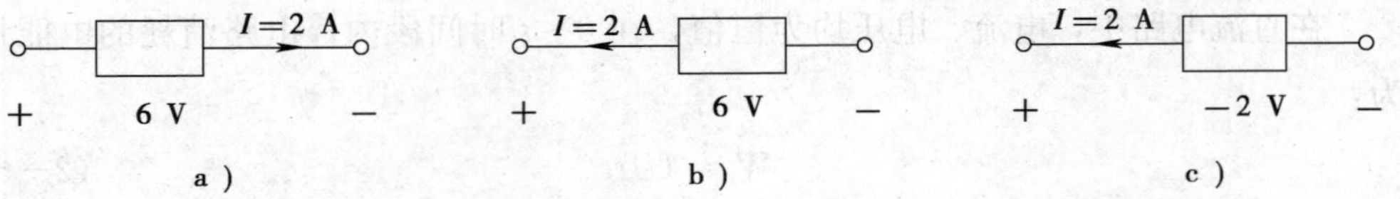

I=2 A　+　6 V　−　a）

I=2 A　+　6 V　−　b）

I=2 A　+　−2 V　−　c）

图 2—7　例题

解：图 2—7a 电流和电压为关联参考方向，元件吸收的功率为：

$$P = UI = 6 \times 2 = 12 \text{ W}$$

此时元件消耗的功率为 12 W。

图 2—7b 电流和电压为非关联参考方向，元件吸收的功率为：

$$P = -UI = -6 \times 2 = -12\ \text{W}$$

此时元件发出的功率为 12 W。

图 2—7c 电流和电压为非关联参考方向元件吸收的功率为：

$$P = -UI = -(-2) \times 2 = 4\ \text{W}$$

此时元件发出的功率为 4 W。

3. 电路中的主要元件

（1）电阻

电阻器简称电阻。任何消耗电能的二端器件或设备在一定条件下都可以用二端电阻作为其模型，如灯泡、电热器等用电设备，在实际电路中也经常使用专门的电阻器来实现电路的各种功能，如分压、分流等。

在任意时刻，二端元件的电压与电流的关系（VCR）可由 $u-i$ 坐标系的一条曲线来表示，称为伏安特性，电阻的伏安特性曲线如图 2—8 所示。

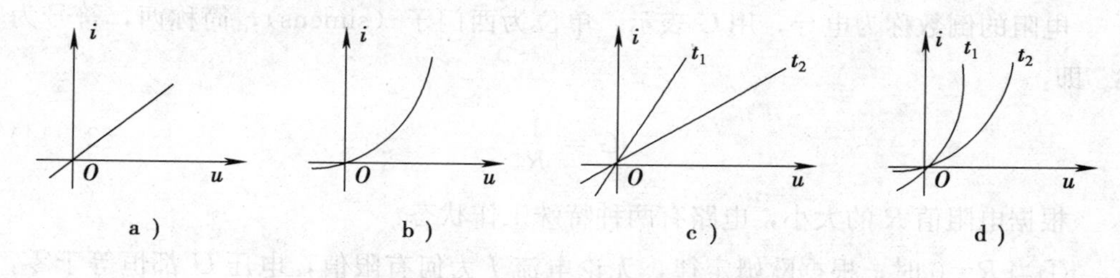

图 2—8　电阻的伏安特性曲线

若电阻元件的伏安特性曲线不随时间变化，如图 2—8a 和图 2—8b 所示，该元件为时不变电阻；反之，如图 2—8c 和图 2—8d 所示，为时变电阻。

若电阻元件的伏安特性曲线为一条经过原点的直线，如图 2—8a 和图 2—8c 所示，称为线性电阻；否则，如图 2—8b 和图 2—8d 所示，为非线性电阻。

线性时不变电阻，简称线性电阻，在实际电路中应用最为普遍，是本书主要介绍的内容，通常不加特殊说明时，所说的电阻均为线性电阻。

1）线性电阻。线性电阻是一种理想电路元件，在电路图中的图形符号如图 2—9 所示。它在电路中对电流有一定的阻碍作用，这种阻碍作用叫电阻，用 R 表示。电阻的大小与材料有关，而与电流、电压无关。

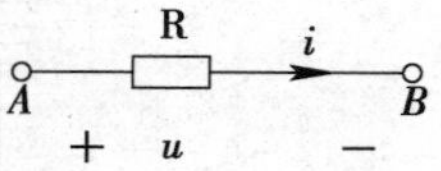

图 2—9　线性电阻

根据电阻的伏安特性（VCR）可知：若给电阻通以电流 i，电阻两端会产生一定的电压 u。电压 u 与电流 i 的比值为一常数，这个常数就是电阻 R，即 $R=u/i$，这就是欧姆定律，数学表达式为：

$$u = Ri \tag{2—11}$$

需要说明的是，该式在电压 u 与电流 i 为关联参考方向时成立。若 u、i 为非关联参考方向，则公式表示为：

$$u = -Ri \tag{2—12}$$

电阻的单位为 Ω（欧姆），简称欧。一般情况下，提到“电阻”一词及其符号 R 时既表示电阻元件，也表示元件的参数（电阻值）。我们知道：实用的导体也有电阻，其大小取决于导线的长度、横截面积和材料的电阻率，如下式表示：

$$R = \rho L/S \tag{2—13}$$

从式中可以看出：电阻率 ρ 是单位长度（1 m）、单位截面积（1 mm^2）的导体，在一定温度下的电阻值，单位为 Ω·m（欧米）。

纯金属的电阻率很小，绝缘体的电阻率很大。银是最好的导体，但价格昂贵且很少采用，目前电气设备中常采用导电性能良好的铜、铝作导线。

电阻的倒数称为电导，用 G 表示，单位为西门子（simens），简称西，符号为 S。即：

$$G = \frac{1}{R} \tag{2—14}$$

根据电阻值 R 的大小，电路有两种特殊工作状态：

①当 $R=0$ 时，根据欧姆定律，无论电流 I 为何有限值，电压 U 都恒等于零，电阻的这种工作状态称为短路。

②当 $R=\infty$ 时，根据欧姆定律，无论电压 U 为何有限值，电流 I 都恒等于零，电阻的这种工作状态称为开路。

2）欧姆定律的应用。如图 2—10 所示，欧姆定律是十分重要的电路基本定律，在实际电路分析中的应用形式主要有：

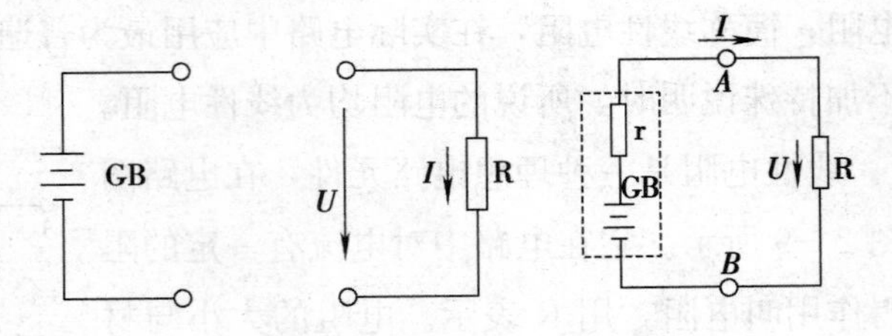

图 2—10 欧姆定律的应用

①部分电路欧姆定律，在不包含电源的电路中，流过导体的电流与这段导体两端的电压成正比，与导体的电阻成反比，即 $I=U/R$。

式中　I——导体中的电流，A；

U——导体两端的电压，V；

R——导体的电阻，Ω。

②全电路欧姆定律，在全电路中，电流强度与电源的电压（电动势）成正比，与整个电路的内、外电阻之和成反比。其数学表达式为：

$$I=\frac{E}{R+r} \tag{2—15}$$

式中　E——电源电压（电动势），V；

R——电源外电路（负载）电阻，Ω；

r——电源内电路电阻，Ω；

I——电路中的电流，A。

全电路欧姆定律又可表述为：电源的电压在数值上等于闭合电路中内外电路电压降之和。

3）电阻元件吸收的功率。当电阻元件上电压 U 与电流 I 为关联参考方向时，元件吸收的功率为 $P=UI$，由欧姆定律可得出：

$$P=UI=RI^2 \tag{2—16}$$

若电阻元件上电压 U 与电流 I 为非关联参考方向，元件吸收的功率为 $P=-UI$，根据欧姆定律可得出：

$$P=-UI=RI^2 \tag{2—17}$$

可以看出：无论如何，P 总是大于等于零，说明实际的电阻元件总是吸收功率的。对于一个实际的电阻元件，其元件参数主要有两个：一个是电阻值，另一个是功率。如果在使用时超过其额定功率，该元件将被烧毁。下面通过实例说明上面的内容。

【例 2—2】如图 2—11 所示，已知 $R=100\ \text{k}\Omega$，$u=50\ \text{V}$，求电流 I 和 I'，并标出电压 U 及电流 I、I'的实际方向。

解：因为电压 U 和电流 I 为关联参考方向，所以：

$$i=\frac{u}{R}=\frac{50}{100\times10^3}=0.5\ \text{mA}$$

而电压 U 和电流 I'为非关联参考方向，所以：

$$i'=-\frac{u}{R}=-\frac{50}{100\times10^3}=-0.5\ \text{mA}$$

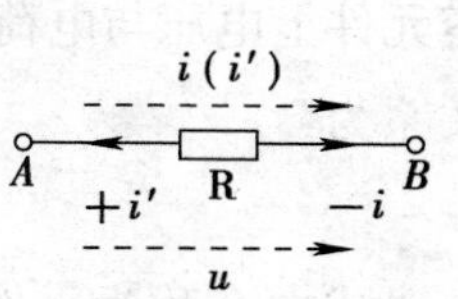

图 2—11　例题 2—2 图

或：

$$I'=-I=-0.5\ \text{mA}$$

电压 $U>0$，实际方向与参考方向相同；电流 $i>0$，实际方向与参考方向相同；

电流 $i'<0$，实际方向与参考方向相反。从图中可以看出：电流 i 和 i' 的实际方向相同，说明电流实际方向是客观存在的，与参考方向的选取无关。

（2）电容

在工程技术中，电容器的应用极为广泛。各种形式的电容器从其构成原理来讲，都可以等效为：中间隔有不同电介质（空气、云母、绝缘纸、电解质等）的两块（平行）金属板。在金属板上加以电压后，两板上分别聚集等量的正、负电荷（形成电场的两极），在介质中建立电场并具有电场能量。将电压取消（电源移去），电荷仍继续保留在极板上，电场继续存在，因此，电容器具有储存电能的能力，也可以说是一种储存电荷（电场能量）的元件。表示这种物理现象的电路模型就是电容。

1）线性电容。电容是储存电能的元件，是实际电容器的理想化模型。概括地讲：一个二端元件，如在任意时刻，其端电压 u 与其储存的电荷 q 之间的关系能用 $u-q$ 坐标（或 $u-q$ 平面）上的一条曲线所描述，就为电容元件，简称电容。电容的表示符号如图 2—12a 所示。

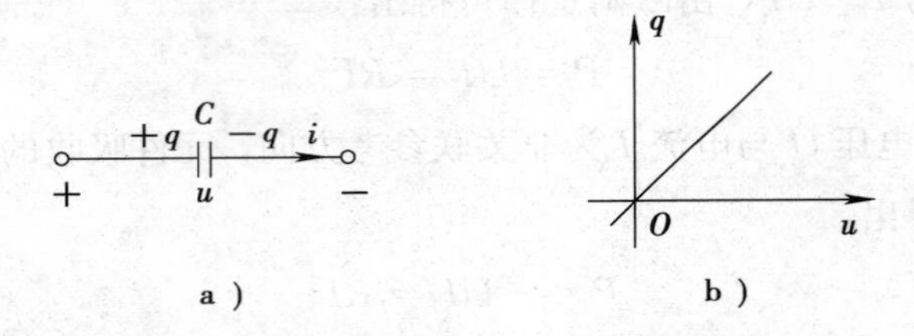

图 2—12　线性时不变电容元件及其库伏特性

同电阻一样，电容元件按其特性可分为时变、时不变，线性、非线性几类。因常用的基本上是线性时不变电容，故本书主要介绍线性时不变电容元件，简称线性电容。如没有特别说明，电容就是指线性电容。

线性电容的特性是 u−q 平面上一条通过原点的直线，如图 2—12b 所示。在电容元件上电压与电荷的参考极性一致的条件下，在任意时刻，电荷量与其端电压的关系为：

$$q(t)=Cu(t) \tag{2—18}$$

式中 C 称为元件的电容量，对于线性电容元件来说，C 是正实数，单位为法拉（farad），简称法，用符号 F 表示。由于法拉单位比较大，因此，在实际使用时，常用微法（μF）或皮法（pF）表示。

通常情况下，“电容”一词及其符号 C 既表示电容元件，也表示元件的电容量。

2）电容元件的伏安特性（VCR）。通常，电路理论总是关注元件端电压与电流的关系，因此，电工学也推导了电容元件的伏安特性。如图 2—13 所示，电压 u 的参考方向由正极板指向负极板，这时 $q=Cu$。当电流 i 与电压 u 参考方向一致时，则由 $i=\mathrm{d}q/\mathrm{d}t$ 得：

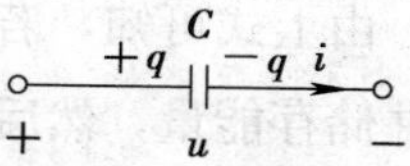

图 2—13　电容元件的伏安特性

$$i=\frac{\mathrm{d}q}{\mathrm{d}t}=C\frac{\mathrm{d}u}{\mathrm{d}t} \tag{2—19}$$

式（2—19）表示了电容元件的电压与电流的关系，电流是电荷对时间的微分，也可直观地理解为，某一时刻 t 通过电容的电流是在该时刻很小的时间间隔上，电容存储电荷的变化量。由式（2—19）可知：

①当 $\mathrm{d}u/\mathrm{d}t>0$ 时，即 $\mathrm{d}q/\mathrm{d}t>0$，$i>0$，说明电容极板上电荷量增加，电容器充电。

②当 $\mathrm{d}u/\mathrm{d}t=0$ 时，即 $\mathrm{d}q/\mathrm{d}t=0$，$i=0$，说明电容两端电压不变时电流为零，即电容在直流稳态电路中相当于开路，故电容有隔直流的作用。

③当 $\mathrm{d}u/\mathrm{d}t<0$ 时，即 $\mathrm{d}q/\mathrm{d}t<0$，$i<0$，说明电容极板上电荷量减少，电容器放电。若电容上电压 u 与电流 i 为非关联参考方向，则：

$$i=-C\frac{\mathrm{d}u}{\mathrm{d}t} \tag{2—20}$$

可以看出：电容的伏安特性不是一条直线，是因为通过它的电流不是线性的。

3）电容元件储存的能量。当电压和电流取关联参考方向时，线性电容元件吸收的功率，也就是在某一时刻 t 的很小的时间间隔内吸收的能量为：

$$p=ui=Cu\frac{\mathrm{d}u}{\mathrm{d}t}$$

在 $t=-\infty$ 到 t 时刻时，电容元件吸收的电场能量为：

$$W_C=\int_{-\infty}^{t}u(i)i(t)\mathrm{d}t=\int_{-\infty}^{t}Cu(t)\frac{\mathrm{d}u(t)}{\mathrm{d}t}=\int_{u(-\infty)}^{u(t)}u(t)\mathrm{d}u(t)$$

$$=\frac{1}{2}Cu^2(t)-\frac{1}{2}Cu^2(-\infty)$$

上述积分式可以理解为电容元件每一时刻吸收能量的相加（积累）。电容元件吸收的能量以电场能量的形式储存在元件的电场中。可以认为在 $t=-\infty$ 时，u（$-\infty$）$=0$，其电场能量也为零。因此，电容元件在任何时刻 t 储存的电场能量 W_C（t）将等于它吸收的能量，可写为：

$$W_C(t)=\frac{1}{2}Cu^2(t) \tag{2—21}$$

由上式可知，若元件原来没有充电（加电压），则它在充电（加上电压）时吸收并储存能量，然后，又可放电，这时它释放能量，直到全部放完。这个过程中电容不消耗能量，所以，电容元件是一种储能元件。同时，电容元件也不会释放出多于它所吸收或储存的能量，因此，它是一种无源元件。

（3）电感

凡有电流的流过，总会伴有磁场存在，实际电路中通过这一物理现象储存磁场能量的元件，在电路中抽象为电感元件。如果一个二端元件，在任意时刻，通过它的电流 i 与其磁通量 Φ（单位是韦伯）之间的关系可用 $\Phi—i$ 平面上的曲线所确定，就称为电感元件，简称电感。其电路模型如图 2—14a 所示。

电感元件也分为时变和时不变，线性和非线性。本书只讨论线性时不变的电感元件。

1）线性电感元件。线性时不变电感元件的外特性（韦安特性）是 $\Phi—i$ 平面上一条通过原点的直线，如图 2—14b 所示，当规定磁通 Φ 的参考方向与电流 i 的参考方向之间符合右手螺旋定则时，在任意时刻，磁通与电流的关系为：

$$\Phi(t)=Li(t)$$

式中，L 称为元件的电感。在国际单位制 SI 中，电感的单位为亨利，简称亨，用符号 H 表示。一般情况下，“电感”一词及其符号 L 既表示电感元件也表示元件的参数。

2）电感元件电压与电流（VCR）的关系。当磁通 Φ 随时间变化时，在线圈的两端将产生感应电压。如果感应电压的参考方向与磁通满足右手螺旋定则（见图 2—15），则根据电磁感应定律，有：

$$u=\frac{\mathrm{d}\Phi}{\mathrm{d}t}$$

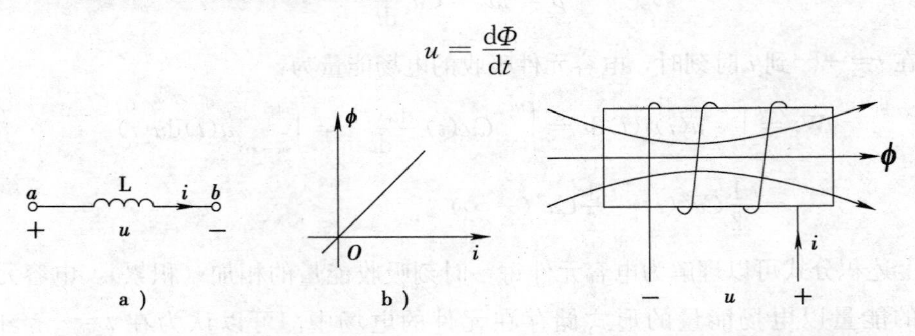

图 2—14　线性时不变电感元件　　图 2—15　电感元件电压与电流的关系

若电感上电流的参考方向与磁通满足右手螺旋定则，则 $\Phi=Li$，代入上式得：

$$u=L\frac{\mathrm{d}i}{\mathrm{d}t} \tag{2—22}$$

式（2—22）称为电感元件的电压与电流约束关系（VCR）。由于电压和电流的参考方向与磁通都满足右手螺旋定则，因此电压和电流为关联参考方向。

由式（2—22）可知，当电流 i 为直流稳态电流时，$\mathrm{d}i/\mathrm{d}t=0$，故 $u=0$，说明电感在直流稳态电路中相当于短路，有通直流的作用。

若电感上电压 u 与电流 i 为非关联参考方向，则有：

$$u=-L\frac{di}{dt} \tag{2—23}$$

3）电感元件储存的能量。在电压和电流的关联参考方向下，线性电感元件吸收的功率为：

$$p=ui=Li\frac{\mathrm{d}i}{\mathrm{d}t}$$

从 $-\infty$ 到 t 的时间段内电感吸收的磁场能量为：

$$W_L(t)=\int_{-\infty}^{t}p\mathrm{d}t=\int_{-\infty}^{t}Li\frac{\mathrm{d}i}{\mathrm{d}t}\mathrm{d}t=\frac{1}{2}Li^2(t)-\frac{1}{2}Li^2(-\infty)$$

由于在 $t=-\infty$ 时，$i(-\infty)=0$，代入上式得：

$$W_L(t)=\frac{1}{2}Li^2(t) \tag{2—24}$$

这就是线性电感元件在任何时刻的磁场能量表达式，其中积分式表示电感元件存储的能量是其每一时刻从电场吸收能量的和（积累）。

当电流 $|i|$ 增加时，$W_L>0$，元件吸收能量；当电流 $|i|$ 减小时，$W_L<0$，元件释放能量。可见电感元件并不是把吸收的能量消耗掉，而是以磁场能量的形式储存在磁场中。所以，电感元件是一种储能元件。同时，它不会释放出多于它所吸收或储存的能量，因此，它也是一种无源元件。

4. 单位制

前面讲到的电路参数和电路元件都有一个规定的单位，任何一个可度量的物理量都有规定的单位，所有这些单位可从基本单位导出。为使世界各国具有统一的计量标准，保证科学研究、测量的准确和贸易的公平，建立了国际单位制（SI）。

在国际单位制中有 7 个基本单位。其中：长度以米（m）为单位；质量以千克（kg）为单位；时间以秒（s）为单位；电流以安培（A）为单位；温度以开尔文（K）为单位；物质的量以摩尔（mol）为单位；发光强度以坎德拉（cd）为单位。

其他物理量的单位可以根据其定义由这些基本单位导出。

这 7 个基本单位中，长度、质量和时间又是最基本的单位，因此，通常称国际单位制为：千克、米、秒制或厘米、克、秒制。

1984 年国务院发布的《关于在我国统一实行法定计量单位的命令》，明确规定国际单位制（SI）是我国法定计量单位的基础。1986 年修订后，国务院再次发布命令，要求全面执行。

在进行物理量的测量时，会发现有些单位的量值很大，如电容的单位法拉 F，实际电路中的电容通常只有 F 的几百万分之一，甚至几万万分之一；有些单位则较小，实际元件的值是它的几千倍或几万倍，如电阻的单位欧姆 Ω。因此，法定计量单位同时又规定了单位的倍数和分数的表示法，在单位的前面加上词头。这些表示法也被视为一种单位，而经常使用。如：电容的单位微法 $\mu F = 10^{-6}F$、皮法 $pF = 10^{-12}F$；电阻的单位千欧 kΩ、兆欧 MΩ 等。表 2—1 给出了常用的倍数和分数词头。

表 2—1　　SI 常用倍数与分数词头

倍率	词头名称词		词头符号	倍率	词头名称词		词头符号
10^{24}	尧［它］	yotta	Y	10^{-1}	分	deci	d
10^{21}	泽［它］	zetta	Z	10^{-2}	厘	centi	c
10^{18}	艾［可萨］	exa	E	10^{-3}	毫	milli	m
10^{15}	拍［它］	peta	P	10^{-6}	微	micro	μ
10^{12}	太［拉］	tera	T	10^{-9}	纳［诺］	nano	n
10^{9}	吉［咖］	giga	G	10^{-12}	皮［可］	pico	p
10^{6}	兆	mega	M	10^{-15}	飞［母托］	femto	f
10^{3}	千	kilo	k	10^{-18}	阿［托］	atto	a
10^{2}	百	hecto	h	10^{-21}	仄［普托］	zepto	z
10	十	deca	da	10^{-24}	幺［科托］	yocto	y

5. 电路中的电源

上面介绍的电路元件都是无源元件，它们会消耗能量或存储能量，但不能提供能量，电路要实现它的许多功能，必须有一个能量的来源，这就是电源，电工学中的电源是理想电源，实用电源可以用它来等效，基本的两个理想电源是电压源和电流源。

（1）电压源

端电压按给定的规律变化而与其输出电流无关的二端元件称为理想电压源，简称电压源。我们把端电压为常数的电压源称为直流电压源，其图形符号及伏安特性曲线如图 2—16 所示。图 2—16a 为直流电压源模型；图 2—16b 为其伏安特性曲线；图 2—16c 为理想电压源模型；图 2—16d 为其在 t_1 时刻的伏安特性曲线，它同样为一定值而与其电流无关，当时间变化时，其输出电压可能改变，但仍为平行于 i 轴的一条直线。

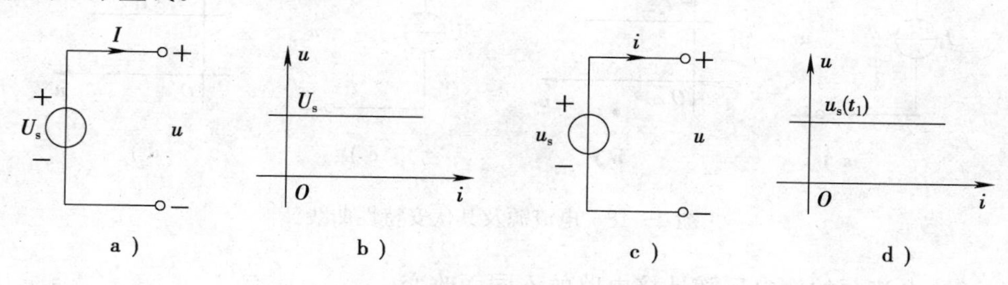

图 2—16　电压源及其伏安特性曲线

电压源具有以下特点：

1）电压源的端电压 u_s 是一个固定的函数，与所连接的外电路无关；

2）通过电压源的电流随外接电路的改变而改变。电压源连接外电路时有以下几种工作情况（见图 2—17）。

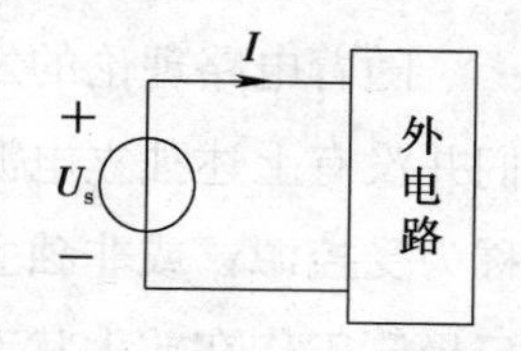

图 2—17　电压源与负载的连接

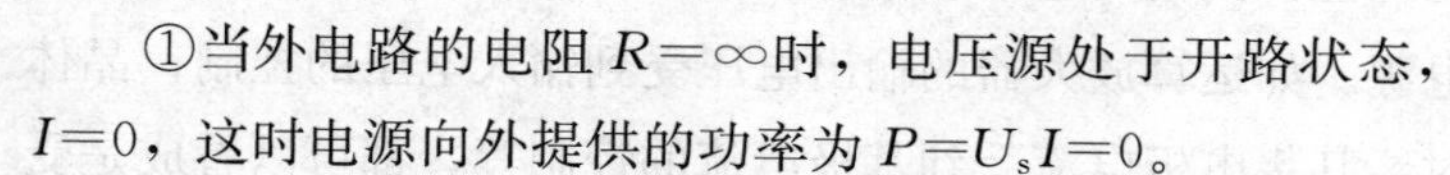

①当外电路的电阻 $R=\infty$时，电压源处于开路状态，$I=0$，这时电源向外提供的功率为 $P=U_sI=0$。

②当外电路的电阻 $R=0$ 时，电压源处于短路状态，$I=\infty$，这时电源对外提供的功率为 $P=U_sI=\infty$。显然这是不可能的，这样会导致电源的损伤或毁坏，因此，短路是一种严重的事故，一定要预防。

③当外电路的电阻为一定值时，电压源输出的电流 $I=U_s/R$，对外提供的功率等于外电路电阻消耗的功率，即 $P=U_s^2/R$，R 越小，P 越大。一个实际电源可以向外提供的功率是有限度的，因此，在连接外电路时，要根据电源的能力，确定外电路。

（2）电流源

电源的输出电流按给定规律变化而与其端电压无关的二端元件称为理想电流源。通常，把电流为常数的电流源称为直流电流源，其图形符号及伏安特性曲线如图 2—18 所示。图 2—18a 为直流电流源模型；图 2—18b 为其伏安特性曲线；图 2—18c 为理想电流源模型；图 2—18d 为其在 t_1 时刻的伏安特性曲线，它同样为一定值而与其电压无关，当时间变化时，其输出电流可能改变，但仍为平行于 u 轴的一条直线。

电流源具有以下特点：

1）电流源的电流 i_s 是一个固定的函数，与所连接的外电路无关；

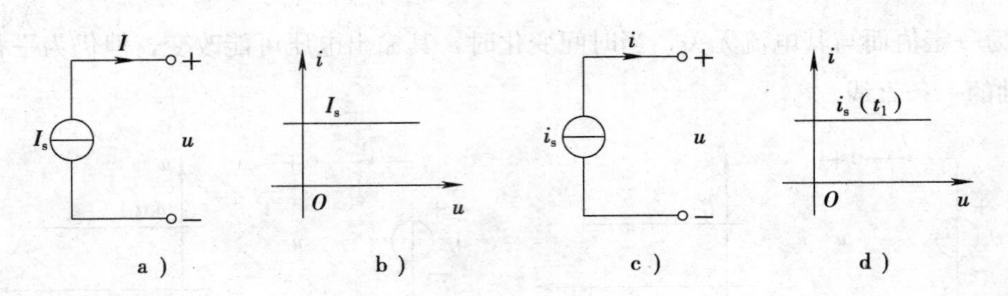

图 2—18　电流源及其伏安特性曲线

2）电流源的端电压随外接电路的不同而改变。

上述电压源对外输出的电压为一个独立量，电流源对外输出的电流也为一个独立量，因此，被称为独立电源。

（3）受控源

随着电路理论的发展，实际电路中许多有能量转换的元件被抽象为电源，但它们并没有上述独立电源的特性，其输出电压或电流受其他因素控制。这样的电源被称为受控源，或非独立电源。如运算放大器的输出电压受到输入电压的控制；晶体三极管工作在放大状态时，其集电极电流受到基极电流的控制等，都可以看成是受控源。

显然，受控源不是一个二端元件，除输出电压或电流的二端外，还要有控制端口（输入端），控制端口的控制量可以是电压，也可以是电流。受控源的输出量也可以是电压或者电流。因此，受控源有：电压控制电压源、电流控制电压源、电压控制电流源和电流控制电流源等四种。

二、电路的基本定律

1. 基尔霍夫定律

（1）电路的基本名词术语

1）支路。直观地理解，电路中的任一个二端元件即为一条支路。从电路分析的角度定义是：电路中流过同一电流的各个元件互相连接起来的分支。如图 2—19 所示的电路中有三条支路，分别为 *adb*、*aeb*、*acb*。

2）节点。电路中的三条或三条以上支路的连接点。如图 2—19 所示的电路中有两个节点，分别为 a 点和 b 点。

3）回路。由一条或多条支路所组成的任何闭合电路称为回路。图 2—19 所示的电路中有三个回路，分别为 *adbca*、*adbea*、*aebca*。

4）网孔。不包含支路的回路称为网孔。如图 2—19 所示的电路中有两个网孔，

分别为 $adbea$ 和 $aebca$。

显然，实际电路在表示成电路图时，节点、支路和回路是确定的，网孔则不然，如用图 2—20 来表示图 2—19 的电路，可看到节点、支路和回路是相同的，而网孔改变了。

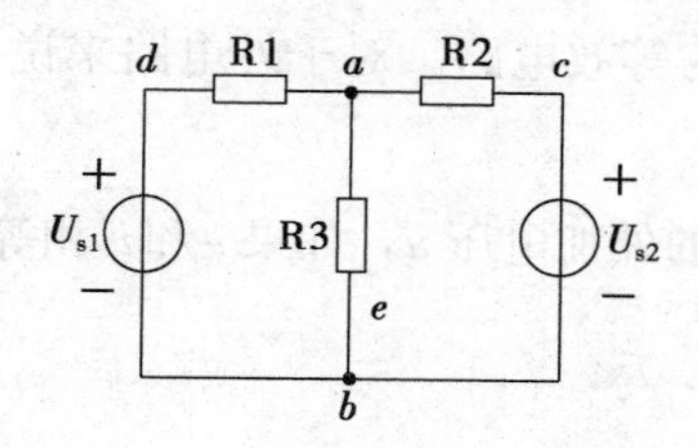

图 2—19　电路的基本名词术语

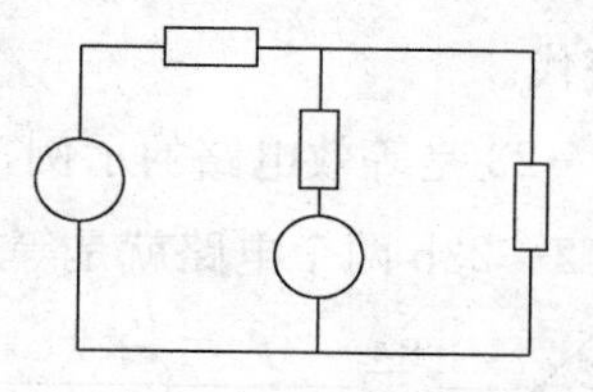

图 2—20　电路的不同表示

（2）基尔霍夫电流定律（KCL）

基尔霍夫电流定律：在任一时刻，流入一个节点的电流之和等于从该节点流出的电流之和。

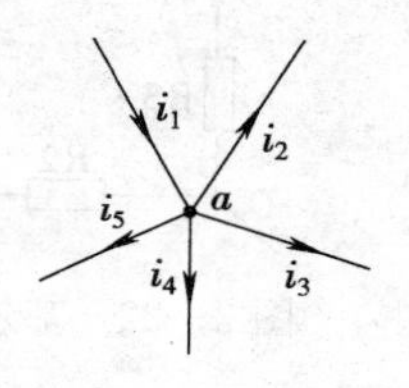

图 2—21　基尔霍夫电流定律

图 2—21 所示的电路可以清楚地说明基尔霍夫电流定律，各支路电流的参考方向如图所示，对节点 a，KCL 可表示为：

$$i_1 + i_4 = i_2 + i_3 + i_5 \text{ 或 } i_1 - i_2 - i_3 + i_4 - i_5 = 0$$

通常表示为：

$$\sum i = 0 \tag{2—25}$$

基尔霍夫电流定律反映了电流的连续性，即在电路中任一节点，任一时刻都不能堆积电荷。节点也可以理解为电路中任何一个单元，即在任何时刻流入该单元的电流之和等于流出该单元的电流之和，或流入（出）的电流总和为零。

（3）基尔霍夫电压定律（KVL）

基尔霍夫电压定律：在任一时刻，电路中任一闭合回路内各段电压的代数和等于零。基尔霍夫电压定律，其数学表达式为：

$$\sum u = 0 \tag{2—26}$$

图 2—22 可以说明基尔霍夫电压定律，选定一个回路的绕行方向，并确定各段电压的参考方向。

如图所示的电路是某电路的一个回路，则有：

$$U_{AB} + U_{BC} + U_{CD} + U_{DE} - U_{FE} - U_{AF} = 0 \tag{2—27}$$

基尔霍夫电压定律可以根据能量守恒定律推导出来，当单位正电荷从任何一点沿一闭合路径移动回到原点，其能量不变。也可以说，电场对它做的功为零。

2. 线性电路的等效变换

（1）电阻的串联和并联

1）电路的等效，两个电路均为线性二端网络，如给两者加上相同的电压 u，两电路产生的电流 i 和 i' 相等，则两个电路为等效电路。对于外电路来说，两者可以互相替代。

图 2—23 是等效电路的示例，对于相同的外加电压 u，如果 i 和 i' 相等，图 2—23a 与图 2—23b 两个电路就是等效电路。

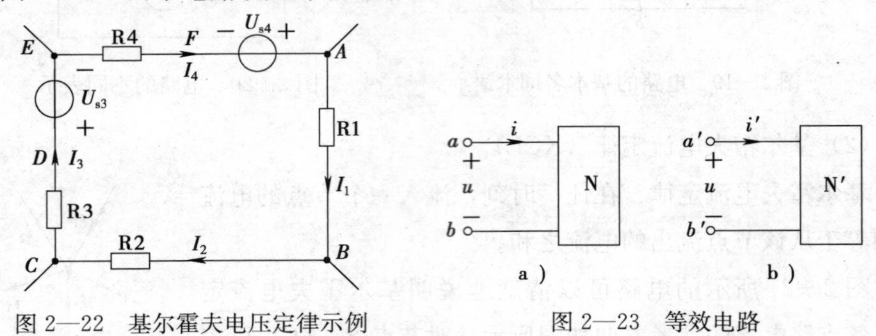

图 2—22　基尔霍夫电压定律示例　　图 2—23　等效电路

2）电阻的串联，多个电阻首尾依次相连成为一条支路，即是串联。图 2—24a 所示为 n 个电阻的串联，可以看出：各个电阻均流过同一电流。根据 KVL 和欧姆定律，可推导出：

$$u = R_1 i + R_2 i + \cdots + R_n i = (R_1 + R_2 + \cdots + R_n) i = Ri$$

i　R1　R2　Rn
$+ u_1 -$　$+ u_2 -$　$+ u_n -$
+　u　−
a）
i　R
+　u　−
b）

图 2—24　电阻的串联及其等效

其中：

$$R = \frac{u}{i} = R_1 + R_2 + \cdots + R_n = \sum_{k=1}^{n} R_k \qquad (2—28)$$

称为 n 个电阻串联的等效电阻，它等于各个串联电阻之和，其等效电路如图 2—24b 所示。

可以看出：多个电阻串联时，电压的分配与电阻成正比。也就是说，电阻越大分得的电压也越大，反之则越小。因此，在实际应用中，经常用电阻的串联电路来完成分压功能。

3）电阻的并联，n 个电阻首端与尾端分别连接在一起，每个电阻都形成一个单独的支路，即是电阻的并联。显然，在两端加上的电压是所有电阻共同的外加电压，或所有电阻的端电压相同。图 2—25a 所示为 n 个电阻的并联电路。

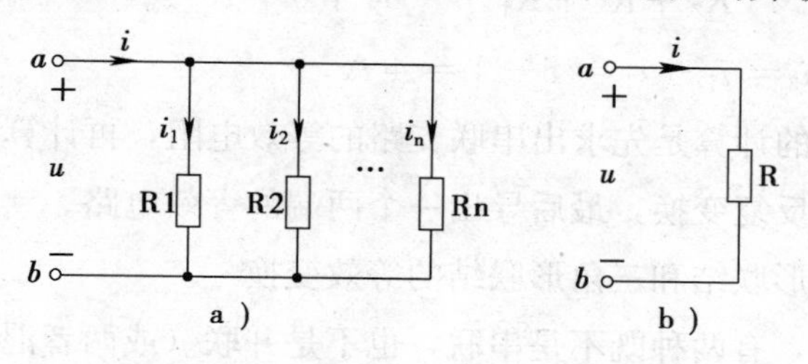

图 2—25　电阻的并联及其等效电路

根据 KCL 和欧姆定律可推导出：

$$
\begin{aligned}
i &= \frac{u}{R_1}+\frac{u}{R_2}+\cdots+\frac{u}{R_n} \\
&= \left(\frac{1}{R_1}+\frac{1}{R_2}+\cdots+\frac{1}{R_n}\right)u \\
&= (G_1+G_2+\cdots+G_n)u \\
&= Gu
\end{aligned}
$$

并联后的等效电阻 R 为：

$$
\frac{1}{R}=\frac{1}{R_1}+\frac{1}{R_2}+\cdots+\frac{1}{R_n}=\sum_{k=1}^{n}G_k \qquad (2—29)
$$

可以看出：多个电阻并联时，通过电流与电阻成反比，电阻越大，分配的电流越小，反之则越大。在实际电路中，并联电路常用来完成分流功能。

4）电阻混联，在实际电路中，经常既有电阻的串联，又有并联。这种电路称为混联。下面举例说明混联电路的计算，如图 2—26 所示。

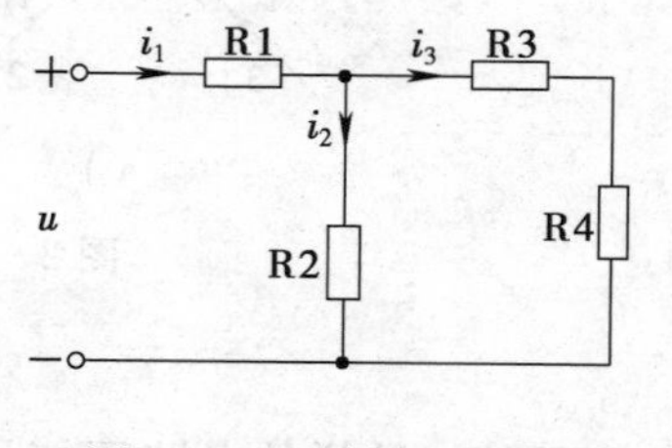

图 2—26　例题 2—3 图

【例题 2—3】 已知：$u=100$ V、$R_1=7.2\ \Omega$、$R_2=64\ \Omega$、$R_3=6\ \Omega$、$R_4=10\ \Omega$，求电路的等效电阻及各支路电流。

解：因 R_3 与 R_4 串联，再与 R_2 并联，然后与 R_1 串联。所以等效电阻为：

$$
\begin{aligned}
R &= R_1+\frac{R_2(R_3+R_4)}{R_2+(R_3+R_4)} \\
&= 7.2+\frac{64\times(6+10)}{64+(6+10)}=20\ \Omega
\end{aligned}
$$

各支路电流分别为：

$$i_1 = \frac{u}{R} = \frac{100}{20} = 5\ \text{A}$$

$$i_2 = \frac{R_3 + R_4}{R_2 + R_3 + R_4} i_1 = \frac{6 + 10}{64 + 6 + 10} \times 5 = 1\ \text{A}$$

$$i_3 = i_1 - i_2 = 5 - 1 = 4\ \text{A}$$

电阻混联电路的计算是先求出串联支路的等效电阻，再计算并联支路的等效电阻，如电路复杂要反复变换，最后导出一个两端的等效电路。

（2）电阻的星形联结和三角形联结的等效变换

在实际电路中，有两种既不是串联，也不是并联（或两者混联）的电阻联结方式（见图 2—27）就是星形联结和三角形联结。

电阻的星形联结，也称为 Y 联结。如图 2—27a 所示，三个电阻 R_1、R_2、R_3 一端接到一个公共节点上，另一端与外电路 1、2、3 点相连，这样的三个电阻构成 Y 联结。

电阻的三角形联结，也称为△联结。如图 2—27b 所示，三个电阻 R_{12}、R_{23}、R_{31} 两两联结分别连到外电路 1、2、3 点，这样的三个电阻构成△联结。

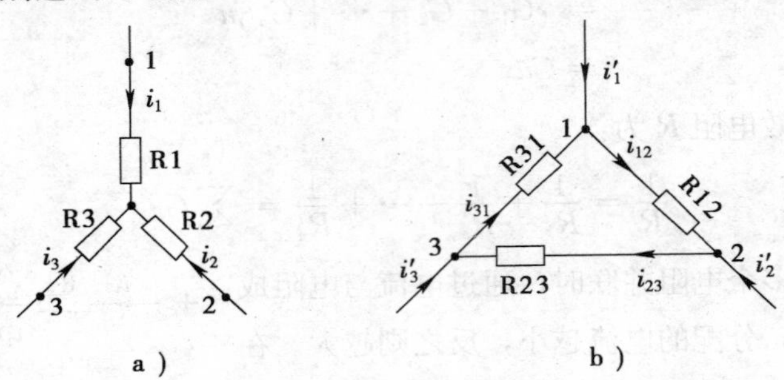

图 2—27　电阻的星形联结和三角形联结

a）星形联结　b）三角形联结

显然，这样的电路不能用上面讲过的方法来计算。如图 2—28a 所示的电路，就不能直接用串、并联的方法计算等效电阻 R_{ab}。但是，如对电路加以变换（△—Y 变换），将联结到三个节点 1、2、3 且构成三角形联结的电阻 R_{12}、R_{23}、R_{31} 变成星形联结，就变为图 2—28b 所示电路，利用串、并联的方法就可以计算等效电阻 R_{ab} 了。

根据基尔霍夫定律，可推导出电阻的星形联结和三角形联结等效变换的关系式。

首先，分析△联结电路中通过各电阻的电流，再分析 Y 联结电路中的电流和电压，从而得出一个方程组（分析过程读者可以自己去推导），解方程组即可得出：

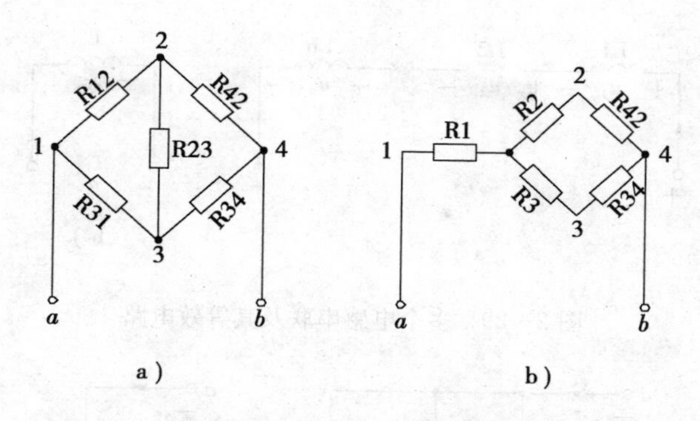

图 2—28　电阻的星形联结与三角形联结变换的应用

$$\begin{cases} R_1 = \dfrac{R_{12}R_{31}}{R_{12}+R_{23}+R_{31}} \\ R_2 = \dfrac{R_{23}R_{12}}{R_{12}+R_{23}+R_{31}} \\ R_3 = \dfrac{R_{31}R_{23}}{R_{12}+R_{23}+R_{31}} \end{cases} \tag{2—30}$$

同样，还可以推导出 Y—△变换的关系式：

$$\begin{cases} R_{12} = \dfrac{R_1R_2+R_2R_3+R_3R_1}{R_3} \\ R_{23} = \dfrac{R_1R_2+R_2R_3+R_3R_1}{R_1} \\ R_{31} = \dfrac{R_1R_2+R_2R_3+R_3R_1}{R_2} \end{cases} \tag{2—31}$$

（3）电感元件与电容元件的连接

1）电感元件的串、并联

①电感元件的串联，n 个电感首尾相连，形成一条支路，称为串联。如图 2—29a 所示，因各个电感通过相同的电流，根据 KVL，可导出每个电感上电流与电压的关系，从而得出等效电感 L。

$$L = L_1 + L_2 + \cdots + L_n = \sum_{k=1}^{n} L_k \tag{2—32}$$

n 个无耦合电感串联的等效电感等于各电感之和，各个电感上电压的分配与电感量成正比，因此，串联电感电路具有分压功能。

②电感元件的并联，n 个电感的两端分别连接在一起，称为并联。如图 2—30a 所示，因各个电感外加电压相同，根据 KCL，可导出每个电感上电流与电压的关系，从而得出等效电感 L。

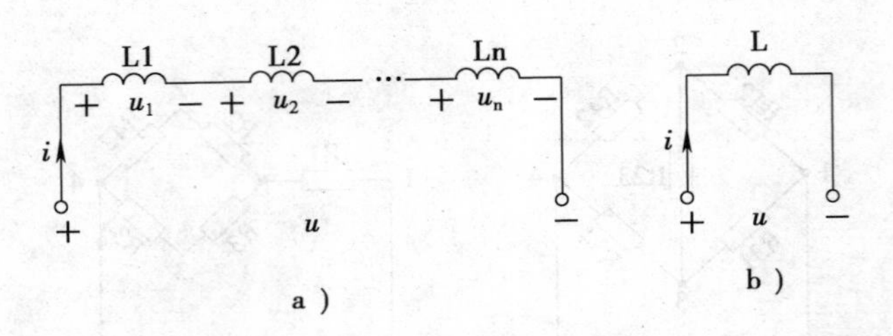

图 2—29　多个电感串联及其等效电路

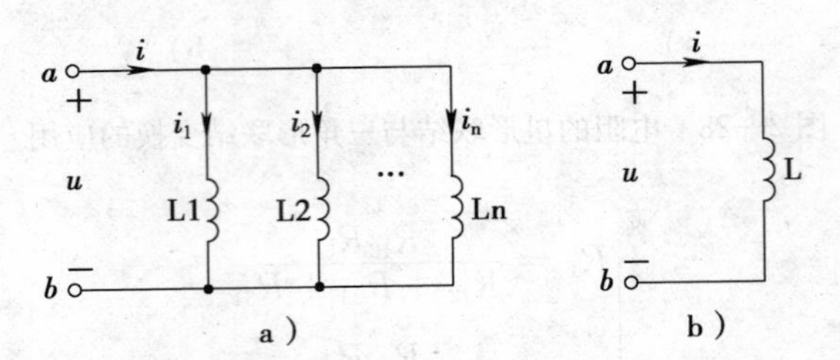

图 2—30　多个电感并联及其等效电路

$$\frac{1}{L}=\frac{1}{L_1}+\frac{1}{L_2}+\cdots+\frac{1}{L_n} \tag{2—33}$$

2）电容元件的串、并联

①电容元件的串联，n 个电容首尾相连，形成一条支路，称为串联。如图 2—31a 所示，因各个电容通过相同的电流，根据 KVL，可导出每个电容上电流与电压的关系，从而得出等效电容 C。

$$\frac{1}{C}=\frac{1}{C_1}+\frac{1}{C_2}+\cdots+\frac{1}{C_n} \tag{2—34}$$

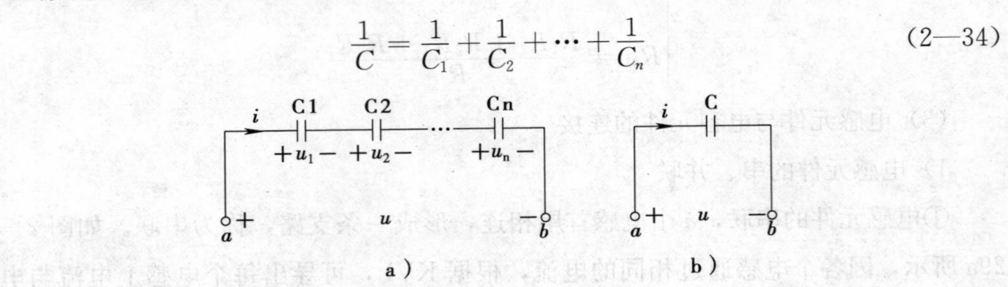

图 2—31　多个电容串联及其等效电路

根据电容上电压与电流的关系，可看出各电容上的电压与电容量成反比。

②电容元件的并联，n 个电容的两端分别连接在一起，称为并联。如图 2—32a 所示，因各个电容外加电压相同，根据 KCL 和电容元件上的伏安关系，可导出每个电容上电流与电压的关系，从而得出等效电容 C。

$$C=C_1+C_2+\cdots+C_n \tag{2—35}$$

电容并联有分流作用，每个电容通过的电流与电容量成正比。

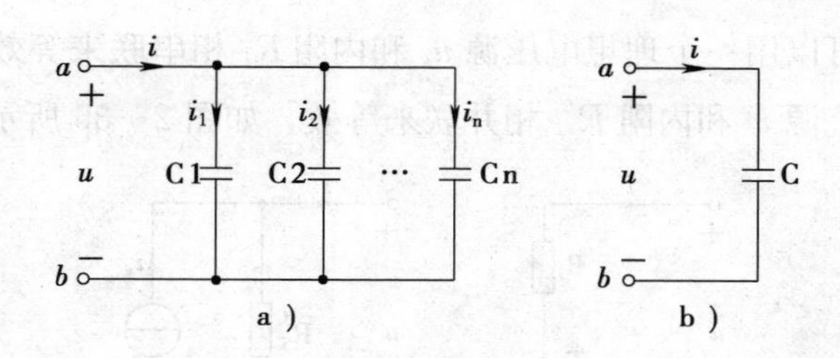

图 2—32　多个电容并联及其等效电路

（4）电源的等效变换

1）理想电源的等效变换。根据等效变换的原则，电流源与任何线性元件串联时，都可等效成为理想电流源。

两种电流源等效的示例如图 2—33 所示。其中图 2—33a 所示的电路可以等效变换成图 2—33b 所示的电路；图 2—33c 所示的电路可以等效为图 2—33d 所示的电路。

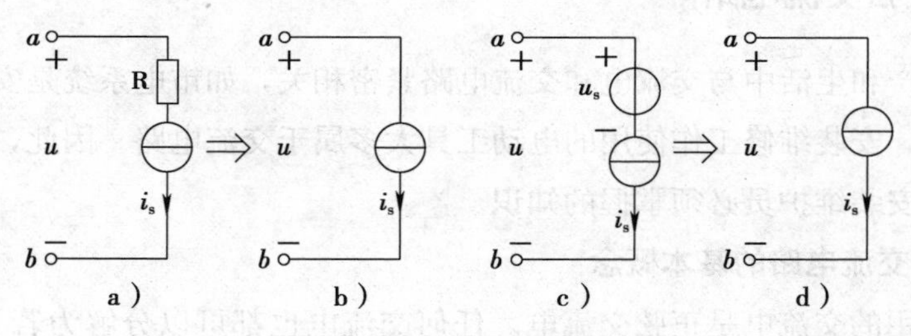

图 2—33　电流源的等效

同理，电压源与任何线性元件并联时，都可等效成为理想电压源。

图 2—34 所示电压源等效的示例。其中图 2—34a 所示的电路可以等效变换成图 2—34b 所示的电路；图 2—34c 所示的电路可以等效成图 2—34d 所示的电路。

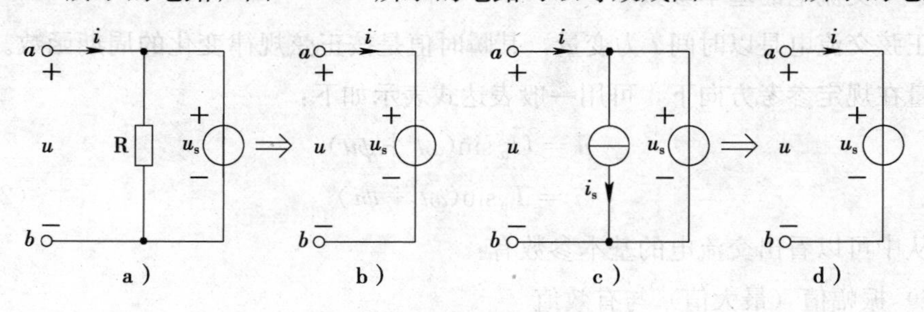

图 2—34　电压源的等效

2）实际电源的等效变换。在实际电路中，理想电源并不存在。由于电源内阻的存在，当输出电流变化时，导致其端电压的变化；同样，也没有电源能够保证输出电流不变。所以，不存在理想电压源和理想电流源。

实际电压源可以用一个理想电压源 u_s 和内阻 R_i 相串联来等效，实际电流源可以用一个理想电流源 i_s 和内阻 R'_i 相并联来等效，如图 2—35 所示。

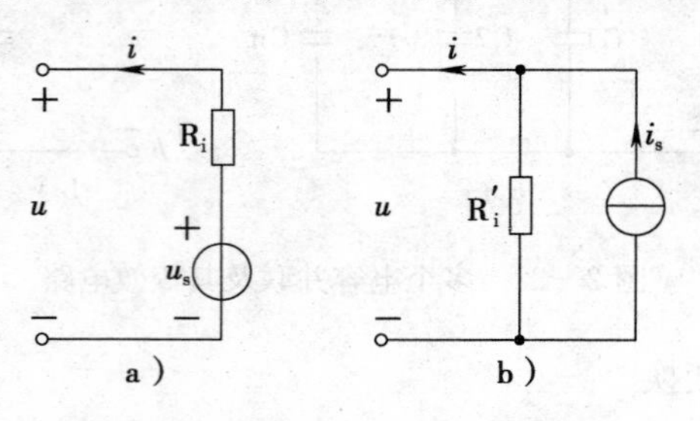

图 2—35　实际电源的等效

根据上述方法，实际受控电压源也可以等效成理想受控电压源和电阻串联的电路；实际受控电流源可以等效成理想受控电流源和电阻并联的电路。

三、正弦交流电路

人们生产和生活中与交流电和交流电路紧密相关，如市电系统是安全防范系统的主要能源，安装维修工作使用的电动工具大多属于交流电路。因此，交流电路的基础知识是安装维护员必须掌握的知识。

1. 正弦交流电路的基本概念

最常应用的交流电是正弦交流电。任何交流电也都可以分解为若干正弦分量。因此，正弦交流电是交流电路分析的基础。以后若不作专门说明，交流电就是指正弦交流电。

交流电路的分析分为暂态分析和稳态分析两种，本书主要介绍稳态分析。

（1）交流电的基本参数

正弦交流电是以时间 t 为变量，其瞬时值是按正弦规律变化的周期函数。一个正弦量在规定参考方向下，可用一般表达式表示如下：

$$u = U_m \sin(\omega t + \psi u)$$
$$i = I_m \sin(\omega t + \psi i) \qquad (2—36)$$

从中可以看出交流电的基本参数有：

1）振幅值（最大值）与有效值

①振幅值。交流电瞬时值的最大值，用大写字母 U_m、I_m、E_m 等表示（振幅值应为正值），振幅值是表示正弦量振动幅度的物理量。

②有效值。正弦量的瞬时值随时间变化，描述正弦量的大小，常用有效值。若交流电流 i 通过电阻 R 在一个周期 T 内所做的功与直流电流 I 在相同时间内流过相

同电阻时所做的功相等，则直流电流 I 称为交流电流 i 的有效值。所以，用有效值表示交流电的大小更为准确。

通过数学分析，可推导出交流电的有效值为：

$$\begin{cases} I=\dfrac{1}{\sqrt{2}}I_m\approx 0.707I_m \\ U=\dfrac{1}{\sqrt{2}}U_m\approx 0.707U_m \end{cases} \tag{2—37}$$

故正弦量的一般表达式又可写成：

$$i=\sqrt{2}I\sin(\omega t+\varphi_i)$$
$$u=\sqrt{2}U\sin(\omega t+\varphi_u) \tag{2—38}$$

2）角频率。单位时间内正弦量变化的角度，用 ω 表示，单位为 rad/s。由图 2—36 所示可知，角频率与频率在物理意义上是相同的。一是单位时间内正弦量变化的角度；另一是单位时间内变化的周期数。一个周期等于 2π 弧度（360°），因此，角频率 ω、频率 f 和周期 T 的关系为：

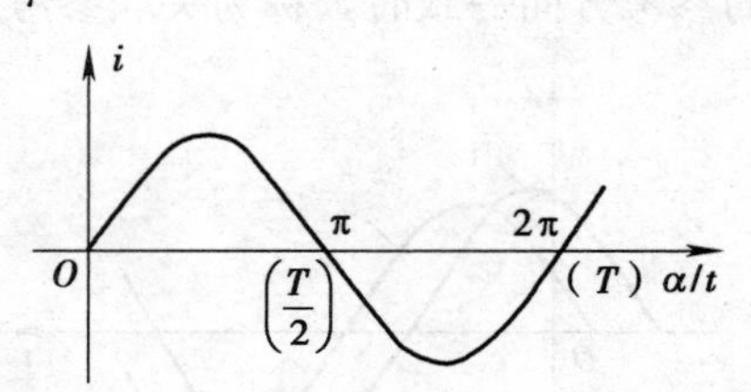

图 2—36　角频率定义

$$\omega=2\pi f$$

或：
$$T=\frac{1}{f}=\frac{2\pi}{\omega} \tag{2—39}$$

3）相位与初相。从正弦电流的数学表达式可以看出：两个有效值、角频率都相同，电流在任一时刻的瞬时值和方向可能是不同的，即有一个相位差。任一时刻，交流电瞬时值的相位角称为相位，而在计量原点（t=0）时的相位角即为初相。

相位与初相的单位是弧度（rad）或度（°），显然，其取值范围规定为 0～2π，或 0°～360°。根据初相的定义，可知：图 2—37a 所示正弦量的初相为 0；图 2—37b 所示电流的初相是 π/3；而图 2—37c 所示为－π/3。

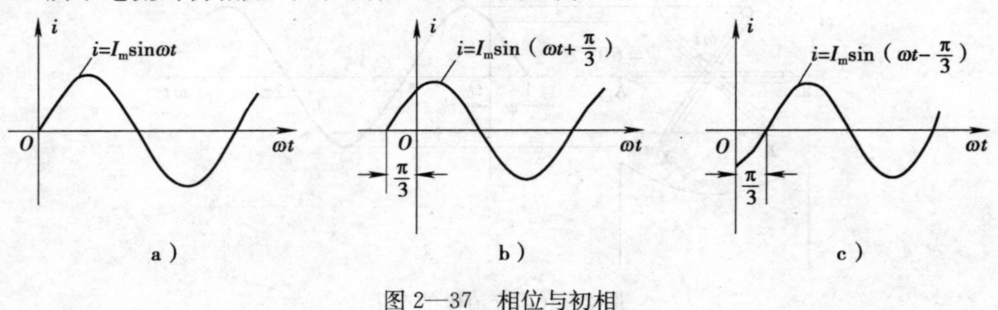

图 2—37　相位与初相

两个同频率正弦量的相位之差，也就是它们的初相之差，称为相位差，反映电流或电压瞬时值变化的时间差。这就是超前和滞后的概念，如图 2—38 所示，电流 i_1 超前电流 i_2，或电流 i_2 滞后电流 i_1。

（2）正弦量的参考方向

在直流电路的分析中，要确定电压和电流的参考方向。在交流电路中，交流电的实际方向是随时间变化的，很难知道交流电在某一时刻的实际方向，因此，在分析交流电路时，选择电压、电流的参考方向就更为必要。同直流电路一样，交流电的参考方向也是事先假定的，如图 2—39 所示，当参考方向与实际方向一致时，该电流为正；当参考方向与实际方向相反时，该电流为负。若某段电路上电压和电流的参考方向一致时，称为关联参考方向，否则，为非关联参考方向。

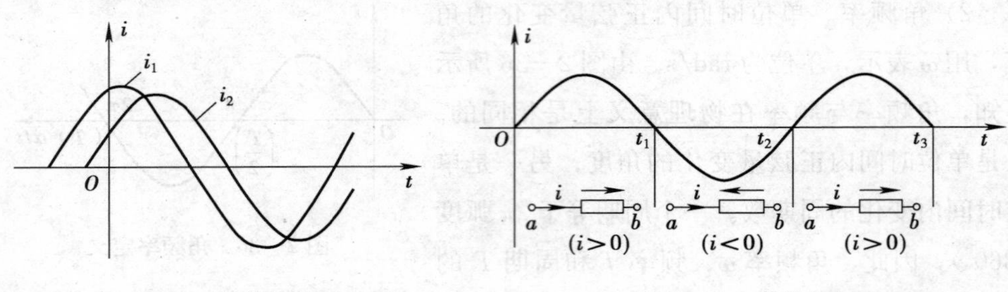

图 2—38　超前与滞后　　图 2—39　参考方向

（3）交流电产生

导体在磁场中运动，切割磁感应线，导体中产生感生电流。这就是发电机的基本工作原理。如图 2—40 所示，当一组线圈在磁场内做匀速旋转时，导线切割磁力线而产生感应电动势 e（感生电流），这就是单相交流发电机。可以看出：线圈的水平角度不同，尽管线速度不变，但切割磁感应线的根数不同，因此，产生感应电动势也不同。

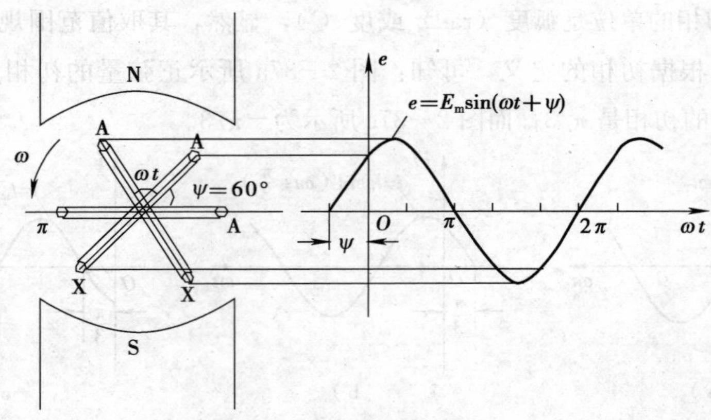

图 2—40　交流电的产生

这个单相发电机的输出电压（电流）就是一个正弦量，是交流电源。

若线圈旋转速度为ω、t为0时，线圈与水平面夹角为ψ，其产生电动势e的数学表达式为：

$$e = E_m \sin(\omega t + \psi) \tag{2—40}$$

2. 正弦量的相量表示法

（1）基础知识

复数可表示成$A=a+bj$。其中a为实部，b为虚部，也可以在复平面内用图形或矢量来表示。

在复平面任一点均可表示一个唯一的复数，如图2—41所示。

$$A_1 = 1 + j \quad A_2 = -3$$

$$A_3 = -3 - j2 \quad A_4 = 3 - j$$

任意复数在复平面内还可用其对应的矢量来表示（见图2—42），$A=r\angle\theta$。矢量的长度称为模，用r表示；矢量与实正半轴的夹角称为幅角，用θ表示。模与幅角的大小决定了该复数的唯一性。

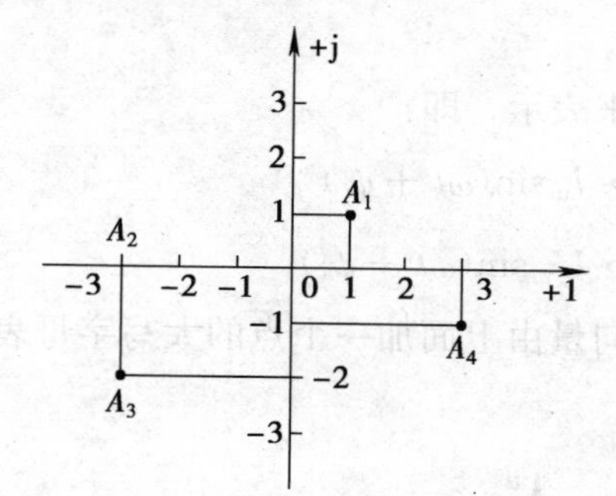

图2—41　复数用点表示

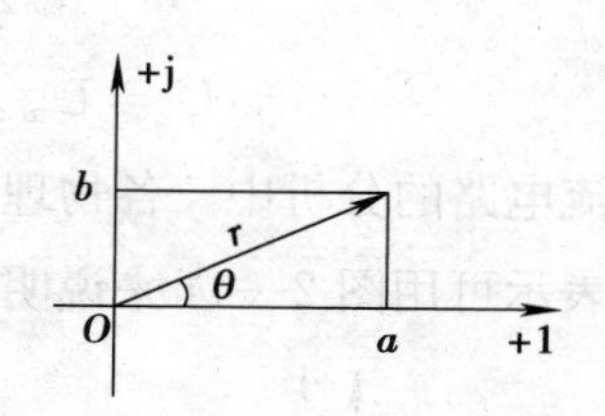

图2—42　复数用矢量表示

两种表示法的转换关系式为：

$$\begin{cases} r = \sqrt{a^2 + b^2} \\ \theta = \arctan\dfrac{b}{a} \end{cases}$$

$$\begin{cases} a = r\cos\theta \\ b = r\sin\theta \end{cases} \tag{2—41}$$

矢量法又称平行四边形法则（见图2—43），也是最直观和最简单的方法。由此演化出三角形法则，通过将各矢量平行移动，首尾相接，那么，从原点到端点的连线就是各矢量的和矢量。

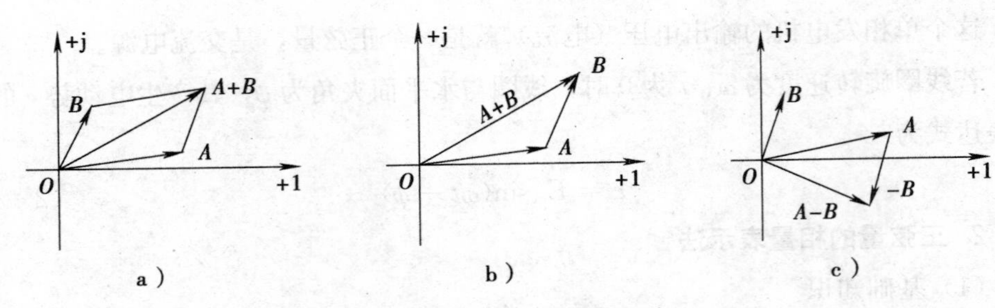

图 2—43　平行四边形法则

a）平行四边形法则　b）三角形法则（加法）　c）三角形法则（减法）

（2）正弦量的相量式

首先介绍旋转因子的概念，模为 1 的复数称为旋转因子，表示为 $1\angle\theta$。任意复数乘以旋转因子后，其模不变，但幅角增加了 θ，相当于把该复数逆时针旋转了 θ 角，如旋转因子 $1\angle\theta$ 的幅角 θ 为一常量，任意复数乘以该旋转因子后就会旋转 θ 角；若 $\theta=\omega t$ 是一个随时间匀速变化的量，其角速度为 ω，任意复数乘以这个旋转因子 $1\angle\omega t$ 后，则复数矢量就会从原相位上逆时针旋转起来，旋转的角速度就是 ω。这个矢量也就对应一个正弦量。

因此，交流电流（压）可以用相量来表示，即：

$$\dot{I}=I_{\mathrm{m}}\angle\psi_i\rightarrow I_{\mathrm{m}}\sin(\omega t+\psi_i)$$

$$\dot{U}=U_{\mathrm{m}}\angle\psi_u\rightarrow U_{\mathrm{m}}\sin(\omega t+\psi_u)\tag{2—42}$$

在交流电路的分析中，各物理量的向量由上面加一个点的大写字母表示，交流电的向量表示可用图 2—44 来说明。

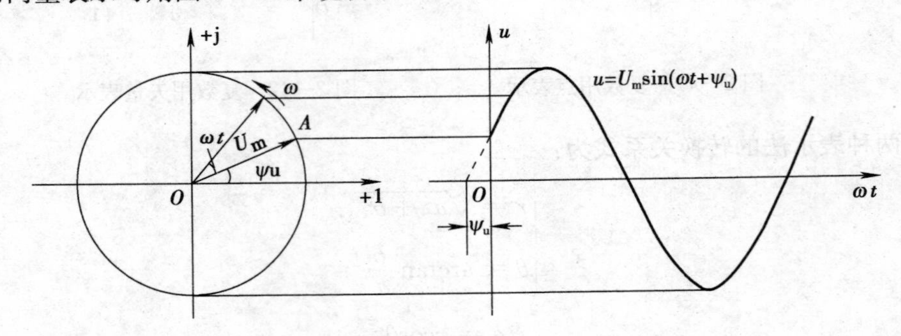

图 2—44　正弦量的相量表示法

（3）电路基本定律的相量形式

前面介绍的电路基本定律都是在直流电路下推导出来的，其实它们也适用于交流电路的稳态分析，只要将各电路参数用复数表示，通过与直流电路相同的分析过程，即可得出它们的向量表达式。本书省略了数学推导过程，只给出这些基本定律的向量表达式，读者如有兴趣，可自己尝试去推导。

1）KCL 的向量表达式。KCL 的一般形式为$\sum i=0$，如图 2—45 所示。

其向量形式为：

$$\sum \dot{I}_m = 0 \text{或} \sum \dot{I} = 0 \tag{2—43}$$

2）KVL 的向量表达式。KVL 的一般形式为 $\sum u = 0$，如图 2—46 所示。

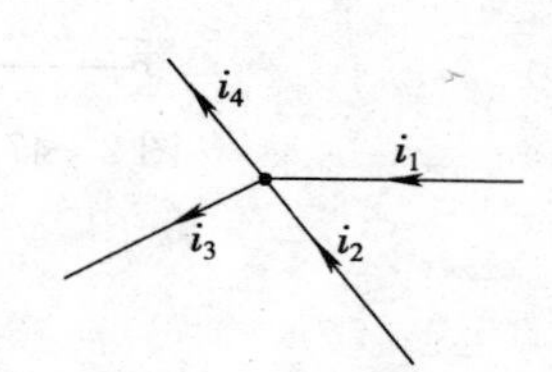

图 2—45 KCL 的一般形式

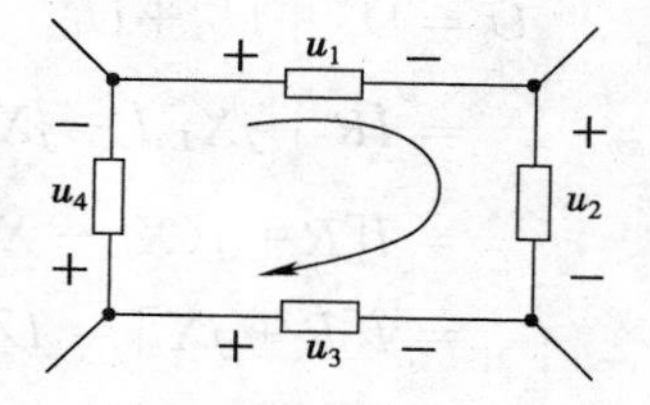

图 2—46 KVL 的一般形式

对于交流电路，其向量形式为：

$$\sum \dot{U}_m = 0, \sum \dot{U} = 0 \tag{2—44}$$

3）电阻、电感、电容元件上电压与电流的向量关系

①电阻元件 VCR 的向量形式，称为向量形式的欧姆定律：

$$\dot{U}_R = I_R R \angle \varphi_i = \dot{I}_R R$$

②电感元件 VCR 的向量形式，也称为向量形式的欧姆定律：

$$\dot{U}_L = jX_L \dot{I}_L \qquad \dot{U}_{Lm} = jX_L \dot{I}_{Lm}$$

③电容元件 VCR 的向量形式，同样也称为向量形式的欧姆定律：

$$\dot{U}_C = -jX_C \dot{I}_C \qquad \dot{U}_{Cm} = -jX_C \dot{I}_{Cm}$$

4）复阻抗与复导纳。上述定律的复数表达式与直流电路的表达式相同，如果电路中只有电阻元件，那么，电路中电流与电压的相位（矢量的幅角）相同，交流电路分析的计算结果与直流电路也是相同的。如果电路中有了电抗（电感、电容）元件，电路中电流与电压的相位（矢量的幅角）就不相同了，交流电路分析的计算结果与直流电路也不同。

由于电抗元件的存在，引入复阻抗的概念。

①复阻抗。电路中所有元件对电流的阻碍作用的复数表达形式，单位为欧姆（Ω）。数学表达式为：

$$Z = \frac{\dot{U}}{\dot{I}} \tag{2—45}$$

从电阻、电感、电容串联的等效电路和计算，可以清楚地说明复阻抗的概念。

如图 2—47 所示，RLC 串联电路电压与电流的关系为：

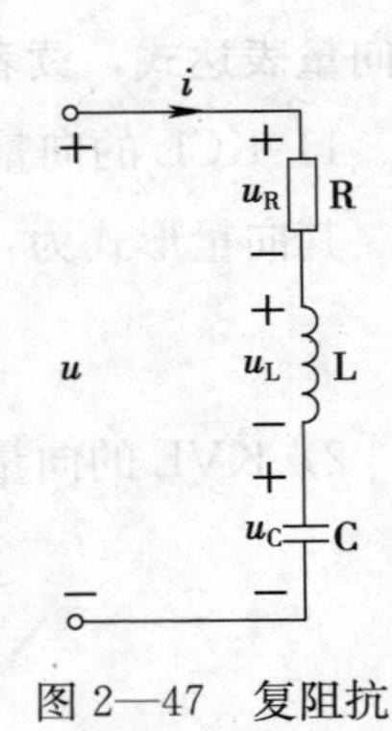

图 2—47　复阻抗

$$\dot{U}_R = \dot{I}R$$

$$\dot{U}_L = jX_L\dot{I}$$

$$\dot{U}_C = -jX_C\dot{I}$$

根据 KVL 有：

$$\begin{aligned}\dot{U} &= \dot{U}_R + \dot{U}_L + \dot{U}_C \\ &= \dot{I}R + jX_L\dot{I} - jX_C\dot{I} \\ &= \dot{I}[R + j(X_L - X_C)] \\ &= \dot{I}[R + jX] = \dot{I}Z\end{aligned}$$

可导出（2—45）式。

复阻抗的倒数称为复导纳，用大写字母 Y 表示，单位为西门子（S）。

②功率。对复阻抗，交流电路的功率分为有功功率和无功功率：

交流电路的有功功率即为电路等效电阻上的功率，即：

$$P = U_R I = UI\cos\varphi = I^2R = \frac{U_R^2}{R}$$

交流电路的无功功率即为电路等效电抗上的功率，即：

$$Q = U_X I = UI\sin\varphi = I^2X = \frac{U_X^2}{X}$$

有功功率的单位为瓦特（W），无功功率的单位为乏尔（var）。

3. 三相电路

（1）三相电源

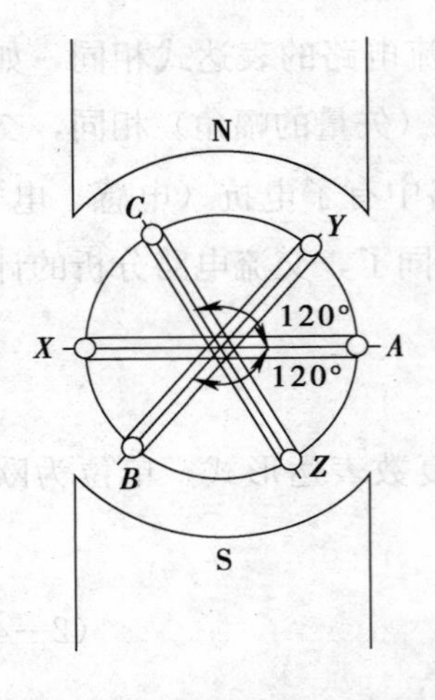

图 2—48　三相发电机原理

上面介绍的交流电源都是二端元件，输出一个电压或电流。由这样的电源供电的电路称为单相交流电路。

如果三组完全相同的绕组相互间隔 120°，固定在同一旋转中心上，置于磁场中（见图 2—48），当绕组旋转时，三个绕组将会产生三个幅度相同、频率相同，而相位不同的三个电压，这就是三相交流发电机的基本原理。

显然，三个交变电压的相位相差均为 120°，因此，它们的数学表达式为：

$$u_A = U_m \sin\omega t$$

$$u_B = U_m \sin(\omega t - 120^\circ)$$

$$u_C = U_m \sin(\omega t + 120^\circ)$$

相量式为：

$$\begin{cases} \dot{U}_A = U\angle 0^\circ \\ \dot{U}_B = U\angle -120^\circ \\ \dot{U}_C = U\angle 120^\circ \end{cases}$$

波形及相量图如图 2—49 所示。

上述幅度相等、频率相同、相位互差 120°的正弦量称为对称三相正弦量。由这三个电压组成的电源称为对称三相电源（本书后面提到的三相电源均指对称三相电源）。

三相电压到达振幅值（或零值）的先后次序为相序。在图 2—49 所示中三个电压到达振幅值的顺序为 u_A、u_B、u_C。若其相序为 $ABCA$，称为顺相序；反之，若相序为 $ACBA$，则称为逆相序。本书以下的讨论都是顺相序的情况。

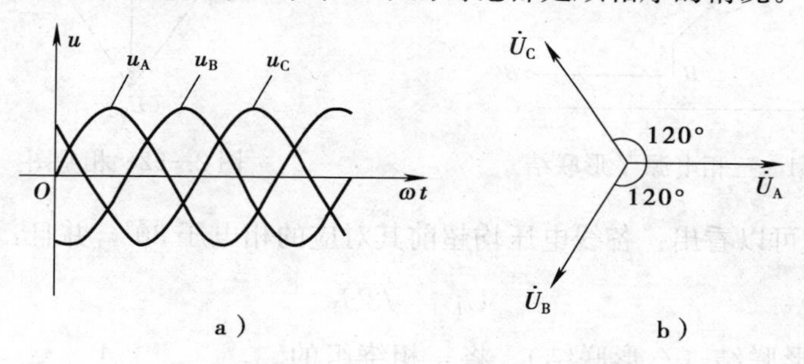

图 2—49　对称三相电源的波形及相量图

a）波形图　b）相量图

三相电源的电路符号如图 2—50 所示，目前，电力系统普遍采用这种三相制供电方式。

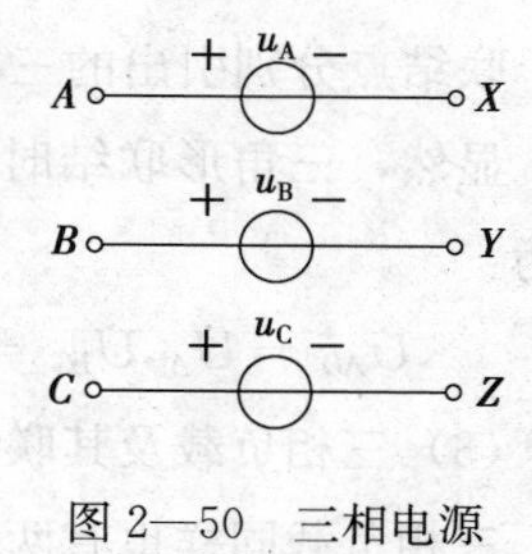

图 2—50　三相电源电路符号

（2）三相电源的联结

三相发电机每相绕组均是独立的，可分别接上负载成为互不相连的三相电路，但实际上很少采用这种方式。常见联结方式有：

1）星形联结（Y 形联结）。将三相绕组 AX、BY、CZ 的相头 A、B、C 作为三相输出端，而相尾 X、Y、Z 联结在同一中点 N 上。从相头 A、B、C 引出的三根线称为端线（又叫火线）；从中点 N 引出的线称为中线（又叫零线）。如图 2—51 所示，这种接法又称为三相四线制。每相绕组两端的电压称为相电压，即：

$$\dot{U}_{AN}=\dot{U}_A,\dot{U}_{BN}=\dot{U}_B,\dot{U}_{CN}=\dot{U}_C$$

三相电源的线电压（相间电压）大小常用U_L表示，其方向规定由$A\to B$，$B\to C$，$C\to A$，由图 2—51 可知，星形联结电源的各线电压可表示为：

$$\begin{cases}\dot{U}_{AB}=\dot{U}_A-\dot{U}_B\\ \dot{U}_{CB}=\dot{U}_B-\dot{U}_C\\ \dot{U}_{CA}=\dot{U}_C-\dot{U}_A\end{cases}$$

三相电源的相电压与线电压的相量图，如图 2—52 所示。

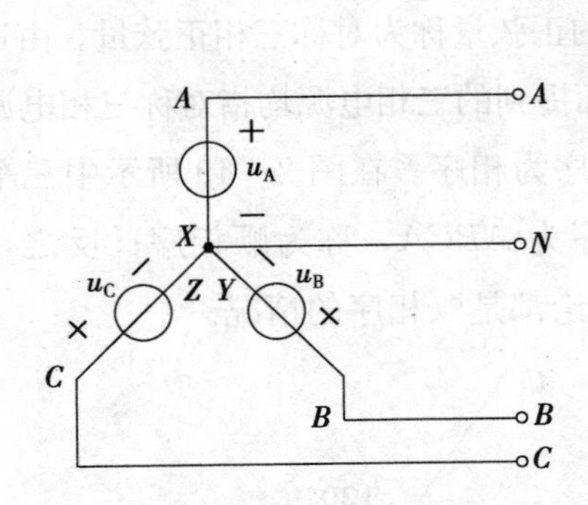

图 2—51　三相电源 Y 形联结

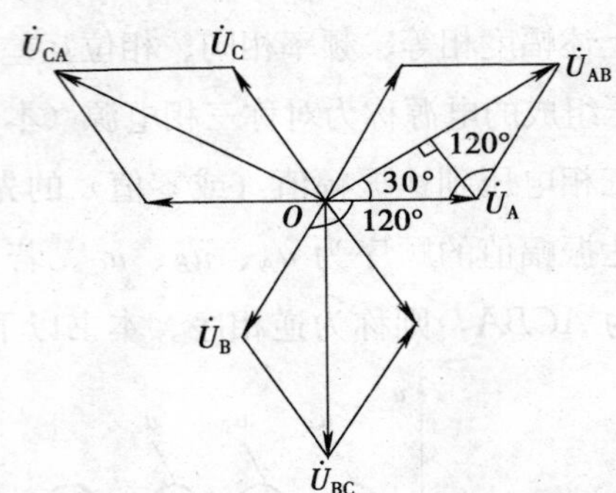

图 2—52　相量图

从相量图可以看出：各线电压均超前其对应的相电压 30°，并且：

$$U_L=\sqrt{3}U_P \tag{2—46}$$

2）三角形联结（△形联结）。将三相绕组的相头和相尾依次联结在一起，即A接Z，B接X，C接Y（见图 2—53），称为三角形联结。这时从三个联结点分别引出的三根端线A、B、C就是火线，显然，三角形联结时，线电压与相电压的关系为：

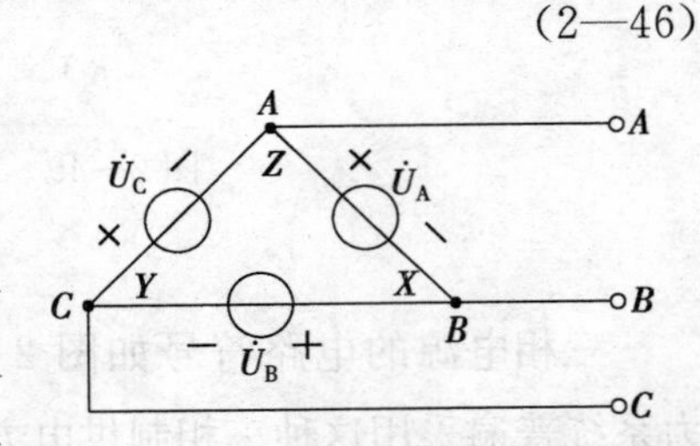

图 2—53　三相电源的三角形联结

$$\dot{U}_{AB}=\dot{U}_A,\dot{U}_{BC}=\dot{U}_C,\dot{U}_{CA}=\dot{U}_C$$

（3）三相负载及其联结

三相负载同样也有两种联结方式：星形联结和三角形联结。

1）负载的星形联结。图 2—54 示出了三相负载和三相电源均为星形联结的三相四线制电路，其中Z_A、Z_B、Z_C表示三相负载，若$Z_A=Z_B=Z_C$称其为对称负载，否则，为不对称负载。三相电路中，若电源对称，负载也对称，称为三相对称电路。

$$\dot{U}'_A=\dot{U}_A,\dot{U}'_B=\dot{U}_B,\dot{U}'_C=\dot{U}_C$$

三相四线制电路中，负载相电流等于对应的线电流，即：

$$\dot{I}'_A = \dot{I}_A, \dot{I}'_B = \dot{I}_B, \dot{I}' = \dot{I}_C$$

$$\dot{I}_A + \dot{I}_B + \dot{I}_C = \dot{I}_N$$

若负载对称，即 $Z_A = Z_B = Z_C = Z$，相电压对称，线电流也对称，则在三相对称电路中有：

$$\dot{I}_N = 0 \tag{2—47}$$

由于中线上的电流为零，可以取消它，故三相对称电路也称三相三线制，如图 2—55 所示。

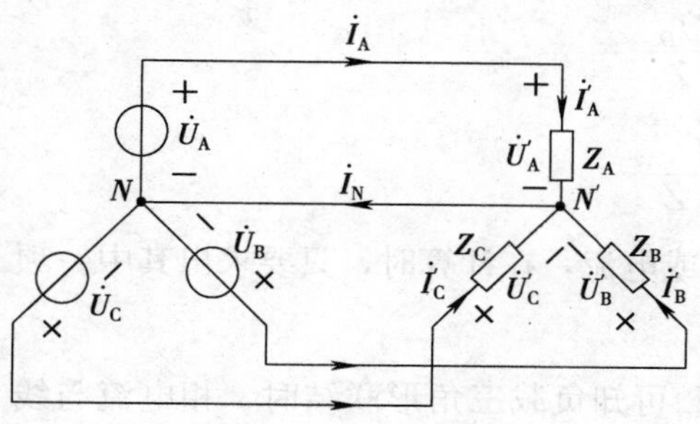

图 2—54　三相四线制电路

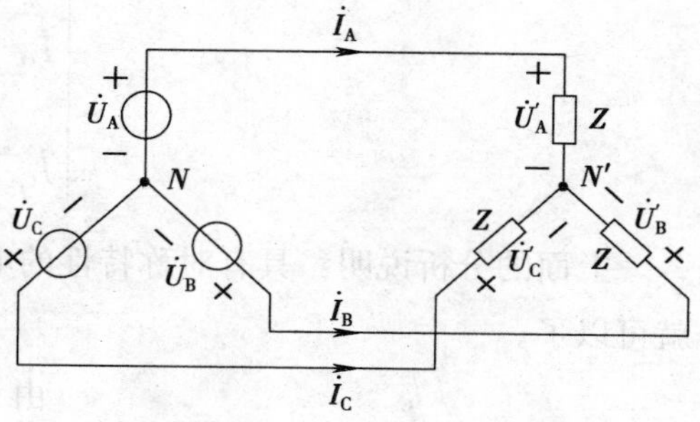

图 2—55　对称三相三线制电路

在三相四线制或对称三相三线制电路中，负载的相电压与线电压的关系仍为：

$$\begin{cases} \dot{U}_{AB} = \sqrt{3}\,\dot{U}'_A \angle 30^\circ \\ \dot{U}_{CB} = \sqrt{3}\,\dot{U}'_B \angle 30^\circ \\ \dot{U}_{CA} = \sqrt{3}\,\dot{U}'_C \angle 30^\circ \end{cases}$$

2）负载的三角形联结。将三相负载首尾依次联结成三角形后，再分别接到三相电源的三根端线上，Z_{AB}、Z_{BC}、Z_{CA} 分别为三相负载，通过负载的电流称为负载的相电流，其参考方向如图 2—56 所示。

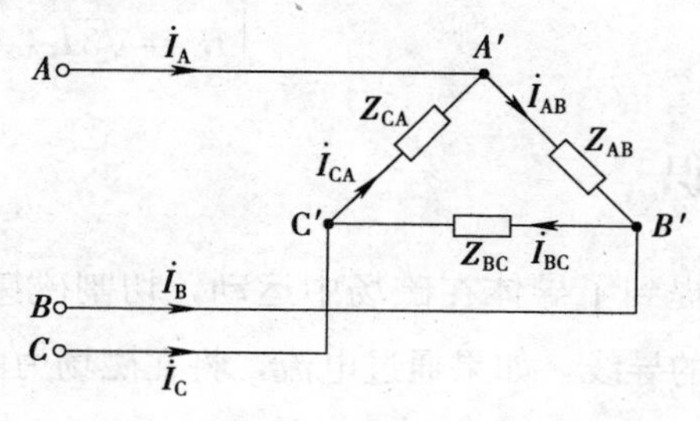

图 2—56　负载的三角形联结

显然，负载三角形联结时，负载相电压与线电压相同，负载相电流为：

$$\begin{cases}\dot{I}_{AB}=\dfrac{\dot{U}_{AB}}{Z_{AB}}\\\dot{I}_{BC}=\dfrac{\dot{U}_{BC}}{Z_{BC}}\\\dot{I}_{CA}=\dfrac{\dot{U}_{CA}}{Z_{CA}}\end{cases}$$

如果三相负载为对称负载，即 $Z_{AB}=Z_{BC}=Z_{CA}=Z$，则有：

$$\begin{cases}\dot{I}_{AB}=\dfrac{\dot{U}_{AB}}{Z}\\\dot{I}_{BC}=\dfrac{\dot{U}_{BC}}{Z}\\\dot{I}_{CA}=\dfrac{\dot{U}_{CA}}{Z}\end{cases}$$

上面的分析说明：具有对称特性的电压或电流，在计算时，只要求出其中一项就可以了。

由 KCL 可知负载三角形联结时，相电流与线电流的关系为：

$$\begin{cases}\dot{I}_{A}=\dot{I}_{AB}-\dot{I}_{CA}\\\dot{I}_{B}=\dot{I}_{BC}-\dot{I}_{AB}\\\dot{I}_{C}=\dot{I}_{CA}-\dot{I}_{CB}\end{cases}$$

由此可以得出，对称负载的相电流与线电流的关系和相量图，相量图如图 2—57 所示。

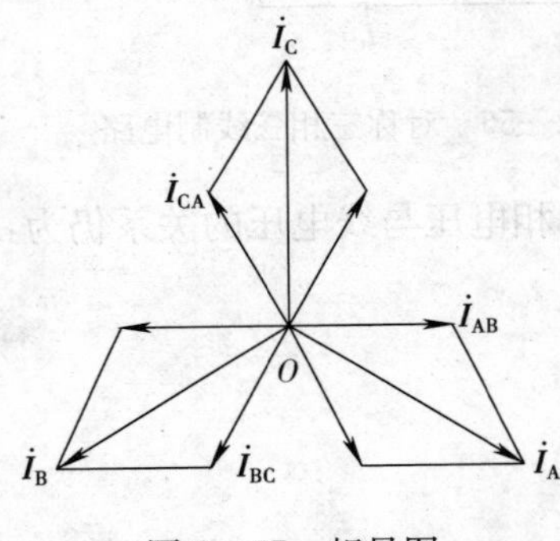

图 2—57　相量图

$$\begin{cases}\dot{I}_{A}=\sqrt{3}\,\dot{I}_{AB}\angle-30^\circ\\\dot{I}_{B}=\sqrt{3}\,\dot{I}_{BC}\angle-30^\circ\\\dot{I}_{C}=\sqrt{3}\dot{I}_{CA}\angle-30^\circ\end{cases}$$

四、磁学基础知识

在介绍发电机时，提到了导体在磁场中运动，切割磁感应线，会产生感生电流，反之，位于磁场中的导线，如果通过电流，将在磁场力的作用下产生运动，这是电动机的基本原理。实际上，在电子设备中，利用电、磁相互作用的原理非常多，如显像管电子束的扫描，各种磁记录设备等。为方便读者进一步的学习，本书对磁学的基础知识作简单的介绍。

1. 磁场的基本物理量

（1）磁场与磁感应线。磁铁能吸引小螺钉，说明它的周围空间存在一种特殊物质，且具有能量，这就是磁场。实验证明：磁场是有方向的，如果把小磁针（磁性体）放在磁场中某一点上，它将受磁场力的作用改变方向，当磁针静止后，N极所指的方向即为该点磁场的方向。

磁场的强弱反映它吸引铁磁物质的能力，通常用磁感应线的密度来表示，磁感应线密度越大，磁场越强。磁感应线是无头无尾的闭合曲线，在磁体外部，磁感应线是从N极到S极，在磁体内部，则是从S极到N极，从而闭合。

通电导体周围存在磁场，说明电和磁是紧密相连的，电场与磁场是密不可分的，称为电磁场。图2—58说明了通电导体在磁场中的运动，即左手定则。

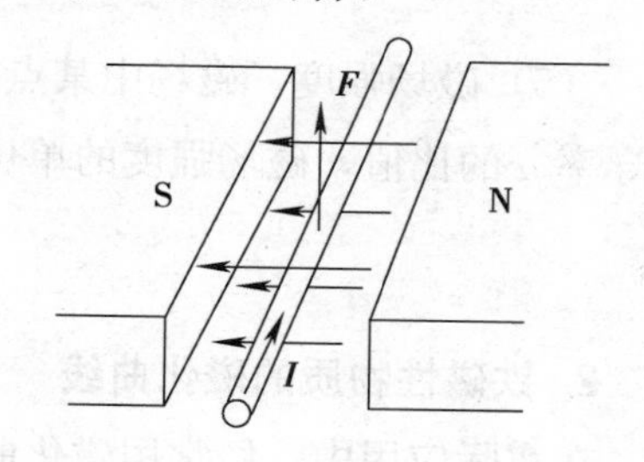

图2—58 左手定则

（2）磁感应强度。通电导体在磁场中受力的大小和方向（见图2—58）与其在磁场中的位置有关，表明在不同的位置，磁场的强弱和方向也不同。磁感应强度是表示这一特性的物理量，其定义是：在磁场中某一点，与磁场方向垂直的载流体受到的电磁力为F，则F与载流体的电流I和导体长度l的乘积之比叫做该点的磁感应强度，用B表示。磁感应强度的单位为特斯拉（T）。用下式表示：

$$B=\frac{F}{Il} \qquad (2—48)$$

磁感应强度的方向与该点磁场方向一致。如果磁场中各点磁感应强度大小相等，方向相同，则称该磁场为均匀磁场。

（3）磁通。在均匀磁场中，磁感应强度B和垂直于磁场方向的面积S的乘积称为该面积的磁通，用Φ表示，磁通的单位为韦伯（Wb）。

$$\Phi=BS \qquad (2—49)$$

磁通又可理解为垂直穿过面积S的磁感应线的总数。

（4）磁导率。对于无限长直载流导体周围的磁场（见图2—59），其磁感应线是以导体轴线为中心的同心圆。磁场中某一点的磁感应强度B的大小与导体电流I成正比，与该点到轴心的距离

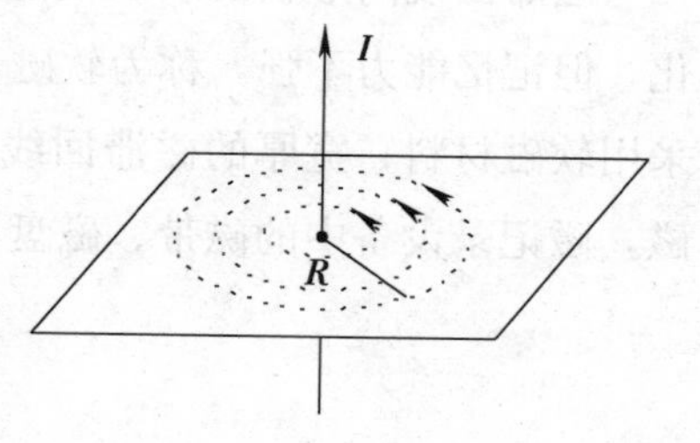

图2—59 长直导体周围的磁场

成反比，还与周围的介质有关，即：

$$B=\mu\frac{I}{2\pi R}$$

式中 μ 为介质的磁导率，其单位为亨利/米（H/m）。

磁导率是描述物质导磁能力的重要参数，真空的磁导率为 $\mu_0=4\pi\times10^{-7}$ H/m。

通常，用介质磁导率与真空磁导率的比值来表示介质的磁特性，即相对磁导率 μ_r。

$$\mu_r=\frac{\mu}{\mu_0} \tag{2—50}$$

（5）磁场强度。磁场中某点的磁场强度 H 等于该点磁感应强度 B 与该处介质磁导率 μ 的比值，磁场强度的单位为安/米（A/m）。

$$H=\frac{B}{\mu} \tag{2—51}$$

2. **铁磁性物质的磁化曲线**

在实际应用中，经常用磁化曲线表示各种铁磁性物质的磁化特性。磁化曲线就是B—H曲线，各种物质的磁化曲线主要通过实验来测得，如图2—60所示。从 $H=0$，$B=0$ 开始一段称起始磁化曲线。

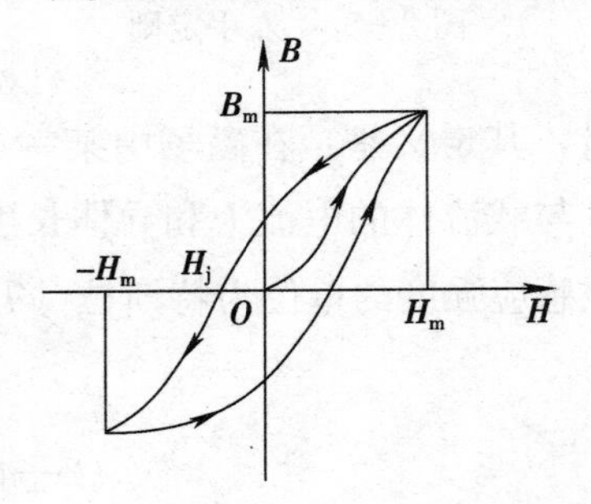

图2—60　磁滞回线

从图上可知：随着 H 的增大，B 将非线性增大，当 H 增到一定值后，B 将趋于饱和。说明铁磁性物质的磁导率 μ 不是常数。

然后，逐渐减小 H，会发现 B 并不按原曲线减小，当 H 为零时，仍有一定的 B。这说明铁磁物质具有磁记忆特性，是各种磁记录设备的基本原理。

继续在反方向加 H，并逐渐加大，B 则在反方向趋于饱和。再减小 H 至零，然后，正方向（起始磁化的方向）加大 H 就形成图示的磁滞回线。

磁滞回线的形状反映了铁磁材料的特性：瘦长的磁滞回线说明介质容易被磁化，但记忆能力不强，称为软磁，磁记录设备中的磁头和磁开关探测器中干簧管应采用软磁材料；宽厚的磁滞回线说明介质记忆能力强，且抗干扰能力强，称为硬磁，磁记录设备中的磁带、磁盘，磁开关探测器中的磁铁应采用硬磁材料。

第 2 节　常用电路基本元器件的图形符号

为规范电气设计和电气制图，使我国在电气制图和电气图形符号领域的工程语言及规则得到统一，并与国际上通用语言和规则协调一致，国家制定并发布了 GB/T 4728《电气简图用图形符号》系列标准。20 世纪 90 年代以来，为适应我国加快对外经济交流，跟踪 IEC，修订了相应的国家标准。现行标准已与国际标准基本接轨（与相应的 IEC 标准等同）。

这些标准是安防电子产品设计的基本依据，也是安防系统集成、工程设计的基本依据。

一、常用电路元器件

了解和熟悉常用电路元器件的名称和符号，就是掌握了一种通用的工程语言，是看懂各种工程图样，理解产品电路图和绘制安防工程图样的基本工具。

GB/T 4728《电气简图用图形符号》规定了各类电路元器件的名称和定义，包括以下 13 个部分，见表 2—2。

表 2—2　《电气简图用图形符号》中各类电路元器件的名称

序号	名称	所处位置
GB/T 4728. 1—85	电气简图用图形符号	总则
GB/T 4728. 2—1998	电气简图用图形符号	第 2 部分：符号要素、限定符号和其他常用符号
GB/T 4728. 3—1998	电气简图用图形符号	第 3 部分：导线和连接器件
GB/T 4728. 4—1999	电气简图用图形符号	第 4 部分：基本无源元件
GB/T 4728. 5—2000	电气简图用图形符号	第 5 部分：半导体和电子管
GB/T 4728. 6—2000	电气简图用图形符号	第 6 部分：电能的发生与转换
GB/T 4728. 7—2000	电气简图用图形符号	第 7 部分：开关、控制和保护器件
GB/T 4728. 8—2000	电气简图用图形符号	第 8 部分：测量仪表、灯和信号器件
GB/T 4728. 9—1999	电气简图用图形符号	第 9 部分：电信：交换和外围设备
GB/T 4728. 10—1999	电气简图用图形符号	第 10 部分：电信：传输
GB/T 4728. 11—2000	电气简图用图形符号	第 11 部分：建筑安装平面布置图
GB/T 4728. 12—1996	电气简图用图形符号	第 12 部分：二进制逻辑元件
GB/T 4728. 13—1996	电气简图用图形符号	第 13 部分：模拟元件

其中与安全防范工程设计和安防产品设计关系密切的主要有以下几个方面：

1. 基本元器件

基本元器件主要包括：导线与连接件、无源的电路元件、半导体器件和开关等。系列标准的第3、第4、第5和第7部分规定了这些元器件的图形符号。

（1）导线与连接件

包括：导线、电缆、电线、传输通路及各种插头、插座等，见表2—3。

表2—3　导线与连接件

序号	符号	说明
1		连线、连线组 表示导线、电缆、电线，连线符号的长度取决于电路简图的布局
2	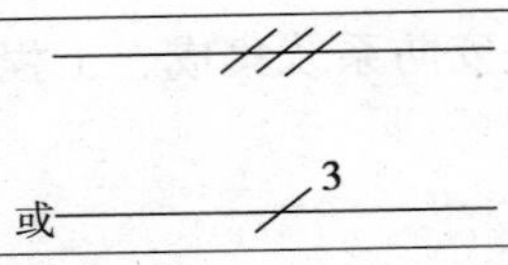 或 3	三根导线 可标注附加信息，如： 电流种类、配电系统、电压、每根导线截面积等
3		柔性连接
4	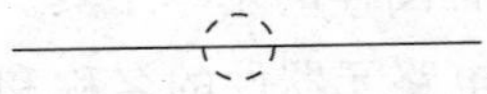	屏蔽导体 如果几根导体包含在同一屏蔽内或同一电缆内，或者绞合在一起，但这些导体符号和其他导体符号互相混杂，可用左边图示画法
5	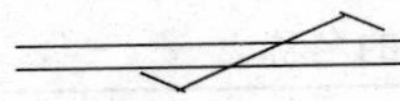	绞合导线 示出两根
6	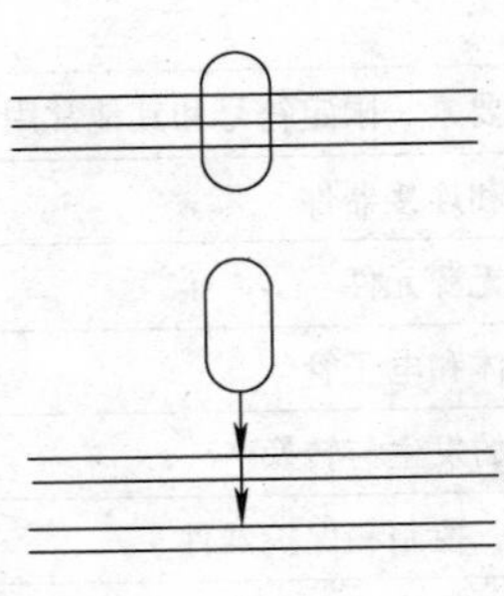	电缆中的导线 示出三根 五根导线，其中箭头所指的两根在同一电缆内
7	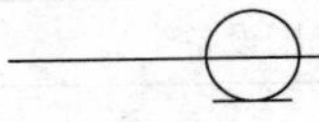 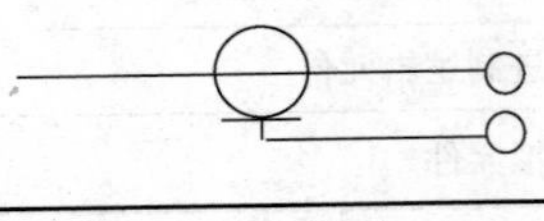	同轴对 若同轴结构不再保持，则切线只画在同轴的一边 示例： 同轴对；连到端子上

续表

序号	符号	说明
8	●	连接 连接点
9	○	端子
10		端子板 可加端子符号
11		T 形连接 导线的双重连接 增加连接符号
12		阴接触件（连接器的） 插座 阳接触件（连接器的） 插头
13		插头和插座
14		插头和插座，多极 用多线表示四个阴接触件与四个阳接触件的符号
15	6	插头和插座，多极 用单线表示六个阴接触件与六个阳接触件的符号
16		连接器，组件的固定部分 仅当需要区别连接器组件的固定部分与可动部分时采用此符号

续表

序号	符号	说明
17	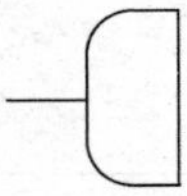	连接器，组件的可动部分 仅当需要区别连接器组件的固定部分与可动部分时采用此符号
18	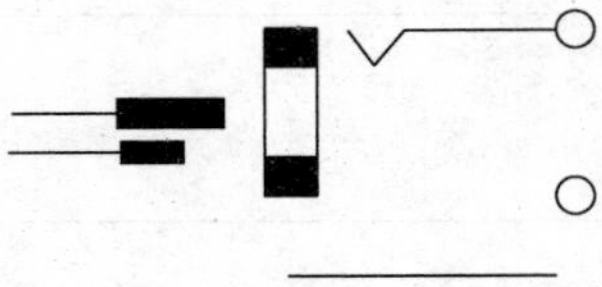	电话型插塞和插孔 本符号示出了两个极，长极表示插塞尖，短极为插塞
19	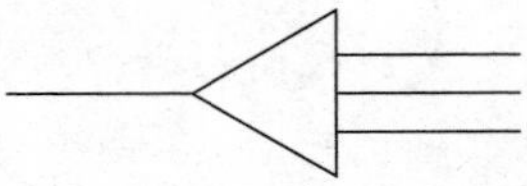	电缆密封终端，表示带有一根三芯电缆
20	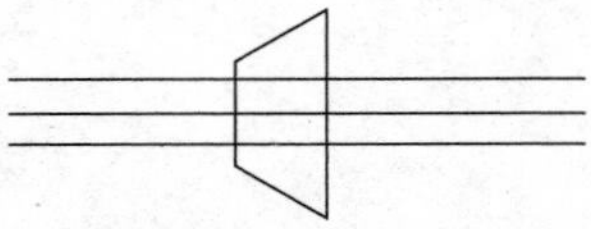	电缆密封终端，表示带有三根单芯电缆

（2）无源的电路元件

无源的电路元件主要包括：电阻、电容、电感等电路的基本元件，及磁心、压电晶体、驻极体、延迟线等无源电路元件，见表 2—4。

表 2—4　　电阻、电容及磁性无源元件

序号	符号	说明
1	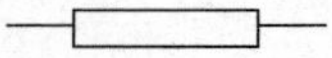	电阻器，一般符号
2	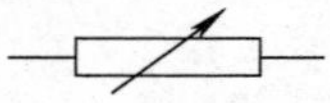	可调电阻器
3	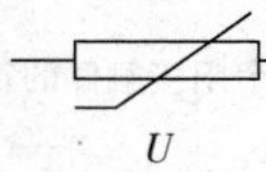 U	压敏电阻器 变阻器
4	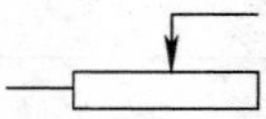	带滑动触点的电阻器
5	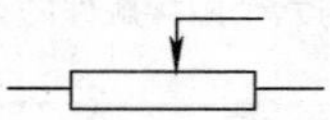	带滑动触点的电位器
6	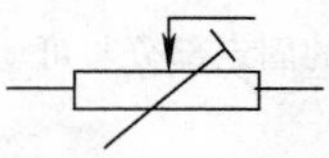	带滑动触点和预调电位器

续表

序号	符号	说明
7	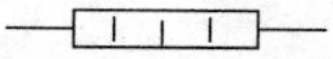	电热元件
8	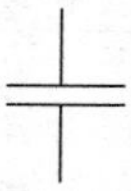	电容器，一般符号
9	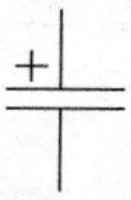 +	极性电容器，例如电解电容器
10		可调电容器
11	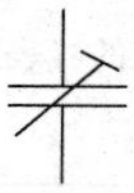	预调电容器
12	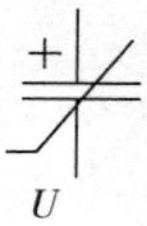 + U	压敏极性电容器 利用其压敏性，例如半导体电容器
13	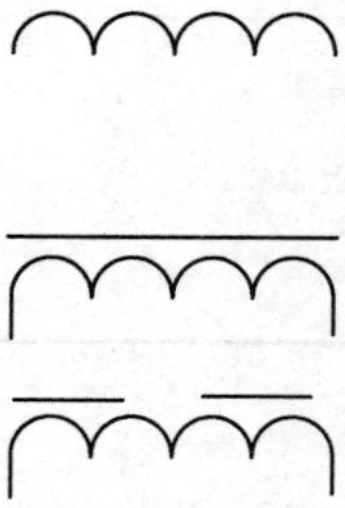	电感器 线圈 绕组 扼流圈 若表示带磁心的电感器，可在该符号上加一条平行线；若磁心为非磁性材料可以加注释；若磁心有间隙，这条线可以断开画
14	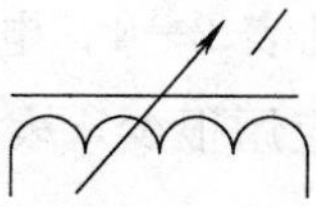	带磁心连续可变电感器
15		带固定抽头的电感器，示出了两个抽头
16		铁氧体磁心
17	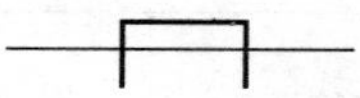	穿在导线上的铁氧体磁珠

续表

序号	符号	说明
18	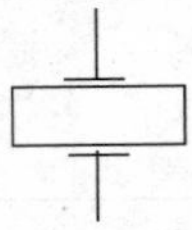	具有两个电极的压电晶体
19	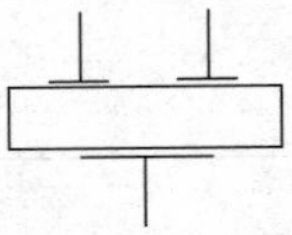	具有三个电极的压电晶体
20	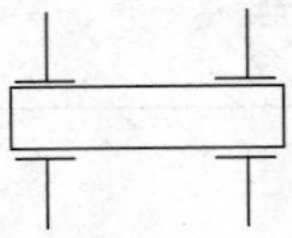	具有两对电极的压电晶体
21		具有电极和连接的驻极体，较长的线表示正极
22	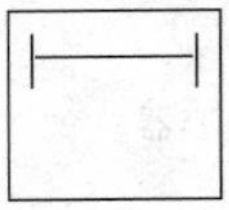	延迟线，一般符号 延迟元件，一般符号
23	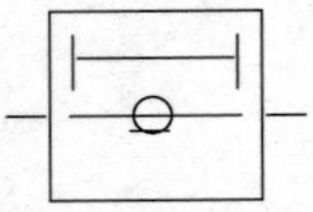	同轴延迟线

（3）半导体器件和开关

半导体器件和开关主要包括：半导体二极管、半导体三极管、光敏和磁敏器件、辐射探测器件及各类开关、保护器件等，常用的见表 2—4。电真空器件在 GB/T 4728. 5—2000 中占了很大部分，由于安防系统中应用很少，表 2—5 中没有列出。

表 2—5　　　　半导体器件和开关

序号	符号	说明
1	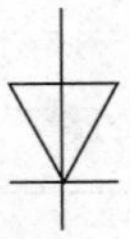	半导体二极管，一般符号
2	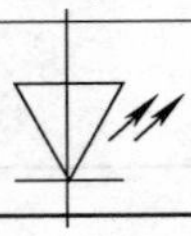	发光二极管（LED），一般符号

续表

序号	符号	说明
3	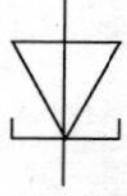	隧道二极管
4		单向击穿二极管 电压调整二极管 齐纳二极管
5	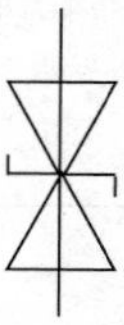	双向击穿二极管
6	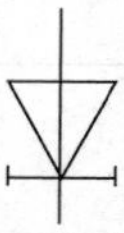	反向二极管
7	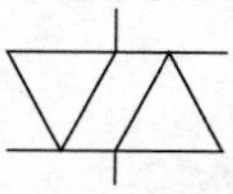	双向二极管
8	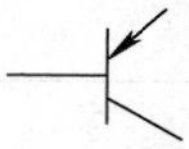	PNP 半导体管
9	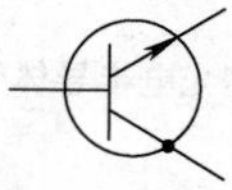	集电极接管壳的 NPN 半导体管
10	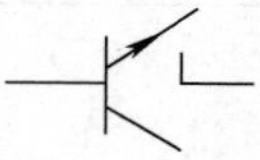	NPN 雪崩半导体管
11	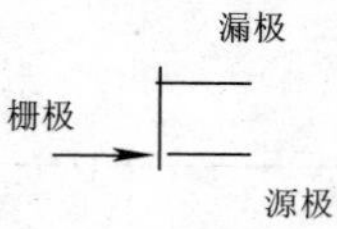 漏极 栅极 源极	N 型沟道结型场效应半导体管 栅极与源极的引线应绘在一直线上
12	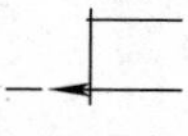	P 型沟道结型场效应半导体管
13	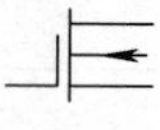	绝缘栅场效应半导体管（IGFET） 耗尽型、单栅、N 型沟道、衬底无引出线
14		光敏电阻 光电导管 具有对称导电性的光电导器件

续表

序号	符号	说明
15	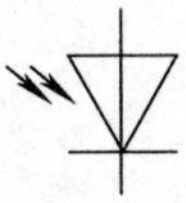	光电二极管 具有非对称导电性的光电器件
16		光电池
17		光电半导体管，示出 PNP 型
18	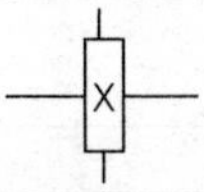	具有四根引出线霍尔发生器
19	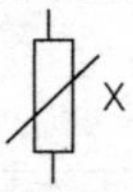	磁敏电阻，示出线性型
20	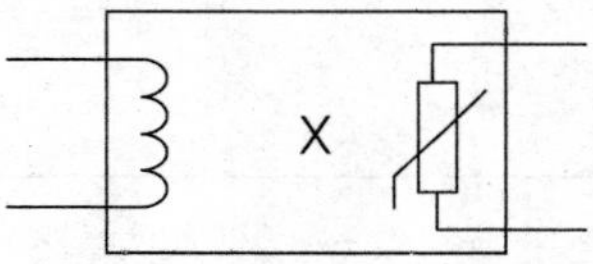	磁耦合器件 磁隔离器
21	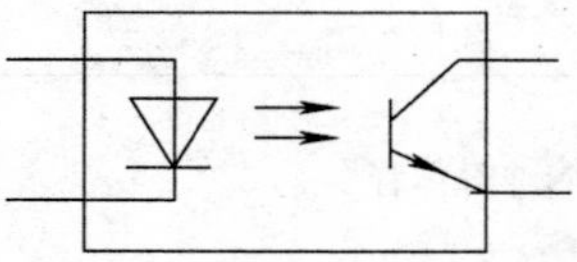	光耦合器件 光隔离器，示出发光二极管和光电半导体管
22	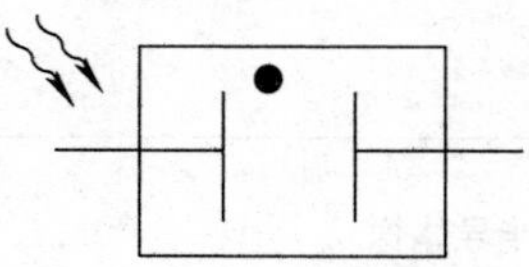	电离室
23	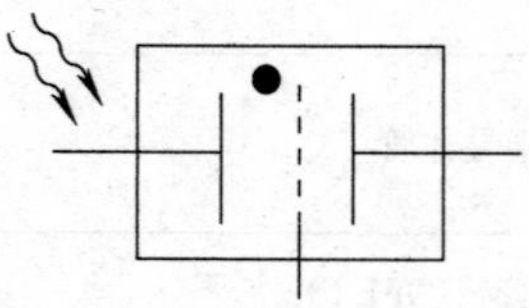	带栅极的电离室
24	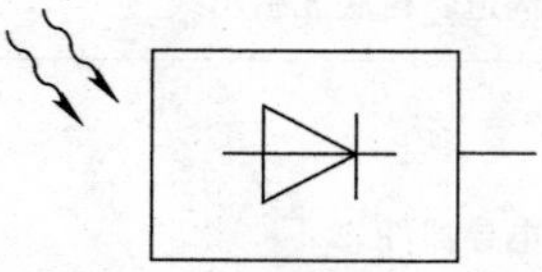	半导体探测器件

续表

序号	符号	说明
25	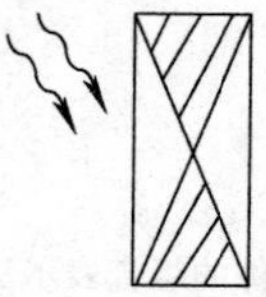	闪烁体探测器件
26	形式1  形式2 	动合（常开）触点 本符号也可用做开关的一般符号
27		动断（常闭）触点
28	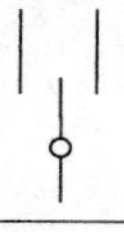	中间断开的双向转换触点
29	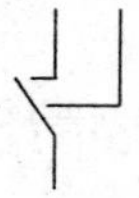	双动合触点
30	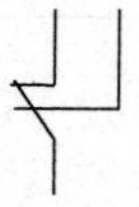	双动断触点
31	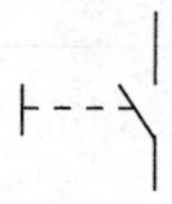	手动操作开关，一般符号
32	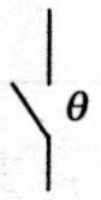 θ	热敏开关，动合触点 注：θ 可用动作温度代替
33	**形式1** 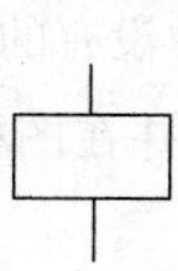 **形式2** 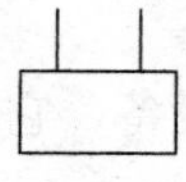	操作器件一般符号 继电器线圈一般符号 具有几个绕组的操作器件，可以由包含在内的适当数量的斜线来表示（见左图）

续表

序号	符号	说明
34	形式1 形式2	具有两个独立绕组的操作器件的组合表示法
35	形式1 形式2	具有两个独立绕组的操作器件的分离表示法
36		熔断器，一般符号
37		带机械连杆的熔断器（撞击式熔断器）
38		具有独立报警电路的熔断器
39		避雷器

上述表中列出了安防系统设计时常用的基本元器件的符号，主要用于绘制或阅读系统和设备的电原理图，实际应用时还会碰到一些表中没有的元器件，可到标准GB/T 4728的相应部分查找。特殊的器件可自行规定，并在图样中用图例表示出来。

2. 电路模块和功能单元

电路模块和功能单元主要包括：交换、传输等电信设备，它们主要是一些有源器件或设备，具有独立的功能。安防系统中经常采用这些器件和设备，绘制安防系统结构图时也经常会用到这些图形符号，对应标准 GB/T 4728 的第 9、第 10 部分。系列标准的第 11 部分规定了建筑安装平面布置图所用的各种图形符号，安防系统设计人员在阅读建筑总体设计图、理解建筑总体结构时非常有用，但安防系统设计应用较少；第 12、第 13 部分规定了二进制逻辑元件、模拟元件的符号，它们基本是由一个框或几个框组合和一个或多个限定符号所组成，即大多是在方形框中和引线处用字符注释来表示，在安防系统设计时应用也不是很多，故没有选择列出。

（1）交换和外围设备

交换和外围设备主要包括：交换系统和设备、电话和数据设备、换能、记录和播放设备等。常用的见表 2—6。

表 2—6　　交换和外围设备

序号	符号	说明
1		连接级的一般符号（表示多条入线和多条出线） 一边的电路可以一个一个单独地接到另一边电路上
2	x　y	有 x 入线和 y 条出线的连接级
3	x　y　z	有 z 个分品群构成的连接级，每个群包含 x 条入线和 y 条出线
4		有一群入线和两群出线的连接级 每群的入线数和出线数可用数字标注在相关的线条上
5		相互连接一个双向中继线群和两个单向中继线群的连接级
6		经由一个连接级呼出的标志级 表示标志级的限定符号是圆点。标志级的圆点符号应加在该标志级第一连接级的入线和最后连接级的出线上
7		示例： 经由三个连接级呼出的标志级 经由一个、两个、三个连接级呼出的混合标志级

续表

序号	符号	说明
8	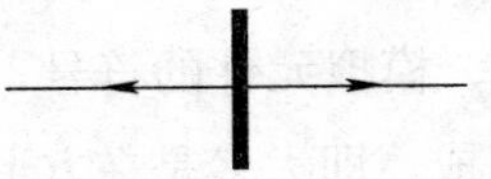	经由一个连接级呼出的交换级 表示交换级的限定符号是圆弧。交换级的圆弧符号应加在该交换级第一连接级和入线和最后连接级的出线上
9	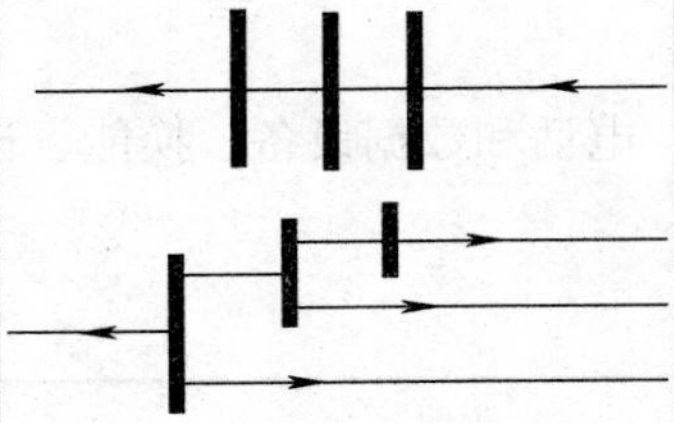	示例： 经由三个连接级呼出的交换级 经由一个、两个、三个连接级呼出的混合交换级
10	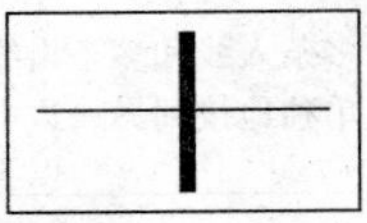	自动交换机
11		人工交换台
12	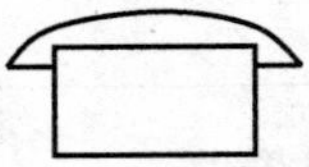	电话机，一般符号
13	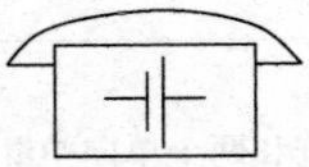	带电池的电话机
14	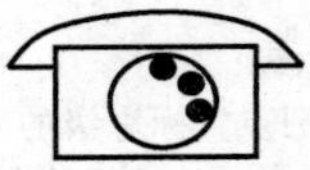	拨号盘式电话机 如果不会引起误解，圆圈（拨号盘）里的圆点可以省略
15	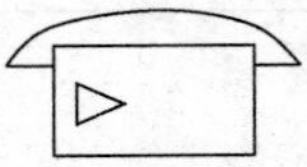	带放大器的电话机
16		传声器，一般符号
17	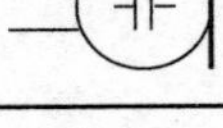	静电式传声器 电容式传声器

续表

序号	符号	说明
18	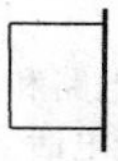	受话器，一般符号
19	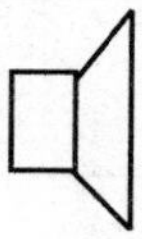	扬声器，一般符号
20		换能头，一般符号
21	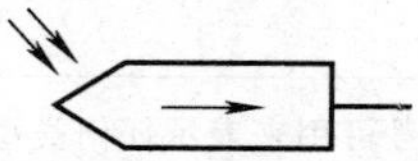	单音光敏播放（读出、放音）头
22		消抹头
23	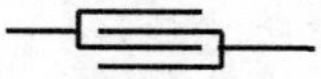	声表面波（SAW）换能器
24	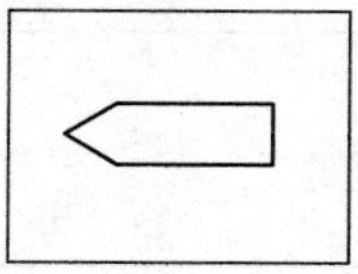 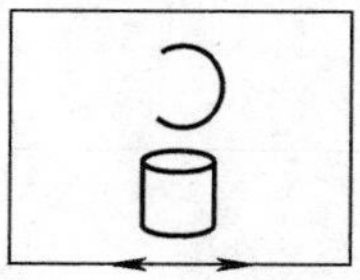 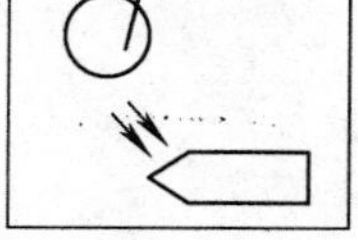	记录机，一般符号 播放机，一般符号 如果采用限定符号，则表示换能头的限定符号可以省略 示例： 磁鼓式录放机 光盘式播放机

（2）传输设备

传输设备主要包括：有线、无线和光纤通信中的线路（链路）、放大、电台、天线及端口、调制解调等终端设备。频谱图在通信系统中是重要的表示符号，由于安防系统中采用较少，没有选择列出。安防系统中常用传输设备的符号见表 2—7。

表 2—7　　　　传输设备

序号	符号	说明
1	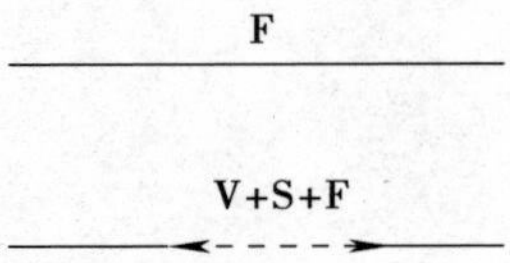 F V+S+F	电话线路或电话电路 可用虚线表示无线电路或任何电路和无线电路段，如传输电视（图像和声音）和电话的无线电话
2		加感线路
3	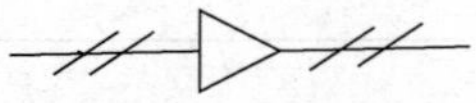	单向放大二线电路
4		双向放大二线电路
5		天线，一般符号，此符号可用来表示任何类型天线或天线阵 数字或字母符号的补充标记，可采用日内瓦国际电信联盟公布的《无线电规则》的规定，名称或标记可交替地写在天线的一般符号旁
6	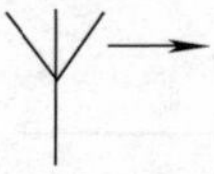	平面极化天线
7	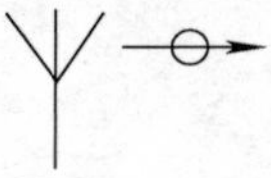	圆极化天线
8		偶极子天线
9	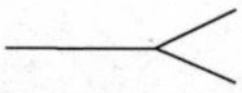	扬声器天线或扬声器馈源
10	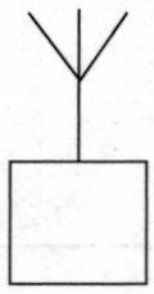	无线电台，一般符号
11	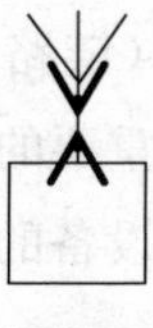	无线台收发电台（在同一天线上同时发射和接收）

续表

序号	符号	说明
12	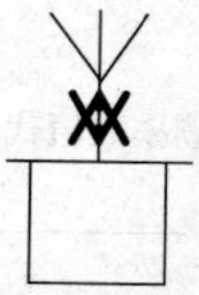	便携式电台（在同一天线上交替地发射和接收）
13	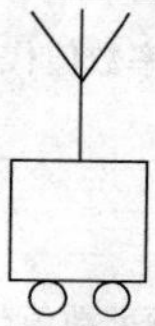	移动无线电电台
14	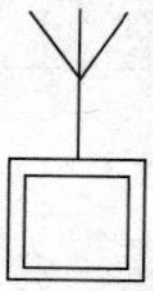	无线电控制台
15	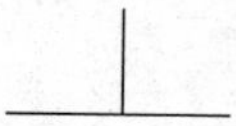	三端口连接 耦合型式、功率分配比、反射系数等各端口处用字母或数字注示，各端口间的角度可以根据需要绘制
16	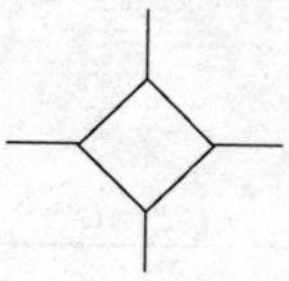	四端口连接
17	 G	信号发生器，一般符号 波形发生器，一般符号
18	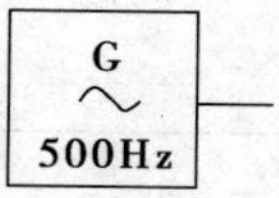 G ～ 500Hz	500 Hz 正弦波发生器
19	 G	脉冲发生器
20	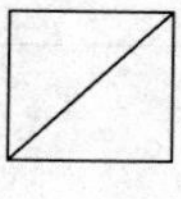	变换器，一般符号

续表

序号	符号	说明
21	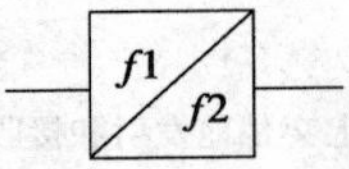	变频器，频率由 f_1 变到 f_2 f_1 和 f_2 可用输入频率和输出频率数值代替
22	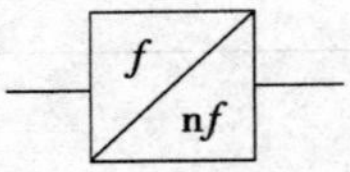	变频器，倍频器 f 和 nf 可用输入频率和输出频率数值代替
23	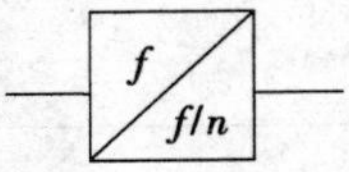	分频器 f 和 f/n 可用输入频率和输出频率数值代替
24		放大器，一般符号 中继器，一般符号
25	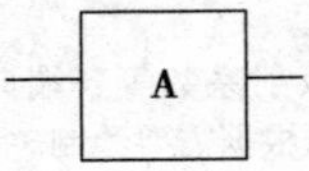	固定衰减器
26	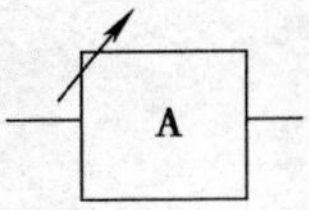	可变衰减器
27	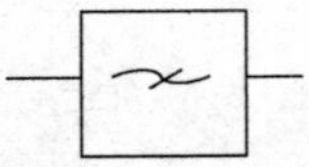	滤波器
28		高通滤波器
29	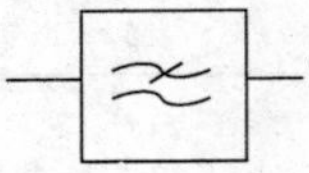	低通滤波器
30	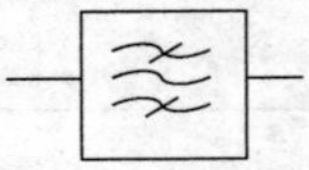	带通滤波器
31		带阻滤波器

续表

序号	符号	说明
32	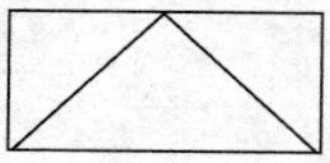 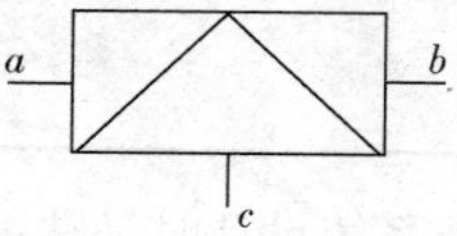	调制器、解调器或鉴别器一般符号 该符号的使用说明如下所述，作注释用的输入线、输出线及基字母可以加到图形符号上 如图例 a 表示调制或已调制信号输入 b 表示已调制或已解调信号输出 c 表示所需载波的输入 字母不是符号的一部分，限定符号可以放在符号之内或外面
33		光纤或光缆，一般符号 如果不会引起混淆，可以把表示光波导的符号要素（圆圈内两个箭头）省略
34	 a/b/c/d	表示光缆的尺寸数据 指示光缆直径应从内向外，例如： a—纤芯直径　b—包层直径 c—第一套层直径　d—护套直径
35		多模突变型（阶跃）光纤
36		单模突变型（阶跃）光纤
37		渐变型（梯度）光纤
38	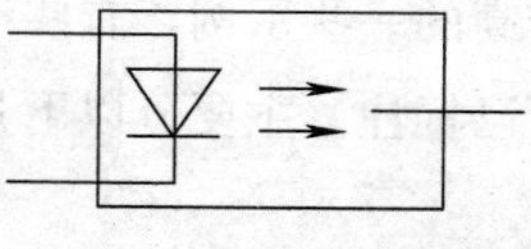	光发射机
39	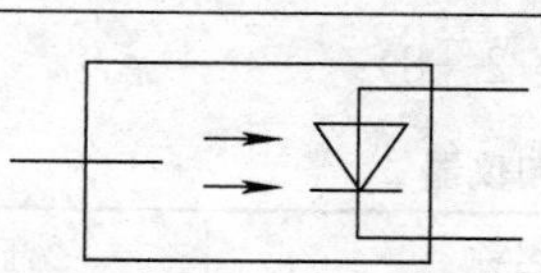	光接收机
40	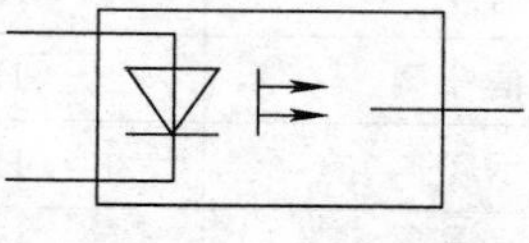	采用激光二极管的相干光发射机
41	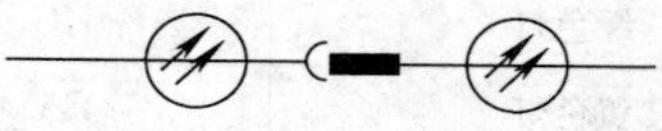	光连接器（插头、插座）

续表

序号	符号	说明
42		光纤光路中的转换接点
43	A	光衰减器

上述表中列出的电路模块和功能单元的符号在安防系统设计时是常用的，主要用于绘制或阅读系统的结构图（拓扑图、路由图），说明系统的信号、数据传输方式，采用的传输介质和路由；系统的信号交换和分配等。在实际应用中还会遇到一些表中没有的符号，可到标准 GB/T 4728 的相应部分中查找。图样中特殊功能电路模块和功能单元的可自行规定符号，并在图样中用图例表示出来。

二、常用电路模块的名称与符号

在进行安全防范系统设计时，经常会需要用文字或字母来表示一些常用的元器件、功能模块或仪器仪表等，它们在 GB/T 4728 系列标准中通常是用一般符号加上限定符号（文字或字母说明）来表示的，但有时也直接用文字和字母来表示（不用规定的一般符号），这样会更直观、清楚。所以，建筑环境自动控制系统的供电和状态监测部分经常采用名称或字母（通常是名称的英文或汉语拼音的缩写）来表示一些常用基本元器件和模块，本节给出使用频次较高的一些示例，有些没有包括在内或新出现的器件和模块，读者可以按这一规则自己标注。主要分以下几类：

1. 仪器仪表、供电线与按钮开关

（1）工程中常用的指示和测试仪表和仪器（见表 2—8）

表 2—8　工程中常用的指示和测试仪表和仪器

名称	符号	名称	符号
电流表	PA	声信号	HA
电压表	PV	光信号	HS
（有功）电度表	PJ	指示灯	HL
频率表	PF	红色灯	HR
相位表	PPA	绿色灯	HG
功率因数表	PPF	黄色灯	HY
（有功）功率表	PW	白色灯	HW

（2）供电线与开关设备（见表 2—9）

表 2—9　　线路的分类和开关设备

名称	符号	名称	符号
插头	XP	电力电容器	CE
插座	XS	停止按钮	SBS
端子板	XT	紧急按钮	SBE
电线、电缆、电力母线	W	复位按钮	SR
直流母线	WB	限位开关	SQ
电力干线	WPM	手动控制开关	SH
电力分支线	WP	时间控制开关	SK
照明干线	WLM	液位控制开关	SL
照明分支线	WL	湿度控制开关	SM
应急照明干线	WEM	压力控制开关	SP
应急照明分支线	WE	温度控制开关	ST
避雷器	F	电压表切换开关	SV
熔断器	FU	电流表切换开关	SA
限压保护器件	FV		

2. 整流器、电动机与执行装置（见表 2—10）

表 2—10　　整流器、电动机与执行装置

名称	符号	名称	符号
整流器	U	合闸线圈	YC
可控硅整流器	UR	电动执行器	YE
控制电路有电源的整流器	VC	发热器件（电加热）	FH
变频器	UF	照明灯（发光器件）	EL
变流器	UC	空气调节器	EV
逆变器	UI	感应线圈、电抗器	L
电动机	M	励磁线圈	LF
异步电动机	MA	消弧线圈	LA
同步电动机	MS	滤波电容器	LL
直流电动机	MD	电位器	RP
电动阀	YM	热敏电阻	RT
电磁阀	YV	光敏电阻	RL
电磁锁	YL	压敏电阻	RPS
防火阀	YF	接地电阻	RG
排烟阀	YS	放电电阻	RD
跳闸线圈	YT	限流电阻器	RC

3. 物理量自动传感器（见表 2—11）

表 2—11　物理量自动传感器

名称	符号	名称	符号
光电池、热电传感器	B	速度变换器	BV
压力变换器	BP	液位测量传感器	BL
温度变换器	BT	温度测量传感器	BH

第 3 节　安全防范系统通用图形符号

社会公共安全行业（包括安防行业）为规范行业内系统设计和工程制图，并保证与我国电气制图和电气图形符号领域的工程语言及规则统一，20 世纪 90 年代制定并发布了标准 GA/T 74《安全防范系统通用图形符号》，2000 年对该标准进行了修订。该标准规定了安全防范系统技术文件中使用的图形符号，主要是用于安全防范系统工程设计和施工文件的绘制和标注。标准以安防系统工程中所应用的、具有独立和完整功能的设备（产品）为描述的基本单元，不涉及构成这些产品的元器件、电路模块等（上节介绍的内容）。是安防系统集成、工程设计的基本依据。是阅读、理解绘制安全防范工程图样的基本工具。

GA/T 74—2000《安全防范系统通用图形符号》的内容主要包括两部分：第 3 条图形符号和附录 A 系统管线图的图形符号。

一、安全防范系统常用的图形符号

GA/T 74《安全防范系统通用图形符号》几乎包括了当时安防系统采用的所有设备。但由于安防技术发展很快，近年来出现了许多应用广泛的新设备，标准没有覆盖，还有一些设备因技术过时而很少被采用。本节选择一些基本、常用的设备，示出它们的图形符号，并由此表示出图形符号制定的基本方法。读者可以依此方法，自行规定标准未包括设备的图形符号。

按照安全防范系统的组成和各种安防设备（产品）的技术分类，图形符号可分为以下几类：

1. 传感器与探测信号处理设备

传感器与探测信号处理设备包括周界防护、探测、报警信号处理与传输等设备。常用的见表 2—12。

表 2—12　　报警探测与控制设备符号及说明

序号	符号	说明
1		栅栏
2	T_X IR R_X	主动红外探测器
3	W	张力导线探测器
4	E	静电场或电磁场探测器
5	F	光缆探测器
6	H	高压脉冲探测器
7	LD	激光探测器
8		周界报警控制器
9		保安巡逻（电子巡查）打卡器
10		振动、接近式探测器
11	P	压敏探测器
12	B	玻璃破碎探测器
13	A	振动探测器

续表

序号	符号	说明
14	A/ᗡ	振动声波复合探测器
15		感应线圈探测器
16		空间移动探测器
17	IR	被动红外入侵探测器
18	M	微波入侵探测器
19	IR/M	被动红外/微波双技术探测器
20		声、光报警器
21		报警灯箱
20		警号箱
22		密码操作报警控制箱
24		无线报警发送装置

续表

序号	符号	说明
25	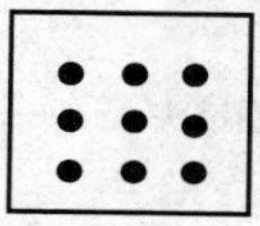	模拟显示屏
26	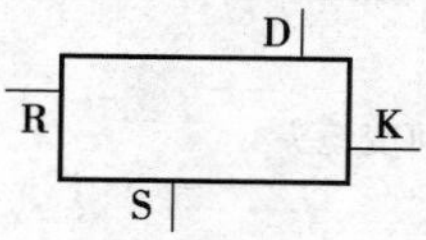 D, R, K, S	报警控制主机 *D*—报警信号输入 *K*—控制键盘 *S*—串行接口 *R*—继电器触点（报警输出）
27	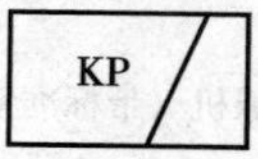 KP	控制键盘
28		报警传输设备
29	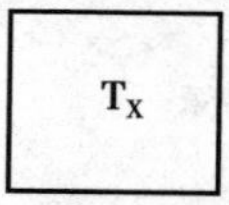 T_X	传输发送器
30	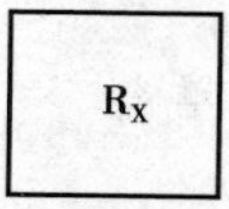 R_X	传输接收器

2. 视频监控类设备

视频监控类设备包括前端、传输和显示、存储、控制等设备。近年来，视频监控已成为安防系统的主导技术，涌现出一大批新设备，特别是数字视频设备已成为视频监控系统的主流产品。GA/T 74—2000 没有涉及，因此，读者可以自选规定（按标准的制定方法）。在许多工程设计图中，采用产品实物图徽表示设备，很形象，与标准也不矛盾，已为业界认可。表 2—13 列出了视频监控系统最基本的图形符号。

表 2—13 **视频监控设备符号及说明**

序号	符号	说明
1	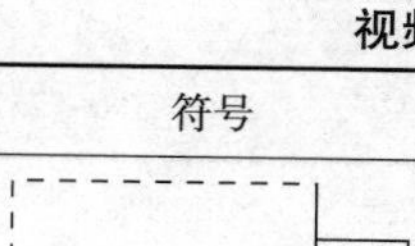	标准镜头
2	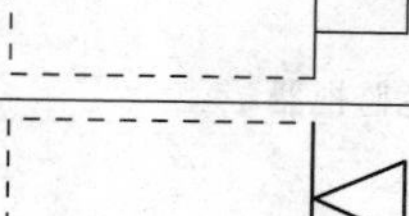	广角镜头

续表

序号	符号	说明
3	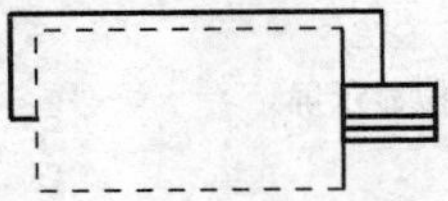	自动光圈镜头
4	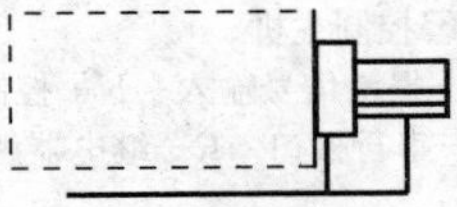	三可变镜头
5	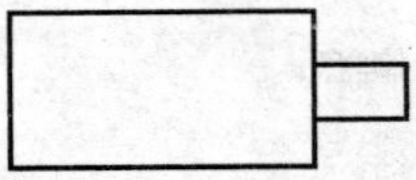	黑白摄像机（带标准镜头）
6	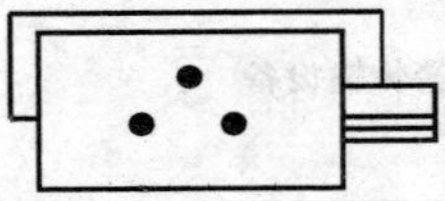	彩色摄像机（带自动光圈镜头）
7	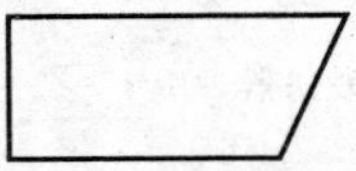	室内防护罩
8	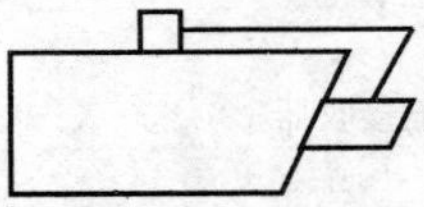	室外防护罩
9	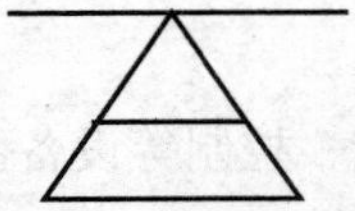	云台
10	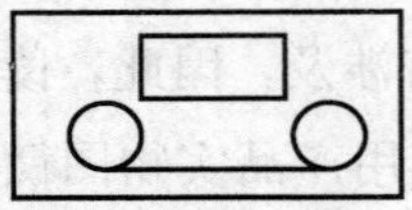	录像机（盒式磁带）
11	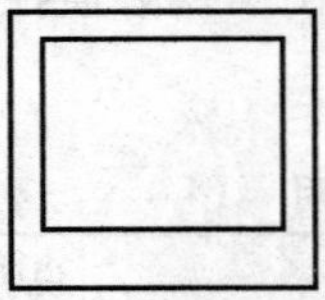	黑白监视器
12	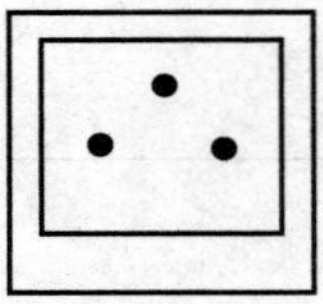	彩色监视器

续表

序号	符号	说明
13	Y VS X	视频时序切换器 Y 代表输出路数 X 代表输入路数
14	VM	视频移动报警器
15	TG	时间信号发生器
16	A_0 M P K A_1 C	矩阵切换器 A_O—报警输入　A_I—报警输出 C—视频输入　P—云台镜头控制 K—键盘控制　M—视频输出
17	P L	云台镜头解码器（现场解码驱动器）
18	O E	光、电信号转换器
19	E O	电、光信号转换器

3. 特征识别类设备

特征识别类设备通称出入口控制类，包括各种特征识读设备、系统管理设备、楼宇对讲设备及相关辅助设备。在 GA/T 74—2000 编写时，出入口控制系统中的特征载体（信息卡）还主要是接触式卡，种类很少，所以，没有规定各种特征卡的图形符号，系统管理和执行装置内容也不多，见表 2—14。

表 2—14　　出入口控制设备符号及说明

序号	符号	说明
1		楼宇对讲系统主机

续表

序号	符号	说明
2		对讲电话分机
3		可视对讲摄像机
4		可视对讲机
5	EL	电控锁
6		读卡器
7	KP	键盘读卡器
8		出入口数据处理设备
9		指纹识别器
10		眼纹识别器
11		报警开关

续表

序号	符号	说明
12		紧急脚挑开关
13	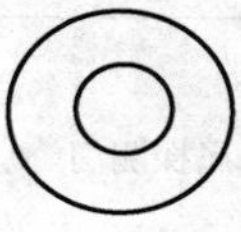	紧急按钮开关
14	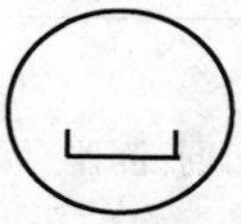	门磁开关

4. **其他**

电源设备、车辆防盗设备及防爆安全检查设备等也是安全防范系统常用的设备，见表 2—15。

表 2—15　　　　　　其他常用设备符号及说明

序号	符号	说明
1	 PSU	直流供电器
2	 PSU	交流供电器
3	 UPS	不间断电源
4	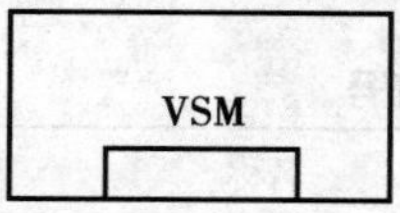 VSM	汽车防盗报警主机
5		汽车报警无线电台

续表

序号	符号	说明
6	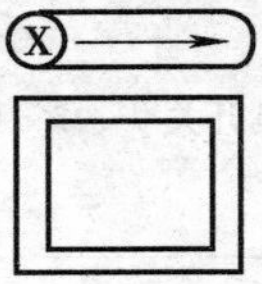	X 射线安全检查设备
7	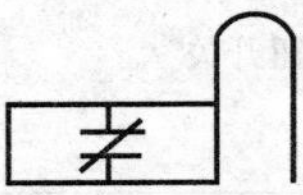	通过式金属探测门
8		手持式金属探测器

二、安防系统管线图的文字符号

GA/T 74—2000 的附录 A 规定了安全防范系统管线图的图形符号，其中电线图形符号是与上节中相应的规定完全一致，不再赘述。同时，它又规定了配线与配线部位的文字符号如下。

1. 配线的文字符号（见表 2—16）

表 2—16　　配线的文字符号

名称	符号	名称	符号
明配线	M	电线管（薄管）配线	DG
暗配线	A	塑料管配线	VG
绝缘子配线	CP	铁皮蛇管配线	SPG
木槽板或铝槽板配线	CB	用铁索配线	B
塑料线槽配线	XC		

2. 线管配线部位的文字符号（见表 2—17）

表 2—17　　线管配线部位的文字符号

名称	符号	名称	符号
沿铁索配线	S	沿天棚配线	P
沿梁架下弦配线	L	沿竖井配线	SQ
沿柱配线	Z	在能进入人的吊顶内配线	PN
沿墙配线	Q	沿地板配线	D

第4节 配 电 知 识

电能是人类生活、生产使用最多的能源。人们把各种自然能（水、风、太阳能等）、化石能（石油、煤等）及原子能转化为电能，通过供电网络传送到各地，再经变电站（可以是多级），通过地区配电变压器和线路配送到用户。国家电网为了减小线路损耗，采取高电压传送，而提供用户的电源则是低电压，即市电系统。本书介绍的就是这种低电压供电系统。

国家标准 GB50052/95《供配电系统设计规范》是工业和民用供电系统设计的基本规范，特别是第六章低压配电是建筑供电，包括安全防范系统供电设计的主要依据。

一、供配电基础知识

1. 供配电系统的设计

（1）供配电系统设计的基本原则

执行国家的技术经济政策、保障人身安全，供电可靠、技术先进和经济合理是供配电系统的基本原则。

建设供配电系统必须由供电部门与用电单位共同进行全面规划，从国家整体利益出发，判定供配电系统合理性、经济性，以避免资金浪费、能耗增加。设计应根据工程特点、规模和发展规划，做到远近期结合，以近期为主。

要确保供电的安全和可靠，应把保障人身安全放在首位；鼓励采用节能机电产品，淘汰能耗高、落后的机电产品。按照负荷性质、用电容量、工程特点和地区供电条件，合理确定设计方案。

（2）负荷分级及供电要求

电力负荷分级的依据是供电可靠性要求、中断供电在政治、经济上所造成损失或影响的程度，通常分为以下三级：

1）一级负荷，中断供电将造成人身伤亡；或在政治、经济上造成重大损失。例如，重大设备损坏、重大产品报废；或中断供电将影响重要用电单位的正常工作，如重要交通枢纽、重要通信枢纽、大型体育场馆等为供电一级负荷。

在一级负荷中，当中断供电将发生中毒、爆炸和火灾等情况的负荷，以及特别重要场所不允许中断供电的负荷，应视为特别重要的负荷。

一级负荷应由两个电源供电，当一个电源发生故障时，另一个电源不应同时受到损坏。一级负荷中特别重要的负荷，除了由两个电源供电外，还应增设应急电源，并严禁将其他负荷接入应急供电系统。

2）二级负荷，中断供电将在政治、经济上造成较大损失，如主要设备损坏、大量产品报废；中断供电将影响重要用电单位的正常工作，如交通枢纽、通信枢纽等用电单位。

二级负荷的供电系统，一般由两回线路供电。采用架空线时，可为一回架空线供电；采用电缆线路时，应采用两根电缆组成的线路供电，其每根电缆应能承受100％的二级负荷。

3）三级负荷。不属于一级和二级的负荷。

（3）应急电源与允许中断供电时间

1）应急电源的种类

①独立于正常电源的发电机组。

②供电网络中独立于正常电源的专用的馈电线路。

③蓄电池。

④干电池。

2）应急电源的选择，主要根据允许中断供电的时间选择，以下是可选择的方案：

①允许中断供电时间为 15 s 以上的供电，可选用快速自启动的发电机组。

②自投装置的动作时间能满足允许中断供电时间的，可选用带有自动投入装置的独立于正常电源的专用馈电线路。

③允许中断供电时间为毫秒级的供电，可选用蓄电池静止型不间断供电装置、蓄电池机械储能电机型不间断供电装置或柴油机不间断供电装置。

应急电源的工作时间，应按实际生产（业务）的需要。

2. 电压选择和电能质量

（1）电压与电压偏差

用电单位的供电电压应根据用电容量、用电设备特性、供电距离、供电线路的回路数、当地公共电网现状及其发展规划等因素确定，低压配电电压应采用 220～380 V。

正常运行情况下，用电设备端子处电压偏差允许值（以额定电压的百分数表示）应不超过±5％。配电设计要使三相负荷平衡。

(2) 电能质量

电能质量主要表现在以下几方面：

第一，电压稳定性，反映电压稳定性的指标主要有：

1）电压偏差。供配电系统改变运行方式和负荷缓慢地变化，使供配电系统各点的电压也随之变化，各点的实际电压与系统额定电压之差 ΔU 称为电压偏差。电压偏差也常用其与系统额定电压的比值，以百分数表示。

2）电压波动。电压的最大值与最小值之差与系统额定电压的比值以百分数表示，其变化速度等于或大于每秒 0.2%时，称为电压波动。

3）电压闪变。负荷急剧的波动造成供配电系统瞬时电压升降。

影响电压稳定性的主要因素是负载的变化，另外也与供配电线路有关。当系统用电量超过设计容量时，过大的电流会导致线路电压降增大，因而使用电设备端的电压降低。

1990 年 4 月我国公布了国家标准《电能质量供电电压允许偏差》(GB 12325—1990)，规定了 10 kV 及以下三相供电电压允许偏差为额定电压的±7%，220 V 单相供电电压允许偏差为额定电压的+7%。这些数值是指用户供电点处的数值，如果用户对电压稳定性有更高的要求，可采用相应的调压设备。

第二，频率稳定性。

我国的工频（交流电的频率）为 50 Hz，频率稳定性是重要的电能质量指标，但它是由电力系统决定的，因此，供配电系统设计一般不考虑这个因素。

在实际应用中，电源频率会影响系统设备间的同步和与电源频率锁相的计时系统的准确度。如时钟快了或不同设备时钟不一致等现象。对频率稳定性有特殊要求时，可由供配电系统采用措施。

第三，电压正弦波形畸变率。

电压正弦波形畸变率与电源谐波有关，电源谐波对用电设备的危害有：

1）交流发电机、变压器、电动机、线路等增加损耗。

2）电子计算机失控，电子设备误触发，继电保护误动作或拒动。

3）感应型电度表计量不准确。

4）干扰通信线路等。

同时，也会导致用电设备处理的信息通过电源外泄。

关于电力系统的谐波限制，各工业化国家都规定了限值，由于各国标准的差别很大，因此，还没有国际公认的推荐标准。

第四，不对称度。

不对称度是衡量多相负荷平衡状态的指标，多相电源的电压负序分量与电压正序分量之比值称为电压不对称度；多相电源的电流负序分量与电压正序分量之比值称为电流不对称度。保证各相负荷的平衡是供配电系统工程设计的重要内容，同时也是在具体应用时要注意的问题。良好的对称度可以有效地提高电源的效率、电压稳定性。

关于三相电压和电流的不对称度限值，我国尚未制定国家标准。

二、低压配电

国家标准 GB 50052/95《供配电系统设计规范》规定：低压配电电压应采用 220～380 V；带电导体系统的型式宜采用单相二线制、两相三线制、三相三线制和三相四线制（见图 2—61）；在高层建筑物内，当向楼层各配电点供电时，宜采用分区树干式配电。

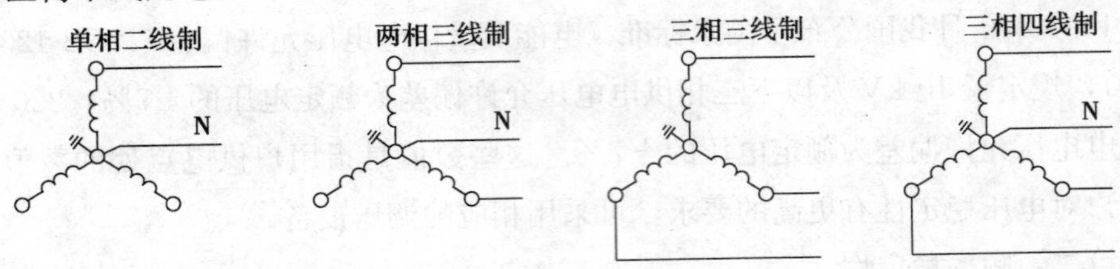

图 2—61　供配电系统

在上述原则下：具体配电方式可根据建筑或用电环境的特点、负荷等规划、设计。下面介绍供配电的基本术语和符号，重点说明三相五线制系统。

1. 基本名词和符号

为规范和统一供配电系统名词术语的定义和内涵，国际电工委员会（IEC）对此做了统一规定，定义和解释了各种保护方式和相关术语，明确规定低压配电系统按接地方式分为三类，即 TT 系统、TN 系统、IT 系统。其中 TN 系统又分为 TN－C、TN－S、TN－C－S 系统。下面对各种系统作简单的介绍。

（1）供电系统

1）TT 方式供电系统，是指将电气设备的金属外壳直接接地的保护系统，称为保护接地系统，也称 TT 系统。第一个 T 表示电力系统中性点直接接地；第二个 T 表示负载设备外露不与带电体相接的金属导电部分而与大地直接连接。而与系统如何接地无关。在 TT 系统中负载的所有接地均称为保护接地，如图 2—62 所示。

TT 系统的特点是：

①当电气设备的金属外壳带电（相线碰壳或设备绝缘损坏而漏电）时，由于有

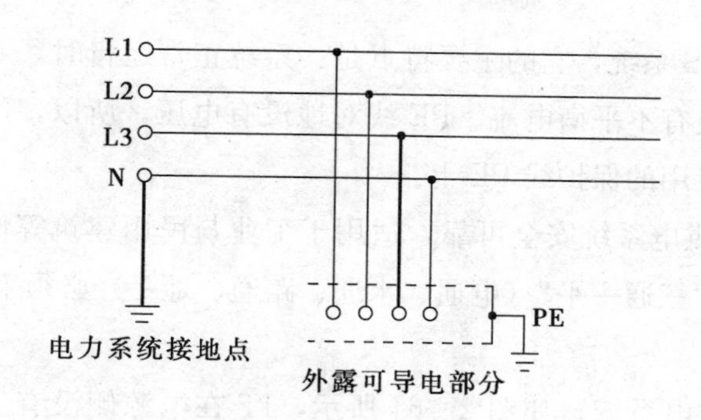

图 2—62　TT 系统

接地保护，可以大大减少触电的危险性。但低压断路器（自动开关）不一定能跳闸，造成漏电设备的外壳对地电压高于安全电压，属于危险电压。

②当漏电电流比较小时，即使有熔断器也不一定能熔断，所以还需要漏电保护器作保护，而且，TT 系统接地装置费用高。

2）TN 方式供电系统，将电气设备的金属外壳与工作零线相接的保护系统，称为接零保护系统，如图 2—63 所示。

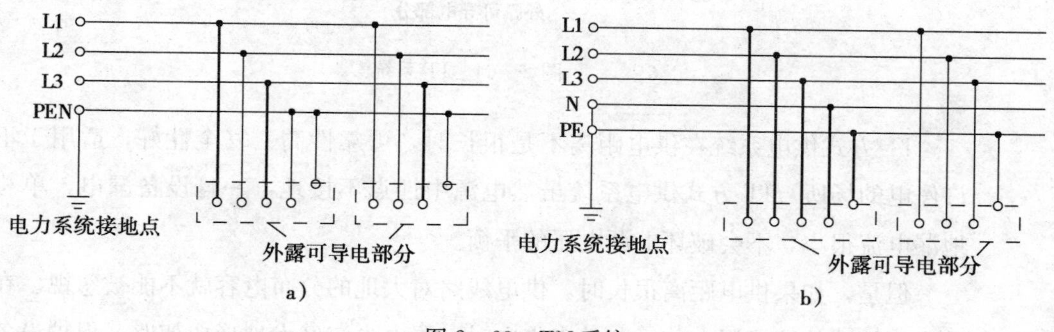

图 2—63　TN 系统

a）TN－C　b）TN－S

TN 系统的特点如下：

一旦设备出现外壳带电，接零保护系统能将漏电电流上升为短路电流，该电流很大（是 TT 系统的 5.3 倍），低压断路器会立即动作而跳闸，使故障设备断电，比较安全，同时系统节省材料，在我国和其他许多国家广泛得到应用。

TN 方式供电系统中，根据其保护零线是否与工作零线分开而划分为 TN－C（见图 2—63a）和 TN－S（见图 2—63b）两种。

①TN－C 方式供电系统，是用工作零线兼作接零保护线，故称保护中性线，可用 NPE 表示。

②TN－S 方式供电系统，是把工作零线 N 和专用保护线 PE 严格分开的供电

系统，称为 TN－S 系统，它的主要特点是：系统正常运行时，专用保护线上没有电流，工作零线上有不平衡电流。PE 线对地没有电压，所以，用电设备金属外壳接零保护是接在专用的保护线 PE 上。

TN－S 方式供电系统安全可靠，适用于工业与民用建筑等低压供电系统。在建筑工程前期的“三通一平”（电通、水通、路通、地平）必须采用 TN－S 方式供电系统。

3）IT 方式供电系统，如图 2—64 所示，IT 在电源侧没有工作接地，而是经过高阻抗接地，在负载侧电气设备进行接地保护。

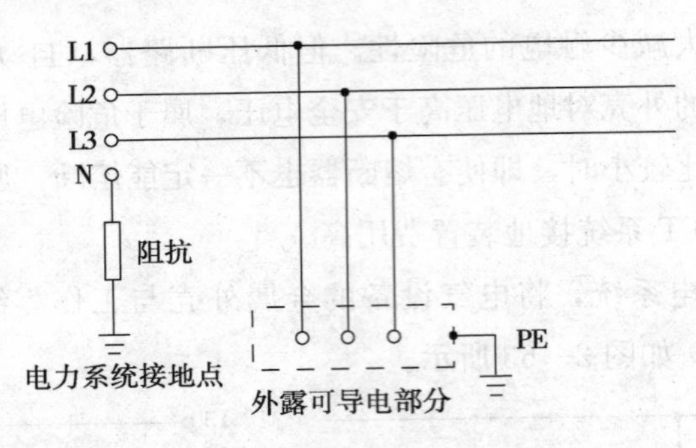

图 2—64　IT 系统

IT 方式供电系统在供电距离不是很长时，可靠性高、安全性好，适用于不允许停电的场所。IT 方式供电系统虽然电源中性点不接地，一旦设备漏电，单相对地漏电流很小，不会破坏电源电压的平衡。

但是，如果供电距离很长时，供电线路对大地的分布电容就不能被忽视。在负载发生短路故障或漏电使设备外壳带电时，漏电电流经大地形成架路，保护设备不一定动作，这时系统是不安全的。

下面对供电线路符号作个小结，国际电工委员会（IEC）规定的供电方式符号中：

第一个字母表示电力系统对地关系。如 T 表示是中性点直接接地；I 表示所有带电部分绝缘。

第二个字母表示用电装置外露的可导电部分对地的关系。如 T 表示设备外壳接地，它与系统中的其他任何接地点无直接关系，N 表示负载采用接零保护。

第三个字母表示工作零线与保护线的组合关系。如 C（TN－C）表示工作零线与保护线是合一的；S（TN－S）表示工作零线与保护线是严格分开的，所以 PE 线称为专用保护线。

（2）线与接地

从上面的介绍，可以看出：供配电系统是由电力系统的带电导体（线）和接地方式的组合而构成。它们的名称和符号如下：

1）L。在三相电源端表示相线，在用电设备端通称火线。市电系统从一根L线和N线，可得到220 V的电压；从两根L线，可得到380 V的电压。

2）N。中线，又称零线。对称的三相供电系统，中线上的电流为零，因此，有些系统不设中线。中线接地方式是各种供配电系统的主要差别。

3）PE。专用保护线，PE线与中线（不论接地否）严格分开，是最安全的保护方式。

接地保护与接零保护统称保护接地，是为了防止人身触电事故、保证电气设备正常运行的一项重要技术措施。这两种保护的差别主要表现在以下三个方面：

第一，保护原理。接地保护的基本原理是限制漏电设备对地的泄露电流，使其不超过某一安全范围，一旦超过某一整定值时，保护器就能自动切断电源；接零保护的原理则是借助接零线路，使设备在绝缘损坏后碰壳形成单相金属性短路时，利用短路电流促使线路上的保护装置迅速动作。

第二，适用范围。根据负荷分布、负荷密度和负荷性质等相关因素、相关标准，对两种系统的使用范围进行了划分：TT系统通常适用于农村公用低压电力网，该系统属于保护接地中的接地保护方式；TN系统主要适用于城镇公用低压电力网和厂矿企业等电力客户的专用低压电力网，该系统属于保护接地中的接零保护方式。

第三，线路结构。接地保护系统只有相线和中性线，三相动力负荷可以不需要中性线，只要确保设备良好接地即可，系统中的中性线除电源中性点接地外，不得再有接地连接；接零保护系统要求无论什么情况，都必须确保保护中性线的存在，必要时还可以将保护中性线与接零保护线分开架设，同时系统中的保护中性线必须具有多处重复接地。

总结上面内容，可对供配电系统的各种接地方式给出明确的定义：

1）工作接地。由于电气系统的需要，在电源中性点与接地装置作金属连接，称为工作接地。

2）重复接地。在工作接地以外，在专用保护线PE上，有一处或多处再次与接地装置相连接，称为重复接地。

3）保护接地。将用电设备与带电体相绝缘的金属外壳和接地装置作金属连接，称为保护接地。

4）保护接零。在TN供电系统中用电设备的外露可导电部分，通过保护线与电源中性点连接，而与接地点无直接联系。

2. 三相五线制供电系统

国家主管部门规定，凡新建、扩建、企事业、商业、居民住宅、智能建筑、基建施工现场及临时线路，一律实行三相五线制供电方式，做到保护零线和工作零线单独敷设。对现有企业应逐步将三相四线制改为三相五线制供电。因此，三相五线制是安全防范系统采用的供配电系统，是学习的重点。

（1）三相五线制供电的原理

三相五线是指 A、B、C、N 和 PE 线，其中，PE 线是保护地线，也叫安全线，专门用于连接设备外壳等，以保证用电安全。PE 线在供电变压器侧和 N 线接到一起，但进入用户侧后绝不能当做零线使用（否则就是三相四线制）。

在三相四线制供电系统中，如果三相负载不平衡（不对称、零线过长且阻抗过大时），零线将有电流通过，致使零线也带一定的电位（两端的地电位差）；若零线断路，单相设备和所有保护接零的设备会产生危险电压。这都是不安全因素。

在三相四线制供电系统的基础上，把零线的两个作用分开，用一根线做工作零线（N），另外用一根线专做保护零（地）线（PE），两线除在变压器中性点共同接地外，不再有任何的电气连接。这种结构在三相负载不完全平衡时，工作零线 N 有电流通过且带电，但保护零线 PE 不带电，接地系统具有安全和可靠的基准电位，这就是三相五线制供电方式。可以看出：三相五线制就是上述的 TN—S 系统。

采用三相五线制供电方式，用电设备上所连接的工作零线 N 和保护线 PE 是分别敷设的，工作零线上的电位不能传递到用电设备的外壳上，有效地隔离了三相四线制供电方式所造成的危险电压，使用电设备外壳上电位始终处在“地”电位，从而消除了安全隐患。

（2）三相五线制敷设的要求

三相五线制的线路如图 2—65 所示，国家标准规定具体的敷设要求：

1）保护零线应用黄绿双色线，工作零线一般用黑色线。沿墙垂直布线时，保护零线设在最下端，水平布线时，保护零线在靠墙端。

2）在电力变压器处，工作零线从变压器中性瓷套管上引出，保护零线从接地体的引出线引出。

3）重复接地，按要求一律接在保护零线上。禁止在工作零线上重复接地。

4）采用低压电缆供电时，应选用五芯低压电力电缆。

5）在终端用电处（如闸板、插座、墙上配电盘等），工作零线和保护零线一定分别与零干线相连接。

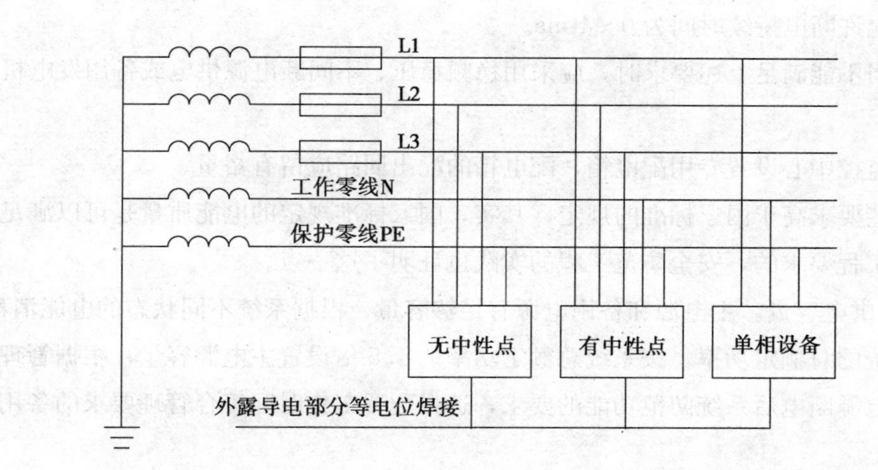

图 2—65 三相五线制的线路

6）对三相四线制的改造，应逐步实行保护零线和工作零线分开的办法。

三、安全防范系统的供配电

通常，安全防范系统没有专用的供配电系统，它只是建筑或区域供配电系统的一个负荷。这个负荷是在整个系统设计时，针对系统对称性考虑的因素。安全防范系统可从一个端口接入供配电系统，称为集中供电；也可从多个端口接入供配电系统或接入不同的供配电系统，即称为分散式供电。供电方式要根据系统的规模（地理范围）、设备布局，用电量、电压（交流电压、直流电压）和系统的控制方式等因素决定。

1. 安全防范系统的供电设计

（1）安全防范系统的供配电要求

1）基本要求。《安全防范工程技术规范》（GB 50348—2004）对供电设计做了基本的规定，没有规定安全防范系统的负荷等级，但建议采用两路独立电源供电，并在末端自动切换，相当于一级负荷的要求。同时，许多相关安防系统和产品标准都规定了备用电源。不间断电源的要求，规定了它们维持供电的时间。因此，安全防范系统为重要负荷。

2）电源质量。GB 50348 标准对电源提出了如下要求：

①稳态电压偏移量不大于±2%。

②稳态频率偏移量不大于±0.2 Hz。

③电压波形畸变率不大于 5%。

④允许断电持续时间为 0～4 ms。

⑤当不能满足上述要求时，应采用稳频稳压、不间断电源供电或备用发电机等措施。

⑥监控中心设置专用配电箱，配电箱的配出回路应留有裕量。

这些要求高于国家标准的规定，其实，国家标准规定的电能质量是可以满足安全防范工程要求的，安全防范工程的实践也证明了这一点。

3）供电容量。主电源和备用电源有足够容量。根据系统不同状态的电能消耗，计算系统的总额定功率，按系统总额定功率的 1.5 倍设置主电源容量；根据管理工作对主电源断电后系统防范功能的要求，选择配置工作时间符合管理要求的备用电源。

交流电断电后，备用电源工作小时应能达到相关标准的要求。

（2）系统的供电设计

安全防范系统应成为 TN－S 系统负荷，在不影响系统对称性的前提下，尽量选择同相供电（单相二线制），供电电压为 AC220 V/50 Hz。

为了便于操作和管理，根据建筑物结构和现场环境，尽量采用集中供电方式。

无特殊情况时，应向前端设备点提供 AC220 V 电压，再进行低电压或直流的转换，以减少线路的损耗。

控制中心的设备加电采用逐级分步的方式。

安全防范系统不与控制中心的空调、照明等设备共用供电回路。

备用电源的容量以保证系统核心设备（控制主机、存储设备）和重要前端设备（一级防护部位的摄像、探测等）的工作为准设计，工作时间按相关标准规定。

2. UPS

安全防范系统中的备用电源主要用于保持设备和系统的应急供电。前者，如报警控制器主要采用蓄电池，后者主要是在控制中心配置在线式 UPS。因此，本书对 UPS 作简单的介绍。

（1）UPS 主要功能和原理

UPS 是不间断电源的英文缩写。它的基本功能是保障供电稳定性和连续性。在线式 UPS 电源系统具有对各类供电的零时间切换，自身供电时间的长短可选，并具有稳压、稳频、净化的功能，智能化程度高，储能器件（蓄电池）免维护，所以，在安全防范系统中获得了广泛的应用。

1）UPS 的组成。包括整流、储能、变换和开关控制四个部分，如图 2—66 所示。

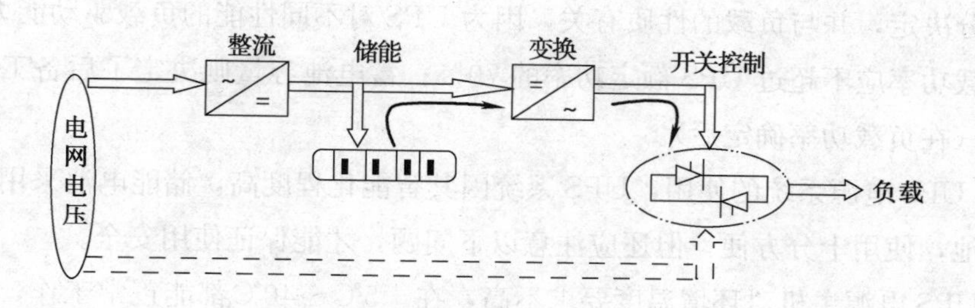

图 2—66　在线式 UPS 的组成

整流器部分完成交/直流转换，还具有稳压功能；储能电池存储电能，并有净化功能；变换器（逆变器）完成直/交流转换，同时，具有频率稳定的作用；开关控制则完成日常操作与维护的状态控制。

2）UPS 工作原理，按工作方式 UPS 可分为后备式和在线式两种：

后备式 UPS 电源，在市电正常供电时，电网（市电）通过交流旁路通道直接向负载供电，此时逆变器不工作，当市电停电时，由蓄电池提供直流电源，经逆变器转换为与电网相同的交流电，驱动负载（见图 2—67）。显然，后备式 UPS 在正常状态对市电的供电质量没有大的改进。

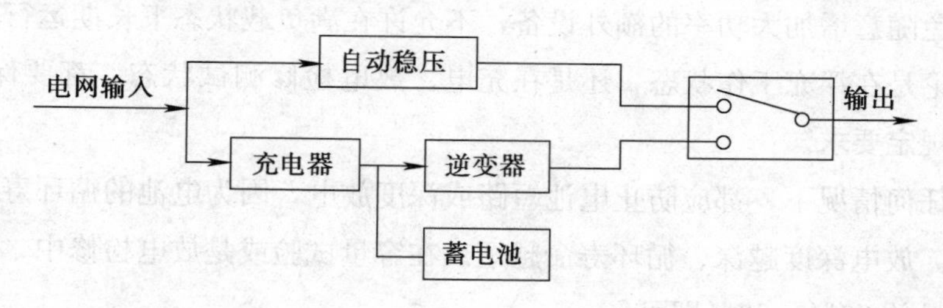

图 2—67　后备式 UPS 的组成

在线式 UPS 如图 2—66 所示，在市电正常时，它首先将交流电变成直流电，然后进行脉宽调制、滤波，再将直流电重新变成交流电源向负载供电，同时，向蓄电池充电；当市电中断时，立即改为蓄电池向逆变器提供直流电能，再向负载供电。因此，在线式 UPS 电源输出的是与市电（电网）完全隔离的纯净的正弦波电源，大大改善了供电的质量（稳压、稳频、滤波），保证负载安全、有效地工作。

当负载严重过载时，在线式 UPS 还可由电网直接给负载供电，如图 2—66 虚线所示。

（2）UPS 使用和维护

UPS 系统可分为两大部分：主机和蓄（储能）电池。UPS 的额定输出功率由主机部分决定，并与负载的性质有关，因为UPS对不同性能的负载驱动能力不同，通常负载功率应不超过UPS额定功率的70%；蓄电池容量则决定了后备工作时间的长短（在负载功率确定后）。

1）UPS电源系统的使用，UPS系统因其智能化程度高，储能电池采用了免维护蓄电池，使用十分方便，但还应注意以下问题，才能保证使用安全。

①UPS电源主机对环境温度要求不高，在+5℃～40℃都能正常工作，但要求室内清洁，少尘。蓄电池则对温度要求较高，标准使用温度为25℃，平时不能超过+15℃～+30℃。温度太低，会使蓄电池容量下降，温度每下降1℃，其容量下降1%。温度过高则会使UPS系统寿命降低。长期在高温下使用，温度每升高10℃，电池寿命约降低一半。

②不要随意改变主机中设置的参数。特别是对电池组的参数，会影响其使用寿命，但随着环境温度的改变，对浮充电压要做相应调整。通常以25℃为标准，环境温度每升高或降低1℃时，浮充电压应增加18 mV（相对于12 V蓄电池）。

③避免带负载启动UPS，应先关断各负载，等UPS电源系统启动后再开启负载。

④避免随意增加大功率的额外设备，不允许在满负载状态下长期运行。

⑤无论是在浮充工作状态，还是在充电、放电检修测试状态，都要保证电压、电流符合规定要求。

⑥在任何情况下，都应防止电池短路或深度放电，因为电池的循环寿命和放电深度有关。放电深度越深、循环寿命越短。在容量试验或是放电检修中，通常，放电达到容量的30%～50%即可。

2）UPS电源系统的维护。UPS系统在正常使用情况下，主机的维护工作很少，主要是防尘和定期除尘。系统的大量维修工作主要在蓄电池部分。

①储能电池的通常工作在浮充状态，此时，应至少每年进行一次放电。放电前应先对电池组进行均衡充电，以达到全组电池的均衡。放电时，要关注发现和处理落后电池，经对落后电池处理后，再作放电，以避免放电中落后电池恶化为反极电池。平时每组电池至少应有8只电池作标示电池，对标示电池应定期测量并做好记录，以作为了解全电池组工作情况的参考。

蓄电池日常维护应包括：清洁并检测电池两端电压、温度，连接处有无松动、腐蚀现象，检测连接条压降，电池外观等。以上维护对于免维护电池也是如此。

②UPS蓄电池系统出现故障时，应先查明原因，分清是负载还是UPS电源系统，是主机还是蓄电池组。

③对主机出现击穿，烧断熔丝或烧毁器件的故障，一定要查明原因并排除故障后才能重新启动。

④更换电池组中电压反极、压降大、压差大和酸雾泄漏的电池时，应采用相同规格的电池，不能把不同容量、不同性能、不同厂家的电池连在一起，否则可能会对整组电池带来不利影响。对寿命已过期的电池组要及时更换，以免影响到主机。

第 5 节　防雷知识

一、雷电基础知识

雷电作为一种自然现象，在发生的过程中释放巨大的能量，因此，会给人类带来损失和破坏。从富兰克林研究闪电开始，人们经过不断的探索和从灾害中吸取教训，逐渐地认识了雷电发生的机理、过程和造成破坏的原因，掌握了防雷的基本知识和方法。本书结合建筑防雷作以简单的介绍。

1. 雷电入侵的途径和危害

雷电是带电云层与大地上某处之间迅猛的放电现象，在放电的瞬间，会产生峰值在 1 000 A～100 000 A 的脉冲电流，而它的上升时间仅约为 1 μs。这一瞬间积聚的巨大能量，如不能很好的释放，会通过多种途径，给人们带来伤害。

（1）直击雷

直击雷是指雷电直接击中建筑物构架、动植物体上，即雷电流通过这些物体泄放。因此，由于电效应、热效应和机械效应等会造成建筑物的损坏及人员的伤亡。

防止直击雷的有效方法是通过避雷装置（接闪器、引下线和接地）为雷电提供一个完整、通畅的放电通路，将雷电流泄入大地。

避雷装置可以保护建筑物本身免受直击雷的损毁，但雷电还会透过多种途径破坏建筑物内电子设备。因为，雷电直接击中建筑物，其接地网的地电位会在数微秒之内升高至数万或数十万伏，它将通过各种装置的接地部分对其连接的所有电气设施造成破坏，如果这些设备未在等电位连接的导线回路中。通常，将雷击大地或接地体引起地电位上升而波及附近的电子设备，损害其对地绝缘称为地电位反击。

直击雷的能量巨大，但遭受雷电直击的范围通常很小。实践证明：安装于建筑物顶上的富兰克林避雷针对建筑设施的保护是经济且有效的。

（2）感应雷

雷电在放电时，其附近（户外）传输信号线路、埋地电力线、设备间连接线将产生电磁感应，这种侵入的电磁能量会使串联在线路中间或终端的电子设备遭到损害。

这种现象称为雷电波侵入。众所周知：雷电电流为瞬间脉冲（峰值高、过渡时间短），因此、在它的周围会出现瞬变电磁场，处在这瞬变电磁场中的导体会感应产生较大的电动势；而此瞬变电磁场，又会在空间一定的范围内产生电磁作用，即脉冲电磁波辐射。这种空间雷电电磁脉冲波（LEMP）可以在三维空间范围里对各种电子设备发生作用。因瞬变时间短、感应电压高，甚至会产生电火花。其磁脉冲往往超过 2.4 GS，大大地超过银行、邮电、证券机房或营业柜台普遍应用的货币存取、信息传递与交换设备对磁脉冲承受限度。故在新机房建设或旧机房改造时，应采取必要的防雷与磁屏蔽措施。

感应雷虽然没有直击雷猛烈（侵入能量较小），但其发生概率比直击雷高得多。直击雷只在雷云对地闪击时才会造成灾害，而感应雷则无论雷云对地闪击还是雷云对雷云之间闪击，都可能发生并造成损失。另外，直击雷产生时，影响目标范围较小，而当雷闪击发生时，可以在很大的范围内产生感应现象，并且这种感应高压还可以通过电力线、电话线等传输到很远，致使雷电损失扩大。

（3）球形雷

球形雷是一种特殊的雷电现象，简称球雷，直径一般约为 10～20 cm，最大的直径可达 1 m，存在的时间大约为百分之几秒至几分钟，一般是 3～5 s，其下降时有的无声，有的发出“嘶嘶”声，一旦遇到物体或电气设备，会产生燃烧或爆炸，其主要是沿建筑物的孔洞或开着的门窗进入室内，有的由烟囱或通气管道滚进楼房，再沿带电体消失。

球形雷的防护是个较新的问题。首先，设备的布置要尽量避开建筑的各种通道口，在雷雨天气时，人员不要站在窗前等位置。另外，可考虑设置屏蔽帘，当可能出现雷雨时，降下来并与接地系统连接。

2. 雷电防护区

雷电侵入的途径和成灾的区域不同造成的灾害也不同，因此，根据不同区域采取有针对性的措施，才能得到有效的防护。这些区域称为雷电防护区（LPZ），它的划分原则是：根据需要保护和控制雷电电磁脉冲环境的建筑物，从外部到内部。相关国家标准对雷电防护区作了如下划分，如图 2—68 所示：

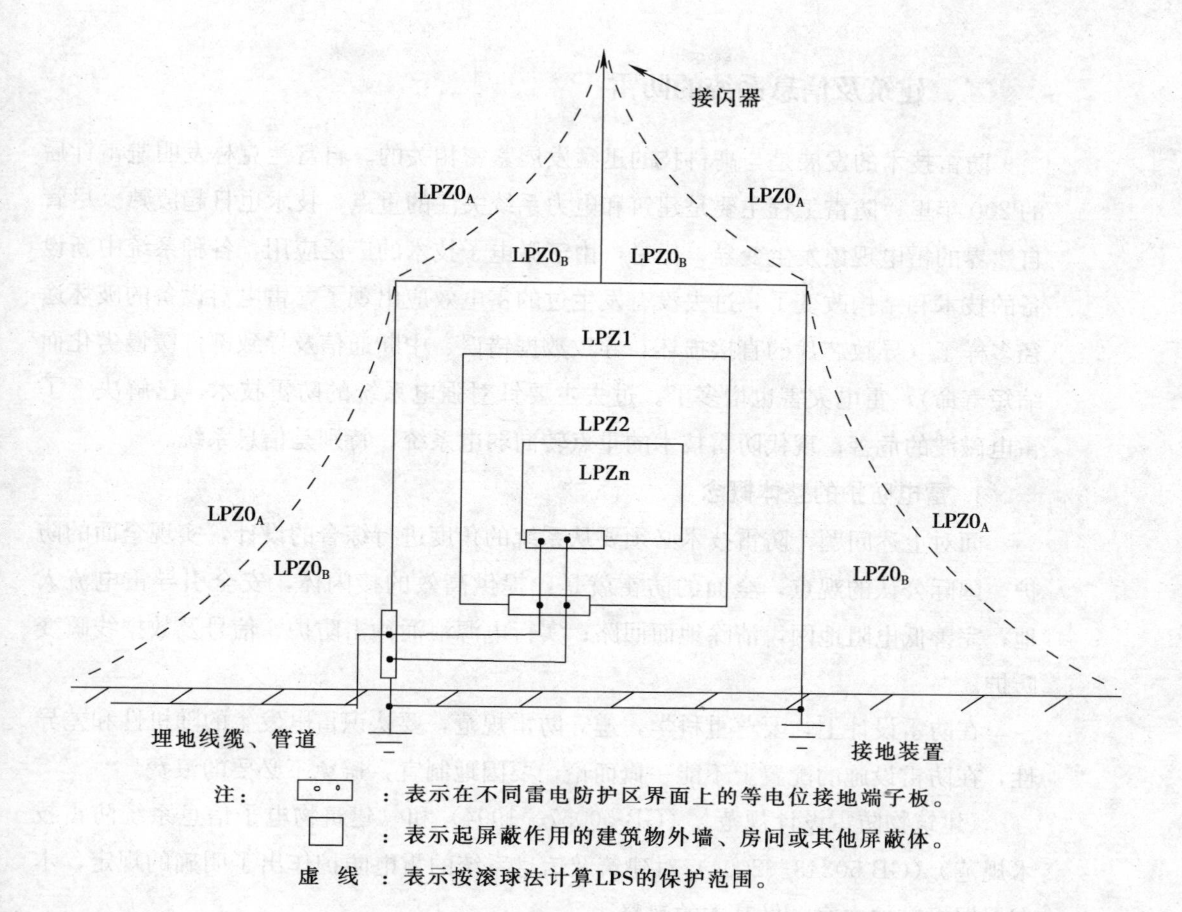

图 2—68　建筑物雷电防护区（LPZ）的划分

（1）直击雷非防护区（$LPZ0_A$）

电磁场没有衰减，各类物体都可能遭到直接雷击，属完全暴露的不设防区。

（2）直击雷防护区（$LPZ0_B$）

电磁场没有衰减，各类物体很少遭受直接雷击，属充分暴露的直击雷防护区。

（3）第一防护区（LPZ1）

由于建筑物的屏蔽措施，流经各类导体的雷电流比直击雷防护区（$LPZ0_B$）进一步减小，电磁场得到了初步的衰减，各类物体不可能遭受直接雷击。

（4）第二防护区（LPZ2）

进一步减小所导引的雷电流或电磁场而引入的后续防护区。

（5）后续防护区（LPZn）

需要进一步减小雷电电磁脉冲，以保护敏感度水平高的设备的后续防护区。

二、建筑及信息系统的防雷

防雷技术的发展是与高科技的迅猛发展紧密相关的。自富兰克林发明避雷针后的200年里，防雷工程主要是建筑和电力系统关注的重点，技术也日趋成熟。尽管自然界的雷电现象发生变异，但是，由于微电子技术的广泛应用，各种系统中新设备的技术和结构改变了，过去没有发生过的雷电效应出现了，雷电对设备的破坏途径多样了（导致芯片的直接损坏、导致数据错误、中断通信及导致部件缓慢劣化而缩短寿命），雷电灾害也增多了。过去主要针对强电系统的防雷技术，已解决不了雷电磁波的危害；现代防雷技术的重点转向弱电系统，特别是信息系统。

1. 雷电防护的整体概念

面对上述问题，防雷技术必须要从系统的角度进行综合的设计，实现全面的防护。国际公认的观点，全面的防雷就是：提供高效的接闪体，安全引导雷电流入地；完善低电阻地网，清除地面回路；实行电源浪涌冲击防护、信号及数据线瞬变防护。

在防雷设计上，要尊重科学，遵守防雷规范，要认识雷电发生的随机性和差异性，在防雷设施的配置上不能一概而论，要因地制宜，避免不必要的浪费。

《建筑物防雷设计规范》（GB 50057—1994）和《建筑物电子信息系统防雷技术规范》（GB 50343—2004）对建筑及信息系统的雷电防护作出了明确的规定，本书根据标准的内容，做基本的解释。

建筑物的防雷分类

GB 50057—1994 根据建筑物的重要性、使用性质、发生雷电事故的可能性和后果，将防雷要求分为三类。其中第二类防雷建筑物包括：

（1）国家级重点文物保护的建筑物；

（2）国家级的会堂、办公建筑物、大型展览和博览建筑物、大型火车站、国宾馆、国家级档案馆、大型城市的重要给水水泵房等特别重要的建筑物；

（3）国家级计算中心、国际通信枢纽等对国民经济有重要意义且装有大量电子设备的建筑物等。以及预计雷击次数大于0.06次/a的部、省级办公建筑物及其他重要或人员密集的公共建筑物等。

低于上述规定的则为三级防雷建筑物。

根据上述规定，安全防范系统所依托的建筑基本为二、三级防雷建筑物。

GB 50343—2004 则按建筑物电子信息系统的重要性和使用性质规定雷电防护等级，见表2—18。

表 2—18　　建筑物电子信息系统雷电防护等级

雷电防护等级	电子信息系统
A 级	1. 大型计算中心、大型通信枢纽、国家金融中心、银行、机场、大型港口、火车枢纽站等 2. 甲级安全防范系统，如国家文物、档案库的闭路电视监控和报警系统 3. 大型电子医疗设备、五星级宾馆
B 级	1. 中型计算中心、中型通信枢纽、移动通信基站、大型体育场（馆）监控系统、证券中心 2. 乙级安全防范系统，如省级文物、档案库的闭路电视监控和报警系统 3. 雷达站、微波站、高速公路监控和收费系统 4. 中型电子医疗设备 5. 四星级宾馆
C 级	1. 小型通信枢纽、电信局 2. 大中型有线电视系统 3. 三星级以下宾馆
D 级	除上述 A、B、C 级以外一般用途的电子信息设备

其中还对安全防范系统（闭路监控和报警系统）做了规定，将其确定为 A 或 B 级雷电防护。

2. 防雷设计

（1）设计原则及依据

防雷设计应遵循以下原则：

1）应满足雷电防护分区、分级确定的防雷等级要求。

2）需要保护的电子信息系统必须采取等电位连接与接地保护措施。

3）应收集以下相关资料：

①建筑物所在地区的地理、气象和地质环境。

②建筑物（或建筑物群体）的长、宽、高及分布等地理状况。

③被保护信息系统的类型、功能及性能参数和分布状况，计算机网络和通信网络的结构。

④供配电及其配电系统接地形式。

⑤对扩、改建工程，还应收集原防雷系统的情况（接闪器、引下线、接地等）。

（2）等电位连接与共用接地系统

信息系统机房应设等电位连接网络，电气和电子设备的金属外壳、机柜、机架、金属管、槽、屏蔽线缆外层、信息设备防静电接地、安全保护接地、浪涌保护器（SPD）接地端等均应以最短的距离与等电位连接网络的接地端子连接。

接地装置应利用建筑物的自然接地体，当自然接地体的接地电阻达不到要求时，必须增加人工接地体。

（3）屏蔽及布线

信息系统设备机房的屏蔽应符合下列规定：

1）主机房宜选择在建筑物低层中心部位，位于雷电防护区的高级别区域内。

2）金属导体、电缆屏蔽层及金属线槽（架）等进入机房时，应做等电位连接。

（4）防雷与接地

1）电源线路防雷与接地应符合下列规定：

①不宜采用架空线路。

②应采用 TN－S 系统的接地方式。

③配电线路设备的耐冲击过电压额定值应符合相关规定，浪涌保护器安装位置也应符合相应技术规范。

2）信号线路的防雷与接地应符合下列规定：

①进、出建筑物的信号线缆，宜选用有金属屏蔽层的电缆，并宜埋地敷设。

②浪涌保护器的选择应根据线路的工作频率、传输介质、传输速率、传输带宽、工作电压、接口形式、特性阻抗等参数，选用电压驻波比和插入损耗小的浪涌保护器。

以上是基本的原则和要求，在具体进行防雷系统设计时要因地制宜。

三、安全防范系统的防雷

通常安全防范系统是建筑弱电系统的一部分，不单独考虑防雷系统，特别是接闪器、引下线与接地，也就是安全防范系统要把自己设置在建筑防雷系统的保持之下。所以安全防范系统防雷设计的重点是：防止雷电电磁脉冲波的侵入。

1. 防雷系统设计

《安全防范工程技术规范》（GB 50348—2004）对防雷与接地设计做了基本的规定，没有规定安全防范系统的雷电防护等级。《建筑物电子信息系统防雷技术规范》（GB 50343—2004），规定了安全防范系统的雷电防护等级，并对设计做了具体要求。下面以两个标准为依据，简要说明安全防范系统的防雷设计。

（1）监控中心位置

监控中心应位于建筑防雷系统雷电防护区的高级别区域内。

（2）监控中心的等电位接地

监控中心应设置接地汇流排，汇流排宜采用裸铜线，其截面积不应小于 35 mm^2。并将室内所有的机架（壳）、金属线槽、设备保护接地、安全保护接地、浪涌保护器接地端等就近接至汇流排，构成等电位接地。

监控中心的防雷系统应与建筑的防雷系统共地。

（3）系统控制设备的雷电防护

系统控制设备连接的信号线、控制线宜在线路进出建筑物直击雷非防护区（$LPZ0_A$），或直击雷防护区（$LPZ0_B$）与第一防护区（LPZ1）交界处装设适配的线路浪涌保护器。

（4）前端设备的供电线（集中供电方式）应在线路和出口处设置电源浪涌保护器。

2. 接闪器的设置

室外安装的设备如不能置于建筑防雷系统雷电保护区内，或附近无可利用的防雷系统，应设计和安装接闪保护装置，主要有两种方法；

（1）独立的接闪器

在设备安装位置的附近设置接闪器，保证设备处于接闪器的保护区内，同时，接闪器下引线的接地点与设备的安全接地点相距不小于 2 m。

（2）安装杆为接闪器

接闪器安装在设备的安装杆上，并且其引下线通过（金属）安装杆。接闪器的高度要保证设备得到有效保护，同时，设备一定要与引下线隔离（绝缘）。要特别注意防止通过金属螺钉，致使设备的机壳与安装杆连通。

第 6 节　安 全 生 产

安装维修是安防企业最主要的生产活动，必须坚持安全第一的方针。安防企业必须具有安全生产许可证，较大的企业应通过职业健康安全管理体系和环境管理体系的认证。企业员工要具备生产安全方面的知识和素质。本书简要介绍安全防范工程安装维修过程中的安全知识。

一、安装维修安全

1. 安全生产管理

《中华人民共和国安全生产法》（以下简称《安全生产法》）明确规定了安全生产的目的是：防止和减少生产安全事故，保障人民群众生命和财产安全，从业人员有依法获得安全生产保障的权力，并应当依法履行安全生产方面的义务。生产经营单位的安全生产管理主要包括以下几方面：

（1）安全生产管理制度

建立、健全本单位安全生产责任制；制定安全生产规章制度和操作规程；制定并实施生产安全事故应急救援预案等。

（2）安全生产条件（设施）

保证安全生产条件所必需的投入，建立必需的安全生产条件和设施。

（3）劳动保护措施

必须为从业人员提供符合国家标准或者行业标准的劳动保护用品，并监督、教育从业人员按照使用规则佩戴、使用；对员工进行必要的安全生产方面的教育和培训，包括安全生产法规、制度的学习和安全生产技能的培训。

（4）检查和监督

要督促和检查本单位安全生产工作，及时消除隐患，及时和如实报告生产安全事故。

2. 施工中的不安全因素

（1）用电安全

安全防范工程的安装和维修工作，经常会临时用电，供电线路和设施的不规范和不良状态，是人员安全的隐患，可能出现的短路或过热现象，也会造成火险。

不规范操作使用电动工具和带电作业也是不安全因素。可以说，用电安全是保证安防工程安全生产的主要因素，下面予以重点介绍。

（2）高空作业

离地面 2 m 以上进行的作业即属于高空作业。安防系统的设备安装和维修经常是高空作业。人员的跌落或高空坠物会造成人员的伤害。由于作业环境的不稳定，导致的安装质量差，也是系统的不安全因素。

（3）防火

火灾会造成生命财产的巨大损失，甚至造成建筑的全部毁坏。用电不当可能造成火险。用火不当、非法堆物、易燃易爆品保管不善，吸烟以及灭火设备配置都是造成火险的原因。

（4）环境保护

注意施工中的环境保护是安全生产的重要内容，要注意防止和减少粉尘、噪声，防止对建筑、绿地的损坏也是对人员的安全保护。

（5）其他

安防工程施工现场的高空坠物、物品搬运也会造成人员的伤害，在野外施工时，有时会受到雷电的伤害，这些都是要注意的不安全因素。

3. 安全措施

根据《安全生产法》的要求，针对上述不定期安全因素，安装维修工作应采取如下安全措施：

（1）安全生产知识的教育和培训

企业要建立完善的安全生产制度和管理体系。要对员工进行必需的教育和培训，员工在接受工作任务开始施工前，首先要做好安全生产的准备，要学习安全生产的有关规章制度，并要了解施工现场（用户单位）的环境条件和相关的安全生产要求，特别是危险性环境的安全生产规定和要求。

（2）做好必要的劳动保护

员工进入施工现场应穿工作服，工作服应洁简，不应有过多的服饰，特别是金属饰物。在建筑工地施工应戴安全帽。进行特殊工序的应穿戴相应的保护用品，如绝缘鞋、防护镜和手套等。

常用工具放在方便取放的衣袋或工具箱内，不要携带过多的工具和材料。

（3）从事高空作业的人员应体检合格。患有高血压、心脏病、癫痫症、恐高症及其他不适应高空作业的人不准从事高空作业。15 m 以上的高空作业要办理高空作业证。

遇有下列情况时应停止露天高空作业：闪电、打雷、暴雨；六级以上大风；雨水未干，场地湿滑。

操作人员必须使用检测合格的安全带；做好安全防护措施（防护栏、穿防滑鞋、衣着灵便等）；高处作业所用物料、工具不能随意放置，作业中不得向下抛物；升降装置（包括梯子）要有专人操作或看护，并对高空作业人员进行监护。

（4）安全用电

严格遵守建筑现场或施工所在单位的用电管理制度，采用临时用电措施要征得他们的同意。用电管理是安全生产的重要内容，下面将专门作以说明。

（5）文明生产

坚持文明生产也是安全生产的重要组成。现场施工，特别在已建成的环境内施工，一定要做到不破坏、不污损环境和相关的设施，要注意防止工具设备对地面、墙面的划伤和磕碰；采用适当的覆盖，防止对地面、门窗的污染。要尽可能降低噪声，减少占用空间，不影响其他部门的施工，不影响所在单位的正常工作。

施工结束后要清理现场，妥善保管物料、工具设备，进入现场的设备、成品、半成品均应堆放在指定的地方，码放整齐，保证道路的畅通。做到既方便以后的施工，又不影响正常的工作秩序。

施工的各阶段，特别是竣工阶段，成品保护很重要，是保证安装质量的重要环节，同时，也是防止丢失和损坏成品的手段。控制中心设备安装后，要安装好门窗并及时加锁，必要时安排值班员。

（6）消防措施

在安装施工中，要始终贯彻“预防为主、防消结合”的消防工作方针。将消防工作纳入施工组织设计和施工管理计划，项目管理要制定有关消防管理的制度。

坚持现场用火审批制度，特别在易燃、易爆环境下，用火（包括电焊、电炉等）必须得到所在单位的同意。

安装人员施工前要了解现场环境，要注意清除火险隐患后再施工，如清理现场易燃物品、放置灭火设备等。

安装人员严禁在工作现场吸烟和携带香烟、打火机等物品。

（7）检查与监督

要建立、健全安全检查制度，设置安全检查员，对安装施工环境、员工防护用品的使用、设备的状态进行定期和不定期的检查，发现问题及时纠正解决，对发现的事故隐患应立即上报相关部门。

在发生安全隐患时，安全检查员和安装人员先要停止施工，待隐患排除后再进行施工。

发生安全事故时要首先抢救受伤人员，妥善保护现场，配合事故调查，并及时上报事故、事故的损失及处理结果。

二、用电安全

安全防范系统工程的基本任务是电子和电气设备的安装，所使用的工具设备也主要为电动设备。因此，安全用电是其安全生产的核心，下面结合具体的安装施工介绍用电安全的基本知识。这是安装调试员必须了解的。

1. 电能对人体的伤害

电能对人体的伤害主要有三种方式：电击伤、电热伤和电磁场伤害。

（1）电击伤

电击是指电流通过人体某一部分时，破坏了人体组织或神经系统的正常功能。这种伤害有些是可以恢复的，如肌肉抽搐、心悸等；有些则是致命的，如电流通过心肺时会导致人死亡。

（2）电热伤

电热伤是指电流的热效应对人体的伤害，如电击可以导致人体部分烧伤，电弧可能烧伤人体等。

（3）电磁场伤害

电磁场伤害是指在高频电磁场作用下使人产生头晕、乏力、记忆力减退、失眠等神经系统的症状。

一般认为：电流通过人体的心脏、肺部和中枢神经系统时，特别是通过心脏时，对人体的危险性最大。因此，要特别防止形成从手到脚或两手间的电流通路。

触电是经常发生的电击，造成肌肉的痉挛，可能导致人摔伤、坠落等事故。

2. 防范措施

对于上述电能可能对人体的伤害，绝缘、屏障和电磁屏蔽是常见、有效的防护措施。

（1）绝缘

绝缘是防止人体触及带电体的基本方法。用绝缘物将带电体封闭起来，如导线的外层塑胶（保护层）；电工钳握把的橡胶套等；戴绝缘手套和穿绝缘鞋等也是绝缘的一种方式。

绝缘的作用是：使人体不触及带电体，或触及带电体时不形成电流通路。

应当注意的是：很多绝缘材料受潮或在高电压时，绝缘性能会下降，甚至丧失。为增强绝缘的效果，可采用双重绝缘或另加总体绝缘，以提高防触电的效力。

（2）屏障

屏障是采用网栏、防护罩等物理设施把带电体同外界隔绝开来。与绝缘不同，屏障是使带电体与人体之间形成安全的空间距离，因此，设计时，带电体与屏障的间距要根据带电体的电压、绝缘等情况决定。

所谓安全距离（间距）是可防止触及或过分接近带电体，以及防火、防电弧的距离。合格的电工应熟悉各种环境下的安全距离，并在操作中注意保持，在低压系统检修时，距离不应小于 0.1 m。

（3）屏蔽

屏蔽是采用导电材料将电子设备包围起来，减小其向空间的电磁辐射。屏蔽不仅防止人体与带电体物理接触，主要是防止人体受到过量的电磁辐射。电气设备的金属外壳具有电磁屏蔽的作用，金属或金属网可有效地吸收电磁场的能量，可以用来构建屏蔽室、屏蔽服等。屏蔽装置应良好地接地，以提高屏蔽效果。

（4）保护接地

保护接地主要是防止由于绝缘破坏、屏障间距改变或其他原因而导致的电气设备外露的不带电导体意外带电而造成的危险，将其接地。

可以说，保护接地是防止绝缘与屏障失效的安全措施，同时，也是提高屏蔽效果的方法。

（5）漏电保护装置

合理地配置漏电保护装置可保证在故障情况下人身和设备的安全，它的功能是在检测到异常电流时，经执行机构动作，自动切断电源，从而起到保护作用。

根据欧姆定律，电压越大，电流也就越大。因此，加在人体上的电压应不超过一定值，通过人体的电流就不会对其造成伤害。这个电压称为安全检查电压。小型电气设备采用安全电压也是一种安全措施。我国规定安全电压的工频有效值不超过50 V。

3. 安全防范施工的用电安全

（1）人员的技术培训和安全保护

从事电气设备安装与维护的人员必须经过专门的安全技术培训和考核，施工时必须穿用必需的保护用品。

电工作业人员要持证上岗，遵守电工作业安全操作规程。禁止在施工现场和驻地私拉乱接生产、生活用电。

（2）用电管理

按规定取电，并要定期检查配电箱、刀开关、插座以及导线等，保证其完好，不得有破损或带电部分的裸露；检查保护接地、接零，保证连接牢固，不得用铜丝等代替熔丝。

对设备进行维修时，一定要切断电源，并在明显处放置“禁止合闸，有人工作”的警示牌。

（3）临时用电管理

施工现场临时用电的线路及电力设备，必须由正式电工接线与安装，线路接头必须良好绝缘，不许裸露，开关、插座须有绝缘外壳。现场临时电闸箱必须符合有关规定，箱内电器必须可靠、完好。

临时配电系统必须采用三相五线制的接零保护系统，各种电气设备和电动工具的金属外壳、金属支架和底座必须按规定采取可靠的接零或接地保护。

必须设两级漏电保护装置，形成完整的保护系统。漏电保护装置的选择应符合规定。

（4）电动工具的使用

电动工具的使用应符合国家标准的有关规定。工具的电源线、插头和插座应完好，电源线不得任意接长和调换，工具的外绝缘应完好无损。

电焊机应单独设开关，外壳应做接零或接地保护并加装电焊机触电保护器；电焊机一次线长度应小于5 m，二次线长度应小于30 m；接线应压接牢固，并安装可靠防护罩；焊把线应双线到位，不得借用金属管道、金属脚手架、轨道及结构钢筋作回路地线；焊把线无破损，绝缘良好。

手电钻、电砂轮等手持电动工具必须安装漏电保护器，工具外壳要进行防护性接地或接零，移动电气设备，必须先切断电源，并保护好导线，以免磨损或拉断。

(5) 用电火灾的防止

线路老化、绝缘老化造成短路，用电量增加、线路超负荷，电器积尘、受潮及通风散热失效，接近易燃物等原因使照明设备、手持电动工具以及单相电源供电的小型电器在使用时引起火灾。因此，要注意线路、电器负荷不能过高，注意使用位置距易燃可燃物不能太近，要注意防潮和经常对电气设备进行检查。

在潮湿和多尘的环境中，应采用封闭式设备；在易燃易爆的危险环境中，必须采用防爆式设备。

(6) 防雷

在雷雨天，停止室外施工，特别是室外高空施工，不要走进高压电杆、铁塔、避雷针的接地导线周围20 m内。

思 考 题

1. 简述构成电路的基本元件：电阻、电容、电感在电路中的作用。
2. 简述电源的功能和分类：电压源与电流源的定义和差别。
3. 简述欧姆定律的应用，并进行电阻的串并联等效。
4. 简述基尔霍夫定律，并从电流的流通性和能量守恒定律解释它们。
5. 简述国际单位制的基本单位，并进行单位转换。
6. 简述图形符号在工程设计中的作用，并查找规定图形符号的相关标准。
7. 简述交流电产生和复数表示法，振幅值、有效值的意义和差别。
8. 简述供电方式的构成、三相五线制的特点。
9. 简述安全接地与接地的区别和作用。
10. 简述雷电基础知识，以及其侵入的途径和基本的防范措施。
11. 简述用电安全的基本措施。

12. 简述保障生产的安全用电的知识。

13. 简述高空作业的范围，及高空作业的安全知识。

14. 简述施工防火的主要措施。

15. 简述施工中安全管理的内容，基本劳动保护措施的内容。

第3章

安全防范系统（工程）概述

第1节　公共安全体系

一、安全——社会发展永恒的课题

1. 安全

安全就是在实现目标（个人或团体的）的过程中不受损失和伤害。人类社会在发展的过程中始终伴随着各种风险（发生损失和伤害的可能），这是不可回避的客观现实，而且，人类自身的各种活动也在制造着风险。因此，安全是人类永远追求的目标，是社会发展永恒的课题。

安全是相对风险而言的，风险是产生损失、受到伤害的可能性，人类社会面对的风险可以分为以下几类：

（1）自然灾害

由自然力所致，如地震、山体滑坡、干旱、洪水、海啸、各种气象异常、传染病（如SARS）等。其实大自然的运转（天体的演化、星辰的运动、四季的交替、风云的变化）是有规律的，人类社会的发展就是逐步了解和加深认识这些规律的过程。只要认识了这些灾害，就可以对其进行有效的预防。当然还有许多人们没有认识和理解的现象，这便要求我们不断地探索和发现其内在的规律，提高自身抗御自然灾害的能力。自然力有时是不可抗拒的，但是，更多是可以抵御、控制和防范的。防范自然灾害就是要遵循自然规律，与大自然和谐相处。人类违反自然规律的活动就是产生灾害的主要原因。

（2）人类生产活动和生活引发的事故

因生产和生活活动引发的事故，如矿难、火灾、交通事故、环境污染和职业病。这类事故伴随着人类改造自然、创造物质财富过程的始终。其中有些是由于对客观世界尚未认识，而违背了自然规律所引发的灾害，如过度垦植造成的荒漠化、过度消耗能源引起的气候异常。更多则是由于人为地违反了客观规律所导致的灾害，如追求短期效应和局部利益，违反安全生产规章所导致的各种生产事故。传统安全理论把生产安全事故解释为：系统失效，或由人的非主观故意造成的损失。后者也可以用系统失效来描述，因此，它是相对可以预测和控制的。

（3）人的恶意行为造成的事件

这类恶性事件由人（个人、团体、族群、国家）之间关系（矛盾）的激化所致。如战争、恐怖活动、各种治安案件等。当前恐怖活动最为引人注意，因为它的破坏性极大，而且涉及面广、突发性强，有人称之为不对称的战争，是一项防范难度极高的事情。恐怖活动有两个明显的特征：一是有组织的活动；二是其目的不是为了侵犯具体的生命和财产，而是针对社会的犯罪，是为了攻击一种制度和信念，或宣传和实现一种政治目的。

大量出现的治安事件是安全防范所针对的目标，其危害程度虽不能与恐怖事件相比，但它是发生概率极高的事件，并与人们的日常生活和社会治安秩序密切地联系在一起，有些局部的问题有时也可能引发一些恶性的和突发的群体事件，是需要十分注意的。

这两类事件的防范，代表了安全系统的两种功能：一是宏观动态的防范；二是局部的、微观的生命、财产的保护。两者在技术上是共同的，功能上是相连的。因此，安全防范技术人员，要建立大安全的概念。

安全是相对的，或者说没有绝对的安全。安全科学研究的目标是建立本质的安全（体系），包括安全系统的设计、产品的制造、安全标准的制定等。本质安全就是没有风险的系统，是理想、概念化的系统。但实践是达不到的，风险不可能降低为零。实际安全系统的设计、实施和运行是降低风险到可以承受的程度，根据威胁、技术的可实现程度、决策者的意志及安全投入等因素，构建实用的安全系统。

安全作为目标与整体的目标有时是矛盾的，它需要投入，为了安全可能会牺牲其他的目标或降低原来的目标，这些都是损失。因此，在实际情况下，人们要在（整体）目标与安全之间做出恰当的安排。这就意味着安全具有经济的属性。

2. 公共安全

接连不断的恐怖事件、频发的自然灾害及公共卫生事件使我们真实地感受到威胁的存在，于是安全成了人们特别关注的话题。各地区、各部门或技术领域都从不同的角度表现出对安全的需求，并针对各自的特点，提出了相应的解决方案，构建相应的防范体系，建立应对和处理突发事件的能力。与此同时，大家也都认识到：安全不是一个地区、一个部门、一个技术专业的事，而是要求相互协调、配合，共同营造的环境。这就是公共（综合）安全的概念。总结和借鉴国内外应对各类灾害和处置突发事件的经验，经过各部门专家的讨论、媒体的宣传，公共安全的概念越来越明确了，综合、整体安全的框架也越来越清晰了，建立公共安全体系（形成整体防灾能力）的要求也越来越迫切了，这是当前形势的要求，也是社会发展和技术进步的必然。安全理论、安全技术和体系的研究必须围绕这个题目、坚持这个方向。由此得出建立公共安全体系的基本前提如下：

安全是人类社会共同面对的课题，世界上许多国家给出公共安全（紧急）事件的定义：它是在规模和影响上已超出了社区或居民能够应付的能力和范围（责任），需求政府（不论哪一级）进行干预，是政府必须采取应对行动的事件或事态。

应对各种风险、处置各种灾害、事故、事件，要在一个共同的社会环境下进行，局部的预防体系的构筑、紧急事件的处置也会影响到社会的各个方面，各部门必须互相配合、支持，必要时要统一调度和指挥，共同行动。

要保证安全体系的有效性、经济性，必须实现各种资源的统一规划、配置、调动和充分的共享。必须认识到：共同的安全是局部安全的基础。

针对各种危险因素（风险）的安全技术（设备与系统）、技术体系（系统结构、指挥决策）是相通、相同的。安全技术从应用的角度可以分为很多种类，但基本的技术和产品是共同的，或者说：不同的安全系统可以采用通用的技术和产品来实现。这就决定了各种安全系统在技术上是可以集成的，资源是可以共享的，构建公共安全体系在技术上是可行的，并且是经济、有效的。

二、公共安全体系

1. 安全体系的目标

安全体系就是建立一个相对可预测的环境，以实现不受损失地达到目标。理论上讲，在人类的各种活动中没有损失、不受伤害是不可能的。人类为实现安全，必须做出相应的牺牲和投入，并可能降低原来的目标或放弃其他的目标。因此说，安全体系的目标就是减小风险、减少损失到可以接受的程度，以合理的投入（损失或牺牲）来实现安全。

2. 公共安全体系的基本要素

（1）预防

预防就是及时发现（识别）危险因素（威胁的存在）及预测灾害（事故、事件）的发生和发展趋势，并采取相应的对策，制止其发生或控制其演化的过程，使其向安全的方向转化。这是一种主动的减灾。实现预防的关键是系统具有早期预警功能和快速反应能力。

探测（技术）是实现预防的主要手段，包括对各种自然环境参数的探测、自然现象活动规律的监控，对构成生产安全的各种状态和参数的探测和监控，以及可能危害人的生命、财产安全的状态和因素的探测。也包括对社会秩序、经济活动的状态和人际（团体或族群间）关系的观测，及其出现的失衡、反常情况的掌控。探测可以采用技术的方法，有些参数和数据需要进行长期的连续的监测，并进行后期的分析和处理；有些则必须是实行实时的监测和即时反应。探测也可以由人来进行，主动发现各种异常或状态。安全系统不仅要求探测能实现异常状态（事故、事件已发生）的报警，还需要系统能发现事件或事故可能发生的征兆和趋势。

有些灾害（事故、事件）是可以预测的，或可以相对准确（真实）地预测，有些则是不可预测的；有些是可以早期预报的，有些则是必须即时反应的。因此，要提高预防的有效性，形成不同的反应方式，要努力认识各种灾害的发生、发展的规律，提高预防的准确性。

需要强调的是：安防系统由于主要是针对人类恶意行为的事件，突发性很强，实现预测难度很大，因此，特别强调应急反应。这是安全防范系统的特点。

（2）减灾

减灾是采用各种适当的加固措施，来躲避灾害或减少灾害造成的损失，通过快速、有效的反应，控制事态的发展，使其向安全的方向转变。加强基础设施的防灾（抗冲击）能力，对相对已知（规律性）的危险因素有针对性地采取制约手段和防范措施，是减灾的主要方式。建立预警系统和建立灾害（事故、事件）发生时的应急反应机制，提供充分的技术和物资保障，也是有效减少损失的手段。然而，提高全社会的整体防灾能力的根本原则是按客观规律办事。

3. 公共安全体系架构

针对不同的威胁，所建立的安全体系不同，但它们的基本内容是相同的，公共安全体系就是在这些共同的基础上，进行资源的整合和共享，构成一个统一的平台，提供一个基础环境。既保证统一地协调、调度和指挥，又充分体现各部门的特殊性和专业的要求。

完整的公共安全体系由以下几个部分构成：

（1）预警系统

预警系统的核心是建立通畅的信息采集渠道，科学地处理、分析模型和权威的决策机制。通过对社情、敌情、民意及各种社会动态的掌控和分析，对社会、经济运行的各种参数及稳定程度的评价与分析，对地质、水文、气象、海洋、空气、水质和疾病流行状况的各种参数的监测，对生产环境和生产设备的状态和参数的探测和监控等危险源的识别，及时地发现危害安全的各种因素，预报可能发生的灾害、事故与事件。

通畅的渠道保证信息的全面、及时，科学的处理将去伪存真，并反映各种信息内在的联系，做出相对准确的风险（灾害等发生的可能）评估；权威的决策则是采用相应的应对措施和反应手段。

预警系统除了上述的探测、信息采集和分析处理、决策系统外，重要的环节是信息发布机制。以什么形式表示风险的等级与预测的准确性、有效性，以何种形式向公众发布都是非常重要的事情。它涉及公众的知情权，权威部门的公信力。

预警分为长期、短期和紧急预警。长期和短期预警可以为反应（行动）留有相对充裕的时间，是警示性的，其准确性相对低一些。紧急预警则是对发生概率极高事件的警报或已发生灾害的报警。通常要求立即响应，启动应急反应系统。

显然，上述两种预警机制，会形成两种安全体系架构：预防体系和应急反应体系。

（2）预防系统

预防系统是安全体系的基础，是决定社会整体防灾能力的关键。预防主要是针对可以准确预测或预警后有较充分反应时间的威胁，通过稳定（相对固定）的设施和手段，有明确目标的防范。主要包括：

1）基础设施的加固，防灾设施的建设（防洪、防火），避灾场所和设施的规划和建设。

2）城市基础设施、社会服务系统（通信、广播）、高风险部位（政府、城市、行业的标志性建筑、机场、车站、大型活动等人流、物流密集的场所）的安全防范。

3）生产安全设施的建设和劳动保护，以及传染性疾病的防治和控制等。

4）安全理论将安全措施称为系统加固。针对特定威胁（设备、方法、设施）的防范设施是加固，建立预警系统也是一种加固措施，应急反应则是一种临时加固措施。

预防是综合的概念，涉及社会的各个部门和各个方面，我国的社会治安综合治理就是一个完整的预防体系。

（3）应急反应体系

安全系统必须具有迅速地反应和控制灾害、事故、事件的能力。针对不确定（类型、地点、时间）的威胁，应急反应要能有效地控制事态，使其向利于安全的方向转化，要最大限度地减小损失和不良影响。

应急反应系统包括应急反应机制和应急反应技术支持两部分：

应急反应机制是指：在处置紧急事件时，社会各部门的运行方式、协同关系，人力和资源的配置、物资储备和调用；应急预案的制定和启动、现场指挥和决策及平时的管理和演练。

应急是高风险、低概率的行动，为保证其有效性，必须时刻做好充分的准备并建立对各种事件（灾害、事故、事件）详尽的预案，如严重自然灾害的紧急求援和减灾，重大活动（奥运会、世博会）的安全保卫，劫机、劫持人质及群体事件的紧急处置等。

应急反应必须有充分的技术支持，包括通信指挥、定位、探测（危险品、生命）监控等技术系统、交通、排险、生命救助、危险物品处置等装备器材及行动人员的武器和防护装备等。应急反应的有效性与紧急报警（预警）有密切关系，通常，应急反应的指挥系统与报警系统是合为一体的。

我国国务院发布的《国家突发公共事件总体应急预案》（以下简称总体预案）是全国应急预案体系的总纲，总体预案共 6 章，分别为总则、组织体系、运行机制、应急保障、监督管理和附则。

总体预案明确了各类突发公共事件分级分类和预案框架体系，规定了国务院应对特别重大突发公共事件的组织体系、工作机制等内容，是指导、预防和处置各类突发公共事件的规范性文件。

在总体预案中，明确提出了应对各类突发公共事件的六条工作原则：以人为本，减少危害；居安思危，预防为主；统一领导，分级负责；依法规范，加强管理；快速反应，协同应对；依靠科技，提高素质。

总体预案将突发公共事件分为自然灾害、事故灾难、公共卫生事件、社会安全事件四类。按照各类突发公共事件的性质、严重程度、可控性和影响范围等因素，总体预案将其分为四级，即Ⅰ级（特别重大）、Ⅱ级（重大）、Ⅲ级（较大）和Ⅳ级（一般）。

总体预案规定，国务院是突发公共事件应急管理工作的最高行政领导机构；国务院办公厅设国务院应急管理办公室，履行值守应急、信息汇总和综合协调职责，发挥运转枢纽作用；国务院有关部门依据有关法律、行政法规和各自职责，负责相关类别突发公共事件的应急管理工作；地方各级人民政府是本行政区域突发公共事件应急管理工作的行政领导机构。

（4）评价和标准体系

安全系统效能的评价与相关技术标准是安全技术的基础工作，评估（风险、灾害程度）和评价（技术、系统、效果、价值）是建设安全体系的重要环节。而评估和评价的依据是标准。因此，要加强安全技术（产品）、安全管理、安全服务等各方面标准的研究和制定工作。保证公共安全体系建设的科学化、规范化。

安全体系中评价是多方面的，包括风险的评估、反应的效果、系统运行的有效性以及具体产品、技术、工程的评价等。目前，我们较多地注重产品、工程的评价，忽略了系统实效性的评价，是需要改进的。

（5）法制建设和宣传教育

公共安全体系的建设和运行必须在法律的框架下，安全体系要有相应的法律、法规体系作为保障和支持。公共安全体系的运行，特别是应急系统启动时，许多活动会超越平常的规则，如果没有相应的法律、法规支持，其行动的有效性和效率就会受到限制。因此，要加强应对各种危机的战略、政策的研究，并制定相应的法律、法规，使安全走上法制化的道路，使安全体系的运行更为有效。

宣传教育可提高公民的防灾意识和知识，提高足够的公德精神和自救、互救的能力。媒体的宣传可增加信息的透明度和可信度，有利于提高公共安全系统的效率、减小灾害的损失程度。

第 2 节　安全防范系统的基本功能

安全防范的定义是：预防和制止盗窃、抢劫、爆炸等治安事件的活动。这个定义解释了安全防范传统的含义及行业的活动范围，说明了它的目标是：预防治安事件，保卫生命财产。

在本书第 1 节中介绍了面对的危险（威胁），传统的安全防范就是针对治安事件的，或者说是对局部的、微观的生命财产的保护，安防系统的基本特点就产生于此。同时，又强调了安全技术的共性，随着需求的变化及技术发展，安全防范已跳出了上述的范围界限，成为公共安全体系的重要组成部分。

一、系统的基本功能

不论是局部的、微观的生命财产的保护，还是宏观的治安动态管理，安全防范系统要实现安全防范的目标，必须具有以下基本功能。

1. 探测

系统必须对各种异常活动（入侵活动）有响应，或是发现各种可能的入侵活动。探测可以采用多种手段来实现，如各种探测器（报警器），通过探测环境物理参数或环境状态的变化来判别是否有入侵活动；出入口管理系统中的身份识别，观察电视监控系统的图像等；人员站岗、巡逻也是有效的探测方式。

总之，安防系统必须采用适当的探测手段，应做到：完整地覆盖探测区（控制区、保护区、要害区）；具有足够的灵敏度和环境适应性；能发现所有的异常情况（非正常事件），并产生报警信号。

2. 延迟

系统必须具有对入侵活动的阻制作用。没有延迟的安防系统是没有实用价值的。通常，延迟由物理防护设施来实现，通过这些设施和装置的隔离作用，形成入侵者与入侵目标间的隔离和距离，若非正常通过这些隔离（绕过、越过和破坏）和距离，必须花费相当长的时间。

因此，物理设施的结构形式、布局和自身的抗破坏能力（抗冲击强度）是决定延迟效果的关键因素。

3. 反应

系统应具有处置事件（入侵活动、突发事件）的能力，它涉及行动力量的组织、布局、人员素质、装备等因素。

对已发生的入侵事件，安防系统应迅速地反应，在入侵者到达入侵目标之前，有效地阻止并制服入侵者、及时地处理事件、控制局面。

从另一角度可以讲，探测、延迟、反应是安防系统必备的三要素。这三个要素不是按技术或按工作方式来划分，而是根据系统实现总体目标所必须具有的基本功能来划分的。

安防系统的功能是否满足要求，可以三要素的关系来评价。首先，用统一的物理量——时间来度量各个功能要素。

（1）探测时间 $T_{探测}$

从探测器或人发现入侵目标开始到安防系统发出报警信号的时间间隔。

（2）延迟时间 $T_{延迟}$

入侵者通过各种阻制设施完成入侵活动所需的时间。

（3）反应时间 $T_{反应}$

自系统发出报警开始至行动人员到达防护目标所用的时间。

这种度量结果，可以表示各功能的水平，它们之间的关系则反映系统的能力。若三者满足以下关系：

$$T_{反应} \leqslant T_{延迟} - T_{探测} \tag{3—1}$$

即反应时间不大于延迟时间与探测时间之差，系统就是有效的。

二、构成系统的主要方式

安全是目标，防范是活动。安防活动可以根据具体的安全需求，采用不同的形式，既可以由人力来完成，也可以采用各种物理设施、技术设备和系统来实现，或者将二者结合起来。通常，将其归纳为“人防”“物防”和“技防”三种形式。

1. 人防

人力防范是最基本的防范手段。我国治安管理部门在这方面创造和积累了许多行之有效的方法和经验，如治安联防、群防群治、社区的综合管理及安全教育等。在当前强调技术防范、加强技防系统建设的形势下，坚持这些有益的经验仍然是十分必要的。目前，保安业向社会提供各种有偿的服务主要还是人防方面的，但它也不是单纯的提供人力的服务，还要借助和依靠必要的技术装备和系统。比如运钞业务除提供人员外，还需要有专用车辆、人员防护和武器等。单纯人力的防范已不能适应当前治安形势的要求，但是，如果没有人防的系统也不是一个完善的安全系统。

人防要有一定的组织形式，要求参加的人员必须具备相应的素质。

2. 物防

所谓物防是指相对永久的固定设施和提高系统抗冲击能力的设置和设备，物防也是技术防范系统的基础条件和有机的组成部分，简单地把物防理解为实体防范是不恰当的。

采用适当的物理设施，可以提高系统整体的防范水平，特别是抗冲击能力。前面讲过，系统的延迟功能主要靠物防来实现。物防是安全防范系统中有效、经济的加固措施，针对预定的危险（防范目标），通过稳定的设施和手段是最合理的防范。如门、墙、锁、柜等，都有预先切断入侵通道，增加系统抗冲击（机械力破坏）的能力。

物防设施很多是具有高技术含量的，许多物防设施已与技防设施结合在一起（保险柜），或成为技防的一部分（出入系统的锁定机构），是安防系统的基础。

3. **技防**

技防是技术防范的简称，是指利用各种电子（信息）、光电、机电设备组成的自动控制系统来实现探测、延迟、反应等功能的防范方式。

人防、物防、技防这三种不同的防范手段各有自己的特点和适应性，同时也都有各自的局限性。在安全防范中采取哪种手段，以哪种手段为主，哪种手段为辅，应具体问题具体分析。但可以肯定的是，在各种形式的安全防范中，人防不是可以完全被替代的。

在实际的应用中，这三种防范手段（方式）不是孤立的，也不是可以完全划分开来的。它们是互为基础、相互补充、融为一体地发挥着综合的功能和效益。技术系统的设计通常是以物防设施为基础的，技术系统的设计目标又受到人的反应能力的限定。事实上，一个好的安全防范体系（可以得到好的防范效果），一定是人防、物防、技防相结合，技术系统与科学管理相结合，系统建设和系统的运行并重的体系。

第 3 节　安全防范系统的主要子系统

一、安全防范系统应用的主要技术

1. **传感技术**

探测是识别危险源的基本手段，主要包括入侵探测、危险品探测、违禁品探测等。在安防技术发展过程中一直围绕的核心就是“探测”。实现探测、实现真实的探测、实现早期的探测是安防技术的发展过程和不懈追求的目标，在这一过程中，各种传感器起着十分重要的作用。目前可见光和红外波段的探测技术应用较多，但毫米波和 TH_Z 也展现了很好的前景。随着传感技术的发展，探测系统的灵敏度、真实性（降低误报率）有了很大的提高，微量探测、非接触探测（对隐蔽物的探测）和远距离探测得到实现，提高了安防系统的预警能力。探索新的探测原理，开发新的传感器件已成为安防技术重要的研究方向。

2. 特征（身份）识别技术

安防系统的一个基本功能是验证、识别目标并判断其活动的合法性。系统中出入控制和管理系统的核心技术就是特征（身份）识别。通常是以读取特征载体所载的信息，进行身份的认证和权限的验证。目前，IC 卡是最为流行的特征载体，生物特征由于其极高的唯一性和安全性，引起了人们的高度重视，生物特征识别技术的应用越来越广泛。同时，也不断地出现新的生物特征概念和识别技术，这些都是安防技术关注的热点。生物特征识别技术的应用与环境的关系非常密切，如何在稍加限制环境下构成实用系统是当前需要解决的问题。

3. 电视与数字视频技术

对环境因素的监控是安防系统的基础，电视技术是最普遍采用的手段，同时，电视监控也是一种探测手段。成像（可见光、非可见光）技术和设备、数字视频技术、图像处理与识别的应用和相应产品的开发，对安防系统功能的完善和提升有着重要的作用。

数字视频技术在安防技术中占有着越来越大的分量，许多现今存在的问题可能会由数字视频技术的进步得到解决。特别是数字视频技术充分地体现了安防技术数字化、网络化、智能化的趋势，已成为安防技术重点研究的领域。

4. 通信与网络技术

安防系统的应用模式和应用领域拓展的基础环境是通信和网络。在专网、公网环境下安防系统的架构、信息的传输、系统安全策略和技术有很大的差别。特别是当前在城市综合防控体系建设中，以公共信息网络为平台，如何构建一个多级、多业务的、高安全性的安防系统是需要迫切解决的课题。

5. 信息安全技术

安防技术正从现实世界向虚拟世界发展，从有形财富的安全到无形财富的安全是当前的趋势，安防技术必须开展这方面战略的研究，做好技术上的准备。

目前，安防系统的安全主要是指系统本身的安全性（防入侵、攻击、病毒、黑客等），通过各种信息安全技术提供服务过程中的系统和用户财富的安全。

6. 光电、机电一体化技术

安防系统的总体功能和性能是由技术及产品决定的，技术和产品的提升是从关键元器件开始的。如新的光电转换器件提高了摄像机的性能；探测元和光学系统的改进提高了被动红外探测器的性能；新型锁定机构、新型实体防护装置导致了新的门禁系统的应用。这些基础器件、设备主要是光电、机电一体化技术。

7. 移动目标定位技术

移动目标的地理信息是报警信息的重要内容。目前，采用 GPS 系统、利用公共信息网络（如 GSM）构成大覆盖区域的系统较为流行。移动通信提供的定位服务（地标定位）是很有前途的定位技术，GPSONE 系统将 GPS 定位和手机的三角地标定位结合起来，只要有一星和一站即可定位，大大地提高了定位精度，是一种很有前途的方式。利用专用通信网的 GPS 系统具有较高的可靠性，某些具有频率资源的高安全系统多为这种方式。

移动目标定位必须有一个与之匹配的地理信息系统（GIS），信息显示要直观、准确。通常讲的 3G 就是集成 GPS、GSM、GIS 系统的简称。

8. 显示与存储技术

安防系统要求显示和存储重要的图像、声音和数据信息。如探测系统的报警信息，出入控制系统的授权和管理数据及监控系统的图像信息。在视频系统中，存储量大是突出的特点，因此，专用的数字录像设备成为最具安防特色的产品。

目前，网络存储系统（SAN、NAS）在大型视频系统中应用较为普遍，是网络交换、数据库、磁盘阵列技术的综合。

9. 自动控制与计算机技术

安防系统要求有一个统一的操作台，以实现系统的集中管理和资源的共享，实现各子系统间的协调互动。这是安防系统智能化的方向之一，自动控制理论和计算机技术为此提供了良好的支持。由于计算机技术、数字技术的应用，特别是中间件技术的应用，安防系统显示的信息更加丰富，操作界面更为友好直观、系统的效率和可靠性更高。

除了上述技术外，机械设计与加工、精密制造技术在安防系统中的应用也越来越普遍，有些则经过安防技术人员的改进和创新，成了安全防范专门的产品和技术，如入侵探测器、宽动态摄像机、DVR 等。通过上面的介绍，大家可以理解安防技术为什么是一门应用技术。

二、安全防范系统的子系统

应用上面介绍的技术可以构成各种安全防范技术系统，但按其所实现的基本功能可以分为几类。国家标准规定安全防范系统一般由安全管理子系统和若干相关子系统组成，又规定子系统设计应包括：入侵探测系统、视频监控系统、出入口控制系统、电子巡查系统、停车场管理系统和其他子系统。从技术的角度，出入管理、电子巡查和停车场管理的核心技术是相同的，可归为出入口管理。

1. 入侵探测

入侵报警系统（IAS），是指利用传感技术和电子信息技术探测，并指示非法进入或试图非法进入设防区域的行为，处理报警信息、发出报警信息的电子系统或网络。

安防技术是从入侵报警系统起步的，采用各种探测器（传感器）探测防范区域内各种异常情况，当出现超过阈值的变化时，发出报警信号；报警信号通过通信系统传送到控制中心的报警控制器；识别报警及地理信息，并通过适当的手段判断报警的真伪，最后发出决定反应行动的信息。这种经典的方式，到目前仍未改变。但探测器的性能提高了，系统的误报率得到了改善。

2. 视频监控

视频安防监控系统（VSCS），主要是指通过摄像机获得现场图像，然后集中传输到监控中心，进行实现监控和信息存储的系统。早期的安防系统，电视图像作用是复核报警信息，随着电视技术的发展、价格的下调和可靠性的提高，当前，视频监控已成为安防系统的核心。实时监控成为一种主动的探测手段，而图像信息的存储又是最完整的信息记录方式。

除此之外，数字视频技术的出现、特别是压缩编码技术的发展使得视频监控的应用领域和范围极大地扩展，视频探测技术得到了应用。不仅促进了安防技术的进步，还将改变安防系统的面貌。

3. 出入口控制

出入口控制系统（ACS），是指利用定义识别或模式识别技术对目标进行识别，并控制出入口执行机构启闭的电子系统或网络。出入口可以是物理的，也可以是虚拟的，目标可以是人，也可以是物、信息或过程，总之，出入控制是一个非常广泛的概念。对目标的识别，通常是通过对目标持有的特征载体，如 RFIC 卡等的识别来实现。特征载体载有目标的资源和权限（授权），经过识别与判别，确认目标当前行为的合法性，通过执行（锁定）机构来控制和管理目标的活动。

生物特征是目标自身具有的，具有全唯一性和稳定性，是高安全性系统的选择，是很有前景的技术。

电子巡查系统是对保安巡查人员的巡查路线、方式及过程进行管理和控制的电子系统。它的核心技术也是特征识别，通过识别点的布局，实现对保安人员的身份、活动路线（时间和顺序）的监控。可以极大提高巡查工作效率和效益，是提高系统安全性的有效方法。

电子巡查系统是出入口控制系统的一种形式，在许多安防系统中，两者是一体的。

停车库（场）管理系统是对进、出停车库（场）的车辆进行自动登录、监控和管理的电子系统或网络，也是一种出入口控制系统。不同点是它进行车辆（物流）的管理。

停车库（场）管理系统通常与计费系统和车位显示与诱导系统集成。许多部门的一卡通系统应包括：人员的出入控制、考勤；停车场管理及其他消费。

商品电子防盗系统是物流管理的系统，其系统结构与核心技术均属于出入口控制的范畴。

4. 其他

主要是指防爆安检和实体防护设施。

防爆安全检查系统主要是探测人员、行李、货物是否携带爆炸物、武器或其他违禁品的电子设备，应用于重要场所和重大活动的安全保卫。X光成像安检设备、金属武器探测设备和放射性探测设备是目前应用较为普遍的安全检查产品。这些设备通常安装在建筑或活动出入口处，与出入口控制系统配合工作。

实体防护设施是安防系统的重要组成部分，如各类周界防护系统，出入口控制系统的门及锁定机构、档车装置等。

从上面的介绍可以看出：入侵探测技术、视频监控技术和特征识别技术是安全防范系统的核心技术。它们构成的子系统可以是独立的安防系统，因为依托基础环境，都具有安防系统的三个基本功能；也可以相互关联，集为一体，正是这些子系统的组合，产生了丰富多彩、形式多样的实用安防系统。

三、安全防范技术的发展趋势

安全防范技术的发展趋势可以用数字化、智能化、网络化来概括。

1. 数字化

数字化是21世纪的特征，是人类对客观事物的认识和表达的升华，是以信息技术为核心的电子技术发展的必然，以电子设备为主流产品的安防技术亦是如此。首先表现为安防系统大量地应用数字设备和安防设备中大量采用数字技术。如目前视频监控系统中广为应用的画面合成、帧切换、DVR、远程监控等设备，信息的存储从带基向盘基转变，许多报警探测器采用μPC来进行数据处理、电视摄像机采用DSP进行视频信号处理，以提高设备的防误报警能力、提高图像质量和完成各种功能设置。这些设备和技术在很大程度上改变了安防系统的面貌，改善了安防系统的功能。但安防系统数字化的真正标志应是系统中的信息流（包括数据、音频、视频、控制）从模拟转为数字，这将从本质上改变安防系统的信息采集、通信、数据处理和系统控制的方式和形态，改变安防系统的模式和应用。实现安全防范系统中各种技术设备和子系统之间的无缝连接，并在统一的操作平台上实现系统管理和全部的功能控制。也可以说数字化是智能化和网络化的前提。

2. 智能化

智能化的系统不是分别、孤立地反映各种物理量和状态的变化，而是全面地从它们之间的相关性和变化过程的特征去分析和判定，从而得出真实的探测结果。这就要求安防系统和设备采用人性化的设计，具有模仿人思维方法的分析和判断功能，如模拟量报警系统就是以分析各种探测数据之间的关系（时间、频度、速率、次序、空间分布等）来做出是否报警的判定。运动探测中的自适应系统不是简单地设定阈值，而把各种环境因素综合起来作为背景，在此基础上进行目标的分析，来减少误报警。这种智能化的功能有些是设备本身所具有的，如所谓“三鉴”探测器（其中“一鉴”就是智能）、具有自动刷新功能的泄漏电缆周界探测器等。也可以由系统的软件配置来实现，如上述的模拟量报警系统和多维视频探测系统等。智能化还表现在系统运行管理和功能设置，安防技术系统已成为具有自适应、自诊断功能、界面友好、人性化的系统。

智能化的概念，在不同的时期和不同的技术条件下有不同的含义，安防系统的智能化可以理解为：实现真实的探测，实现图像信息和各种特征（各种定义的特征、不同的载体、生物特征）的自动识别，系统联动机构和相关系统之间准确、有效、协调的互动。

3. 网络化

网络技术和社会的网络化进程为安防技术提供了新的开发工具、开发环境和应用环境。安防技术的网络化分为两个层面，一是采用网络技术的系统设计，二是利用网络构成系统。前者的主要表现是安防系统的结构（系统模式）由集总式向分布式过渡，分布式的设计有利于合理地设备配置和充分的资源共享，是安防系统结构的一个发展方向，它的基础是网络技术。这个方向将导致安防系统实现各种子系统真正意义上的集成，即在一个操作平台上进行系统的管理和控制。这个方向也将促进安防技术与其他技术之间的融合，系统间的融合和集成。如安防产品与家电产品、与通信和信息产品的融合，安防系统与楼宇自控、与三表管理、与有线电视等技术系统的融合和集成。后者不仅指出了利用公共信息网络来构成安防系统的这一趋势，也预示了安防技术系统将发生的巨大变革。这就是安防系统将由封闭（专用）向开放转化，系统由固定设置向自由生成的方向发展。比如利用远程监控（不仅是视频）技术可随时、随地建立一个专用的安防系统，并可随时地改变和撤销它，利用网络技术可以把许多安全服务项目提供给用户，像GPS、图像监控等。所有这些导致安防系统模式和应用发生巨大变化的过程也将促进安全服务业的发展和完善。

第4节　安全防范系统（工程）的特点

安全技术是一种通用技术，但在其发展的过程中逐渐形成了自己的特点，同时，其应用领域的特殊性，使其在系统结构、安全性要求与管理方式上也区别于一般自动化系统。

一、特点

1. 综合性

安全防范系统是一个综合性的系统，它涉及多种技术的集成，包括安全防范技术与其他自动化技术的集成；涉及人防、物防、技防的合理配置，相互补充和协调，关系技术系统与管理体系的结合。

安全防范系统的效益和功能不完全取决于技术，而是要在运行过程中表现出来，因此，系统的管理与运行是非常重要的事，可以说安全是管理出来的，不是建设出来的。

2. 对环境的依存性

安全防范系统规划，特别是技防系统必须以环境（建筑、社区、地理、人文）为基础。技术系统的要求必须与人防、物防的条件相适应。不同的环境条件将导致完全不同的系统设计。安防技术是通用的，但安防工程是个性化的。忽视了环境因素，千篇一律地设计安全系统不会得到好的效果。

3. 防范目标的不确定性

安全防范系统（工程）不同于一般的自动化系统，它所探测的目标不是单纯的物理量，而防范目标的活动是不确定的。这就意味着：系统在技术上是不闭合的，因此，许多过程是无法实现自动控制的。

4. 安全性

安全防范系统的防范目标（探测对象）是人，是可能改变和影响安防系统的工作状态（能够规避探测，并能对系统发动攻击）的。因此，系统对自身的安全有特殊的要求，必须采用适当的加固措施来提高系统防破坏的能力，提高系统的安全性。

如今，安全防范行业已社会化，技术上的透明度也越来越高，安全防范技术面临高科技犯罪的挑战，提高安防系统的安全性尤为重要。

5. 效益非显性

安全防范系统的建设在市场经济的环境下进行，是按市场经济规律办事的，因此，效益是重要的评价因素之一。但安全防范系统是以社会效益为主的，它所产生的效益或减少损失的表现有些是非物质的。效益的非显性使得不易看到它的作用，因而，影响了安全防范系统的推广应用。

二、安全防范系统的主要应用领域

1. 入侵探测

入侵探测主要用于高风险单位（金融、文博、物资仓库等）物质财富的保护（防盗、抢）。入侵探测（报警）系统采用适用的探测器，实现对特定区域、特定部位的监控，及时发现盗窃和抢劫事件。入侵探测大多是专用的，由应用单位自己管理的封闭系统，自身具备探测、延迟和反应的完整防范体系。入侵探测是最经典的安全防范系统，入侵探测器是系统的主要设备。现代入侵探测系统融合了视频技术和特征识别技术，使之功能更为完善、探测更为真实、快速。实体防护设施是入侵探测系统的重要组成部分，如建筑基础的防护考虑（材料和结构）、各种实体防护设备（柜、锁、门、玻璃）等，都是基础的加固措施。

周界防范也是入侵探测的一种形式，主要用于重要单位（机场、库区、军事基地、核设施等）的大范围、长距离的（室外）周界管理和安全控制。采用与周界相匹配的探测系统（周界探测器，如埋设电缆、光纤探测、张力栅栏等）将单位的外界封闭起来，或用电视摄像机监视周界控制区，形成图像连续的视场和足够的鉴别等级。重要单位的周界防范可以是多层多级的，周界的出入口设置相应安全级别的特征识别设备，形成完整的防护体系。周界防护必须以物理防护设施为依托，通常应要求周界与防护的要害部位有足够的物理隔离和距离，以实现探测的有效性，提供足够的反应时间。

2. 环境状态监控

所谓环境监控是指对防护区域的动态实时监控，它除了具有入侵探测功能外，还包括对系统的运行状态、各类事件发生、发展过程和系统反应过程的监控。同时，也包括对其他环境状态的监控，如气候、建筑环境（成为智能建筑的一部分）。环境状态监控除了用于安全防范外，还广泛应用于各种业务活动的管理，如银行系统的柜员监控系统。因此是目前应用最多、最普遍的系统。

环境状态监控最常用的手段是电视监控系统。在大多数情况下，电视监控系统是没有具体探测对象的，以采集图像的完整性和鉴别能力来进行系统的规划和设计。由于它是产生图像信息的系统，因此，安防系统总是要求它能与其他系统（不产生图像信息）关联起来，即图像联动，以确定这些信息的真实性。电视监控系统就是安防系统集成的平台。

图像信息存储是视频监控系统的一个主要功能，它可以保存安防系统最完整和真实的信息，基于数字图像压缩技术的数字硬盘录像机（DVR）是目前普遍采用的图像存储设备，在大型网络化监控系统中，采用网络存储技术（如 SAN）是趋势。

3. 人流、物流的管理

采用适当的特征识别手段，结合相应的锁定机构（联动装置）可以构成各种人流、物流的控制和管理系统。既可用于安全的目的，也可以实现管理的目的，一卡通就是一种多功能的，集安全、管理、服务、消费等为一体的系统。安防系统中的门禁系统是一种典型的人流管理系统，商业的物品防盗、仓库的物流管理及岗哨、枪支的管理等则是应用广泛的物流管理和控制系统。特征识别本质上也是一种探测手段，合理的设置可以具有入侵探测功能，成为入侵探测系统的一部分。

把示踪物（也是一种特征载体）与违禁品（爆炸物、核材料等）结合在一起，并进行识别，是控制其生产、转移、存储的有效手段，是防止其扩散和非法使用的有效手段。

信息系统的安全将是安全防范的一个新的重要领域，它主要是信息流的控制和管理。目前主要采用身份认证，其技术基础是特征识别。

4. 重要单位的安全保卫

重要单位的安全保卫是以防止人的攻击为主要目的的安全系统，既要有效阻止人员、车辆的非法冲击行为，防止各种危险品进入单位，又要保证人员、车辆正常出入的通畅。因此，系统一定要有足够的抗冲击能力，这主要由建筑基础和实体防护设施来实现，同时，系统应具有远距离探测能力（雷达、毫米波、红外成像等）和必要的安全检查设备（针对人和物）及危险品探测设备，如 X 光安全检查、金属武器探测、车辆视频检查等。环境状态监控系统也是安全保卫系统的有效手段。

对安全要求高的单位，具有一定抗冲击能力的出入控制系统是必要的手段，对出入的人员及其携带物品进行身份识别、权力识别，如有必要可设立要人访客系统，或物品专用安检通道。

5. 航空、交通安全

航空、交通安全主要是指安装在机场、车站的安全检查系统。通过对登机、车旅客的人身检查（发现武器或危险品为主要目的），携带物品的检查（发现爆炸物为主要目的），保障飞行安全和运输安全。这些场合的安全检查设备必须是通过式的，具有足够的通过率，保证机场、车站运行的效率。

机场的安全检查是一个多功能的复杂系统，它与旅客的登机（离港）系统紧密结合在一起，是一个多环节、连续的过程。因此，建立安全检查信息管理系统是必要的。从办理登机手续开始，赋予每个旅客一个唯一的特征，然后，通过在登机过程中各环节对它的识别，将旅客登机过程的所有信息存储起来，自动生成一个完整的文件。这个系统既可以提高安全检查系统的效率、准确性，还可以作为不安全事件调查的重要依据。

交通系统的行车安全监控是交通运输安全的重要技术系统。车载设备对车况、驾驶员状况、车上的安全状况进行监控，产生各种信息（数据、声音、图像），或通过公共信息网络传送到交通安全管理中心，或通过沿途的信息采集点，将其收集并传送（通过专用通信系统）至交通安全管理中心。对行车的全过程进行监控，保证交通运输过程生命、财产的安全。

6. 大型活动的安全保卫

采用出入控制技术、安全检查技术、电视监控技术、通信和计算机技术构成大型活动的安全防范系统，表面上看与一般的安全防范系统没有什么差别，实则不然。它们的安全要求和运行方式是完全不同的，系统的设备配置和控制方式也不同。简言之：大型活动的安防系统是以发现危险因素、处置突发事件为主要目标的，系统要以人主动发现异常事端，并判断其发展势态为主要模式。而系统整体则是以处置突发事件为目标的应急体制。

大型活动安全防范系统通常是在短时间内高频次使用，因此，活动结束后，如何有效利用这一资源是要注意的问题，在系统设计时要考虑采用一些移动、临时性和方便调整的设备和技术。

安全检查和违禁品探测是大型活动安全保卫的重要工作，主要是指活动前的安全检查、发生事件后的现场处理和清场。系统所采用的安全检查设备主要是便携式或可移动的违禁品探测仪器。在活动进行前，对场地和场所进行安全检查，以排除危险因素（主要是爆炸物、放射性、空气、水质的监测）。保证与会人员的安全和活动的顺利进行。在活动场地、场所设置适当的安全检查设施，对参加活动的人员进行安全检查。这时安全检查已成为出入控制的一部分或一种特征识别手段，因此，与活动的证件管理、票务管理系统结合在一起是常用的模式。

大型活动的现场必须配备适当的危险品处置设备（隔离、转移、销毁）及足够的人员防护装备，以保证在发现可疑物品或发生危险事件时能有效地处置。

7. 移动目标监控

移动目标监控包括移动目标的安全监控和在处置事件时机动力量的监控。实现移动目标监控的关键技术是：地理信息的生成和通信网络的建立。目前，采用GPS系统、利用公共信息网络（如GSM）构成大覆盖区域的系统较为普遍，移动通信提供的定位服务（地标定位）也逐渐得到应用。

移动目标监控系统必须有一个直观、友好的人机交互界面，特别是与之匹配的地理信息系统（GIS），通常是综合性安全系统的主信息显示和人机交互界面。

移动目标监控还应用于机动车调度，移动作业过程（危险品运输、贵重物品运输）的安全管理、机动车防盗、地理信息服务、交通导航等社会性服务领域。

8. 住宅小区安全防范

住宅小区安全防范是针对居民（或住宅建筑）的安全防范系统。系统设计目标是：当住宅内出现用户自己不能处理的紧急（危险）情况时，能及时、准确地发出求救信号。通常是以住宅小区或具有相对清楚边界的社区为单元，系统运行和管理与物业管理结合在一起。因此，这种系统具有安全服务的概念。

典型的住宅小区安全防范系统有：大周界的防范，通常用主动红外探测器或视频运动探测来构成小区外周界的防范；小周界的防范、主要楼门或户门的对讲装备；户内报警，包括紧急呼救、燃气、火灾探测和入侵探测等。

采用电话线进行通信（或组网）是较常用的方式，也有无线通信方式。目前，利用三表系统或有线电视等网络实现报警通信，并把安全防范与家电控制功能集成在一起是技术发展的趋势。

9. 区域联网与接警中心

区域联网是安全防范系统的一个趋势，如上述的住宅小区安全防范系统、城区金融网等，都是安全防范走向社会服务方向的表现。因为安全服务的关键是能否迅速地反应报警，而联网系统又有很大的覆盖面，所以接警中心必须具有指挥、决策能力并能调度机动力量，或者接警中心与公安110系统联网，核实警情后，向110发出报警信息。通常区域安防网和接警中心是由商业性的安防公司建设并管理运行。

实现区域联网的关键技术是利用公共信息网络进行通信，有许多人尝试利用互联网进行报警联网，但系统的安全性和可靠性上还有一些问题有待解决。

目前，正在开展的城市治安动态监控系统建设，是大型报警和视频联网的典型。它以网络视频监控为基础，集成多种安全信息系统，成为具有视频远程监控、实时报警、综合信息研判、治安趋势预测和安全管理、应急指挥等多功能的安全体系。

10. 实体防护设备

在许多情况下，利用实体防护设备可以得到很好的防护效果，而且技术防范系统也是以物理环境为基础条件，根据实体防护设备的情况来设计。

常用的实体防护设备有：防盗门、防盗锁具、保险箱、保险柜、金库门、防弹玻璃、防护屏障等；机动车的加固（防弹、防暴）、ATM 机等设备的加固（抗冲击）以及为提高系统抗冲击能力、增加延迟功能的设施（高墙、深沟）等。

在安防系统的总体规划和设计时，一定要充分认识实体防护的作用，要考虑实体设施的因素。做到技、物结合、互补，使安防系统达到最佳的效果。

以上介绍的安防系统是目前已较为成熟和普遍应用的，安防的应用领域还有很大的拓展空间，应用创新是安防技术研究的一个重要方向。

思　考　题

1. 简述安防系统的目标，并举例说明。
2. 简述构成安防系统的基本要素，说明要素的功能作用。
3. 简述人防、物防和技术防的概念和相互关系。
4. 简述安防系统的主要功能。
5. 简述安防系统的主要技术，并简单说明。
6. 简述安防系统主要子系统，以及它们与主要技术的关系。
7. 简述安防工程的特点。
8. 简述安防系统的应用领域。
9. 简述安防系统集成的概念以及在实际工程中的基本要求。
10. 简述安防系统的发展方向。

第4章 入侵报警系统

第1节 入侵报警系统概述

入侵报警系统是安全防范系统的主要组成部分，其基本功能是（入侵活动的）探测。众所周知，探测是安全防范系统的一个基本功能，可以用多种技术来实现，但早期的安防系统基本上是采用传统的（本章将介绍的）入侵探测器来完成，入侵报警系统的基本模式的特点也由此而产生。通常讲安防系统的入侵报警子系统，就是指这样的系统。

一、入侵探测系统的组成

图4—1所示为入侵报警系统的典型模式，它是一个树型（集总式）的信息采集系统，仍然被普遍应用。在当前技术条件下，人们构想了许多其他的模式，主要是利用网络技术和公共信息网络的系统，但都没有形成实用的模式，主要是因为这些系统无法实现入侵探测系统的一些基本功能要求（这些要求是在传统模式下产生的）。同时，系统的实时性、报警响应及系统的状态监控、防破坏功能还达不到传统模式和相关标准的要求。

从图中可以看出：系统由前端设备、通信和报警控制器三部分组成。通常，入侵探测器不能独立工作，要通过与控制器的连接，构成一个系统来实现探测的功能，因此，通常入侵报警系统是区域性的，需要后台的管理和控制。

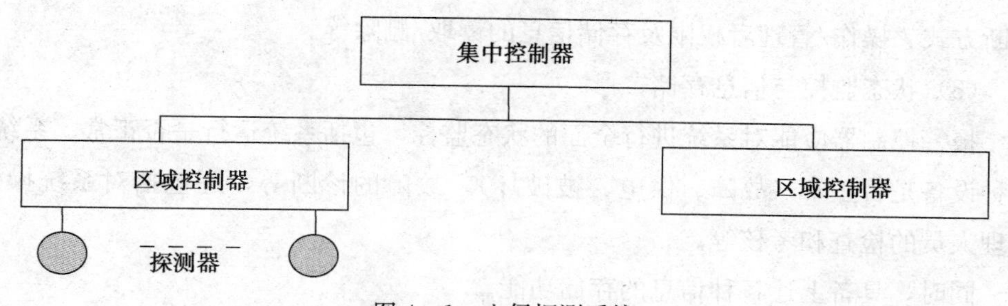

图 4—1　入侵探测系统

1. 入侵探测器

通常被称为报警器，是前端设备的核心，报警系统通过它形成足够的防范空间，具有适当的灵敏度，以此来完成对防范空间的封闭和异常情况（可能为入侵）的响应。

探测器可以自供电和状态自检，也可以由报警控制器供电和进行状态监控，并通过探测器自身的设置与报警控制器一起实现报警系统的防破坏功能。通常探测器应内置防破坏装置，或者外装防破坏装置，来实现自身的物理防护。

采用总线制设计时，应答器也是前端设备的一部分。

2. 通信

入侵报警系统的通信方式是决定系统网络结构的关键。它的功能是：将报警器产生的报警信号及状态检测信号上传，同时，完成控制器对系统设置与控制信号的下传。

入侵报警系统的通信方式主要分有线与无线两种。无线方式具有不用线缆施工，控制区域大、前端设备布局灵活的特点，但需占用频率资源、实现系统自检困难，故应用不多。

有线方式又分为专线和公共线两种。局域性的系统，由于范围有限，采用专线可以保证系统的实时性和高安全性，因此被普遍的采用，入侵报警系统的相关标准也以它为基础而制定。

3. 报警控制器

又称系统控制器，是入侵探测系统的中心设备，它具有以下三个主要功能：

（1）显示

采用适当的方式（声、光及屏幕）显示入侵探测的结果；系统的状态（报警器、系统传输、控制器的状态）；系统存储的信息及控制器接收外部系统（设备）的信息。

（2）系统功能和状态设置

通过人机交互界面设置系统和前端设备的功能和状态，包括布/撤防、自检/自诊断方式、操作/管理者权限及存储信息的读取/删除等。

（3）状态监控与信息存储

报警控制器应能对系统进行全面的状态监控，包括系统运行是否正常、系统中各种设备是否正常（故障、供电、被破坏），故障的诊断等，还包括对系统操作、管理人员的检查和考核等。

同时，具备上述各种信息的存储功能。

通常，报警控制器还应具有报警信号外送功能和给探测器供电的能力。

根据报警系统的网络结构，报警控制器又可分为区域控制器和集中控制器。对于入侵报警系统，所谓区域控制和集中控制是相对的概念。入侵探测系统采用一级网络还是二级网络构成，应视系统的具体情况（探测器的数量、分布和系统的功能要求）而定。

二、专线系统的基本模式

专用线方式是最经典的系统模式，其实时性好、不通过任何中间环节实现立即报警，并且系统开销最小（价格、采用设备量）、安全可靠，高风险单位的报警系统主要采用这种方式。因此，它最能代表报警系统的特点，安防技术书籍一般都有对专线系统详细的论述。按入侵探测器与控制器间的连线形式，专线系统分为多线制和总线制两种。

1. 多线制

所谓多线制是指每个入侵探测器与控制器之间都有独立的信号回路，或每个探测器的报警输出端与控制器相应的报警输入端都有专线连接，因此又称为点对点的连接。这种方法对报警信号而言，探测器之间是相对隔离的，所有探测信号对于控制器是并行输入的，其他（电源、地线等）可以是共线的。它最大的特点是报警信号传输的同时制，系统的状态检测也可以是同时的。另一个重要的特点是报警探测器或防范区的地理信息（位置）是通过接线的物理端口来定义。

多线制通常又分为 $n+4$ 线制与 $n+1$ 线制两种，n 为 n 个探测器中每个探测器都要独立设置的一条线，共 n 条；而 4 或 1 是指所有探测器的公用线。$n+4$ 线制如图 4—2 所示。图中 4 线分别为 V、T、S、G，其中 V 为电源线（24 V），T 为自诊断线，S 为信号线，G 为地线。ST_1～ST_n 分别为各探测器的选通线。$n+1$ 线制的方式无 V、T、S 线，STi 线则承担供电、选通、信号和自检功能。

多线制的优点是探测器的电路比较简单，缺点是布线复杂。显然多线制方式适用于小型报警系统。

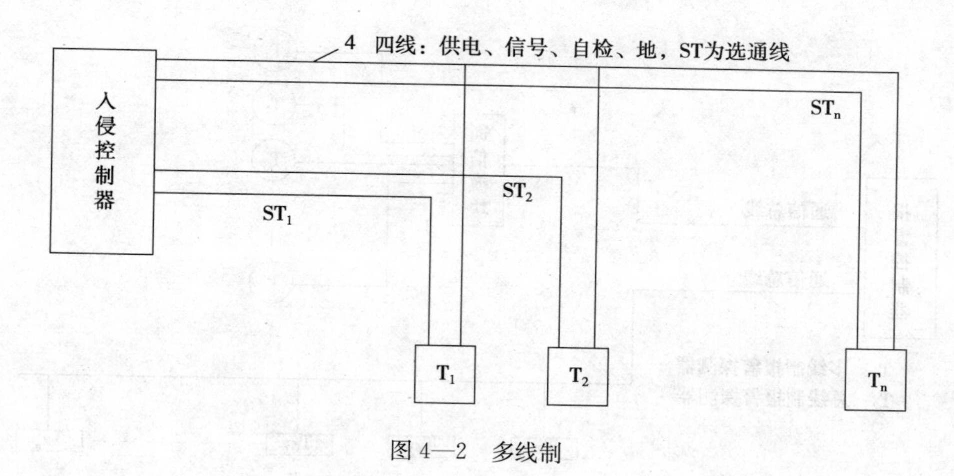

图 4—2　多线制

2. 总线制

总线制是指系统建立一个总线回路（2～4 条导线），然后所有的探测器都并接在总线上，每只探测器具有自己的地址码，控制器采用巡检的方式按不同的地址访问每只探测器。总线制用线量少，设计施工方便，因此被广泛使用，特别是大型的系统。

图 4—3 所示为四总线连接方式。P 线给出探测器的电源、地址编码信号；T 为自检信号线，以判断探测部位或传输线是否有故障；S 线为信号线，S 线上的信号对探测部位而言是分时的；G 线为公共地线。二总线制则只保留了 P、G 两条线，其中 P 线完成供电、选址、自检、获取信息等功能。

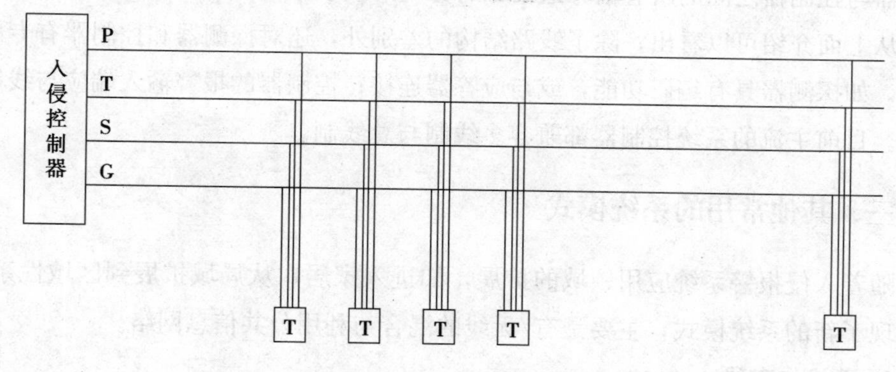

图 4—3　四总线连接方式

3. 混合制

一个系统中采用两种线制就是混合制。可以是探测器至区域控制器、区域控制器至集中控制器分别采用不同的线制，也可以是不同防范区采用不同的线制，如图 4—4 所示。

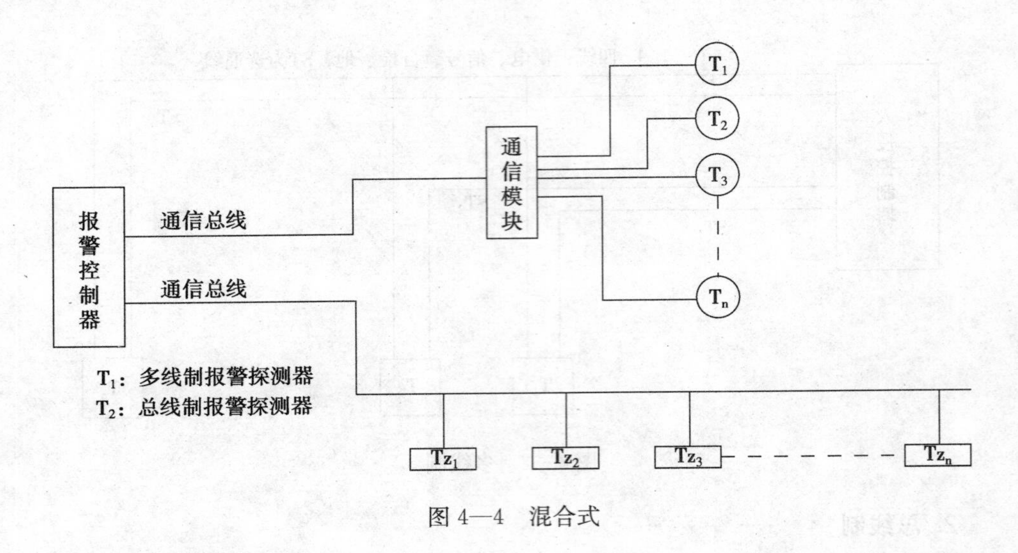

图 4—4　混合式

从字面上看，好像多线制与总线制是连线数量的差别，其实不然。它们本质的区别是探测器（防范区）地理信息的区分和报警信息及状态监控信息的交换方式。

多线制是通过接线的物理端口来定义探测器（防范区）的地理信息，这种方式、探测器与控制器间报警信息、状态信息的传输、控制器对探测器的功能设置和监控信号的传输是同时的，所以系统又称同时制方式。

总线制则是利用地址编码的方式赋予每个探测器（防范区）以地理信息（码分多址）。控制器通过识别地址码来获得这个信息，区分探测器或防范区的地理位置。探测器与控制器之间的所有信息通信都有分时的或顺序的，系统也称顺序制方式。

从上面介绍可以看出；除了线路结构的差别外，还对探测器和控制器有专门的要求，如探测器具有编码功能，或与应答器连接；控制器的报警输入端应与线制对应等。目前主流的系统控制器都兼容多线制与总线制。

三、其他常用的系统模式

随着入侵报警系统应用领域的扩展，如进入家居，从局域扩展到区域性系统。也出现了新的系统模式，主要是有/无线的混合与利用公共信息网络。

1. 无线加有线

在小区域内采用无线方式构成小的无线报警网络（一家一户、一层楼、一个小单位），然后再通过有线方式与报警中心实现联网，这就是小无线＋有线方式，它是一种灵活、实用的方式，在家居安防系统中应用很普遍。前端控制器与报警探测器都有内置的无线发/收单元，构成一个小无线系统，其自身具有报警系统的全部功能，并能与上级接警中心实现通信（通过有线或公用网络）。这种系统的工作频率和功率均在允许自由使用的范围内。因此没有资源限制的问题，构建无线方式的系统，不对建筑物作任何改动，实现起来非常方便、快捷。这种方式系前端探测器自行供电，因此，前端设备的微功耗和高效电池是关键。

通过有线通信，将报警信息传送到控制中心，控制中心一般只具有管理功能，实时性要求不高，也不需要进行系统检测。因此，公共信息网络（如电话网）经常被采用。

2. 小区公共信息网络

三表、有线电视、小区局域网是许多新建社区具有的资源，有线网络，可以作为家居或社区内单位报警系统的传输系统。特别是三表系统，其数据量很小，组成报警网络实时性和安全性都有保障。

系统重要的前端设备是家电控制器，它连接入侵、烟尘、有害气体及紧急按钮等报警器，还可控制各种家用电器。这种方式与家电的网络化趋势是一致的、技术上也是相通的，已成为智能建筑、智能住宅的一部分。

目前，有一种自助式的安防系统，即当家居内出现异常情况时，通过移动通信系统将相关性信息，包括图像传送到业主的手机或在线计算机上；业主也可以反过来主动监控居室中的状态和控制各种家电设备。

第 2 节　常用入侵报警器

安全防范系统采用的报警器多种多样，在长期的实践过程中，一些环境适应性好、可靠性高、技术比较成熟的产品逐渐成为报警系统的主流产品（也常被称做探测器）。本书将主要介绍这些在安装维修工作中需要经常接触的产品。

一、探测器的分类与工作方式

1. 探测器的分类

探测器的科学分类，有助于准确地理解它的工作原理及特点，了解它的应用范围和适应性，常见的分类方法有：

（1）按探测区域分类

根据探测器工作原理和安装方式以及监测的（空间）区域，可以将探测器分为点控制型、线控制型、面控制型和空间控制型。

探测器的监控区域与其安装方式和应用环境有关，所以，这样的分类是相对的，一个探测器既可以实现点控制，也可实现线控制和面控制，如开关类报警器，安装在保护对象下，可实现点控制，而安装在墙体中，就可实现面控制。

（2）按探测器工作原理分类

按探测器的工作原理分类非常直接，也比较准确。有些探测器就是如此冠名的，如被动红外探测、泄漏电缆探测系统等。以探测器采用的关键器件或探测的物理量来命名探测器也是这种分类的一种形式，如振动电缆探测器、地音探测器等。

（3）按探测器的应用领域分类

这种分类的原则实际上是探测器的适应性，如防盗/防火、室内/室外、周界和违禁品探测等。这样的分类也是相对的，许多探测可以适用不同场合。

根据探测安装的设施来分类也是一种分类方式：如保险柜报警器、汽车防盗器、展柜报警器等。这类设备通常是将通用的探测器针对安装设施的特点专门改造而成。

（4）其他分类方法

许多技术文献中还有其他一些分类方法，如按探测器的工作方式的主动/被动探测器分类；按探测器技术结构和特点的机械/电子/光电式探测器分类；按探测器工作特点的静态/运动探测分类等。

2. 探测器的基本工作方式

（1）探测

探测就是发现和识别差别（异）。入侵报警系统发现和识别的差别主要有：

1）探测对象自身具有的特征。包括探测对象产生的辐射、对各种外力作用的反应，自身的理化特性等。发现探测对象的特征、特性，确认它们存在和变化的合理性、合法性，就可实现探测。如探测人体的红外辐射，来实现入侵探测；检测玻璃破碎时发出的固有频率（声音），来判断建造物玻璃窗、墙是否被破坏。

2）探测对象与环境（背景）的差异。环境（背景）是探测区的自然环境或没有探测对象时的物理状态。探测装置可以检测这种状态，并理解为均匀的背景，由于探测对象与环境差异，导致探测装置发现背景变为不均匀，或检测至两者之间的差别，从而实现探测。这种差别可以是温度差、亮度差、质量差、速度差等。热电偶探测人的红外辐射；摄像机进行亮度探测，都是如此。需要指出的是：这里探测的是两者之间的差异，而不是探测对象引起的环境变化。

3）环境状态的变化。探测对象出现引起环境状态的变化或探测对象对环境状态的改变是一种时间域的差别，可以通过适当的方法检测出来，构成探测装置。这种状态探测，在入侵探测系统中应用很普遍，如探测区内门、窗、各种设施位置、相关关系的变化是报警系统探测的主要差异。

探测对象的存在可以引起环境物理参数的变化，比如电磁环境的变化，是一种时间域的差别，电磁场探测的原理就是发现电磁环境的变化，导体（人体也可认为是一种导体）出现或通过探测区时，会吸收、反射一部分电磁能，导致探测装置接收到的电磁波强度发生变化而产生报警；物体通过或阻挡光的通路，改变了探测装置的光传输环境，就会产生报警，从而实现探测。

4）环境状态、参数因外力作用而产生的变化。外力可以是机械能、电磁能或化学能，作用可以是直接的，也可以是间接的。入侵探测系统所指的外力作用是与入侵活动有关或就是入侵的过程，如冲击、破坏探测区的各种设施等。探测来自探测对象的外力可构成被动式探测。探测系统建立电磁环境（辐射电磁能），作用于探测对象，由此引起变化或表现出不同对象之间的差异，可以构成主动式探测。

射线的作用也是一种外力，它作用于不同物质会产生不同的现象，如物质对射线的吸收、反射、透过性能代表物质的个性化信息，识别这些信息是危险品探测的主要方法。

总的说来：探测就是发现探测对象的特征，或者用适当的方法把探测对象与环境、与其他对象的差别表现出来，并把安全的状态作为基准（表示为一个阈值），判断探测结果是否超出了这个基准状态。

（2）探测的基本工作方式

实现探测的原理和方法很多，归纳起来有两种基本的方式：

1）主动探测。通过在探测区（防范空间）内建立一个可监测的环境（电磁、气候等）或状态，监测其特征参数或状态的变化来实现探测；通过设定阈值作开关量的探测，通过对参数变化（幅度、强度、频率、方向的变化和变化率）的分析构成模拟量系统，如微波探测和电磁探测均是主动探测方式。

主动探测就是采用一种方法，主动地表现探测对象的差异，特别在探测对象自然表达信息量不足时，去激发它内在的特征，来实现探测。由于环境条件的建立可以控制和调节，主动探测方式的探测灵敏度可以很高，但抗干扰性较差。

2）被动探测。主要是通过监测探测区（防范空间）内自然环境、环境物理参数的变化，发现探测对象本身发出的带有特征信息的辐射来实现探测。同主动探测一样，也可以采用不同的分析方法。被动红外探测是典型的被动探测器。

显然，被动探测是通过接收探测对象或事物自然表达的信息来实现探测的方式。这种探测方式的隐蔽性好，但受环境因素的影响大。

综上所述，主动探测就是探测装置要发出某种能量（不包括装置自然的辐射和工作时产生的相关辐射），用这种能量去作用探测对象，从而产生差别实现探测；被动探测就是探测装置不发出任何能量（当然也不包括装置自然的辐射和工作时产生的相关辐射），通过接收探测对象或环境的各种能量，发现载有探测对象特征的信息。

这样的定义是比较科学的，但主动与被动是相对的，有时也分不清楚，比如，开关类探测器并不发出任何能量（被动方式），但它是人为建立的环境（主动方式）。对于以人为探测对象的入侵探测系统，有时很难界定它是何种工作方式。

二、常用探测器

下面介绍的探测设备可以满足入侵报警系统大部分的应用场合，占有市场的绝大部分份额。

1. 磁开关报警器

磁开关报警器简称磁开关，是最典型的状态探测，属于开关类探测器。

（1）工件原理

磁开关由干簧管开关和磁体两部分组成。高档的产品还带有防破坏机构。磁体对干簧管钢针的磁化作用，使两者位置关系发生变化时，会导致干簧管开关的通/断变化，这就是它的工作原理。把这个位置关系与防范部位的状态关联起来，就可实现入侵探测功能。图 4—5 所示为磁开关的结构。

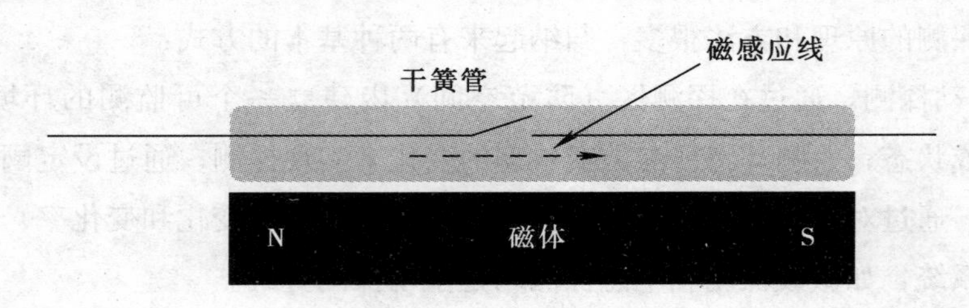

图 4—5　磁开关报警器

干簧管由软磁材料构成，以保证磁场消失后不被磁化；磁体是永（硬）磁体，并具有适当的磁感应强度，这个指标决定报警器的灵敏度，也决定两者的安装间距。

（2）特点与适用性

磁开关的优点是可靠、价廉、不受环境干扰、便于安装；缺点是易被破坏，对金属结构的防范部位使用有一定的限制。

它主要是用于门的状态监控，将防范区的门、窗等的开/启状态与磁开关的状态关联起来。设防后，发现门、窗被开启时，会发生报警。磁开关的应用是非常广泛的，如门禁系统的状态监控等。

拉线、行程开关、压力垫等都是同类的开关报警器。它们可形成点、线、面的静态探测。它们与磁开关的工作原理不同，但都是将防范区内设施或防护对象的状态、相互关系与设备的开关状态关联起来，都属于状态探测类设备。

紧急按擎（手动按钮、脚踢键）是一种由人触发的状态探测装置，由人的触发可以认为是经过了报警复核，所以是最高级别的真实报警，要求立即反应。为防止误触发，紧急按擎一定要带有锁定装置。消防系统的紧急按擎需要一定强度的机械力才能触发（打破玻璃）。

2. 主动红外探测器

主动红外探测器又称红外对射，是典型的主动工作方式探测器。

（1）工作原理

主动红外探测器由光源（发射端）和光探测器（接收端）组成，两者间形成一个光的通路，当光路的状态发生改变时，光探测器可以检测到变化。

通常，主动红外探测器的工作方式是：正常时，光探测器收到来自光源的稳定的光辐射，当光路被遮挡，或环境因素导致透过率降低，光探测器会接收不到或者接收到减少的光辐射量，产生报警信号。图 4—6 所示为主动探测器的工作原理。

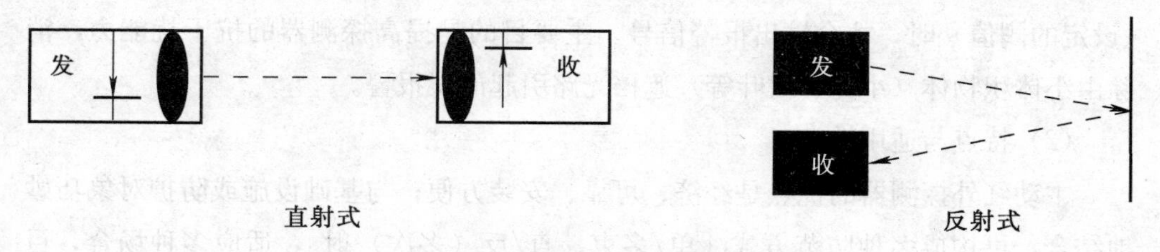

图 4—6　主动红外探测器工作原理

1）光源。由发光器件和光学系统组成。功能是发射红外光（波长 1 μm 左右，红外大气窗口之一），并由光学系统聚成细小的光束，射向光探测器。探测器的名称源于其发射光束的波长。

光源采用的发光器件主要有 LED 和 LD，评价它的基本指标是发光功率，这个指标关系到探测器的探测距离和适于的安装方式。

LED（发光二极管）是一种经济、适用，可靠性很高的器件，应用最为普遍。但它发光功率较低，主要适用于近距离、直线安装方式。

LD（半导体激光器）的特点是光谱纯、发光功率高，抗干扰性好，可以构成长距离折线式防范系统。

通常，光源采用脉冲调制（很大的占空比）工作方式，既可提高电源效率，又可以防止相邻探测器的影响及杂散光的干扰，因为不同探测器的调制频率不同。

2）光探测器。由光/电转换器件、光学系统和信号处理电路组成。它的功能是接收来自光源的光辐射，并对检测信号进行分析后，产生报警信号。

光电二极管、硅雪崩二极管是应用最普遍的光/电转换器件，后者的灵敏度高，因此易受干扰。

为了便于安装、调试，主动红外探测器还应备有一套光学系统，用于光路的对准调整。发/收端的外透光罩除防护作用外，还应有滤光作用（透红外光），以减少各种杂散光、环境背景光的干扰。

根据安装方式，主动红外探测器可形成不同的探测（防范）区域，如图4—6所示。其中折线式是经过多次反射，可以形成闭合的光路，致使探测器发、收一体。

目前，除单光束主动红外探测器外，还有双光束、四光束及多光束主动红外探测器。

3）主要技术指标。对于用户，探测距离是最主要的评价指标。产品说明书给出最大距离，实际应用时，要考虑各种环境因素进行降挡使用。

阻断时间也是一个重要的指标，且可调节，只有对光路的遮挡超过规定的时间（设定的阈值）时，才会输出报警信号。主要目的是提高探测器的抗干扰能力，消除由小体积物体（小鸟、树叶等）遮挡光路引起的误报警。

（2）特点与适用性

主动红外探测器的优点是经济、可靠、安装方便；与基础设施或防护对象巧妙地结合，可构成多种防范方式［单/多束、直/反（多次）射］，适应多种场合，目前是周界防范的主要产品。缺点是易受各种环境因素的干扰，由于是公开的安装方式，容易被入侵者规避。

1）主动红外探测器目前主要用于周界防范，对距离不长，直线性好，环境条件简单的场合，效果较好，也可以用于室内防入侵，如封门、封窗等。防火报警系统也经常用主动红外作为烟雾探测。

2）光电式烟雾探测器也是一种主动红外探测器。它的工作方式恰好相反，正常时，光探测器接收不到光辐射，烟尘的出现导致光线散射，产生报警信号。

3）光纤周界探测器实质上也是一种主动红外探测器，它的接收端检测光源发出光的强度变化，从而判断光的传输介质（光纤）状态的变化。

3. 被动红外探测器

被动红外探测器典型的被动工作方式的探测器，是目前室内防范的主要设备。

(1) 工作原理

红外探测是人类应用最早、最成熟的探测技术，也称为温度探测。物体受热时，原子内部产生的复杂过程引起带电粒子的振动，致使能量转化为一定波长的电磁振荡辐射能，这就是热辐射。换句话说：自然界所有温度高于绝对零度的物质，都会产生热辐射，这种辐射载有物质的特征信息，成为红外探测的客观基础。物体热辐射的波长与物体的温度有关，维恩位移定律描述了这个关系：

$$\lambda_m T = 2\ 898\ \mu\text{m} \cdot \text{K} \tag{4—1}$$

其中，T 为物体的绝对温度。它表明：物体温度越高，辐射的峰值波长 λ_m 越向短波长移动。从式（4—1）可得出，人体（一些动物）的红外辐射波长在 10 μm 左右，是区别于其他物体的特征。

探测这个辐射，识别这个特征，涉及另一个物理现象以及由此形成的器件。晶态电介质（压电晶体）的表面温度升高时，会有自由电子释放出来，即热释电效应。利用这个原理就可以实现红外（热）探测。

综上所述：利用晶态材料的热释电效应来探测人体的红外辐射是被动红外探测器的工作原理。

被动红外探测器由探测元、光学系统和信号处理（电路）单元三个部分组成：

1）探测元。是探测器的核心器件，接收光学系统聚焦的红外辐射，将热能转换为电能（流），预放后输出。

探测元的结构（数量、形状、位置）设计是改进探测器的重要方法，它与光学系统结合、使各探测元的输出产生空间位置（时间差、能量差），通过处理电路的信号分析，来提高探测灵敏度、抑制干扰。图 4—7 所示为被动红外探测器示意图。

2）光学系统。是探测器重要的组成部分，是决定探测器性能的关键器件。基本功能如下：

第一，聚焦能量，将红外辐射聚焦于探测元（焦平面），是提高探测灵敏度的主要因素。

第二，光学调制。通过光学系统结构设计，使整个防范区形成交错的探测区和盲区，因此，运动目标通过防范区时，其红外辐射受到了空间调制。这就是说：探测元接收到的红外辐射不是稳定的量，而是变化的量，其探测输出也由静态值转换为交变信号。这样就可以有效地提高探测元的灵敏度，也为信号处理带来很多好处。

第三，确定探测区。光学系统的结构确定探测器的探测（防范）范围，防范区型式是被动红外探测器重要的技术指标，是防入侵系统设计的基本依据（参数）。各种产品说明书都应该给出它的图示，根据它可以看到其光学系统（菲涅尔镜组）的结构特点，计算出探测区的范围（距离、角度），进而得出最适合的安装位置和方位。

第四，滤光作用。选择合适的材料，保证良好（人体红外辐射）的透过率，同时滤掉其他波段辐射，特别是可见光部分，提高探测器的抗干扰性。

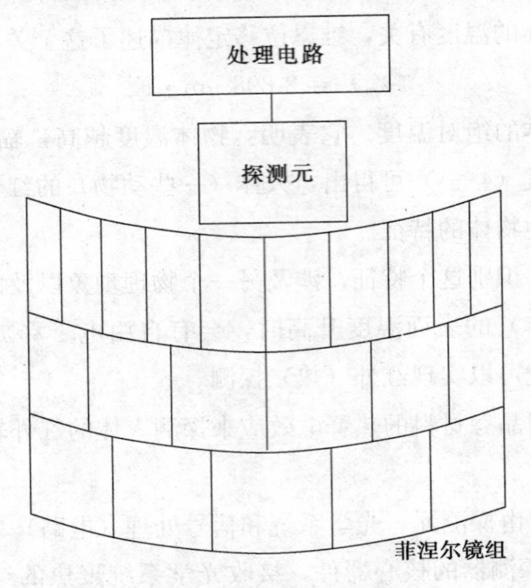

图 4—7　被动红外探测器

被动红外探测器的光学系统主要有透射式和反射式两类。菲涅尔镜组是最常用的透射式光学系统。菲涅尔镜是平面化的凸透镜，具有聚集能量的作用。将一系列镜元组合在一起，构成被动红外探测器的光学系统（菲涅尔镜组）。菲涅尔镜与探测区如图 4—8 所示。

被动红外探测器还有其他形式的光学系统，菲涅尔镜组也有多种结构形式，构成不同的应用，如吸顶式探测器、幕帘式报警器等。

3）信号处理（电路）单元。首先进行微弱信号放大，然后作信号分析，如通过计数、能量积分和多探测元信号的处理，再产生报警输出。

（2）特点与应用

被动红外是安防系统中应用最多的产品。它的主要特点是：属于空间控制型探测，可方便构成各种防范区；被动的工作方式没有设备间干扰，因此，安装方便、适宜室内环境，特别是多元探测器的高可靠性，是高防护等级系统的首选。

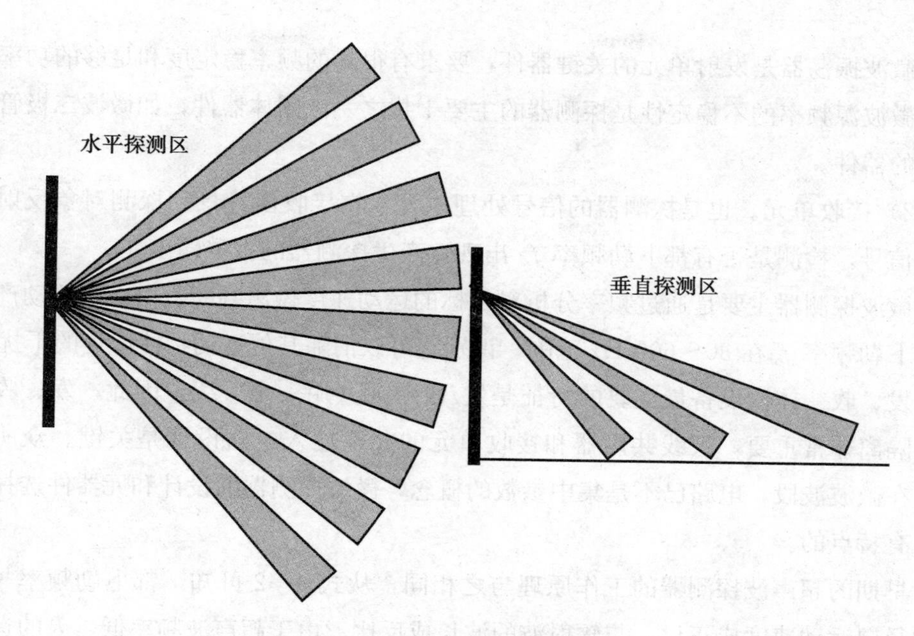

图 4—8 菲涅尔镜与探测区

缺点是：温度特性差，特别在环境（背景）温度接近人体温度时灵敏度降低，也易受防范区内各种热源的干扰。

被动红外探测的应用非常广泛，目前，大多数建筑的自动门和水、电的节能控制都在应用这类产品。

4. 微波探测器

都卜勒效应表明，当辐射源与观察者间存在相对运动时，观察者收到的波动频率与辐射源的频率不同。换句话说：当电磁波在其传播方向的运动物体表面反射时，反射波的频率将发生变化。反射波频率与源频率的差被称为都卜勒频率 f_d，其数学表达式为：

$$f_d = 2f_S V/c \tag{4—2}$$

其中，V 为目标径向速度、f_S 为源频率、c 为光速。

根据这一原理，构成了微波探测器。

（1）微波探测器的组成

由微波源（发射单元）和接收单元组成，目前大多数探测器采用发、收一体的结构，也有发/收分置或一发多收方式。

1）微波源。它的基本功能是向探测空间发射连续或脉冲的微波辐射，显然，微波源的天线结构十分重要，它决定电磁场的分布，从而决定探测器的防范区和探测灵敏度。入侵探测器最常用的天线是半波定向天线。

微波振荡器是发射单元的关键器件，要求有很高的频率稳定度和足够的功率输出，微波源频率的不稳定性是探测器的主要干扰之一。固体器件，如微波二极管是常用的器件。

2）接收单元。也是探测器的信号处理单元，它接收由背景和探测对象反射的微波信号，检测是否有都卜勒频率 f_d 出现，产生探测器的报警输出。

微波探测器主要是通过频率分析对目标的运动速度做出判断，由人的运动产生的都卜勒频率 f_d在 30～600 Hz 范围，识别它可以消除其他运动物体产生的干扰。

发、收一体型设备最主要的特征是发/收单元共用一个天线，因此，发、收信号的隔离非常重要，天线共用器和接收单元的共模输入电路设计是关键。众所周知：在微波波段，电路已不是集中参数的概念，微波探测器的设计和元器件选择都是很有特点的。

早期的超声波探测器的工作原理与之相同，从式 4—2 可知，都卜勒频率与目标的径向运动速度成正比，与辐射波的波长成反比。由于超声波频率低，人的运动产生的都卜勒频率也很低，故电路处理较困难。目前，微波探测器的工作频率在 10 Ghz以上，在该波段，波长与探测对象的几何尺寸相当，很容易被探测对象反射，形成的都卜勒频率较高，便于探测器电路的设计。因此，微波波段成为都卜勒探测的主要频段，也为该类探测器命名。

（2）特点与应用

微波探测器响应的是目标的运动速度，因此是空间的运动探测。特别适于室内入侵探测系统的应用。其主要优点是：微波辐射可充满空间，无探测盲区，安装、调整简单，受环境因素的影响小。缺点是：设备易产生互相干扰，在同一防范区内不宜采用多个微波探测器，同时，也易于受到其他射频源的干扰。室内应用时还会受到室外因素的影响。

驻波探测器的电路组成与微波探测器相同，但工作原理不同，它不是都卜勒探测。驻波探测器微波源发出的辐射经固定的边界条件形成反射，反射信号与源信号差拍生成驻波信号。当边界条件发生改变时，驻波信号（波形）也将发生变化，接收单元接收、分析驻波信号，就可以产生报警输出。这种探测器非常适用于固定的、小空间的防范。如展柜的玻璃被打破或被打开，微波场的边界条件发生改变，探测器发出报警信号。

5. 微波场探测器

微波场探测器又称微波对射探测器。它的工作频率与微波探测器相同，但工作原理不同。

（1）工作原理

微波对射探测器由相向而设的发射器、接收器组成，两者之间的橄榄形空间就是探测区。图 4—9 所示为探测器的探测区示意图。

发射器的天线产生窄波瓣微波辐射，接收端是一个设定的电磁场。正常时，接收端检测一个基准的场强，当导体（人或车辆）通过探测区时，将改变这个设定的电磁场的分布，接收端处的场强将发生改变，接收端检测这个变化，产生探测器报警输出。它的工作原理是电磁场检测，所以称为微波场探测器。

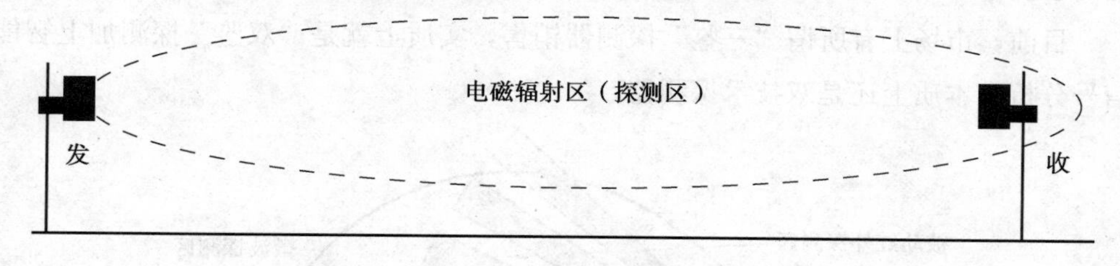

图 4—9　对射微波探测器

（2）探测器的探测区

微波对射探测器的探测区由发射单元的天线决定，它有一定的高度和宽度，不同于主动红外探测器，用于室外周界探测器，不易被躲避。通常产品说明书应给出探测区的图示（距离和范围），作为系统设计的重要依据。

电磁场损耗受环境因素的影响要比光波传输小，因此，实际应用不必像主动红外探测器那样进行距离的折扣。而且，过大的折扣容易引起干扰。

对射探测器受外界环境的影响较大，要求在探测区外有足够的限制区，以减少误报警。

6. 双技术探测器

双技术探测器通常称为双鉴探测器，是将两种不同的技术（不同探测原理）组合在一起的探测装置。不是任何两种技术都可以组合在一起构成双技术探测器，它们必须具有以下的特点：

（1）相容性。是实现双技术探测的基本前提。两者的工作原理不同，但应互不影响，一种技术不能成为另一种技术的干扰因素。并且两种探测技术可形成大致相同的探测区（同为点、线、面、空间探测），以使两种技术能共同发挥作用。

（2）互补性。两种技术应各有所长，并可实现优势互补。如探测灵敏度的互补，当一种技术对某一状态不灵敏时，另一种技术恰好较为灵敏；抗干扰性的互补，一种干扰因素不能同时对两种技术起作用。

（3）两种技术在结构上能够集成为一体，可以封装在一个机壳内，并具有基本相同的安装要求。

分析上面介绍过的几种探测器，可以看出：能够满足上述要求的，可以构成双技术探测的选择并不多。只有微波探测与被动红外探测基本上符合上述要求。目前普遍应用的双鉴探测器就是微波/被动红外双技术探测器。

应该指出：如图 4—10 所示。双技术探测不是两个探测器（技术）简单地叠加，而是两者有机的组合，实现具有一定智能的探测。当一种技术失效时会自动转变为单技术探测。

目前，市场上有所谓“三鉴”探测器销售，实质上就是“双鉴”探测加上智能信号分析。本质上还是双技术探测器。

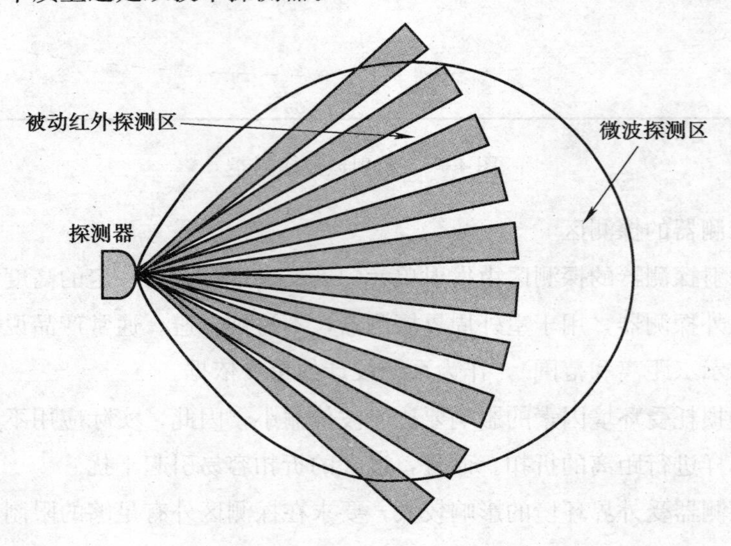

图 4—10　双技术的探测区

双技术探测具有较高的探测准确性（高探测概率、低误报率），特别对于室内环境，是一种高档产品，适于高安全性要求的系统。当然其价格要相对高一些。

7. **玻璃破碎探测器**

玻璃破碎探测器专门用于检测玻璃破碎时发出声波的装置，是建筑物周界防范最常用的探测器。

(1) 工作原理

由于玻璃晶态结构的特点，在它破碎时会发出特定频率（10～15 kHz）的声音（振动），通过频率分析识别它，就可监测玻璃的状态。这就是玻璃破碎探测器的工作原理。

基于这个原理可构成不同形式的玻璃破碎探测器，常用的有：

1）声波探测器。通常用驻极体传声器作传感器，采用滤波电路来提取玻璃破碎时的特征频率，然后判断是否产生报警输出。这种听声的探测方式，是对声音信号的频率分析。新型声波探测器利用微处理器对传感器接收的各种（防范区域内的）声频信号进行分析，判断是否有玻璃破碎时的特征频率，误报率极低。

声波分析还可用于其他物体（装置）状态的监控，检测物体或装置的特征声波（频率），判断是否有外力冲击。

2）振动探测器。利用簧片开关作传感器，其固有振动频率与玻璃破碎时的特征频率相同，所以当出现玻璃破碎声音时，簧片开关将发生谐振，若其结构设计使其对其他频率（低频和小幅度振动）具有阻尼作用，装置应仅对玻璃破碎声音敏感。电路对簧片的振动频率作分析，可以准确得出玻璃破碎的信息，从而产生报警输出。图 4—11 所示为两种探测的原理图，从上述说明可知，两者的差别是：一是通过电路选频；一是通过机械选频，来提取探测对象的特征。

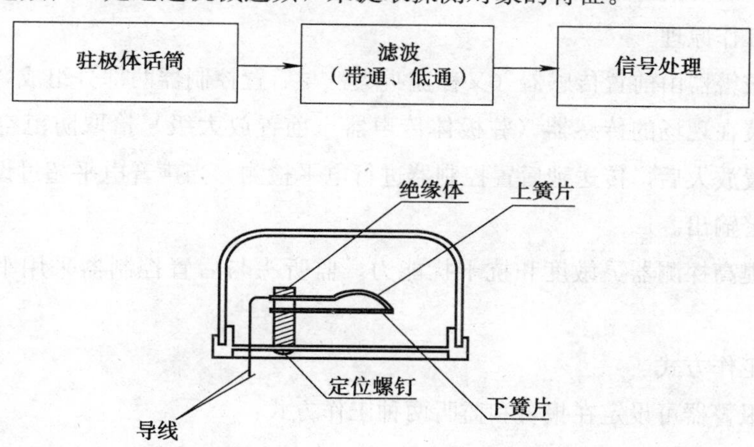

图 4—11　声波探测与振动探测

3）双鉴玻璃破碎探测器。玻璃在破碎前将会出现形变，这种形变也是由玻璃的晶态结构特点所决定的，表现为次声波。因此，检测次声可以进行玻璃破碎的探测。若把它与声波探测结合在一起，就构成了玻璃破碎双鉴探测器，主要有两种方式：

①声波与次声双鉴玻璃破碎探测器。先检测玻璃破碎前发出的次声，随后再检测玻璃破碎时的特征声波，两者结合起来判断是否发出报警信号。

②声波与振动双鉴玻璃破碎探测器。先检测玻璃破碎前变形产生的振动，然后再检测玻璃破碎时的特征声波，两者结合起来判断是否发出报警信号。

其实两种方式在本质上相同，差别在于，前者主要检测通过空气传送的次声，后者主要检测通过墙体传播的振动。所以两种探测器的安装方式要有所差别，一是要对准玻璃前的空间；二是要贴紧玻璃安装的墙面。

（2）特点与适用性

玻璃破碎探测器适用于构成建筑物的内周界防范系统和玻璃展柜的防范等场合，其优点是可靠性高、安装方便，缺点是容易被规避。

不同型号的探测器检测的特征频率有所差别，但都在玻璃破碎声音的频率范围之内，为了进行安装后实际效果的测试，厂家都为各自的产品配备专用的声波发生器，用来模拟玻璃破碎的情况。

8. 声控报警器

声控报警器是一种声音监听装置，除了进行入侵探测外，还是报警复核的一种有效手段。与玻璃破碎探测器不同，它不是进行声波频率的分析，而是进行声音电平（声级）的检测。

（1）工作原理

声控报警器由前置传感器（又称监听头）与后置控制器两部分组成，其工作原理是：安装在现场的传感器（驻极体传声器＋前置放大级）拾取防范空间内的声音，经前置放大后，传送到后置控制器进行电平检测，当声音电平超过设置的阀值时产生报警输出。

为了提高探测器灵敏度和抗干扰能力，监听头与后置控制器采用平衡传输方式。

（2）工作方式

声控报警器可设定在报警和监听两种工作方式：

1）报警方式。系统不显示现场的声音，当其电平（声级）超过阈值，发出声、光报警信号。显然是被动的工作方式。

2）监听方式。实时的监听现场声音，直接通过对现场声音的分辨，来判断和复核报警信息，是入侵报警系统的复核手段。

两种方式通常是可以设定和相互结合的，当报警发生后报警方式可自动转为监听方式，进行报警复核；监听方式也与报警方式同时工作。

（3）特点与应用

由于声音包含的信息量较大，在一个封闭和隔间效果好的空间，能够真实地获得现场的状态信息，是一种实用、经济的探测和复核手段，适用于地下库房等场合。

传感器的灵敏度一般很高，又要考虑隐蔽安装及安装位置的限制，因此声音失真度会很高，环境背景声音的干扰较大，因此，应用也要充分地考虑环境因素，使用者要经过适当的训练。

9. **周界入侵探测器**

可以形成封闭性探测区的各种探测器都可称为周界入侵探测器。这里周界入侵探测器主要是指构成室外带状防范区的设备，基本要求是与周界的物理形态相匹配，如构成线形的防范区，或可与栅栏相匹配等。实用的周界入侵探测器有：

（1）振动电缆探测器

振动电缆探测器是典型的线型探测装置，特别是其传感器的形态与周界的形态非常的匹配。

1）结构与工作原理。振动电缆的工作原理是电磁感应定律，如图 4—12 所示，振动电缆由固定导体、活动导体，磁性内被覆及外被覆组成。掺杂了磁性材料的内被覆，形成一静磁场，在其形成的空隙内（磁场中）敷有活动导体，根据电磁感应定律，电缆受振动时，活动导体随之发生的运动，将会产生感生电流，检测这个感生电流，通过与固定导体形成的回路输出检测信号，就可形成报警输出。

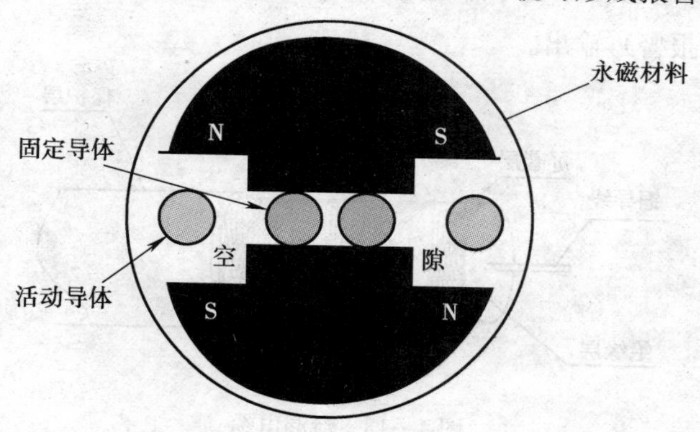

图 4—12　振动电缆

固定导体与活动导体形成的两组输出接成反向，可以提高探测灵敏度，两条振动电缆的输出信号作为后置控制器的共模输入，可提高系统的抗干扰能力。因为由于环境因素（风、远处强大的振动）引起电缆的振动，两条电缆的探测输出是同相的，而人的入侵活动产生的输出则是反向的。后置控制器可控制多条振动电缆、接收多个区域电缆输出的报警信号，将它们组合成一个完整的周界探测系统。

振动电缆还具有监听功能。当周界栅栏受到冲击、攀爬等破坏时，探测器在发生报警信号的同时还可监听到现场的声音，所以又称传声器电缆。

2）特点与应用。振动电缆的结构与周界匹配，特别适于附挂在各种围栏上，很方便形成大范围的防范，价格较低，施工简便。但其输出不带有报警部位的地理信息，只能用电缆的分段来划分探测区段、标记地理信息，因此每根电缆长度不能太长（最长可达 1 000 m）。它的一个主要缺点是：易受干扰，如风、附近大的振动等，这种情况可通过双电缆的共模设计来解决。

（2）泄漏电缆探测器

它的线性传感方式与周界的形态是完全匹配的，通常采用地埋方式设置，又称埋设电缆。

1）结构与工作原理。检测电磁场的变化是它的工作原理。

泄漏电缆是专门加工过的同轴电缆，在电缆的外屏蔽层开一系列（方形、菱形）小孔，开口的尺寸和间距沿电缆长度方向变化，使电缆在一定长度范围内能均匀地向外辐射能量。这样电缆也可以接收外界电磁波，来检测设定电磁场的变化。将两根泄漏电缆按一定的距离平行布设，就可以构成周界入侵探测系统（见图 4—13）。

两根电缆的耦合方式有同向和反向两种，一根向空间发射电磁波（设定电磁场），一根则接收电磁波。当导体通过探测区域时，接收电缆检测电磁场的变化，即可产生探测（报警）输出。

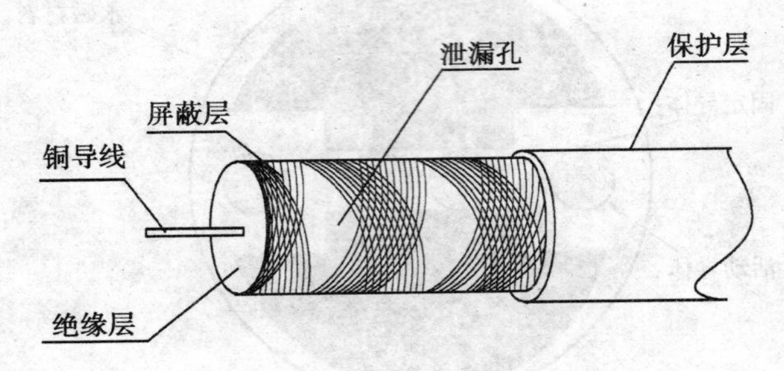

图 4—13　泄漏电缆

2）泄漏电缆的埋设方式。通常将泄漏电缆埋设在地下，构成周界入侵探测系统。埋设的深度、距离及形成的探测区如图 4—14 所示。

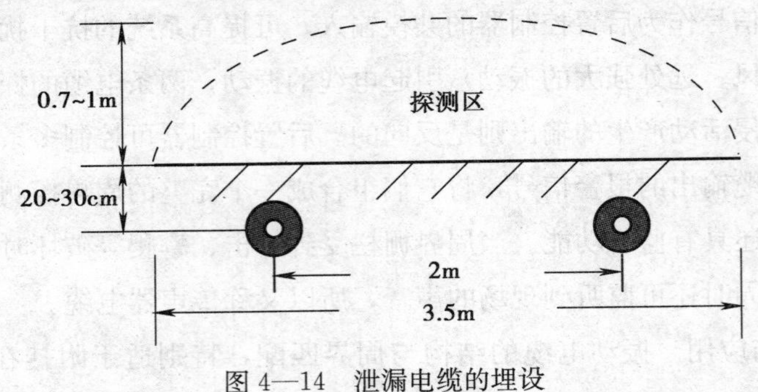

图 4—14　泄漏电缆的埋设

泄漏电缆主要有两种方式：

①基本系统。适用小长度和局部防范的周界。由一段电缆（200 m 左右）构成整个探测区。几个基本系统组合在一起可以构成较长的探测区，实现长距离的周界防范。

②级连系统。将多个基本系统的电缆通过隔离器级连起来，由一个控制器集中管理，可以构成一个连续的、长距离探测区，防范距离可达 20 多千米，还可以闭合起来，成为完整的周界防范系统。隔离器功能主要是隔离射频信号（VHF、UHF），使每段电缆成为独立的探测区，但对检测信号和电源它是通畅的。因此，可以认为系统是由一对电缆构成的，电缆既是传感器，也是检测信号传输的通路和系统的供电电缆。

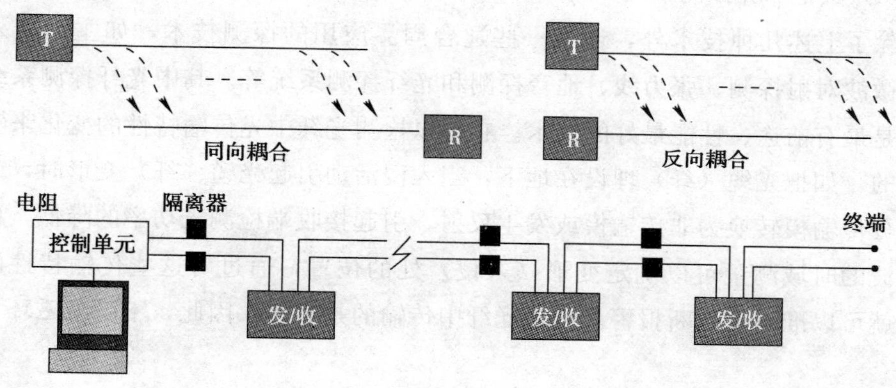

图 4—15　泄漏电缆的连接

泄漏电缆目前是大型周界防范系统首选的设备，主要优点是：可以全天候工作、抗扰性好、隐蔽性好、探测概率高，适用于高安全要求，长距离周界的应用。缺点是：系统维护要求高，价格也较高。

（3）电场式探测器

常用的是平行电场探测器，由一组平行导线组成，视防范栅栏的高度，可以是 6 条、8 条、10 条不等，导线间的距离在 25 cm 左右，其中有电场线，加有 10 kHz 的高压信号；感应线与信号处理电路相连。电场线中的交变电流，在其周围形成交变电磁场。根据电磁感应原理，感应线中有感应电流产生。正常时，处理电路检测这个稳定电磁场，当有入侵者靠近或跨越该电磁场时，感应线就会检测到这种变化，经信号处理后，产生报警信号。平行电场探测器结构如图 4—16 所示。

该系统采用自适应处理技术，能准确地探测入侵者，并能有效地排除飞鸟、小动物等引起的误报警，适合仓库或小区围墙的应用。

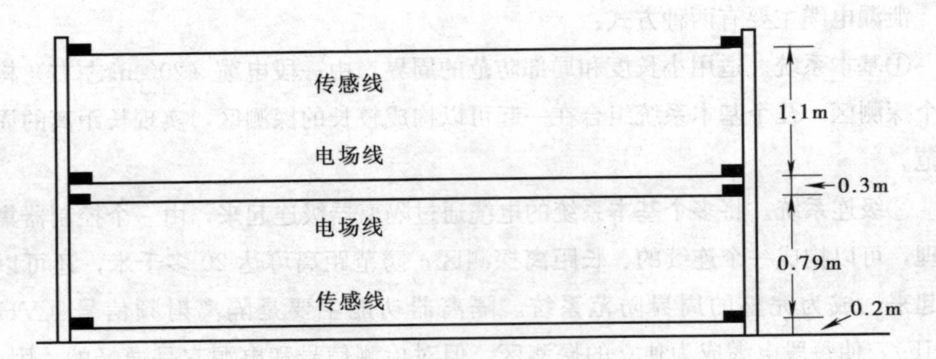

图 4—16　平行电场探测器结构

（4）其他周界探测系统

除了上述几种技术外，还有一些适合周界应用的探测技术，如主动红外探测、微波对射探测、张力线、地音探测和光纤探测系统等。其中光纤探测系统被认为是最有前途、性能最好的技术。它是以检测光纤中光传输特性的变化来实现报警的。如把光缆（纤）埋设在地下，当入侵活动引起光缆（纤）变形时，光的一部分传输模转换为非传输模或发生反射，引起接收端检测光功率的降低，而对反射波的时域测量可以确定变形（入侵）处的位置，通过对这些传输特性的检测，就可以准确地判断报警。由于光纤中传输的是光波，因此，不受电磁环境的干扰。

三、入侵探测器的主要技术指标与评价方法

入侵探测技术的评价分为两个层面，一是对探测器、报警控制器等产品的评价，主要是通过这些产品技术指标的测试，来评价产品的性能、功能和适应性。二是对由上述产品构成报警系统的评价，包括系统技术指标的测试和功能的检测。对入侵探测器的评价基本上是在实验室环境下对产品进行各项技术指标的测量，而对报警系统的评价主要是在实际应用环境下对系统效果的评价。概括地讲，对入侵探测器的评价是以客观测试为主，而对报警系统检测则是以主观评价为主。两个评价中有许多技术指标具有相同的含义，但实际测量或评价方法不同。有些名词相同，但概念却完全不同。本节主要介绍入侵探测的主要技术指标和评价方法，对报警系统的评价是下一节的内容。

1. 入侵探测器的主要性能指标

入侵探测器的种类繁多，工作原理也不尽相同，探测器的性能指标是个性化的，不同类的探测器之间差别很大，正是这些指标表现了探测器特点，主要有：

（1）灵敏度

探测器分辨差异的能力。不同工作原理的探测器探测的物理量或状态变化量不同，因此，这个指标也有不同的含义和测量方法。通常都是在产品标准中规定，如：

1）被动红外探测器的灵敏度用最小可探测温度差来度量；

2）微波都卜勒探测器的灵敏度用最小可探测速度来表示；

3）振动探测器灵敏度的测量是将其放在木板上，将一定质量金属球垂直落在距探测器规定距离处，探测器产生报警的最低高度作为灵敏度的测量值；

4）磁开关探测器用其两部分可以产生报警的最小间距来表示灵敏度；

5）主动红外探测器用可以产生报警的最大距离测量灵敏度。

这里的灵敏度是指探测器可分辨的物理量或状态变化量的最低限值，这些指标都要在实验室环境下，去除可能的干扰因素，客观地测试。

（2）探测范围（探测区）

探测器实现探测（产生报警）的区域的外边界。显然对于不同探测器，它有不同含义，空间探测器用这个定义比较准确，线性探测器用探测距离和探测区宽度来表示更恰当。

以上两个技术指标都是量化的，可以得出客观的测试结果，在一些探测器的技术标准中，如 GB 10408 系列，规定了步行测试方法，是由人按规定的速度在探测区内行走，来检验探测器的实际探测效果，属于主观测试。之所以增加这一项试验是因为，无论探测器是什么工作原理，最终的探测对象都是人的入侵活动。

（3）探测概率

探测概率是 PPS 评价中很重要的一个指标。我国的标准和大多数探测器产品说明书都没有这个指标。其准确的定义是：实现真实探测的概率。显然，是探测器可靠性的一个表现，是需要经过大量的产品测试和数据统计才能得出的结果。探测器在实验室条件下的探测概率与实际应用时的探测概率差别很大。各种探测器的这个指标可以按电子产品的可靠性测试方法作出测量，也可以从可比性产品的可靠性数据推算出来。由于测量值的确定度不高（可靠性指标的特点），通常只给出高、普通、低的分类，或给出一个范围，而不是具体的数值。由于各类探测器工作原理差别很大，这个指标的意义不同，如开关类探测器要比空间探测类产品的指标高，但实际应用的效果并不是如此。

探测概率是系统设计时一个重要的参考指标，作为系统设计目标的一个期望值。

（4）响应时间

探测器对异常情况（可能为入侵）的反应速度，用时间来度量。响应时间是指从探测区出现入侵目标到探测器发出报警信号的时间。显然，它与安全防范系统响应有不同的含义。直观地理解，探测器的响应时间越小越好，以利于快速反应，实际上它与反应时间相比是可以忽略的，所以许多探测器为提高探测的真实性，往往采用适当增加响应时间的方式。如被动红外探测器的计数处理，主动红外探测器提高光路遮挡时间都可以降低误报警。

同样，由于各类探测器工作原理差别很大，这个指标的意义也不同，如开关类探测器要比空间探测类产品的指标高，但后者是增大了响应时间，提高了探测的真实性。

（5）防破坏功能

防破坏可以说是报警探测器独有的功能，主要是防范探测对象向系统和探测器发动的攻击。可以分为物理防护和电气防护两方面。

探测器的物理防护包括：外壳防护等级和防破坏措施。前者根据探测器应用环境的不同，等级要求也不同，通常是由产品标准来规定；后者是对探测器的通用要求，主要是防拆，防移位措施，通过在机壳内设置行程开关，当机壳被打开或被移动时发出报警信号。

探测器的电气防护主要是自身状态、传输线路和供电状态的监测。这些功能是与报警系统一起来实现。显然对于不同的探测器，防破坏措施也不同。

（6）抗干扰能力

抗干扰能力是指探测器抗拒其敏感的物理量和状态干扰的能力。

探测器受到干扰，探测概率会降低，从而增加误报警。对于不同的探测器，抗干扰能力的要求不同，测试方法也不同，主要是由产品标准来规定，如：

1）被动红外探测器的抗湍动气流试验是测量其抗拒空气流动干扰的能力；抗小（动物）目标试验是测量其防止由于小动物引起误报警的能力；抗背景温度变化试验是测量其受环境温度影响的程度。

2）主动红外探测器抗外界光干扰试验是测量其受环境光源影响的程度；遮挡时间的试验是测量其防止小鸟或落叶引起误报警的能力。

3）玻璃破碎探测器的小球冲撞和石子冲撞试验是测量当玻璃受到冲击但未破碎时能否产生误报警；抗外磁场试验是测量其受磁场影响的程度（或产生误报警、或降低了探测灵敏度）。

除此之外，还可以举出许多，这些试验都应在实验室环境下，通过专门的测试装置和方法进行。

2. 入侵探测器的通用技术要求

各类探测器，主要是电子类产品应满足国家标准规定的通用性要求，这些技术指标对于不同类型的产品，定义和测试方法基本一致。主要有：

（1）电磁兼容性

国家标准没有专门对安防电子产品提出电磁兼容性要求，基本上是按电子产品的通用电磁兼容性要求进行试验和评价。《入侵探测器通用要求》（GB 10408.1）引用相关电子产品的电磁兼容性标准作了基本的规定。许多产品标准从上述标准中选择适当的限值，作为本产品的专门要求。

（2）可靠性

可靠性是表示探测器稳定工作的能力，是决定探测器误报率和漏报率的重要因素，正常工作的探测器可能会出现误报警或漏报警。各种产品标准对可靠性采用了不同的定义和试验方法，主要有：

平均无故障工作时间（MTBF），是电子产品通常采用的可靠性指标。对于基础元器件和大批量的产品，主要是采用可靠性试验和数据统计的方法来测量这个指标，对一般电子产品可以通过分析的方法来计算这个指标，如建立产品的可靠性（数学）模型，然后收集模型中各个元件的基础可靠性数据，进行计算。

稳定性试验，是入侵探测器采用较多的方法，通常是测量探测器连续工作（7天）的过程中出现的不正常现象。这种试验局限性较大，如试验过程中是否有漏报警无法判断。

（3）环境适应性

环境适应性是与通用电子产品相同的技术指标。包括气候环境和机械环境适应性两个方面。这些指标是安防系统设计最重要的参考数据，它决定着探测的选择（与环境条件匹配）。

环境适应性要求是在《入侵探测器的通用要求》（GB 10408.1）中规定的，不同类型的产品的特殊要求在具体的产品标准中规定。

（4）电源适用范围（探测器适应电源变化的能力）。

入侵探测器大多是采用直流（或电池）供电方式，这个指标主要是电源电压的变化范围，特别对低电压的限值。有些使用交流适配器工作的产品对交流电源的要求，实质上并不是对探测器的要求。

以上就是入侵探测器的主要技术指标，是探测器自身功能和性能的反映。这些指标基本上是通过客观测试，用量化的指标来表示。因此，试验要在实验室环境下，采用规定的试验装置和测试方法进行，以保证结果的准确性和可比性。

第3节　报警控制器与系统

一、报警控制器

入侵报警通常是以系统方式运行的，入侵探测器需要有后端的控制和管理，这个后端就是报警控制器，它是系统的核心，决定探测器与控制器之间的通信和系统状态监控方式，也决定了报警系统与安防其他子系统的集成方式。

1. 基本功能

报警控制器通常分为区域控制器和集中控制器两种。前者主要安装在接近探测器的位置，控制和管理的探测器一般较少；后者主要安装在系统的中心室，除了基本的功能外，还具有与外系统通信、功能联动的功能，信息显示与存储的能力也比前者丰富和强大。以下所述报警控制器就是指集中控制器，具有如下基本功能：

（1）显示

采用适当的方式（声、光及屏幕）显示入侵探测的结果，系统的状态（报警器、系统传输、控制器的状态），系统存储的信息及控制器接收外部系统（设备）的信息。主要有：

1）入侵报警。报警控制器应能接收来自入侵探测器和紧急报警装置发出的报警信号，发出声光报警，并指示入侵发生的部位。确认报警或误报警后，可将系统复位。

2）通信故障报警。当通信线路发生短路、断路现象时，发出报警。主要功能是监控系统的通信线路是否被人破坏，如短路、并接其他负载或被剪断时，故障排除后才能实现复位。

3）防拆报警。主要是对前端设备（探测器、区域控制器）的防破坏功能。当它们被移动或打开机壳时发出声光报警。

4）紧急报警。系统最高级别的报警，无论布防/撤防，均可即时报警。实际应用主要是接收紧急按钮的报警信号。

5）延时报警。设置延时方式后，超时报警。

（2）系统功能和状态设置

通过人机交互界面设置系统和前端设备的功能和状态，主要有：

1）探测器布防/撤防或旁路。

2）系统显示方式设置。

3）延迟报警时间的设置，包括系统报警的延迟时间和外送报警的延迟时间。

4）系统自检/自诊断方式。

5）操作/管理者权限等。

（3）状态监控与信息存储

报警控制器应能对系统进行全面的状态监控和信息的存储功能，主要包括：

1）自检功能，监控系统的状态，当系统设备处于欠压状态时，发出报警。

2）记录功能，记录规定数量的报警信息（大系统有工作日志功能），报警控制器应有打印机接口，以输出记录信息。

3）对系统操作、管理人员的检查和考核，对违权行为报警。

4）存储信息的读取/删除管理。

（4）接口

报警控制器应具有与外部通信和联动的功能，主要有：

1）报警信号转发功能，报警控制器应有通信接口，将报警信息传送到上一级报警中心。

2）报警信号输出功能，与视频控制设备等接口实现图像切换。

3）网络接口，进行远程管理。

2. 报警控制器的类型

报警器曾出现两大类型：专用接警设备和基于 PC 的接警系统，又称硬接警和软接警两种模式。

（1）硬接警

专用报警控制器，专门针对报警信息接收、处理、显示设计的嵌入式设备。由于任务单一、采用实时操作系统（TROS），可靠性高，安全性好。但系统可扩展性差、显示方式比较简单、信息存储能力较差，检索不方便。一般采用功能键盘的方式进行人机交互，简单方便。中小型系统采用这种方式比较经济、合理，目前仍是应用最普遍的主流产品。

（2）软接警

以通用的 PC 机（工控机）为平台，通过专用的接警卡，进行报警信息的接收和格式转换。然后，利用 PC 机的数据处理能力来实现报警信息的处理、存储、显示。它可以采用多媒体软件进行系统的显示，通过网络功能与其他相关部门传送信息（报警转发），是一种很符合技术潮流的方式。软接警利用 PC 机的操作系统，功能的扩展和升级方便，但实时性差，由于PC机本身可靠性限制，如死机、掉电后状态不能保持等问题。与安防系统的安全性和可靠性要求还有差距。而且人机交互关系不是很友好。从实际应用的情况看，不如硬接警效果好。主要应用于大型的、侧重于管理的系统。

3. 探测器的组合与防破坏

在实际应用中，通过探测器的组合可提高探测概率，扩大防范区，根据探测的输出方式接入适当的匹配电阻，即可与报警器一起实现防破坏功能。

（1）探测器组合

报警系统的防范区可以理解为一个探测器的探测范围，也可认为是几个探测器共同构成的探测区域。报警控制器的防区则是代表来自不同方位的报警信号的地理信息。多线制系统可区分的防区数由物理接线端的数量决定，总线制系统则是根据地址编码的数量。在一个防区内可以安装超过一个以上的探测器，这些探测器组合起来形成一个报警信号输出。按探测器的输出方式，分为串接组合和并接组合：

1）串接组合。探测器的报警输出设置为常闭方式，这样几个探测器可以串接起来，当有一个探测器发生报警，就可产生报警输出。

2）并接组合。探测器的报警输出设置为常开方式，这样几个探测器就可以并接起来，其中任何一个探测器发生报警，就可产生报警输出。

简单的串接、并接组合，可以提高系统的探测概率，也可以降低漏报率，但会增加误报率。显然，多线制报警控制器只能把组合起来的几个探测器视为一个探测器（防范区）；总线制报警系统，如果对组合内的每一个探测器都赋予一个地址码，系统就可识别每一个探测器的报警，综合起来可具有判断报警真伪的智能化功能。

（2）系统防破坏

入侵报警系统的防破坏措施其实很简单，主要是：

1）探测器的防拆。在探测器（区域控制器）壳体内设置开关，当外壳打开或受到破坏时，开关的状态改变（与探测器报警输出一致），即刻发出报警。同样，如在安装部位设置开关，当探测器被移动时，会发出报警。

2）防短/断线。在探测器报警输出端连接匹配电阻，可以起到通信线路保护的作用，根据报警输出的方式，串接或并接适当的电阻。使线路在平常有一个稳定的小电流通过，检测这个小电流的值，即可发现线路的异常。当线路被短路/断路，或接放一个负载时，流过其中的电流将改变，报警控制器检测到这个变化，发出报警。通过这个方法，还可以监测供电是否正常（但采用不多）。

以上介绍的探测器的处理方法都是根据报警控制器的功能提出的，是系统设计的内容。

二、入侵报警系统的评价

对报警（入侵探测）系统的评价是指在应用环境下对系统总体效果的测试。其中许多指标与上节介绍的相同，但测试结果反映的问题不同，有些指标可在现场进行客观测量，有些只能进行主观性的功能检查。报警系统的评价与报警控制器的技术指标和功能有非常密切的关系，显然也包含探测器的因素。主要内容有：

（1）系统响应

报警系统对异常情况的反应速度，用时间来度量。通常是指从前端探测被触发到被报警控制器显示的时间。显然，报警系统可有多种响应（方式），如直接发出报警信号、经过报警复核后再发出报警、将报警信息通过通信系统向相关部门报警、向系统的联动装置发出相关指令（如切换图像、启动记录设备）等。

系统响应的设计与系统的风险等级和防护要求密切相关。对高风险部位，系统应立即响应各种探测到的异常情况，探测响应小于 1 s；对一般风险的部位，可在报警后进行复核，确认报警真实性后，发出报警信号。系统的探测响应（包括复核的时间）应在 1 分钟之内。

显然，报警系统的探测响应与报警信息的传输和报警复核方式有直接的关系。如立即响应方式的系统一定是专线系统（不能采用电话线传输报警信号），报警复核手段必须是图像。

（2）探测概率

报警系统探测真实入侵的概率，不同于探测器的探测概率（是探测器自身的技术指标），它是在一个入侵路径上构成报警系统的多个探测器产生的综合指标。通过对系统探测概率的要求，进而计算出应采用探测器的数量和类型，是安防系统设计的任务。报警系统的探测概率以探测器的探测概率为基础进行计算，我国的标准和大多数探测器产品没有这个指标，因此，很难计算报警系统探测概率的，也没有把它作为报警的系统设计目标。

（3）灵敏度

灵敏度是指报警系统中探测器发现入侵的能力。它既可以是一个探测器产生的结果，也可以是多个探测器产生的总体效果。对于实际应用中的探测器，显然不能用分辨物理或状态差异的能力去测量灵敏度，而是用发现人各种可能的入侵过程来评价其探测灵敏度。

（4）　探测范围（探测区）

探测区对系统设计的防范区覆盖程度的测量与探测器的探测范围边界有关，也可以用系统有无盲区或死角来表示。系统设计时，要求探测器的探测区或多个探测器形成的探测区要比系统控制区适当的大一些。并考虑与视频监控系统的视场区相匹配。

以上两个技术指标都是可以量化的，可以得出客观的测试结果，在实际系统检验时，采用步行测试法，即由测试人员按各种可能的入侵路径进行模拟入侵活动，然后检验系统的探测结果，来主观评价这两个指标。

（5）误报率

误报率是指系统发出不真实报警的概率。这是一个经常提到的概念，也是一个非常不确定的概念。因为假（不真实）报警的含义很难界定，许多探测器应该产生的报警对于报警系统来讲是误报警。产生误报警的原因很多，除了探测器本身的可靠性之外，环境、安装、系统功能设置等多方面的因素都可能引起误报警，探测器本身并不是主要原因。早期的安防系统主要功能是入侵探测，高误报率曾是影响其应用的障碍。由于报警复核系统的完善和报警系统应用环境的改善，目前，误报警不再是困扰安防系统的一个问题了。

由于上述原因，很难提出误报率的具体数值指标。通常是按每月（年）允许产生误报警的次数来规定。因此，这个指标不能简单地试验得出，可由用户在一定时间内进行误报警的统计产生。

（6）防破坏功能

报警系统的防破坏功能除了探测器的防破坏功能外，主要是通信系统的防破坏能力和前端报警控制箱的防破坏能力。通过报警控制器对系统状态的查询功能来实现。防破坏功能分为物理防护和电气防护两个方面。

1）物理防护包括：探测器、报警箱外壳防护等级和防拆，防移位措施，及施工时对管线的隐蔽和加固等。

2）电气防护主要是通过自身状态、传输线路和供电状态的监测，来发现破坏通信线路或断开供电电源等破坏活动。

（7）抗干扰能力

抗干扰能力是与误报率密切相关的技术指标。它不同于探测器的抗干扰能力，主要是反映报警探测系统抗拒防范区的自然环境、气候环境、电磁环境、人文环境等因素抗干扰的能力。显然不能采用客观测试评价。需要用户配合进行一定时间的数据统计来产生。探测器的抗干扰能力是系统抗干扰能力的基本保证，设备的选择、环境的改善将决定系统最终的抗干扰能力。

（8）可靠性

可靠性是指系统稳定工作的能力。探测器的可靠性决定系统的可靠性，通常有两种表示方法：

1）平均无故障工作时间（MTBF），以探测器、前端控制器、通信装置及系统控制器等元素的可靠性数据为基础数据，通过可靠性数学模型计算出系统的可靠性，是电子系统通常采用的可靠性指标。

2）稳定工作时间，是报警系统经常采用的指标，通常是统计系统连续工作（3月）的过程中出现的故障次数。按照可靠性的定义，故障包括所有系统不正常的现象，如误报警、漏报警等。为了主要评价设备的技术性能，有时只统计由于设备的电气故障和结构损坏导致必须维修或更换的情况。

（9）系统功能

评价报警系统的重要内容。包括可以实现的功能，功能设置方式（编程、人工），系统与其他安防系统的集成方式和相互联动的功能。通过实际的操作来进行评价，要求功能完善，界面友好，控制与联动准确、无误。

（10）信息存储

报警系统应具有适当的信息存储能力，主要是报警信息的记录。大型系统应有状态监控信息记录和工作日志，是系统重要的技术指标，对存储信息的查询要有权限的设定，可以采用适当的方式（打印）输出存储信息。

以上是报警系统的主要评价指标，其中有些可以进行客观测量，但大多是功能性检查和主观评价，因此，专家的知识和经验对评价结果的科学性和准确性有重要的作用。

思　考　题

1. 简述入侵探测系统的组成，清楚各技术环节的功能和作用。

2. 简述有线系统的基本模式，解释多线制与总线制的区别及各自的特点。

3. 简述探测技术的主要分类，清楚主动探测与被动探测的根本区别，举例说明探测器分类。

4. 简述安防系统常用的探测器，清楚它们的特点和应用。

5. 简述被动红外探测的组成，清楚各部分的作用。

6. 简述被动红外探测器光学系统的特点和功能。

7. 简述主动红外探测器的工作原理。

8. 简述探测器的主要评价指标，说明探测器的指标与入侵系统的指标的相同与不同点。

9. 简述探测器的组合。

10. 简述入侵系统防破坏的基本措施。

11. 简述控制器的基本功能。

第5章

视频安全防范监控系统

第1节 视频安全防范监控系统概述

视频（电视）监控在安全防范中的地位日益突出，这是因为图像（视频信号）本身具有信息量大的特点，它通观全局、一目了然，判断事件具有极高的准确性。因此，安全防范必有视频监控已成为一种定式。从早期安全防范系统把它作为一种报警复核手段，到充分发挥实时监控的作用，成为安全防范系统技术集成的核心，视频监控系统已成为安全防范体系中不可或缺的重要部分。

本章将全面具体地介绍和论述视频监控系统的模式、主要设备、视频信号的传输以及数字视频技术，同时，对电视技术的基本概念作简单的说明。

一、视频监控技术的特点

视频监控技术得到广泛的应用，成为安全防范系统的核心技术取决于它的基本特点，即信息量大。图像比之声音、文字、图片等信息系统最突出的特点是：它所载有信息的完整性和真实性，这是信息量大的真正含义。

1. 图像的主要特点

（1）具有空间和时间分辨能力

这两个分辨能力源自图像信息在空间、时间上均含有代表观察目标的特征信息，既可表示它的状态，又可描述其变化的过程。图像系统的观察目标就是安全防范系统的探测对象，所以它不仅可用于目标的探测，还可用于目标的分类和识别。

图像系统不像一般探测技术输出一个开关量信号，而是一个模拟量信号。因此，可以作进一步的处理、变换、特征提取、比对和识别。

（2）具有目标的静态信息和动态信息

通过单帧的图像可以判定目标的存在和进行个体的识别，利用连续（逐帧）的图像则可以分析目标的行为和活动的过程。对于以发现入侵活动为基本目的的安全防范系统，这是判断一个活动合法性的最完整的信息。

（3）可目视并可进行机器解释

由人直接观察图像来读取图像中的有用信息，是当前安全防范系统基本的工作方式。随着图像内容分析技术的发展，系统自动地识别目标的身份，判断其行为方式是今后视频安全防范监控系统的发展方向。

2. 视频监控技术的基本特点

视频安全防范监控系统是图像技术的一种主要应用形式，基于图像技术的特点以及系统的结构，具有以下特点：

（1）主动的探测手段

视频监控不同于一般光强探测技术，是通过直接观察图像进行目标的探测，同时，它可以把多个探测结果结合起来，进行准确的判断。因此，是探测与复核一体的方式，具有极高的准确性和真实性。

（2）有效的辅助手段

在早期的安防系统中，视频监控的主要作用是报警信息的复核，由于成本高，只在高安全要求的系统中采用。现在已被各种技术系统（特征识别、建筑环境监控等）普遍采用，作为系统的辅助手段。

（3）存储信息完整真实

存储信息的完整真实是安防系统的基本功能。视频监控系统所记录的信息是安防系统中最完整和真实的内容，是可以作为证据和为事后调查提供依据的信息。这是其他技术系统做不到的，它不仅可以记录事件发生时的状态，还可以记录事件发展的过程和处置的结果，为改进系统提供有意义的参考。

（4）充分的资源共享

视频监控系统可与其他技术系统实现资源共享，成为其他自动化系统的一部分。如消防、楼宇管理。安全防范系统中可以与其他建筑自动化系统实现资源共享的只有视频监控。

（5）安防系统集成的核心

视频监控是安全防范系统技术集成、功能集成的核心。通常，实现系统集成的最佳途径是：以一个子系统为核心进行功能的扩展，实现与其他子系统的功能联动、形成统一的控制平台（操作界面）。当前，安防系统最通用、最成熟的集成方式，是以视频监控系统（的中心设备，如视频矩阵）为核心，实现与其他子系统（入侵探测和出入口控制）的功能联动，如图像切换、功能联动，并建立一个综合的人机交互界面（GUI）。以其他子系统为核心，也可以实现技术、功能的集成，但都不如前者合理、经济。

（6）不影响业务工作

视频监控是对防范区域的日常业务工作影响最小的技术系统。安防系统的运行是与正常的业务工作交织在一起的，处理不当会互相干扰，如入侵探测系统的布/撤防，出入口控制系统的身份识别对日常出入的影响。视频监控系统由于其设备的被动工作方式，对环境和业务工作干扰和影响很小。

正是由于这些特点，视频监控系统成为人们乐于采用、功能有效的技术系统。

二、视频安全防范监控系统的基本模式

视频监控的系统模式由不同的网络拓扑结构、系统的信息流方式、系统的控制管理方式组合而成。无论什么样的系统模式，视频监控系统的基本技术环节是相同的。

1. 视频监控系统三个基本技术环节

视频监控是应用电视的一种形式，区别于广播电视（信息的传播和发散），它是一个图像信息采集系统，是将分布广泛、数量巨大的图像（信息）集中起来（到监控中心），进行观察、记录和处理的工作方式。通常由三个部分组成，如图 5—1 所示。

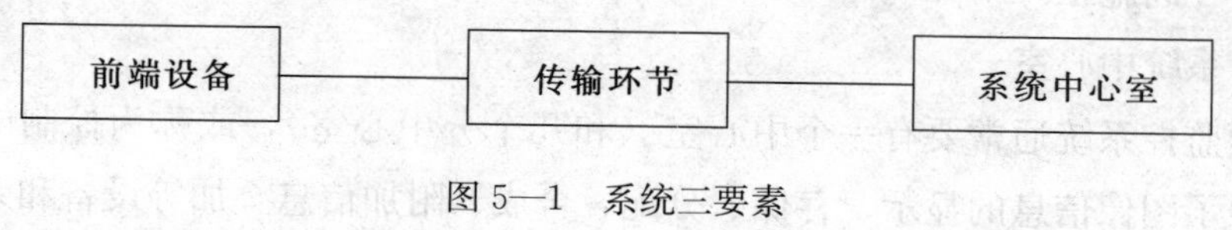

图 5—1　系统三要素

（1）前端设备

摄像机是前端设备的核心，主要功能是完成图像信息的采集（生成），是视频信息系统的信源。其他辅助设备都是围绕摄像机来配置，如镜头、方位、防护、控制、照明等设备。可以说：视频监控系统的图像质量基本上取决于前端摄像机和其配套设备。它们所实现的基本功能是：

1）根据系统的设计要求，通过合理地设置摄像机，实现对监控区域充分的覆

盖，并保证摄取图像具有足够的完整性和足够的鉴别能力。

2）根据监控区域的气候环境和照度条件，通过合理的设备选型和匹配，适应监控区域的环境条件，特别是照度条件，获得最佳的图像效果。

3）采用可行的措施，改善现场环境，扩大摄像机的适应范围，尽可能地利用通用的机型（较低成本），获得好的效果。

目前，模拟电视摄像机还是视频监控系统主流的前端设备，是基本的选择。网络摄像机在许多场合也得到了应用，但在实时性和连续性上与前者尚有差距。

（2）传输环节

采用适当的介质和设备完成系统中各种信号的传输。视频信号传输是构成图像系统的主要环节，尽可能地不降低摄像机输出图像的质量是基本的要求。能否做到高质量的传输是决定系统能否实现设计要求的关键，特别是对于大型的、远距离的系统。可以说，系统的监控范围由传输环节来限定。

利用同轴电缆传输视频基带信号，可靠、经济、需要附加设备少，是区域性系统的基本传输方式。光纤传输可以得到高质量的图像和远距离的传输，它采用光发射/光接收设备，进行光/电和电/光转换，这些过程中进行的变换和调制主要是光强调制，所以仍然是视频基带信号的传输。即使采用其他调制方式或数字方式传输视频信号，也可把传输环节看做视频入/视频出的黑盒子。

除了视频信号的传输外，系统控制信号的传输十分重要。由于信息形式和传输方向上的不同，视频信号传输的网络结构与控制信号传输的网络结构有时完全不同。如视频系统通常是点对点的连接，而控制系统通常是总线方式。

在大多数安防工程中，系统前端设备的供电系统也视为系统传输的一部分，一同设计，一同施工。

（3）系统中心室

视频监控系统通常要有一个中心室（和几个分中心室），或称为控制中心。中心室集中了图像信息的显示、存储、分配、合成、附加信息叠加等设备和系统控制（遥控）、远程传输（网络）等设备，是视频监控系统中技术含量最高的部分。它所实现的主要功能有：

1）显示图像。图像的实时监视是目前大多数图像系统的运行方式。视频监控系统采用实时显示、多图像组合显示、图像时序显示和报警触发切换显示等方式，把全部图像用有限的监视器显示出来。保证重要图像的实时监视和报警部位图像的即时显示，特别是不能遗漏系统的任何图像信息。

视频监视器是图像显示的主要设备，由于DVR等数字视频设备的应用，具有

VGA 接口的显示设备的应用日益普遍。近年来，平板显示和超大屏幕显示设备应用日益普遍。

2）图像信息的记录。图像信息的记录是视频监控系统的基本功能之一。图像记录的基本要求是图像信息的完整性。除特殊要求外，系统不可能记录全部的图像信息，多采用长时间记录、组合记录、报警触发记录等方式来记录有价值的图像信息。DVR 的报警前记录方式，可以得到完整的图像信息，受到用户的欢迎。

传统的磁带录像机以前是主要的图像记录设备，后来逐渐被 DVR 所代替，主要是因为后者在存储能力（时间）和图像搜索等方面具有的突出优势，其实在图像质量上并无明显的提高。

3）图像信息的分配。视频监控系统所采集的图像信息除了在中心室显示、记录外，还要向其他部门传送，如系统的分控中心、系统的管理部门和共享资源的其他技术系统。因此，中心室应具有图像信息的管理和分配功能。这个功能通常由系统的中心控制设备来实现，如视频矩阵。

4）系统的集成。视频监控系统在实际应用中，可与许多其他技术系统进行技术和功能上的集成，实现图像资源的共享。就是说：图像系统是一个开放的平台。在安全防范系统中，这种集成通常是以视频监控系统为核心，采用多媒体计算机，构成一个统一的控制平台，实现图像信息与相关非图像信息的关联（图像切换），及相关联动机构的互动。

5）系统控制。视频监控系统是一个自动控制系统，许多技术参数是设备自适应调节的，如镜头的光圈；防护设备的温度调节等。大多数动作则是由人工干预，这就是系统控制。系统控制主要是在中心室对前端设备的功能控制和联动机构的启动/关闭。通常的方式是系统控制设备发出相应的动作指令，前端的解码驱动器解码并为相应的伺服机构提供动力（电源）。小型系统采用直接驱动是一种经济、可靠的方法。系统控制的人机交互界面可以是控制设备的专用键盘，也可以是一台运行 GUI（图形化用户界面）软件的多媒体 PC，后者功能丰富、界面友好。前者则更直观、方便。

6）安全管理。安防系统必须施行安全管理，包括：系统功能的设置、图像资源的共享、操作权限的限制和工作日志的管理。系统的各种功能，特别是一些特殊功能不可以随便设置和使用，各种图像资源不可以任意共享，对记录信息的查阅、修改、删除都涉及系统的安全性、系统图像信息的保密性和真实性。对系统的操作等也要有权限的规定和限制。所有这些都是通过系统的安全管理来实现。最常用和基本的安全管理是系统操作权限的限制和身份验证机制。

7）指挥和调度。实时监控系统通过对图像的观察发现监控区内的各种异常情况，并及时地处理。这个过程称之为反应。对反应的控制就是指挥和调度。为了保证反应的快速和有效，中心室通常要配备通信设备。视频监控系统应对反应过程进行实时监控和图像信息的记录。

除了实现上述功能的设备外，中心室的规划还要包括中心室结构，设备布局和相应的机架、机柜的设计。以使各种设备能充分地发挥功能，建立良好的人机工程关系，便于设备维护和系统的扩展。

2. 视频监控的基本模式

按系统的网络拓扑结构，视频监控系统的基本模式主要有集总式和分布式两种：

（1）集总式系统

集总式系统是最经典、最常用的系统模式。其基本特征是：系统所有的图像信号全都传送到一个中心点（中心室），且连接到一个中心设备上（典型的是视频矩阵控制器）。

中心设备完成图像信号的切换和分配，并实现系统的各种图像显示方式，然后由中心设备将图像信号传送至其他需要共享图像资源的地点。

集总系统的网络结构是标准的星形结构。目前，大多数视频监控系统采用这种模式，无论系统规模的大小（大至千路、小到几路）。系统中的图像信息流是基带视频信号，所以人们认为它是模拟视频系统的别称。其实，以视频服务器或网络数字视频矩阵为中心，也可以构成数字化的集总式系统，但这种方式表现不出数字视频的特点和优势。

多级星形结构是集总式系统的一种形式，适用于分级管理的场合。这种结构实现系统图像资源的充分共享比较困难。图 5—2 所示为典型的集总式视频监控系统的结构。

集总式视频监控系统的主要特点有：

1）系统（中心室）拥有最完整的图像资源，并可同时获得系统的全部图像信号，拥有系统的最大带宽（等于总路数乘上每路的视频带宽，如每路视频信道有 8 Mhz 的带宽，100 路的系统就拥有 800 Mhz 带宽）。所以，可以充分地发挥系统和设备的技术能力，达到较高的技术指标。

2）最佳的观察效果，采用人来观察图像是视频监控系统的基本工作方式，因此，图像的主观效果非常重要，模拟视频现已达到很高的水平，现行电视制式的图像分辨能力和连续性已被人们接受和习惯。集总式系统可以把摄像机获得的图像完好地表现出来，并且没有任何延迟。可以任意地选择图像的显示方式、图像组合方式，系统控制（遥控）与图像完全同步，实时性好。

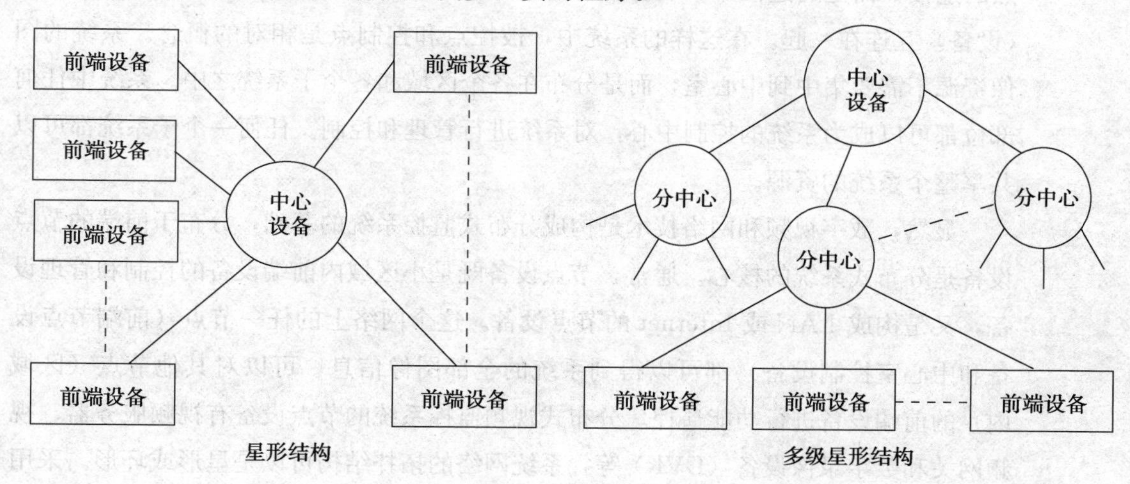

图 5—2　集总式系统

3）较小的系统开销，较低的系统成本。远距离传输和传输过程中的干扰对视频信号的损伤是模拟视频系统的弱势之所在。一是由于传输带宽的限制，致使图像信号高频分量的衰减；二是由于干扰引起图像劣化的不可修复性。但是，对许多局域性的系统，这两个问题表现不突出，对图像质量的影响不大，模拟的集总式系统是获得高质量图像开销最小的方式。

4）技术成熟、产品配套完整，相关的技术标准齐备，用户可有多种选择。视频监控系统长期以来围绕集总式模式发展，因此，各种不同功能的设备、各种不同档次的产品都已很成熟，它们之间的配套完整、接口规范，产品间的互换性好。针对不同的应用环境和不同的投资规模，均有多种选择方案。无论是技术、产品，还是系统、工程均有完整、配套的标准，系统规划、产品采购、工程实施和系统的评价均有据可依。

中心控制设备是集总式系统的核心，也是系统可靠性的要点，中心设备出现故障，会导致全系统的失效，因此，高安全性的视频监控系统要求中心设备采用双机备份的方式。系统的中心控制设备（如视频矩阵）通常采用模块式结构，以提高可靠性，并便于维护。由于传输介质的专用性，可扩展性差是集总式系统的不足之处。

（2）分布式系统

自动控制系统从集总式结构向分布式结构转变是大趋势，是电子技术数字化和网络技术发展的必然。分布式系统的基本特征是：被控点与控制点之间不再是点对点的连接，而是通过网络，将分布（散）在不同区域、不同技术系统中的被控点（设备）互连在一起。在这样的系统中，被控点和控制点是相对的概念。系统的图像资源不需要集中到中心室，而是分布在各个区域和各个子系统之中。系统中任何部位都可以成为系统的控制中心，对系统进行管理和控制。任何一个子系统都可以共享整个系统的资源。

显然，数字视频和网络技术是构成分布式监控系统的基础，分布于前端的节点设备是分布式系统的核心。通常，节点设备既是小区域内前端设备的控制和管理设备，又是构成 LAN 或 Internet 的节点设备。这个网络上的任一节点（前端节点设备和中心室控制设备）都可以得到系统的全部图像信息，可以对其他节点（区域内）的前端设备进行功能遥控。分布式视频监控系统的节点设备有视频服务器、视频网关和数字录像设备（DVR）等，系统网络的拓扑结构可以是星形或环形。采用网络（Web）摄像机可以构成分布式视频监控系统或网络视频监控系统，这时，每个前端摄像机都是一个独立的节点。图 5—3 所示为分布式系统与常用的数字化系统。

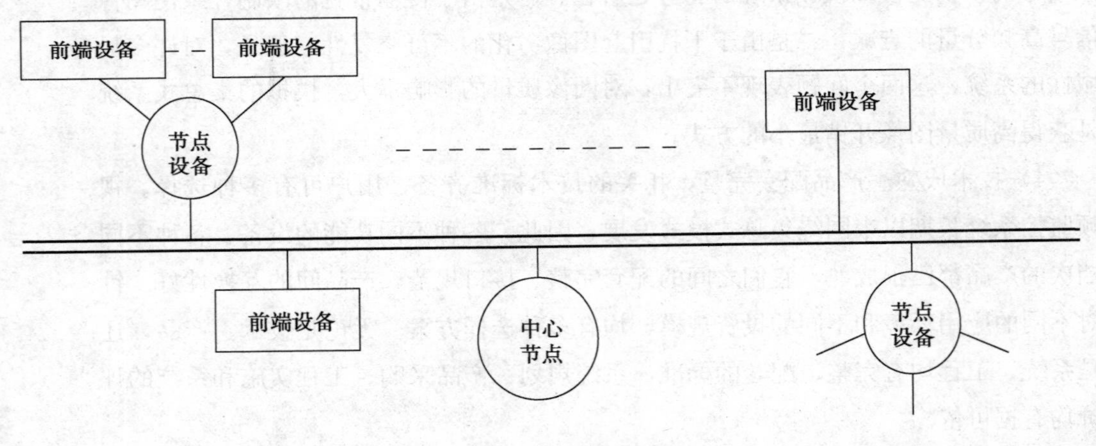

图 5—3　分布式与数字网络

分布式视频监控系统的优势：

1）由于系统的图像信号与控制信号的传输是通过一个网络平台，而非对应于每个前端设备的专线连接，因此，系统的构成、改变和扩展十分方便。而且系统管理和操作系统的升级不受网络环境的限制。所以，系统的可扩展性和可升级性好。

2）可以利用公共信息网络作为基础平台，做到系统的自主生成。便于构成多中心的视频监控系统，可以方便地与其他技术系统实现图像资源的共享和技术集成。便于实现远程监控，对于城域或城际范围的监控是最合理，且开销最低的方式。

3）实现图像信息分集方式的监控、存储，检索方便，保密性强。视频监控系统通常是把图像集中起来，进行观察。如果图像的记录也集中起来，中心室要设置很多记录设备和保存大量的图像信息，这是不合理、不安全的方式。分集式系统可将图像信息的记录分散在前端各节点处，中心室可以查看各节点记录的图像信息，如需要可以转存到中心室。如果管理上允许，可将图像信息的观看也分散到各节点，中心室的主要功能是系统的管理，这就是典型的分集式监控系统。

4）数字图像信号的优点在于：多次传输、记录和处理不会导致图像质量明显的下降。尽管数字化过程中采取较低的图像格式，会对图像质量有一定的损伤，上述特点仍可保证图像在长距离传送后具有较好的效果。同时，数字化是视频监控系统增加图像探测和图像内容分析等新功能的前提。

看到分布式视频监控系统优势的同时，必须认识到它还有一些亟待提高的问题，主要有：中心监控室不能同时获得系统全部的实时图像；图像质量（分辨能力、连续性、实时性）还达不到模拟视频系统的水平；再有，许多产品（节点设备）尚不完全成熟，配套不齐备、接口关系不统一，产品的互换性差，因此，用户的选择余地小。由于技术和产品的发展太快，技术标准与工程规范滞后，还没有基本的标准和统一、科学的评价方法，这也是影响其应用的重要原因。

显然，把两种基本模式结合起来，即所谓数/模混合方式，利用模拟方式的实时性、高分辨和局域范围内的低开销，结合数字方式在图像记录、远程传输和网络管理方面的优势。针对具体环境条件，灵活地构筑视频监控系统是一种很好的选择。目前，这种分集式的系统应用很普遍。许多人认为，上述两种模式代表了模拟视频监控系统和数字视频监控系统的基本特征，后者表示技术的先进性，一定要取代前者。于是，出现了单纯从概念出发的倾向，盲目地追求系统的数字化，这是不正确的。

综上所述，数字技术是视频监控技术发展的必然趋势，但现行电视在许多方面仍有一定的优势。视频监控系统从集总式向分布式的过渡将是两者相结合、相融合的逐步演变的过程。

从另一个角度，人们习惯把视频监控系统分为几代，如一对一方式、多对一方式；或单片机时代、微处理器时代、多媒体计算机时代等；及模拟系统、数字系统、网络系统等。其实它们并没有本质的差别，即使是数字化系统，如果把图像都集中到中心室，也还是集总式系统。我们讲应用电视正在“从经典走向现代”，而完成这一转变的主要标志之一是：系统从目视解释（视读）走向机器解释（机读），从静态识别转向动态识别。它意味着：视频监控系统要改变系统对图像信息不做任何处理的现状，处理就是对图像信息自动的解读，是理解图像，这是摆在人们面前的课题。

三、视频监控在安防系统中的应用

视频监控技术在安防系统的应用方式基本上相同，应用的目的很广泛，应用目的的不同产生各种系统具体技术细节上的差别。主要的应用领域有：

1. 实时监控

对防范区域的实时监控是视频监控最普遍的应用，如建筑物的安全监控、监所监控、道路监控及重大活动和重要单位的安全监控等。社会上大量的安全防范系统的电视监控也主要是实时监控方式。

实时监控最重要的特点是：图像的高质量，包括分辨率、连续性和实时性。目前，现行电视（模拟）的图像质量达到很高的水平，能满足大多数应用，是安防监控系统的主要方式。数字视频系统在图像质量，特别是在实时性方面与之尚有差距，需要改进和提高。

报警信息的复核是视频监控的主要功能，也是一种实时监控方式。当报警信号发生后，立即将现场（相关）的图像切换出来，通过直接观察，判断报警信息的真伪。

高风险单位（文博、金融等）及社区、商业部门的防盗抢系统大多是以入侵探测和出入口管理为主的，这些系统不产生可视的信息。由于技术的局限性和环境的影响，系统的探测信息大量是虚假的，通过图像技术进行真实性的评价是必要的，是降低系统误报警率的有效手段。

2. 图像信息的记录

安全防范系统要具有信息记录功能，建筑智能化系统也有这个要求。图像信息在系统记录的各种信息中实用价值最高。目前，许多安防视频监控系统的主要功能就是记录图像信息，如银行营业场所的柜员机监控和高保密单位生产过程监控等。由于记录设备的能力限制，通常重放的记录图像要比实时观察的图像差。数字视频记录本设备的出现，有效地改善了这个问题。取代磁带录像机，成为图像记录的主流产品。

3. 辅助指挥决策

安全防范系统要求具有应急反应能力。在反应行动时，系统的控制中心将成为指挥中心，图像信息将是指挥决策的重要依据。目前，各城市都在建设应急中心，图像系统是主要的技术系统，包括独立的视频监控系统，共享其他系统的图像资源和移动图像系统。指挥中心通过现场实时图像，对事件的状态及动向做出判断，为反应做出决策，并监控事态的演变过程，评价反应的效果，协调全局的配合。

大型活动的安全监控中心是典型的、以实时电视监控为核心的应急指挥系统。

4. 视频探测

开发视频系统的探测功能是安全防范技术的一个方向，现在已有了一些初步成果。运动探测已普遍地集成于数字视频记录设备；图像内容分析也得到了初步应用。视频探测将入侵探测与报警复核结合起来，因此，探测的真实性很高，有望成为入侵报警系统的主要产品和技术。

利用图像技术进行各种生物特征识别也是一种探测方式，很受期待。但受应用环境的限制，还不成熟。

5. 安全管理

安全管理主要利用远程监控实现远距离、大范围的视频监控系统，对岗位、哨位及安防系统自身的（设备、管理）状态进行有效的监控。好的安全管理系统会极大地提高安全防范系统的效能。

由于视频技术在功能和技术上的优势，其在安全防范系统、建筑智能化系统中的应用必将不断地扩展和创新。

第2节 电视基础知识

电视技术是视频监控及各种图像技术的基础。它利用电信号的传输实现人视觉的延伸，这是“电视（television）”最初的含义。现代视频技术已远远超出了这个概念，但仍然以电视技术为基础。下面简要地介绍电视技术的基本概念。

一、电视的定义

电视，把景物的光学图像转变为电信号，传送到远端后，再还原为光学图像的技术。图像是在给定空间（二维、三维）内，亮度的集合，而图像技术的处理则是一个焦平面上的光学图像，如电视、摄影、印刷等。广义地讲：电视（视频）技术就是将焦平面上的图像转换为电信号进行传送和处理的技术。

1. 电视的基本变换

要实现电视的目的，或处理焦平面上的图像，必须完成两个转换：

(1) 光学图像变换为电图像

采用光学系统（镜头）将一个三维空间的亮度集合（光学图像）成像在一个焦平面（二维空间）上。电视技术首先要把这个平面上光学参数的集合，转换为电气参数（电荷量、电流、电压等）的空间集合（电图像）。这两个图像在空间上是完全对应的，两个参数（物理量）是模拟的关系，用电参数的多少及大小，来模拟光信号的强弱和高低。我们把现行电视称为模拟电视就是基于此，这一变换通常由摄像（光电）器件来完成。

(2) 空间分布的电信号变换为时间顺序的电信号

光学图像转换成电图像后，还不能进行远距离传播，必须做进一步的转换。要将空间分布的电信号转变为时间轴上连续的电信号，才可以传送，或者进一步地处理（放大、调制、变频、编码）。这是电图像向电视信号的变换，通过所谓“扫描”的过程来实现，也是在摄像器件上进行。

电视系统通过以上两个变换产生了电视信号，或实现了光电转换，显然，还应有一个相逆的过程：即将电视信号还原为光学（可视）图像，这就是电光转换。

在其他的视频技术中还会有不同的转换，如磁记录系统就是将电视信号转换为磁信号和把磁信号还原为电视信号的技术。

2. 图像分解与扫描

电视信号实质上是一种对图像的表示方法。图像系统通常用像素的阵列来表示（焦平面）图像，如图 5—4 所示，通常称为图像格式。从另一个角度也可以说，把图像分解成若干个成矩形阵列排列的有一定几何尺寸的微小单元，这些微小单元称为像素。仔细地观察电视屏幕，近距离观看 LED 大屏都可以体会到像素。数码相机和打印机也是用像素来表示图像的，因为这种表示方法与器件的像素化和设备的数字化很合拍。

显然，图像分解得越细，像素越多，图像越清晰，细节越丰富。现行电视是把图像分解成若干条（水平）线，线数越多，图像越细致、图像的分辨能力越高。

分解焦平面图像，并把每个像素的电信号顺序取出来，成为电视信号的过程称为“扫描”。扫描是完成电视第二个基本变换的过程。

(1) 扫描

对一帧图像的分解，通常把一帧图像分解成若干条水平线或若干行。取出各像素电信号的顺序是：自第一行开始，从左向右，然后向下移动一行，反复进行至一

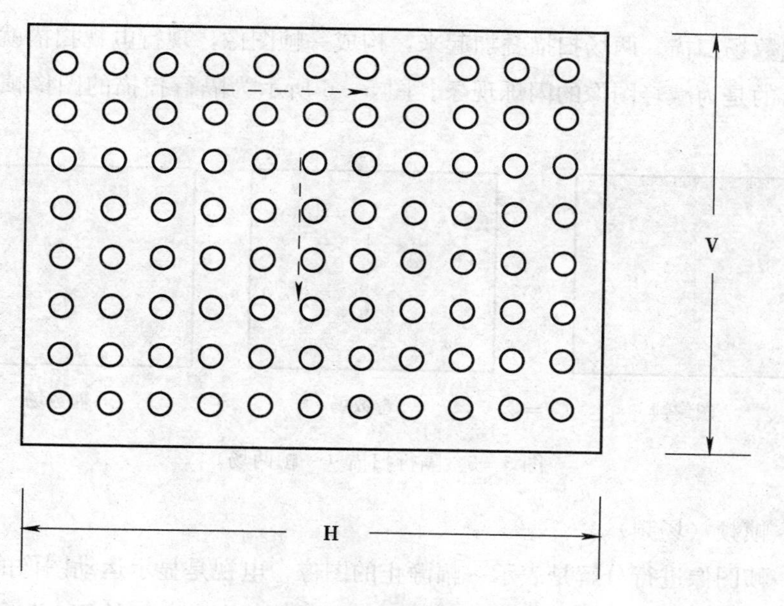

图 5—4 像素的矩形阵列

帧图像结束。总结之：

现行电视图像的分解是通过扫描来实现的。电视扫描由两个过程组成：

1）水平扫描。又称行扫描，从左向右（水平方向）的扫描。

2）垂直扫描。又称场扫描，从上向下（垂直方向）的扫描。

图 5—5 所示为电视扫描的示意图。

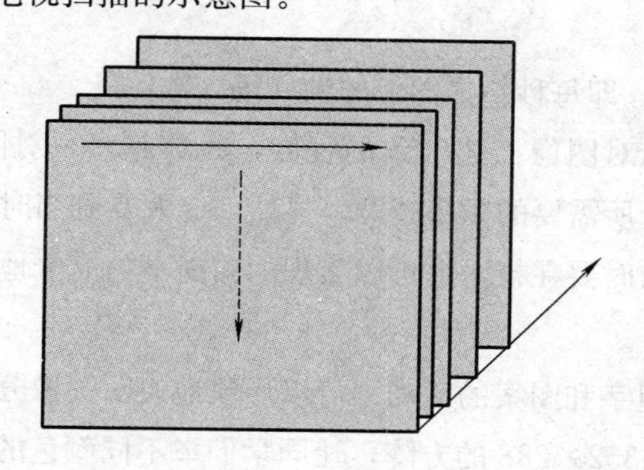

图 5—5 电视扫描

电视扫描又有两种基本方式：

1）逐行扫描，垂直扫描是由上向下按水平扫描线逐行进行，专用的电视系统采用这种方式。计算机显示器通常也采用这种方式。

2）隔行扫描，将一帧图像分为两场图像，一场由奇数行组成，称为奇数场，另一场由偶数行组成，称为偶数场。然后分别进行图像扫描，完成奇数场扫描后，再进行偶数场扫描。两场扫描叠加起来，构成一帧图像，现行电视扫描就是这种方式，其目的是为减轻图像的闪烁现象。图 5—6 所示为隔行扫描的图像帧与图像场的关系。

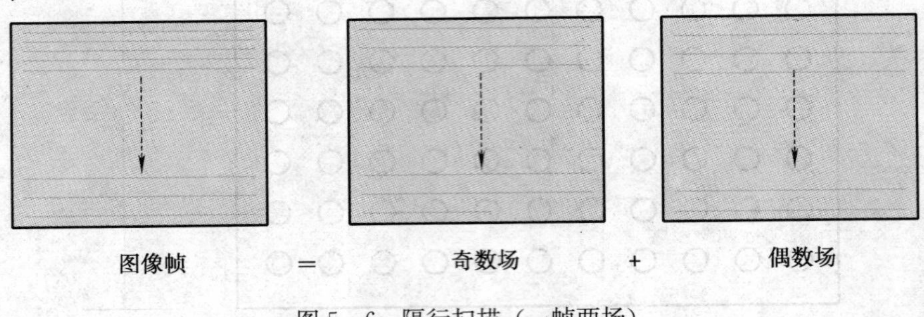

图 5—6　隔行扫描（一帧两场）

（2）帧频（场频）

对一帧图像进行分解是表示一幅静止的图像，电视是显示运动图像的，必须用多个连续的单帧图像的组合来描述。根据人眼视觉暂存的生理特征，每秒有二十几帧图像，就会感觉到连续图像效果。如果说，扫描是对图像进行空间的分解，连续的组合则对图像进行时间的分解。显然单位时间内表示图像的帧数越多，图像的连续性越好，运动效果越真实。

从上面的介绍，可以导出电视系统的两个基本参数：

1）行频，行扫描的频率，即每秒扫描行的数量。等于帧频乘以一帧图像被分解的水平线数。

2）帧（场）频，即每秒扫描图像的帧（场）数。

图像的分解表示对图像描述细致的程度，线数越多，对图像细节的表示越充分。描述的越细致，所需要的频带越宽。显然，这要受到当时技术条件的限制，因此，在确定这些参数时要在技术上可以实现的前提下，充分地利用人视觉的生理特性。

用人在广场上组字和图案的活动，可以形象地说明图像分解和扫描的过程。让 101 376 个同学站成 352×288 的方阵，让同学们举不同颜色的牌子，组成一个字或图案，更换牌子就更换了图案。每个同学就是一个像素，像素越多，图案越精细。如果让第一行的同学（352 个）排成纵队，顺序地走出广场，然后第二排同学跟上，依次进行，最后形成 101 376 个同学的纵队列。当他们走到另一个广场时，再按原先的位置顺序站好，又恢复了原来的图像。

我国现行电视制式规定：每帧图像分解为 625 线，每秒有 25 帧图像。因此，其行频为 15 625 Hz，帧（场）频为 25（50）Hz。可以说，在当时的技术条件下，这是很好的。随着技术的发展，人们对图像又提出了更高的要求，希望采用最新的技术，去获得更好的视觉效果。于是出现了高清晰度电视，它要求帧频加倍、每帧图像的扫描线数加倍。现在的技术已经可以实现这样的规格。

二、电视制式

所谓制式就是一项技术规格或标准，主要是为了保证采用同一制式产品的相互接口、互换性和通用性，也表示与其他制式的差别。在标准中表现出的一些指标上的差异，本质上是反映关键技术上的差别。因此，制式（标准）是具有知识产权的一种专利。除了技术上的差异导致电视制式的不同外，市场因素也是各国采用不同电视制式的重要原因。

在电视系统中，可以说不同制式的主要差别是扫描方式和彩色信号的处理方式。因为将景物光学图像转换成电视信号，再将其还原为可视图像这两个过程间必须有一种基本约定。若不遵守这种约定，就无法正确地还原图像。扫描方式和彩色信号的处理方式是约定的核心，是电视制式的基础，因此，通常用这两点来表示电视制式。

（1）两种标准体系

国际无线电咨询委员会（CCIR）把世界各国和地区使用的广播电视制式划分为 13 种基本制式（其中许多制式现已不被采用），主要以扫描方式为基本内容，适用于黑白电视系统。同时，制定了相应的标准，建立了国际通用的电视标准体系，即场频 50 Hz、每帧 625 行的 CCIR 电视制式。

美国电子工业协会（EIA）在发展电视工业过程中也制定了一系列技术标准，这些标准大多纳入 CCIR 体系之中，但人们仍习惯称场频 60Hz、每帧 525 行方式为 EIA 电视制式。

以上就是电视行业的两个标准体系。前者为我国和欧洲采用，后者主要应用于美、日等国。

（2）彩色信号处理方式

以上的制式没有涉及彩色信息传送的问题，因为它产生在彩色电视成熟之前。后来发展起来的彩色电视系统是在某种基本制式和扫描方式的基础上，加上相应的彩色信号处理方式，形成各自不同的彩色电视制式。彩色电视的彩色信号处理方法主要有三种，它们的不同之处是：色度信息的处理、彩色副载波的频率值、色度信号的生成（色差信号调制副载波）方法。这三种方法是：

1）正交平衡调幅方式。因为是由美国国家电视系统委员会（NTSC）制定，故简称 NTSC 制；

2）正交平衡调幅逐行倒相方式。与 NTSC 制的主要差别是一个色度信号采用逐行倒相的处理，故按这一技术名词的英文缩写简称为 PAL 制；

3）行顺序调频制式。这是应用于法国和东欧一些国家的一种方式，顾名思义，这种方式色差信号对彩色副载波进行频率调制，顺序传送。按技术名词的法文缩写简称为 SECAM 制。

现行电视制式是 625/50、隔行扫描和 PAL 方式。简称 PAL－D 制。前半部分说明图像的扫描方式，它基本上决定了系统可以分辨图像细节的能力，后半部分是一种彩色信号处理方法的英文缩写。

世界上有多种电视制式，都是用图像扫描方式和彩色信号处理方式的组合来表示。

电视制式还包括射频载波和语音传送等其他内容，以满足广播电视系统的要求。视频监控系统没有这些要求。我国专门制定了标准 GB 12647—1990《通用型应用电视制式》。标准既规定了在基本技术方式（扫描、彩色信号处理）要与广播电视制式相同，又规定了应用电视特殊的技术要求，如应用电视系统有时不需要伴音，因此，没必要规定额定视频带宽。这既保证了应用电视与广播电视在技术上、设备上的通用性，又可提高应用电视系统的图像质量。

第 3 节　摄像机与配套设备

摄像机是电视系统，特别是视频监控系统最重要和核心的设备，作为产生图像信息的传感器，其性能指标对整个系统至关重要。在大多数情况下，基本上决定全系统的图像质量。摄像机作为系统的前端设备，在系统中使用量最大，价值比重最大。配套设备有效地提高摄像机的环境（公开、隐蔽，光照、气候）适应性，增强图像的质量和效果。两者构成了视频监控系统的前端。

一、摄像机的工作原理

摄像机已有几十年的历史了，固体摄像器件的出现使摄像技术发生了革命性的变化，高性能、高可靠、低价格的固体摄像机成为当前的主流产品。CCD 器件及 CCD 摄像机目前已处于成熟期，灵敏度、图像分辨率、图像还原性等均已达到很高的水平，功能日益完善，电源锁相、电子快门、背景补偿等功能已为一般摄像机所具有。彩色摄像机的分辨率和图像视觉效果的优势，使它在视频监控系统中的应用比重不断提高。

本节主要以 CCD 摄像机为例，介绍摄像机的基本工作原理、构成、主要性能指标和在安防系统得到广泛应用的产品。

1. 摄像器件

（1）摄像器件的基本功能

摄像器件，又称光电转换器件，是摄像机的核心器件。电视系统实现的两个基本变换是由摄像器件来完成。

1）光电转换。摄像器件实现的第一个转换是光电转换，把焦平面的光学图像（景物通过镜头成像在焦平面）转换为电图像。这个转换由光电材料构成的感光面（焦平面），通常称为靶面来完成。固体摄像机器件是由基本（感光）单元的阵列构成感光面。当光（子）照射到靶面时，产生光电子（电荷），光电子积累、存储在单元内。光电子的数量与光强成正比，这是光电材料的物理特性所决定的。当镜头把景物成像在焦平面上时，焦平面的另一面就会生成一个与其相对应的电图像。

2）电视扫描。将空间电信号转换成时间连续的信号。

摄像器件要完成上述变换，必须具有以下三个功能：

第一，光电转换。在入射光照射时，生成与入射光强度成正比的电荷，可以把基本单元理解为一个光电二极管。

第二，存储电荷。每个基本单元都可存储一定量电荷。前面介绍过现行电视每秒传送 50 场图像，20 ms 传送一场，在这 20 ms 内，基本单元接收光照，产生并存储电荷，存储是积累的过程。积累一场信号后，将其转移出去，再进行下一场积累。

第三，转移电荷。各基本单元的电荷可转移到相邻单元，通过转移功能实现上述扫描，完成空间电信号向时间顺序信号的变换。

CCD 具有上述功能，是最典型、应用最多的摄像器件，它有多种电荷转移方式。IT 方式 CCD 摄像器件如图 5—7 所示，由感光部分（光电单元/像素阵列）、垂直移位寄存器、水平移位寄存器和输出电路组成，垂直移位寄存器和水平移位寄存器，也是摄像器件的基本单元，在工艺上做了遮光处理，只具有电荷转移的功能。

IT 方式 CCD 摄像器件电荷转移过程是：在场扫描期间各单元接受光照，存储、积累电荷；同时把电荷转移到相邻的垂直移位寄存器，失去电荷的感光单元重

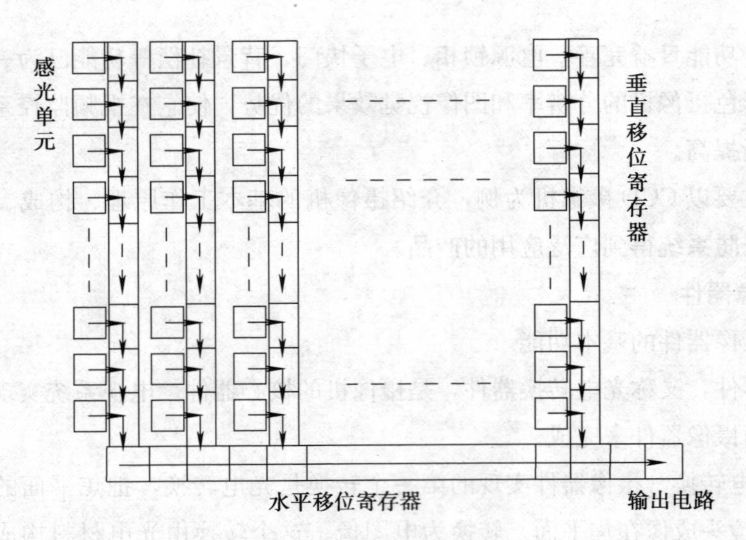

图 5—7 IT 方式 CCD 摄像器件

新积累电荷；垂直移位寄存器中的电荷则在行扫描逆程期间，每次一行向水平移位寄存器转移；在行扫描正程时间内，水平移位寄存器逐个像素地输出电荷，在输出电路形成图像信号。

水平移位寄存器的电荷转移过程即是电视的水平扫描，而垂直移位寄存器每次一行地向水平移位寄存器转移电荷的过程即是电视的垂直扫描，因此 CCD 摄像器件也称为自扫描器件。

（2）CCD 分类

1）按电荷转移的方式，摄像器件电荷转移的原理相同，差别在于转移的过程及实现这个过程的结构。因此，通常依此对 CCD 进行分类，主要有 FI、IT、FIT 方式。上面介绍的 IT 方式在监控领域应用最普遍；

2）按芯片尺寸，CCD 经 30 多年的发展，品质日益完善。随着新材料、新技术、新工艺的不断进步，芯片尺寸由大到小，而灵敏度也越来越高，图像质量更好。

CCD 芯片的尺寸主要有 2/3"、1/2"、1/3"、1/4" 几种规格。视频监控摄像机以 1/3"、1/4" CCD 为主流；

3）按像素，像素数就是基本单元的数，它与摄像机分辨率有密切的关系，主要有 29 万像素和 44 万像素、百万像素几档。由此生产摄像机则分为普遍摄像机和高分辨率摄像机。

4）光电转换单元结构，主要有 MOS（金属氧化物二极管）和 HAD（空穴积累光敏二极管）两种结构。它决定器件的灵敏度，HAD 结构因灵敏度高，而广泛应用于日/夜自动转换摄像机。

CMOS 器件也是一种固体摄像器件，与 CCD 相比各有所长。

固体摄像器件除了在灵敏度、分辨力等方面达到很高的水平外，还具有以下优点：

第一，长寿命，理论上它们的寿命是无限的。

第二，高可靠性，稳定性好，便于长时间连续工作。

第三，体积小、质量轻、功耗低、价格低。

第四，无图像失真，靶面为像素化结构（单元阵列），没有图像几何失真。

第五，抗振动、耐冲击，固体结构，环境适应性好。

正是由于上述优点，固体摄像器件，特别是 CCD 器件迅速地成为摄像器件的主流。

2. 摄像机电路

摄像机的电路设计是围绕摄像器件进行的，摄像器件的技术性能在本质上决定了摄像机的技术水平。理解了摄像器件的工作原理，也就理解了摄像机的工作原理。下面重点介绍 CCD 摄像机的电路原理。

以黑白摄像机为例来介绍 CCD 摄像机的电路结构，可以清楚地了解摄像机的基本信号流程、主要电路和摄像机通常采用的几种视频信号处理方法。黑白 CCD 摄像机电路如图 5—8 所示，由以下几个主要部分组成：

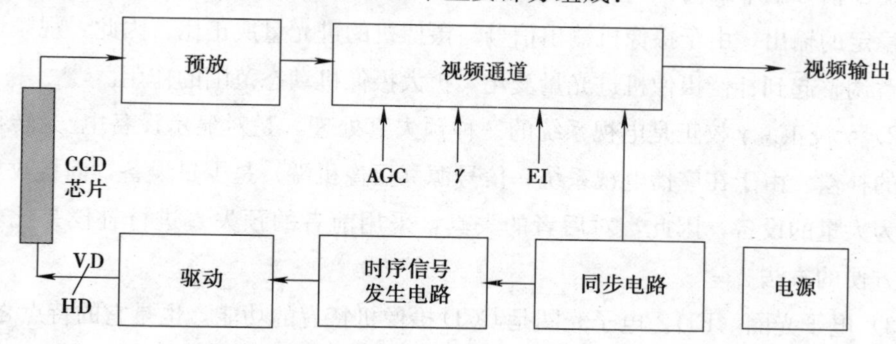

图 5—8　CCD 摄像机

(1) CCD 的外围电路。包括时序信号发生电路和驱动电路。它要提供 CCD 各电极的工作电压，使 CCD 处于正常的工作状态。电荷转移是通过电压控制来实现的，所以，驱动电压有两组，一组是供给 MOS 单元和垂直移位寄存器的垂直转移电压（VD），另一组是供给水平移位寄存器的水平转移电压（HD）。

显然，转移过程应遵守严格的时间关系，即时间顺序，是由在同步信号控制下时序电路所产生的时序信号来控制。在外围电路的作用下，CCD 输出图像信号。

（2）同步电路。同步电路的功能是产生同步信号，它的作用是使图像信号带有空间位置信息，使接收设备能够正确地还原图像。同步信号既控制 CCD 外围电路，又要为视频通道提供同步信号，与图像信号复合生成复合电视信号或全电视信号。

摄像机如具有电源锁相功能（又称电源同步方式），同步电路应与摄像机供电电源（交流）的相位锁相。

（3）预放电路。由 CCD 输出的图像信号是很微弱的，首先要进行放大处理，预放电路对图像信号的 S/N 有较大的影响，因此，在设计时要十分慎重。

（4）图像信号处理电路。又称视频信号处理通道。它是将预放后的图像信号进行适当的处理，最后与同步信号复合，经输出电路产生摄像机的输出复合电视信号（视频信号）。

这里要介绍一个重要的名词：视频信号，通常表示复合电视信号、基带电视信号或全电视信号。由两部分组成，载有景物亮度信息的图像信号和表示像素位置信息的同步信号。

摄像机对图像信号所做的处理主要有：

1）自动增益控制（AGC）。自动增益控制是视频通道增益的控制，它根据摄像机输出信号电平的高低，通过负反馈自动地调节通道的增益，保证摄像机有一个相对稳定的输出。由于摄像机输出信号与摄像机的进光量成正比，因此，视频通道的增益调整起到补偿摄像机进光量变化，扩大摄像机动态范围的作用。

2）γ 校正。γ 校正是电视系统的一种预失真处理，是对显示设备电/光转换非线性的补偿。由于在广播电视系统，信号源（摄像机端）是少量设备，而接收显示设备为大量的设备，因此，对后者的失真，采用前者的预失真进行补偿是比较经济、方便的方法。

3）电子光圈（EI）。电子光圈是 CCD 摄像机特有的功能，也是它的特点之一。上面讲过，CCD 摄像机在场扫描期间，进行电荷的存储和积累。如果景物的亮度过高，CCD 感光面接受的光强过大，积累电荷会过多，造成图像过饱和（白），失去层次感，无法观察。这种情况通常超出 AGC 的调整范围。

在强光照时，如果不积累一场的时间，只积累小的时间，就不会出现上述现象，CCD 的溢出控制功能可以实现这种方式。通过泄漏掉部分积累的电荷，避免出现过饱和现象，溢出控制可用图 5—9 来描述。

这种调节相当于控制每场周期内电荷积累的时间（相当于摄影的曝光时间），

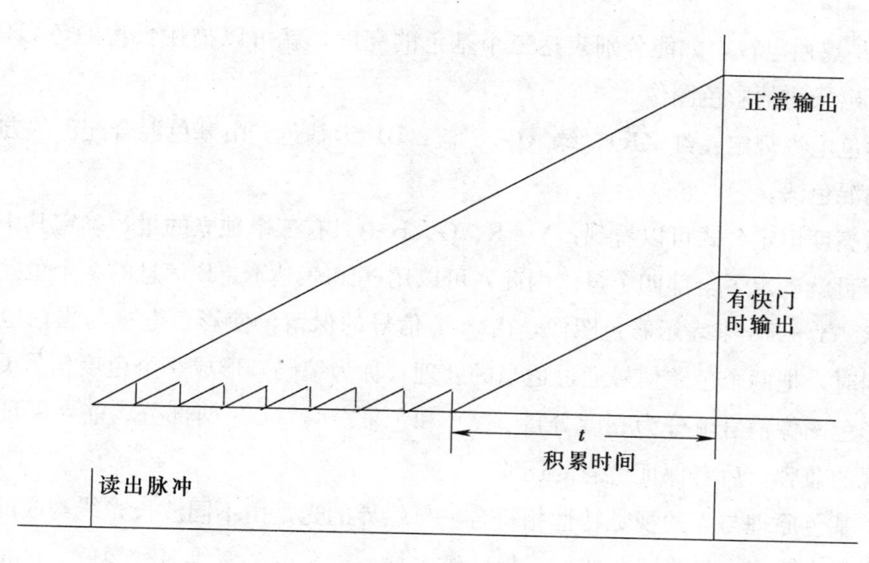

图 5—9　EI 控制

相当于改变镜头光圈的作用，因此称为电子光圈（快门）。图像处理电路根据图像信号的电平来生成控制脉冲，通过驱动电路改变 CCD 的电荷积累时间。EI 的调节范围要比 AGC 大，在光照条件变化不是很大的情况下，可以代替自动光圈镜头的作用，而且减小积累时间，有利于摄取清晰的运动图像。

（5）电源电路。向摄像机所有电路提供供电。CCD 摄像机供电方式主要有直流、低压交流（AC 24 V）和高压交流（AC 220 V）。电源电路将输出电源电压转换成不同电路所需的、各种幅度的直流电压，并保证提供足够的功率。

3. 彩色 CCD 摄像机

前面介绍的内容，一直强调图像信号载有景物的亮度信息，只用亮度来描述图像当然是黑白（单色）方式。但世界是五彩缤纷的，色彩本身载有丰富的信息，仅用亮度是不能表达的。彩色电视解决了这个问题，本节以彩色摄像机为例，介绍彩色电视机的基本概念。

（1）彩色电视

1）三基色原理。彩色电视的理论基础，三基色原理告诉我们：景物的色彩可以由三个基色来表示。景物的亮度是三个基色亮度的和。亮度恒定公式表达了这个关系：

$$Y = 0.3R + 0.59G + 0.11B \tag{5—1}$$

它表明按此比例的三基色混合产生白色，白色的亮度为三个基色亮度的和。三个基色分量的比例变化可以产生自然界的绝大部分颜色。若仅表达景物的亮度信息

Y，就是黑白电视，如能分别表达三个基色的亮度，就可以描述景物的色彩信息，并还原出景物的彩色图像。

彩色电视规定：红（R）、绿（G）、蓝（B）为基色。由基色混合配色的方法称为相加混色法。

从亮度恒定公式可以看到：Y、R、G、B 中只有三个独立的量，确定其中的任意三个量就确定了全部四个量。因此，可以用 Y 和表达 R、B 信息的两个色差信号（Y−R、Y−B）来表示彩色图像，由于 Y 信号的保留，使彩色电视与黑白电视兼容。同时，把两个色差信号通过适当的处理（称为编码）形成一个色度信号 C，由此，彩色图像信号就分为亮度分量（Y）和色度分量（C）两部分。前者保证与黑白电视的兼容，后者保证色彩的还原。

三基色原理与人的视觉特性相符合。自然界的光是由不同波长光线构成的。天上的彩虹表明了白色光可分成红、橙、黄、绿、青、蓝、紫等多种颜色。这是人眼可见的光谱范围，大约从 380～780 nm。人眼彩色视觉的生理机制是人眼具有三种不同的锥状光敏细胞（β 细胞、γ 细胞、α 细胞），它们分别只对红色、绿色和紫色光谱的光能量刺激产生视觉反应。人眼对光的总灵敏度为三个灵敏度的总和。正是这三种彩色的刺激使人可以感觉绝大多数彩色信息，感受到自然界存在的丰富多彩的颜色。这个生理现象说明了色彩是可分解的，也是可以合成的，与三基色原理是一致的。

2）频谱交错。将 Y 信号与 C 信号叠加在一起，又不增加电路的带宽是现行彩色电视的技术亮点，关键技术是频谱交错。频谱分析很复杂，通俗地讲，Y 信号与 C 信号的频谱都不是连续的，像梳子一样，有均匀的空隙，而且空隙间隔是相同的。像存放两把梳子一样，把它们对插起来，就可节省空间。彩色电视技术就是使 Y 和 C 信号的频谱相互交错，然后叠加在一起。

各种不同组成的 C 信号进行处理与 Y 信号叠加的方法形成了不同的彩色电视制式，如前面所介绍。

(2) 彩色摄像机的分色系统

彩色摄像机的电路设计也是围绕摄像器件进行的，彩色摄像器件与黑白摄像器件的根本差别是它具有分色系统。

分色又称分光系统。实现彩色电视，首先要对景物的光学图像进行分色（光），把一帧图像分解为三个基色分量图像。摄像器件的分色系统完成这一功能。通常有两种分色方式：

1）镜头分色方式，利用光学镜头产生三个基色的图像。因此，可以用三个

CCD 摄像器件分别对三个基色图像进行光电转换，构成三片（CCD）彩色摄像机。主要为高档专业摄像机所采用。

2）滤光片分色方式，在 CCD 感光单元（像素）前加滤光（色）片的方法进行图像分色。它主要是针对单片机用一片 CCD 产生 R、G、B 图像信号而设计的，为单片（CCD）彩色摄像机采用，监控用摄像机基本上是这种单片机。

（3）彩色摄像机（单片机）的电路框图

图 5—10 所示为单片彩色摄像机的电路框图，CCD 前面的滤色片起着分色的作用。除此之外，它与三片机在电路框图上基本相同，因此，用单片彩色摄像机来说明彩色摄像机的电路是适合且简明的。

从电路的主要构成可以看出，它与黑白摄像机的主要差别是基色图像信号（彩色）分离和彩色编码，同时，在视频信号处理的内容上也不相同。

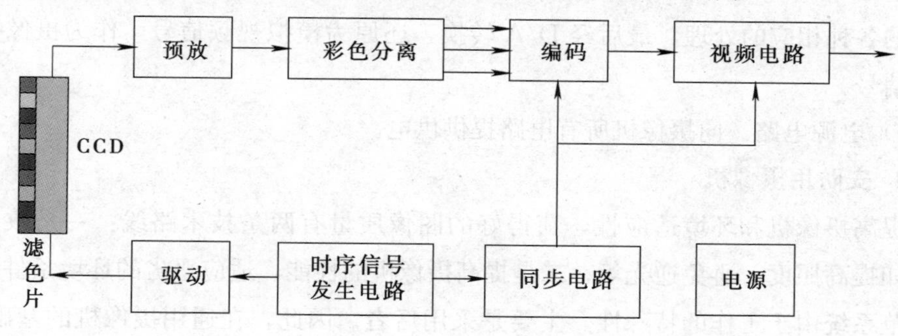

图 5—10　彩色摄像机电路

彩色摄像机电路主要由以下主要部分组成，它们的具体功能说明如下：

1）CCD 的外围电路。包括时序信号发生电路和驱动电路。它提供 CCD 各电极的工作电压，保证其正常的工作，特别是使 CCD 按电视扫描的时间顺序进行电荷转移。顺序读出各像素的信息，形成图像信号。时序电路还要提供基色图像信号分离所要的时钟信号。

2）同步电路。除了与黑白摄像机相同的功能外，彩色摄像机同步电路的主要功能是给彩色分离和编码电路提供频率和相位基准。

3）基色图像信号分离电路（彩色分离）。基色图像信号分离电路是单片彩色摄像机特有的电路。由 CCD 输出的图像信号包括三个基色的图像信息，进行预放大处理后，要将它们分离开来。彩色信号分离主要是根据基色图像信号频率和相位的差别，采用滤波器和同步解调来实现。

4）彩色编码电路，是彩色摄像机最核心的部分，基本功能上面已介绍了，即产生可以与 Y 信号叠加的 C 信号（频谱交错）。

5）图像信号处理电路。彩色摄像机的视频信号通道，除了完成黑白摄像的 AGC、γ、EI 功能外，主要的功能是自动白平衡。所谓白平衡就是要保证摄像机基色信号的处理，符合亮度恒定公式，只有这样才能正确地还原图像色彩。摄像机的彩色还原性是由分光系统、彩色编码电路等保证的。由于景物照度（可以与光源有关）、环境照度等因素，会使摄像机产生的彩色图像色彩出现偏差，或给人的视觉感受不好，就需要进行适当的调整。这就是白平衡调整，目前大多数彩色摄像机，特别是应用于监控系统的彩色摄像机白平衡调整都是自动的。

彩色摄像机采用 DSP 是很普遍的事，市场大多数 DIGITAL CAMERA 都是如此。不同于黑白摄像机，彩色摄像机的 DSP 是对分量信号进行处理，将三个基色图像信号（R、G、B），或将亮度分量 Y 与色度分量 C 进行 A/D 转换，数字化后进行的各种相应的处理，最后经 D/A 转换，还原为模拟视频信号，作为摄像机的输出信号。

6）电源电路。向摄像机所有电路提供供电。

4. 安防用摄像机

提高摄像机和环境适应性，获得好的图像质量有两条技术路线：一是改善环境，如提高照度，避免逆光等；二是提高摄像机的性能，适应恶劣的环境条件。安全防范系统由于工作的特殊性，主要是采用后者。因此，在通用摄像机的基础上，逐渐出现了针对安防应用的机型，即安防用摄像机。它的主要特点是：灵敏度高，以适应低照度条件的应用；动态宽，以适应高反差的环境。

安防用摄像机主要有以下几种：

（1）主动红外 CCD 摄像机

在安全防范和环境监控系统中，常常会要求在微弱光照下摄取图像，如夜间无照明，或隐蔽的监视条件下，要求摄像机有很高的灵敏度和极高动态范围。实际上，CCD 摄像机的灵敏度（主要取决于摄像器件的光电转换效率）已经达到了很高的水平。但仍不能在微弱照度环境下摄取较好的图像，但 CCD 摄像器件对近红外光具有一定的响应，而人眼却不能觉察。因而，产生了另一种工作方式：为普通的 CCD 摄像机提供一种隐蔽的照明，来获得较好的图像质量，这就是主动红外摄像方式。

CCD 摄像机为这种方式提供了可行性，源于 CCD 摄像器件的光谱响应特性（见图 5—11）。

从图 5—11a 中可以看到：在可见红色光波长 780 nm 之外的一段范围内，CCD

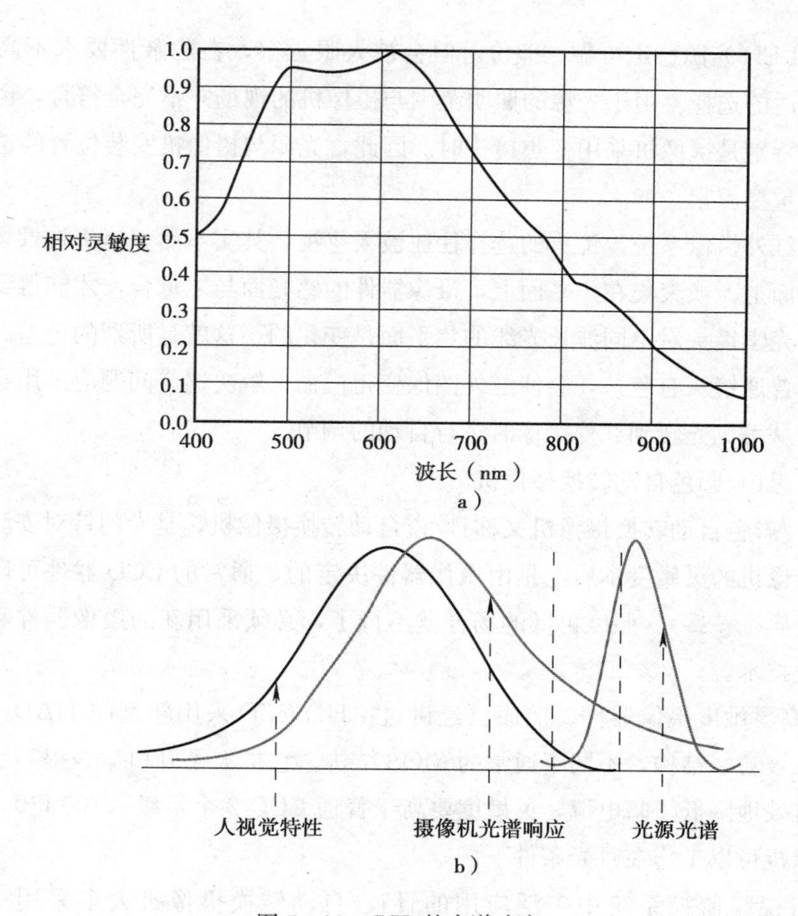

图 5—11　CCD 的光谱响应

还有较高的响应，特别是红外增强型 CCD，近红外光的响应谱段达到 1 200 nm。而图 5—11b 示出了摄像机光谱响应、光源光谱与人眼视觉特性的关系。

目前，主动红外摄像已成为一种很普遍和有效的方式，广泛地应用于可视对讲、周界监控系统等场合。这种方式包括光源，故常被称为主动红外摄像系统。

实现主动红外摄像系统的基本要素是：

1）摄像机要采用红外响应较好的 CCD 芯片。有些 CCD 摄像机为了得到与人眼视觉特性一致的光谱特性，采用滤光片把红外部分截掉，如大多数彩色摄像机。这些摄像机用于主动红外摄像系统不能得到好的效果。

2）光源要有较好的隐蔽性。采用主动红外光的照明，就是因为不能采用可见光照明，所以照明的隐蔽性非常重要，既要有足够的光强，又要有较纯的光谱范围。通常可选择 850 nm 光源，如果其光谱的半值宽度小于 100 nm，就可既保证摄像器件有足够的响应，又不被人眼觉察。半导体激光器具有很纯的光谱特性，但价格较高。LED光源稳定可靠、廉价，但会被人眼觉察，在隐蔽性要求不高的情况下，是合适的选择。由于光源的照明范围与摄像机的视场并不完全符合，也很难做到符合，特别是摄像机采用变焦镜头时。因此，光源与摄像机安装位置的选择是设计考虑的重要因素。

建立红外摄像系统，镜头的选择往往被人忽视，其实不然。镜头将景物图像成像在焦平面上，或聚集在焦平面上，摄像器件的感光面与之重合，才能得到清晰的图像。但光学镜头对不同波长光线的焦平面是变化的，这就是所谓的色差。对于红外波段，普通镜头有色差，会使红外图像变得模糊。解决这个问题应采用宽光谱镜头，或在从可见光转到红外摄像时进行自动的调节。

（2）黑白/彩色自动转换摄像机

黑白/彩色自动转换摄像机又称日/夜自动转换摄像机，是专门针对安防应用设计的。摄像机的灵敏度本质上是由摄像器件决定的，通常的CCD器件可以实现低照度（清晨、黄昏）。照度再低的场合就不行了，必须采用新的摄像器件和适当的信号处理技术。

1）高灵敏度摄像器件。前面已经讲过：HD CCD采用新型的HAD（空穴积累光敏二极管）结构，不同于通常的MOS结构。它扩大了开口率、提高了蓝光的效率、有效地降低了暗电流，灵敏度要高于普通CCD 2个量级（100倍），用它制成的摄像机可以工作在月光条件下。

目前视频监控系统中广泛应用的日夜/自动转换摄像机大多采用HAD IT CCD。摄像机工作在黑白和彩色两种方式，对摄像器件光谱响应的要求不同。黑白/彩色自动转换摄像机为保证在彩色方式时的色还原性，CCD前要设置滤色片。当照度降低到一定值后，不能再真实地还原彩色时，摄像机自动地转换到黑白方式。为了提高灵敏度，采用主动红外照明，要把滤色片转下来，所谓自动转换也是指自动地把滤色片转下来。

黑白/彩色自动转换摄像机能适应白天到夜间的环境，照度适应范围很宽。

最近又推出了一种的新高灵敏度摄像器件，就是EM－CCD（电子倍增型CCD），它与HD CCD的不同之处是：通过大电场使转移电荷得到能量，去碰撞硅晶体，产生电子倍增效应。其灵敏度也提高百倍以上，可以实现在月光条件下的应用。

2）图像积累技术。采用图像积累技术可以提高摄像机的灵敏度。利用CCD摄像器件势阱存储和积累电荷的功能，可以进行图像积累。实质上是增加图像的曝光时间（与EI相反），从而提高摄像机的灵敏度。进行电荷的时间积累主要的限制因素是 CCD 器件本身的（热）噪声，因为电荷积累的过程也是噪声积累的过程。提高材料纯度，对 CCD 器件制冷等措施，可以改善这一问题。电荷积累对外来噪声有抑制作用，因为图像信号，特别是静止的图像信号具有相关性，而噪声则是随机的。

图像积累还可以在摄像机电路中实现，通过 DSP 可以进行图像信号积累，从而大大地提高摄像机的灵敏度。同时，采用数字降噪技术（DNR）也有提高灵敏度的作用，这两点都可以由 DSP 来完成，最新推出的高灵敏度摄像机主要采用这种图像积累方式。

显然，图像积累对静止目标可以得到很好的效果，运动目标则会很差。目前，已有了采用数字处理技术对运动速度较低的图像进行运动补偿，大大地改进了积累效果。

将上述两个方面结合起来，就产生了安防系统普遍应用的黑白/彩色自动转换摄像机，其最低可用照度达到 10^{-5}lx，可应用于星光条件下。

（3）宽动态摄像机

安防系统的另一个特点是：要求摄像机能适应逆光或高反差的环境，充分地表现出一幅图像中高亮度部分和低亮度部分的细节，即宽动态。

1）宽动态的概念。摄像机的宽动态具有两层含义：一种是指摄像机适应照度变化的能力。是时间域的概念，用可以适应的最高照度和最低照度的范围（比值）来表示。上述黑白彩色自动转换摄像机就是一种宽动态摄像机，能全天（从早到晚）在自然光照下摄取良好的图像；

另一种是指摄像机对一个场景（一幅图像）可以适应其亮度差别的能力，是空间域的概念。用图像中最明亮部分和最暗淡部分亮度的变化范围来表示。要求摄像机能在恶劣的条件下，保证图像具有适中的反差（灰度变化），景物中过亮、过暗部分都能得到较好的表现。

2）宽动态的解决方法。解决上述两个问题可采用不同的方法，对于第一种情况（时间域变化）主要有：

① AGC。通过视频通道增益的调节有 12～18 db 的范围。

② 自动光圈。用摄像机挤出信号幅度产生镜头光圈电动机的驱动电压来调节镜头的孔径，就是自动光圈镜头。它是对图像整体（亮度）的调节，范围由镜头的最大光圈与最小光圈之比来度量（数值是两者比值的平方），最高可达 10 万倍。

③ 电子快门（EI）。利用 CCD 器件的溢出功能，改变器件的曝光时间来调节摄像机的输出。目前摄像机最小快门可达 1/20 000 s。

解决第二种情况（空间域的变化）主要技术有：

④ 背光补偿。真正的背光补偿是对一幅图像进行分区域（依其亮度来划分）的处理，通过设定不同的亮度控制阈值，来突出图像各区域的细节。目前摄像机普遍采用这种技术，它对表现图像中亮背景下低亮度部分的细节很有效，因此，称为背光补偿。反之则不佳，因为在图像信号处理时，图像高亮度部分的细节已经丢失了。

⑤ 双曝光技术。通过 CCD 曝光控制与图像信号处理相结合，同时得到图像高亮度部分和低亮度部分细节的一种方法，采用通常的 CCD 芯片就可以实现，双曝光方式分两帧图像进行，一帧采用标准快门（20 ms），生成一帧图像信号存储在存储器里，下一帧采用高速快门曝光，生成另一帧图像也存在存储器中，其作用是获得高亮度部分的细节（在上帧图像中已丢失了）。两者经 DSP 运算形成最终的输出图像（故称 DSP 方式）。由于它加倍了总的曝光时间，会影响高速运动图像的清晰度。

⑥ 多重取样技术。在器件的输出（取样）过程中进行。首先要对摄像器件各感光单元每场积累的电荷进行多次取样（通用摄像机是一场一次取样），由于每次取样都具有预测该像素的亮度（电荷）值和其变化趋势的功能，可以决定该像素应该控制的曝光时间，进而决定该次取样值是否作为最终的输出。例如，高亮度部分的第一次取样就可能作为输出了，而黑暗的部分要把最后一次取样值作为输出。最后一次取样时间是一场图像的最后时刻（20 ms），完成后摄像器件的所有像素清除，开始下一场的积累。这就是多次、分层取样的概念，它实质上是直方图变换（亮度密度分布的变换），相当于对不同亮度区域采用不同的曝光时间，来获得最好的图像效果，是真正的超宽动态。

这种方式要采用专门的摄像器件，它的每个像素都具有独立采样和 A/D 转换功能，称为 DPS（数字像素传感）器件。

宽动态技术对提高摄像机的灵敏度也有一定作用，有利于摄像机在较暗的条件下摄取较好的图像。数字视频技术使得超宽动态成为可能，并通过图像的积累实现高灵敏度的摄像机。它们都是专门针对安全的应用而研制的，是安防技术的专门产品。

二、摄像机的主要技术指标和评价

摄像机的评价是电视测量的主要内容，主要是从技术上对摄像机进行试验和测量，给出一个客观的评价，从工程应用的角度则主要是从功能、适用性、环境适应性以及经济性等方面做综合的（主观）评价，有条件时，也可做一些基本技术指标的测量。摄像机的评价可概括为以下几个方面：

1. 摄像机的基本特性和特征

（1）摄像机的基本特性主要包括：

1）电视制式，一般可表示为扫描方式、黑白或彩色、彩色信号处理方式。

2）适用电源，交直流电压、电源频率和范围。

3）摄像性能的定性说明，如通用型摄像机或专业型摄像机，普通摄像机或高清晰度摄像机。摄像机结构特征的描述，如镜头一体机、快球或球罩等。

（2）摄像机的关键器件

摄像机的关键器件包括摄像器件和 DSP 等特殊的专门器件；CCD 芯片的规格、型号、成像面尺寸、电荷转移方式；特别是像素数，是以像素阵列的行数×列数来表示；芯片数量、芯片光电转换单元的特殊工艺，如 HAD 等。

通常，芯片的这些技术参数将基本上决定或限定了摄像机的主要性能指标。

摄像机的专门器件，如最新 DSP 型号，或为实现宽动态而专门开发的图像处理 IC 等。

2. 摄像机的主要功能及与外设的接口

（1）摄像机的（自动调整）功能主要有：

1）AGC，及有无关断控制。

2）γ 校正，及有无关断控制。

3）EI，可调节的范围，用最短积累时间表示、及有无关断控制。

4）白平衡，自动白平衡、及有无关断控制。

5）同步方式，是否可以电源锁相，及相位调节。

6）黑白/彩色自动转换，转换方式，适应范围。

7）背景补偿，设置方式。不同摄像机的这一功能差别很大，一般只是通过对比度的调节来抑制亮度过强的背景。其设置是以整幅图像进行的。采用 DSP 的摄像机，可能分区域对图像进行局部的设置和调整，可以使观察目标得到较好的亮度，并与背景间有适当的反差。

（2）摄像机外围设备的接口

选用摄像机时要注意，保证与其他设备很好地匹配，摄像机的接口主要有：

1）镜头接口。主要的两种接口方式：C、CS 接口，通过一个转换接圈可将 CS 口转换为 C 口。

2）自动光圈控制输出方式，DC 或 VIDEO 及接头的接线。

3）PC 接口。通常为 RS232 接口及可通过 PC 进行设定的功能和参数。

3. 环境适应性

环境适应性包括摄像机的气候环境、机械环境和电磁环境适应性。

我国标准对这些内容都做了明确的规定，但通常情况下不便进行试验，产品说明书主要是给出下面的技术参数：

（1）工作温度范围

是指摄像机在不采用附加防护设施时，可以正常工作的温度范围，一般为−10℃～40℃。实际应用环境超过了这个范围时，要采用适当的防护设备。

（2）电源功率

在非本地供电时，要考虑这个因素。

（3）运输和存储环境。

4. 摄像机的主要技术指标

摄像机的客观测试实质上是对电视系统（由摄像机产生）原始图像的评价，是基本的视频测量。它要求在严格的实验室环境下进行，一般不在工程和应用现场进行。摄像机输出视频信号在经过电视系统其他环节后，还可以进行同样的测量，用来评价原始图像经过这些环节后，图像质量劣化的程度（与原始图像相比较）。许多指标对于其他视频设备也具有同样的含义。摄像机的主要技术指标有：

（1）视频输出

由输出视频信号的幅度、极性及输出电路的输出阻抗来表示。规定该指标是为了保证摄像机与其他视频设备之间的匹配和足够的功率输出。

应用电视技术标准规定摄像机的视频输出应为：$1V_{P-P}$、正极性、75 Ω。

V_{P-P}，峰峰值表示从最低电平到最高电平之间的电压值，不同一般交流电压的振幅值和有效值。

正极性表明图像明亮时，视频信号的电平高。

视频信号由图像信号和同步信号两部分组成，标准规定两者分别为$0.7V_{P-P}$和$0.3V_{P-P}$。图像的实际电压的值是与图像亮度相关的，因此，标准规定的是标称值。在测量摄像机视频输出幅度时，可以只测量同步信号。

（2）水平分辨率

水平分辨率是指在图像水平方向可以分辨的黑白相间的线数，用TVL表示。

它是反映摄像机分辨图像细节的能力。现行电视的垂直分辨率基本上是由图像扫描线来确定的，一般不作规定，通常分辨率就表示水平分辨率。摄像机分辨率的测量要采用规定的测试卡，测量时要保证摄像机的光轴与图像垂直，并且做到图像（测试卡）的对中、满屏。图像分辨率是一项客观测试，但是由人的观察得到量值，测量的不确定度较高，在 20TVL 左右。

CCD 等像素化器件的水平像素数基本上决定了摄像机的分辨率，如 500×576 的 CCD 摄像机的分辨率为 380TVL；700×576 的 CCD 摄像机的分辨率为 500TVL。CCD 的像素结构具有对图像调制的作用，对于测试卡会产生差拍，形成虚假的分辨效果，测量时要十分注意。

（3）灰度鉴别等级（灰度等级）

灰度鉴别等级（灰度等级）是指图像从最黑到最白之间能够区分的亮度等级。

实质上是反映摄像机视频通道电路的非线性。灰度等级测量一定要采用标准的监视器。亮度台阶信号的显示效果与监视器的对比度有很大关系，测量时应适当调节，但一定要同时观察图像的全部（十个）亮度台阶，不能分别观察高亮度端和低亮度端。摄像机灰度等级测量要采用测试卡上的十台阶灰度图形，十个正方灰度单元均匀地从最白向最黑排列。通常是与分辨率测试图形做在同一个测试卡上。

（4）视频信噪比（S/N）

它的定义是：图像信号峰峰值与噪声信号有效值的比。视频信噪比与通常电信号的信噪比不同，即图像信号取峰值，噪声信号取有效值。

在实际测量 S/N 时，图像信号则按标准规定的标称值（0.7 V）计算。说明视频信噪比的测量实际上就是测量噪声。用一个宽带的交流电压表测量附加在视频信号上的噪声电压，按上公式计算出的数值就是测量结果。目前市场上的视频噪声表就是这种方式。

视频噪声的测量与滤波器的选用有很大的关系。低于行频的干扰表现为图像背景的亮度变化，可以用钳位电路来消除。人眼对高频噪声不敏感，测量时都可以滤除，以使测量结果与实际图像的效果更加符合。因此，在使用视频噪声表时，高通滤波器可选 10 kHz 或 100 kHz，低通滤波器选 fg，我国标准规定 fg=6 MHz。

测量摄像机 S/N 时，可将镜头光圈关闭，AGC 关断，然后把摄像机视频输出送至视频噪声表，设置好滤波器，读取测量值再加上 3 db（对 γ 校正的补偿）即为最后结果。

（5）最低可用照度

最低可用照度是指当输出图像信号幅度降至标称值 1/10 时的景物照度。

最低可用照度反映摄像机的灵敏度，表示可以适应低照度环境的能力。摄像机对高照度景物可以用光圈调整、EI 控制等来适应，对低照度环境只有靠摄像机的灵敏度来适应。这个量与摄像机配用镜头的相对孔径有关，因为相对孔径与进光量有关。在表述测量结果时，要同时表述采用镜头的相对孔径值。最低可用照度的测量，可以通过改变景物照度的方法，直接测量出结果；也可通过调节摄像机镜头的光圈（镜头要校准），计算出测量值。

最低可用照度的定义是国家标准规定的，但只以输出图像信号的幅度为测量值，测量结果有时与实际效果不相符合，因此，可以同时增加 S/N 的测量。

（6）几何失真

电视系统的几何失真主要是由空间图像向电视信号转换过程中几何位置的偏差造成的。对于像素化 CCD 摄像机，没有这个指标。

（7）彩色还原性

彩色还原性是彩色摄像机表示色度信号失真的基本指标，包括：

1）微分增益 DG，表示色度信号的幅度失真，表现为图像色饱和度的改变；

2）微分相位 DP，表示色度信号的相位失真，表现为图像色调的偏差。

这两个量的测量要采用专用的测量卡和专门的测试仪器。

三、摄像机配套设备

视频监控系统是一种图像信息采集系统，摄像机是产生图像的设备，自然是最关键的前端设备。但摄像机要达到最佳的工作状态，充分发挥摄像机的功能，必须辅之相关的配套设备。摄像机的配套（外围）设备主要作用是：实现摄像机的基本功能，如摄像镜头，与摄像机一同完成光学图像的转换；扩展摄像机的功能，如云台扩大了摄像机的视场；扩大摄像机的应用范围，如防护设备使通用摄像机可以工作于各种严酷的环境。摄像镜头是最重要的配套设备，可以说它具有上述所有功能，是本节重点介绍的内容。

1. 摄像镜头

摄像镜头，顾名思义，是光学参数和机械参数专门为摄像机设计的镜头，是摄像机实现光电转换、产生图像信号必不可少的光学部件。图像技术是处理焦平面上光学图像的系统，焦平面既是摄像器件的成像面，也是摄像镜头的焦平面。这里简单地介绍镜头成像的原理、主要技术参数及视频监控系统如何选择镜头。

（1）光学成像的原理

摄像镜头是一组透镜和光阑组成的光学器件，它把景物图像映象到焦平面上。对镜头而言，景物所处空间称为物方，镜头焦平面（摄像器件感光面）一侧空间称为像方。理想的光学系统可以保证物方空间和像方空间满足点对点、线对线、面对面的一一对应关系，这种“物”和“像”的对应称之为共轭。对于摄像机镜头，它的物方空间无限且变化很大，但像空方间则受到摄像器件感光面位置和物理尺寸的限定，达不到理想的状态。摄像镜头的设计，要考虑物方的条件（视场范围、照明光的照度、色温）和像方的规定（镜头接口尺寸、相对靶面的位置、传感器灵敏度、分解力、靶面尺寸），使之尽可能地接近理想光学系统。具体讲就是：把自然界的景物通过镜头，在摄像器件感光面上映象出一个非常相似的像。

根据共轭原理，物方光轴上无限远处点在像方的共轭点称之为焦点。通过焦点与光轴垂直的像平面称为焦平面。显然，焦平面上会聚了光轴上无穷远物点的像点和光轴外无穷远点的像点（见图 5—12），即景物在像方焦平面上成像。它表明：物方一束平行于光轴的光通过镜头后将会聚于像方焦点。而与光轴成一定角度的一束平行光通过镜头后将会聚集在像方焦平面上。

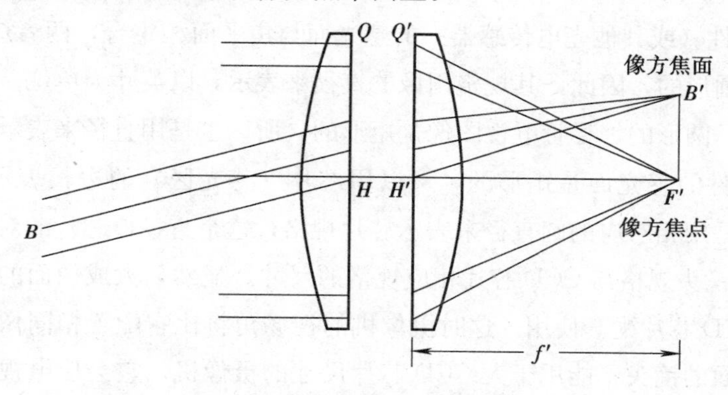

图 5—12　焦点与焦平面

摄像镜头是实际的光学系统，影响镜头成像的因素主要有：

1）光阑。可以进入镜头的光除了由透镜的边框限定外，还要受光阑的限制，光阑就是镜头中一些带孔（可以不是圆孔）的金属薄片，孔的中心与光轴重合。镜头光阑主要有：

①孔径光阑，改变光阑孔的大小，可以调节镜头的进光量，实现镜头的光圈调节。可以改变孔径的光阑称为可变光阑。在镜头设计中，合理选择孔径光阑位置，可以改善轴外点的成像质量。孔径光阑口径的大小将影响镜头的分辨率、像面照度和成像质量。

②视场光阑，用以限制物方空间景物清晰成像的范围，视场光阑一般设置在像平面处或其共轭平面上。

2）渐晕。光轴上物点发出的通过孔径光阑成像的光束比轴外物点的成像光束大，这就造成了成像面从中心向边缘的光照度逐渐降低，因而图像逐渐变暗的现象，这种现象称为轴外点的渐晕。这是因为对于轴外物点的光束，镜头孔径变小（因此光束不与光阑面垂直），它直接影响镜头成像的质量。

3）景深。摄像镜头摄取的景物是处在距离远近不同的空间中，理想光学系统的物像求解公式表明：不同距离的物点，其成像面是各不相同的。要求摄像镜头对不同远近的物体同时在一个焦平面（CCD感光面）上成像，必然会有不同的清晰度。通常把可以接受的清晰度范围内，最远物平面和最近物平面之间的距离差称为景深。

（2）摄像镜头的主要技术参数

前面介绍了光学成像的基本概念和光学系统的一些专业名词和术语。下面说明摄像镜头的主要技术参数：

1）成像尺寸。镜头成像的尺寸是指：镜头在像方焦平面上成像的大小。由于CCD摄像器件（或其他光电传感器）的感光面与焦平面相重合，两者应相互匹配。镜头成像是圆形的，因此，其规格用像的直径来表示，以英寸为单位。传统摄像器件的感光面是圆形的，尽管电视图像是矩形的，所以也是用直径来表示成像尺寸规格。CCD器件的感光面是矩形的，可以用芯片（感光区）的边长表示像面尺寸，出于习惯还是用相对应的圆直径来表示芯片规格，这个直径比芯片的对角线大。表5—1列出了镜头规格与CCD芯片相应规格的尺寸。显然，大成像面的镜头可与较小规格的CCD芯片配套使用。这时摄像机的视场角将比它配置相同像面的镜头要小。小成像面的镜头不能用于大CCD芯片尺寸的摄像机，它会使电视画面四角像质很差，甚至出现黑角，因为镜头成像面不能完全覆盖CCD芯片的全部有效像素。

表5—1　　镜头规格与对应的CCD芯片规格

镜头规格（英寸）		1/4	1/3	1/2	2/3	1
CCD	对角线长（mm）	4.5	6	8	11	16
靶面尺寸	H（水平）	3.6	4.8	6.4	8.8	12.8
	V（垂直）	2.7	3.6	4.8	6.6	9.6

2）焦距。是镜头主点到像方焦点的距离。镜头实际上有物方焦距和像方焦距两个参数，在摄像镜头中，物、像空间都是处于相同介质（空气）中，因此两者相同。通常讲的焦距是指像方焦距。

摄像镜头的焦距决定景物在电视图像中的大小。对于一个特定距离的观察目标，在电视图像中所占的比例是与摄像镜头的焦距成正比，镜头焦距长，目标占图像的比例大，反之亦然。视频监控系统对景物图像的要求不同，有的要求看清整个的区域，即所谓全景图像；有些则要求能观察到具体目标的细节和局部特征，即特写图像。进行系统设计时，应根据具体要求恰当地选择摄像镜头的焦距。摄像镜头焦距的选择还要与CCD芯片的规格和观察目标到摄像机的距离结合起来。在已知

CCD 靶面尺寸 $h \times v$、镜头焦距 f 的情况下，在距离摄像机 D 处，电视图像显示的场景尺寸可以用下式计算。

$$f = v \times \frac{D}{V} \tag{5—2}$$

$$f = h \times \frac{D}{H} \tag{5—3}$$

其中，f：镜头焦距；v 和 h：CCD 靶面垂直尺寸和水平尺寸；D：镜头到目标距离；V 和 H：充满电视图像的场景垂直和水平尺寸。

例如，要求把距离镜头 5 m 处、1.80 m 高的人完整地摄入画面，并得到最大的比例，采用 1/3″CCD 摄像机（h=4.8 mm、v=3.6 mm），应选择多少焦距的摄像镜头。将相关数据代入上式有：$f = v \times \frac{D}{V} = 3.6 \times \frac{5}{1.80} = 10$ mm。可知选用焦距稍小于 10 mm 的镜头即可。

3）相对孔径。是镜头有效光阑的直径 D 与焦距 f 的比值（D/f）。表示镜头收集光线的能力。实际镜头则用它的倒数值（光圈数 F）来标志，因此，F 值越小，镜头收集光的能力（进光量）越大，反之越小。F 与有效光阑的直径呈线性关系，而进光量与有效光阑直径的平方成正比关系。所以 F 值的标度以 $\sqrt{2}$ 倍递增（1.4、2、2.8、4、5.6、8、11、16、22…）。光圈数增加一档，进光量减少 1/2。可变光圈的镜头要注明最小光圈数，表示最大的进光量。

前面讲过，在测量摄像机最低可用照度时要标明镜头的相对孔径，就是这个值。可变光圈镜头的最大光圈数与最小光圈数之比的平方是镜头可以调节进光量的动态范围。

4）视场角。是摄像机通过镜头得到视野的张角。电视图像是长方形的，所以有两个视场角：水平视场角 α_h、垂直视场角 α_v，它们与焦距 f 及摄像器件（CCD）的水平尺寸 h 和垂直尺寸 v 有关，分别由下式计算：

$$\alpha_h = 2\tan^{-1}(h/2f) \tag{5—4}$$

$$\alpha_v = 2\tan^{-1}(v/2f) \tag{5—5}$$

镜头产品说明书给出的视场角数值，是在镜头的成像尺寸与摄像器件像面尺寸匹配时的值。若配合小规格像面的 CCD 芯片，视场角会相应地变小，相当于焦距变长。视场角的改变可以用上式计算出来。

5）镜头安装接口。摄像镜头要固定在摄像机的标准装座上，以保证镜头的光轴与 CCD 芯片感光面中心垂直，并保持一定的距离，使镜头的焦平面与摄像器件的成像面重合。可以通过对镜头聚焦的微调或摄像器件位置的微调来补偿镜头和摄像机加工的误差，获得最清晰的图像。这种配合就是镜头安装的接口，它保证镜头与摄像机的配合和配合精度，镜头安装接口规格见表 5—2。

表 5—2　　镜头安装接口规格

接口类型	螺纹规格	装座距离	应用
C	1″－32UN	安装基准面至成像面的空气光程 17.52 mm	视频监控系统
CS	1″－32UN	12.52 mm	同上
S	M12×0.5		PC 摄像机、单板机

从表中可以看到：C、CS 接口的主要差别是装座距离（又称后截距）。其他，如接口螺纹规格都是一致的。所以通过一个 5 mm 接圈，可将 C 接口的镜头与 CS 接口的摄像机配合使用。但 CS 接口的镜头不能与 C 接口的摄像机配合使用，因无法消除焦平面与成像面之间 5 mm 差距。S 安装接口适用于小型摄像机，这些小镜头在成像质量上要低于 C 和 CS 接口的镜头，主要应用于单板摄像机和 PC 摄像机。

（3）常用的摄像镜头

根据镜头的主要技术参数（光圈、焦距和聚焦）及参数的调节方式、调节范围并将它们进行不同的组合，就形成了丰富多彩的镜头类型。根据镜头的成像尺寸和接口形式也可以对镜头分类。图 5—13 所示镜头分类给出了说明。

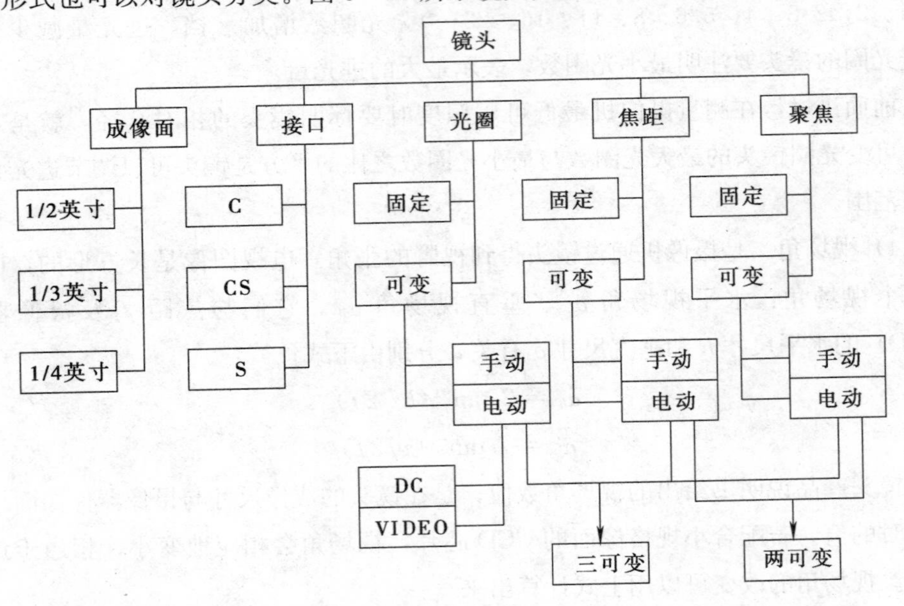

图 5—13　镜头分类

1）普通镜头，一般指定焦距、定光圈（或手动光圈），且焦距在中间范围的摄像镜头。

普通镜头可通过聚焦环进行聚焦调节，其功能简单、价格低廉，是应用最多的镜头产品。这种镜头安装、调整固定后，所有参数就不需要（也不能）调节了。

对于光照条件比较好，环境照度变化不大，而且摄像机的AGC和EI调节范围可以适应环境变化时，使用普通镜头可以得到比较满意的效果。因此一般有稳定照明的室内环境主要选择普通镜头。

2）自动光圈镜头，是光圈可自动调节的镜头。相对于手动光圈镜头而言，它不是由人转动光圈环来调节光圈，而是根据景物照度，自动地调节镜头的光圈，以适应环境照度的变化。这种镜头一般要与摄像机接口，受摄像机输出信号的控制，其光圈的调节范围决定摄像机的动态范围（适应照度变化的范围）。摄像机镜头光圈控制输出有两种方式：

直流电压控制（DC）方式，镜头本身没有信号处理电路，只是通过摄像机的输出DC电压驱动电动机转动来调节光圈。因摄像机是通过检测视频信号（反映景物照度变化），而输出相应极性的DC控制电压，光圈就随景物照度的变化自动调节。

视频信号控制（VIDEO）方式，镜头带有信号处理电路，它检测摄像机输出频信号（VIDEO）的电平，与镜头预先设定的基准电平进行比较，转换成为控制电平（不同的幅度和极性），驱动电动机（可能是油丝马达），实现光圈调节。摄像机输出视频信号的电平反映景物照度，因此根据它的电平高低，自动地调节镜头光圈的大小，可使摄像机输出视频信号保持一定的亮度水平，很好地适应环境照度的变化。

自动光圈电路是一个闭环的自动控制系统，基准电平的设置十分重要，它决定系统最终的调节效果。自动光圈镜头的基准电平设定有两种方式：平均值与峰值，分别对应比较电平的不同产生方式。采用视频信号平均电平检测方法来产生比较电平为平均值方式，自然对视频信号的峰值电平检测为峰值方式。两种方式通常通过镜头上的两个调节电位器设定，平均值方式适用于大多数景物环境，使图像的整体亮度适中。峰值方式主要在景物中有特别明亮的局部目标时较为适宜，它会使整体图像亮度偏暗，但明亮目标不出现过亮的现象，以便于观察。

光圈改变的同时也改变了镜头的相对孔径。通常，镜头都是用可以达到的最小光圈值来标志，表明镜头调节进光量的动态范围。当光圈（有效光阑）的孔径很小时，仅用机械的调整很难实现，这时要通过在镜片（中心）上加点滤光片的方式来解决。实用的宽动态范围镜头（F超过300）都采用点滤光片。

3）变焦距镜头。焦距可以调节的镜头，镜头焦距的调节可以是手动或电动，变焦距镜头主要是指采用电动调节焦距，并能进行遥控的镜头。

理论分析证明：两个焦距分别为 f_1 和 f_2 的透镜，两者相距 D，构成的复合镜头的焦距为 f，当 D 改变时，f 也随之而变。所以只要通过机械的方法改变两个透镜之间的距离 D，就可使复合镜头的焦距 f 连续的变化。

变焦镜头由调焦组透镜、变倍组透镜、补偿组透镜和固定组透镜组成。变倍组透镜可以沿光轴做轴向移动，从而改变它与固定组透镜之间的距离，改变了整个镜头的焦距；补偿组透镜的作用是随变倍组透镜的移动作某种规律性相应移动，以保证镜头的成像面不管焦距如何变化均能保持不变（动）；调焦组透镜对于变焦镜头是必需的，通过它的调节可以补偿由于焦距变化造成的聚焦效果的变坏。

变焦镜头主要分为两可变和三可变两种。两可变就是可变焦距和进行聚焦调节。三可变则是上述两可变加上可变光圈。其实镜头的焦距改变后，镜头的相对孔径也随之而变，这时要通过光圈的调节来进行校正，以保证在焦距变化的过程中，图像的亮度基本保持稳定。这就是为什么两可镜头通常是自动光圈的原因。可变焦距镜头的焦距调节和聚焦调整都是通过电动机驱动机械装置来实现的。外加驱动电源的极性控制电动机的转动方向，从而决定镜头的焦距是变大还是变小。关断驱动电压，镜头焦距保持为一个定值。

上面讲了变焦镜头通过光圈的调节来保持相对孔径基本的稳定，但实际镜头不可能完全做到这一点，产品说明书上通常给出最大相对孔径（最短焦距时），镜头焦距变长后，相对孔径变小。

4）小孔镜头。小孔镜头是一种入光孔很小的专门镜头，在公安业务中应用较多，许多环境监控的场合（电梯间等）也有一定应用。入光孔小使摄像机便于隐蔽，减小对环境的影响。它与普通镜头的根本差别是入射光瞳的设计，小孔镜头把入射光瞳的位置设在第一片镜的前端（前入瞳），而且很小，这样镜头前端就形成了一个锥形，锥孔的大小（可到 1 mm 左右）只影响进光量，不影响视场。在光照条件较好的环境下，可以得到很好的图像。为了方便隐蔽安装，小孔镜头还具有以下特点：

①镜头的直径和长度有多种规格。

②镜头的光轴可以改变，即可以折弯。

③小孔镜头配有预制件和其他便于定位、固定、安装的附件。

5）红外镜头和宽光谱镜头，主要是应用于红外波段成像的镜头，目前应用较多的宽光谱镜头的光谱范围从紫外一直到红外，也适用于红外摄像。

对不同波长的光线，镜头材料的折射率不同，导致不同波长光之间焦平面的偏差，这就是“色差”现象。因此，一般镜头在可见光范围可以得到很好的图像，工作到红外波段，图像就变得不清楚了。红外镜头是专门工作在红外波段的镜头，用在可见光段效果也不好。宽光谱镜头可以在很宽的光谱范围上，保证镜头能有一个精确的成像面，设计的难度是很大的。除了材料的选择外（通常采用石英玻璃和氟化钙晶体），还要采用复消色差法（两种透镜相对色散近似相等而抵消），因此这种镜头也称复消色差镜头。

2. 云台

云台是视频监控系统中的一个专用名词，指各种可以安装、固定摄像机（或防护装置），并能改变其方位的机械装置。它的作用是扩展摄像机的视场，或扩大摄像机的监控范围。相对于固定支架，可以认为云台是一种可变化方位的固定装置。

（1）云台的构成和原理

根据上述云台的基本功能，云台由以下基本部分组成：

1）负载安装面，安装和固定摄像机或防护装置的平面。它与摄像机或防护装置的安装面相匹配，通过一定面积的接触保证摄像机的稳定性，通常还带有与摄像机固定螺孔相同规格的螺栓和定位销。

2）旋转机构，实现承载物方位改变的机械组件，摄像机方位是指摄像机的光轴方向，与摄像镜头的光轴相一致，改变这个方位就可使摄像机的视场发生改变。由于云台是使安装面以一个中心旋转的方式来改变方位，因此产生人转动头部观察景物的效果。

根据云台的方位调节功能，可有一个或两个旋转机构：

①水平旋转机构。使摄像机以垂直线为轴在水平面上左右转动，产生环视前方的效果。

②垂直旋转机构。使摄像机以水平线为轴在垂直面上下转动，产生俯仰的效果。

早期云台的旋转机构基本上是一个齿轮传动的圆盘，现在云台多种多样，但结构更简单了。当旋转机构的轴心（垂直轴线与水平轴线的交点）与负载（包括摄像机防护装置及云台安装面的自重）的重心相接近时，云台的转动就会轻快，速度也可以提高。这是云台设计的关键技术点。

3）驱动电动机与电路。给旋转机构提供动力的组件，主要由电动机、电动机换向和控制电路组成，是云台最关键的部件。通常采用低速大转矩交流电动机，电动机有正反两个转动方向的绕组，一个绕组加电作正向旋转，另一个绕组加电时则作反向旋转，从而实现云台方位的改变。

现在越来越多的云台（或功能相似的装置）采用步进电动机和直流电动机，使其转动方位的精度很高，也便于实现方位预置功能。电动机的转速要比云台的转速高得多，因此要设计与电动机匹配的减速装置。

4）云台的结构件。云台负载能力和环境适应性的保障。要求强度高、变形小，以保证整体的稳定性，同时要尽可能地减轻自重。因此，优质钢、合金铝、工程塑料是首选的材料。室内小型或轻型云台多用工程塑料，室外重型云台则大多采用铝结构。

室外全方位云台要适应全天候环境，为了保证电动机及其他电气零件不受雨水或潮湿的侵蚀，结构要密封防水。某些容易因电火花导致爆炸的场所，应使用防爆云台，这种云台密封绝缘性能好，特别是云台的线缆连接部分，需采用防爆密封绝缘处理，以保证安全。

（2）云台的主要技术参数

云台的主要技术指标有：

1）输入电压。驱动电动机的工作电压，目前大多数云台采用交流 24 V 电动机，也有采用交流 220 V 电动机的。云台的工作电压通常由解码驱动器提供，因此这个参数在系统设计时很重要。

一体化摄像机的旋转装置也属于云台，它们主要采用直流电动机。

2）输入功率。是选择云台供电和控制方式的重要依据。其供电和控制方式通常有两种：

多线直接控制方式，用多芯电缆直接从控制端（中心室）供电，驱动电动机转动，改变云台的方位。这种方式要考虑线路上的电压降，不适于长距离的应用，但简便、可靠，不需要附加设备。

现场解码驱动方式，通过安装在现场的解码驱动器向云台提供电源。解码驱动器的解码部分，接收控制端的指令，向云台提供相应的电压，控制其转动。

3）负载能力。是指当负载固定在安装面上，其重心不超过规定的高度，云台能够自如地转动时，负载的最大质量。这是云台重要的技术指标，它表示云台可以匹配的摄像机或防护装置的质量限度。若超过限度，云台不能正常地工作，特别在垂直转动方向。

在计算云台负载时，要包括摄像机、镜头、防护罩及放置在防护罩内的电源适配器、随动光源等。尽可能地降低负载的重心，可以适当地提高云台的负载能力。

4）旋转范围。大多数云台因结构限制，不能无限制地旋转。如果失控超出了限位，会使各种引线缠绕、断开。甚至破坏机械部件。所以云台要有限位装置（开关）来限定其旋转范围。这个范围要尽可能的大，以更充分发挥摄像机的作用。云台旋转时摄像设备的引线要随其摆动。因此，要根据云台的水平和俯仰转角范围来考虑引线的固定方法。

通常，云台水平方向的旋转范围为 330°，俯仰方向为 90°左右。采用汇流环方式的新型云台，水平方向可以无限度地旋转。

云台可以通过限制开关实现自动换向和自动转功能，使摄像机自动地扫描一设定的空间。

5）云台转速。以旋转的角速度表示，决定摄像系统跟踪目标的能力。它与云台驱动电动机的功率和旋转机构的结构有关。如负载重心与云台轴心重合的结构，可以很容易的实现高速转动。

在视频监控系统中，跟踪快速运动目标，主要决定于云台的水平转速，特别是对近距离范围内作横向快速运动的目标。观察目标距摄像机的距离不同，要求云台的转速也不同，所以高性能云台应具有变速功能。普通云台则选择适中的转速以适应普遍的场合，如 6°/s。

有预置位功能的云台，接到报警触发后，能自动转到预置位，高速云台能够即刻到达预置位。

6）最小步长。表示云台可以转动的最小角度。云台电动机加电后，开始转动，其转动角度是受加电时间控制的，但对于最短的加电时间（由于控制设备决定），其转动角度还受到云台传动方式与负载惯量的影响。

该指标对于长焦距摄像时很重要，最小步长大会使远处监视无法对准和跟踪目标。

7）环境适应性。云台为耐用品，应用在较恶劣的环境下，因此，环境适应性是很重要的指标，是监控系统选择云台时的重要因素。

云台分室内和室外两大类，主要差别是温度适应范围和防雨性能，作为机械产品，云台零、部件的公差配合、润滑都会受温度变化的影响。通常室外云台可工作至－10℃左右，还要有防尘、防腐蚀、防潮等措施。

8）外形、质量及安装尺寸。与其他前端设备匹配和安装的重要因素。

（3）云台产品的分类

对云台分类，主要是为了方便产品选择。根据云台的功能、负载能力、旋转速度和环境适应性及它们的不同组合，云台的分类如图 5—14 所示。

3. 摄像机防护装置（罩）

摄像机防护装置，通常称为防护罩，在应用电视系统中占有十分重要的位置，

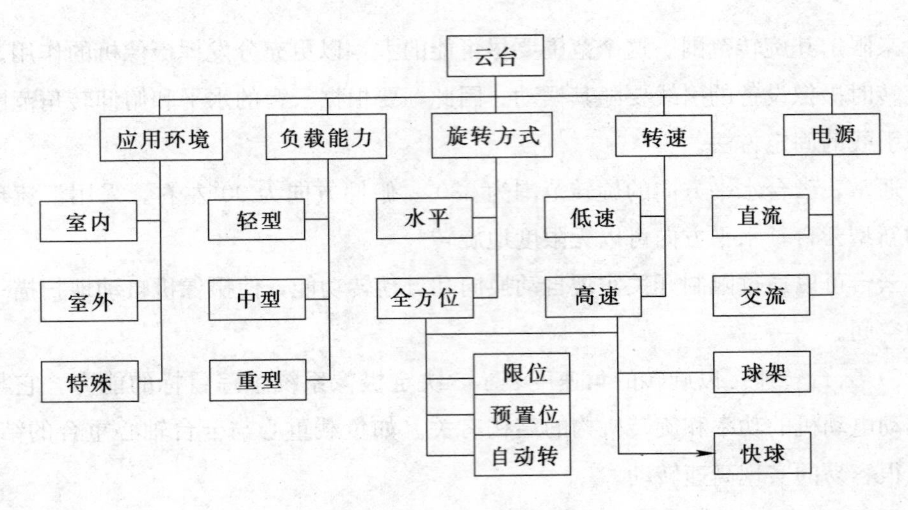

图 5—14　云台的分类

在很大程度上，它决定了系统的应用领域。通常，将应用电视技术分为：通用电视系统、高温电视系统、井下电视系统、水下电视系统、医用电视系统、安防视频监控系统等。其实各种系统所采用的基本设备，如摄像机、显示、记录和控制设备是相同的。它们根本的差别是系统应用环境的不同，而保证系统能够适应各种环境条件的基本设备是摄像机的防护装置。可以说：防护罩是通用摄像机可以在各种严酷的条件下正常、可靠地工作，从而构成各种应用电视系统的关键。摄像机是一种精密的光电设备，使其自身能够适应各种严酷的环境很困难，也不经济。针对不同的应用环境，采用附加防护装置，提高摄像系统的环境适应能力是最合理的解决方案。

（1）防护罩的功能

防护装置的基本功能是：建立一个改良的、适合摄像机工作的小环境。它是通过结构的精度和对环境参数的调节来实现，主要有：

1）通过密封结构，实现防尘、防水、防潮功能。

2）通过适应的表面处理和防护罩内外的有效隔离，实现防腐蚀、防辐射和隔爆功能。

3）通过温度调节、通风调节、遮阳罩和雨刷，扩大摄像机的气候环境适应性。

4）通过优美的外观设计，使视频监控系统与应用环境更加协调。

（2）防护罩的分类

由于防护罩的市场需求很大，几乎与摄像机和镜头基本相同，以及它与摄像机的配套性，许多厂家都推出了与各种型号摄像机相配套的防护罩。

依据上述基本功能及它们的不同组合，防护罩的分类，如图 5—15 所示。

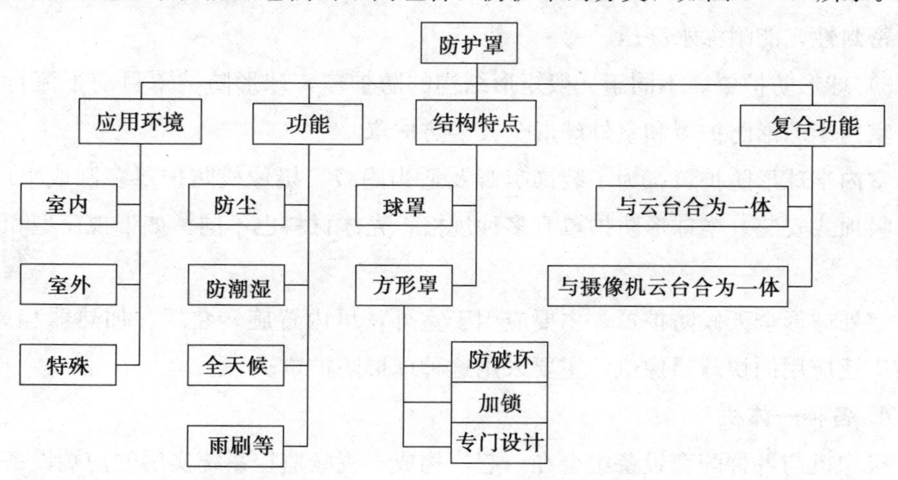

图 5—15　防护罩的分类

下面介绍几类比较常见的防护罩。

1）常用防护罩

①室内防护罩。主要功能是防尘和摄像机的物理防护，它没有任何可调节的环境参数，仅是一个有光学窗口的壳体。一般不与变焦镜头配套，罩内空间稍大于摄像机，对壳体材料也没有特殊的要求。按其安装形式有：吸顶、壁挂或支架安装型。在某些特殊场合，如监狱或看守所，对防护罩的机械抗冲击能力要求很高，需采用厚钢板和防爆玻璃加工制造。

②室外全天候防护罩。所谓全天候是指可以适应室外一年四季的气候条件。此类防护罩主要用于室外露天的场合，在自然雨雪、风沙、酷热、严寒的环境，保持防护罩内环境清洁、温湿度相对稳定，光学窗口透明，使摄像机可以连续可靠地工作。根据使用地域气候条件的不同，还可选配一些其他的附加设备或增加各种调节功能的强度。如除霜器/去雾器、附加保温层，增大加热器功率和通风量等。

室外全天候防护罩大多配合变焦镜头摄像机使用，加上温度调节的需要，罩内空间较大。其安装方式主要是与云台连接，是室外视频监控系统采用的基本设备。

2）特殊环境防护罩。这类防护罩主要应用于某些有腐蚀性气体、易燃易爆气体、大量粉尘的环境。根据应用环境的不同，有多种不同的型式，但设计思想基本相同，采用全铝或不锈钢圆筒形结构，实现高密封性能，或罩内充气（氮）使罩内气压大于外部，使罩内外隔绝；提高防护罩的机械强度和抗冲击能力，增强防护罩的防护能力。如高炉用摄像机，必须配置耐高温的防护罩，采取水冷却降温方式及其他隔热设计，视窗使用石英玻璃，以抵御高温；海底探察摄像机的防护罩要有良好的密封性，能耐深水高压。

3）球形防护罩。不同于一般矩形结构的防护罩，球形防护罩目前很流行。主要有室内半球形防护罩和室外球形全天候防护罩。

室内半球形防护罩，为了装饰美观及适当隐蔽，摄像机防护罩多制成半球形，便于吸顶式安装。半球形防护罩有多种规格，壳体材料也不同，如带视窗型和全透明型。

室外球形全天候防护罩，主要应用于室外，可内置旋转装置、加热器和风机。目前广泛应用的快球摄像机，主要采用这种球形防护罩。

4. 各种一体机

摄像机与各种配套设备组合在一起，构成了视频监控系统实用的前端设备。通常工程商根据系统设计要求，将这些分立的设备组合在一起，因此，设备间的匹配和连接场为安防系统设计和安装的主要工作。现在制造商根据监控系统的主要需求，在产品设计和生产时将它们集为一体，有效地提高摄像前端的性能、功能和可靠性，也降低了成本，为工程商的选择和应用提供了极大的方便。这就是各种形式的一体机。

（1）一体机的几种形式

摄像机与不同配套设备的组合主要有以下几种形式：

1）摄像防护一体机。摄像机与防护装置一体化。安防系统应用的各种球形摄像机是这种方式的典型。其实摄像防护一体机很多，如高温摄像机、隔爆摄像机、水下摄像机等。

2）摄像镜头一体机。摄像与镜头一体化。这种组合提高了摄像单元与镜头的配合精度，省去了安装时的调整，保证了系统的稳定性和可靠性。通常镜头的调整是很复杂的工作，需要较高的技巧，还需要定期的重调。工厂组装可以在工装的保证下，达到最佳的效果，并能保持稳定性，很受用户的欢迎。

为了使产品具有广泛的适用性，摄像镜头一体机通常具有自动光圈、自动调焦功能，并且是大倍数光学变焦和电子变焦的结合。

3）摄像光源一体机。光源是摄像系统重要的配套设备，可以改善环境的照度条件，获得好的图像质量，采用红外照明具有一定的隐蔽性，因此在安防系统中应用较普遍。将摄像单元与光源集为一体，结构紧凑，方便安装，能较好地保证摄像机视场与照明范围的一致。

由于光源功耗较大，设计上要考虑散热和供电方式；对于变焦镜头的摄像系统，要有近场和远场照明，很有特点。

4）多功能一体机。是集防护、云台、镜头、摄像和解码驱动为一体的摄像装置。可以说是真正的一体机，目前广泛应用的快速球是这种一体机的典型。

（2）快球摄像机

快球已成为多功能一体机的代名词，也是高档机的象征，是很有特色的安防用摄像装置。

1）快球摄像机的结构特点。如云台的旋转中心与负载的重心重合，云台旋转的力矩很小，旋转惯量也很小，非常容易实现高速旋转和精确定位。同时，又使得负载（摄像机）外轮廓的运动轨迹是一个最小半径的球面，可以紧凑地用一个球形外罩来防护。快球摄像机的主要特点就源于此。

①旋转速度高，一般在 260°/s 以上。

②定位精度高，预置位定位不超过 3°/s。

③功能齐全，集防护、云台、镜头、摄像和解码驱动为一体，且具有通风、散热、除霜、防潮、防尘、照明等功能，有些产品还带有光口、网口。适用性非常广泛。

④方便安装，通常与安装支架配套或一体化设计，内部连接在工厂内完成，外部电气连接简洁，安装与维修均非常方便。

通常快球摄像机有两种实现方式，一种是完全工厂组装；另一种是购买带旋转装置的球罩，自已配置摄像单元。前者是按设计要求来选择和加工各单元部件，因此，能很好地符合设计要求（保证两心的重合），充分地实现快球的特点；后者则可在摄像机的灵敏度和镜头等方面有更明确的针对性。

2）快球摄像机的应用。快球摄像机主要应用于：

①室外大范围的监控，如广场、路口、公共活动场所，进行大范围的动态监控。一般道路监控不宜选择快球摄像机，因为它主要是在路面上、远距离的监视。

②室内监控，选用小型快球摄像机对公共建筑或重要单位的大厅、大型会议室等进行实时监控。要求监控系统能够捕捉并识别具体目标。

③重点部位的监控，如文物、金融部门的重要场所，主要利用其预置位的功能，当发生报警时，能够快速地锁定目标。

快速球是一种较昂贵的产品，不宜过多的采用，特别是监控空间较小，图像要求不高的场合。实际上，这些场合也体现不出快球摄像机的优势。

第4节　视频信号的传输

远距离的图像传输是电视系统的基本功能，广播电视系统主要是采用射频载波技术把大量的图像信息发散出去，它强调的是大范围覆盖。视频监控系统则是一个图像信息采集系统，主要把分散在不同部位的图像集中起来进行分析和处理。因此，两者的传输手段差别很大。视频信号传输一直是应用电视技术发展所围绕的一个核心，视频信号传输的距离、成本及传输后图像的质量决定了视频监控系统的应用范围、领域和系统的模式。

视频监控系统以电视基带信号传输为主，大多数局域性系统采用同轴电缆作为传输；光纤传输技术对视频监控的发展起到了巨大的推动作用，目前是大型监控系统采用的基本方式；网络开创了远程图像监控的时代，为视频技术的应用开拓了新领域，使电视真正成了千里眼。本节主要介绍电缆传输和光纤传输的基本概念，网络传输的有关问题将在数字视频中作以说明。

图像传输有多种方式，见表5—3，根据系统要求和应用环境可采用不同的介质和调制方式。

表5—3　图像传输

传输介质	传输方式	特点	适用范围
同轴电缆	基带传输	设备简单、经济、可靠、易受干扰	近距离、加补偿可达2 km
	调幅、调频	抗干扰好、可多路、较复杂	公共天线、电缆电视
双绞线（电话线）	基带传输	平衡传输、抗干扰性强、图像质量差	近距离、可利用电话线
	数字编码	传送静止、准实时图像、抗干扰性强	报警系统、可视电话。也可传输基带信号。可利用网线
光纤传输	基带传输	IM直接调制、图像质量好、抗电磁干扰好	应用电视，特别是大型系统
	PCM FDM（频分多路） WDM（波分多路）	双向传输、多路传输	干线传输
无线	微波、调频	灵活、可靠、易受干扰和建筑遮挡	临时性、移动监控
网络	数字编码、TCP/IP	实时性、连续性要求不高时可保证基本质量，灵活、保密性强	远程传输、系统自主生成、临时性监控

一、同轴电缆视频传输

视频电缆的图像传输在某种意义上可以看作为视频设备间的直接连接。它不需要或只需要很少的附加设备，在一定范围内可获得较好和稳定的图像质量，接续和维护方便，是目前大多数视频监控系统所采用的图像信号传输方式，它所利用的传输介质是同轴电缆。专门用于视频信号传输的同轴电缆又称视频电缆。

1. 同轴电缆的结构与等效电路

同轴电缆的结构如图 5—16 所示。

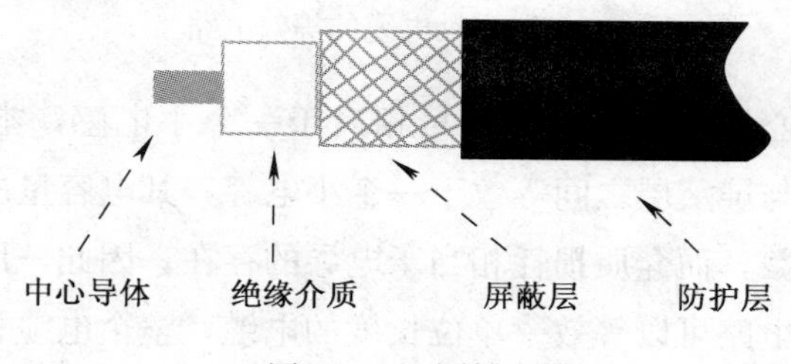

图 5—16　同轴电缆

由四个部分组成，它们的基本结构和功能分别是：

（1）中心导体

中心导体是电信号传输的基本通道，由一根圆柱形铜导体或多根铜导线绞合而成。

（2）屏蔽层

屏蔽层是与中心导体同心的环状导体（同轴电缆就是从这个同心结构而得名），由细铜线编织而成，它的作用如同一个波导，将电信号约束在一个封闭的空间中传播。同时，阻止外界电信号串入中心导体。屏蔽层还有加强电缆机械强度的作用。

（3）绝缘介质

绝缘介质充满于屏蔽层与中心导体之间，形成一个不导电的空间。视频电缆的绝缘介质主要采用聚氯乙烯或聚四氟乙烯。空气是最好的绝缘介质，因此，采用发泡介质（物理或化学发泡聚乙烯）和空心结构可构成类似空气介质的同轴电缆。绝缘介质还起到保证中心导体和屏蔽层之间的几何关系，防止电缆变形的作用。在很大程度上决定电缆的传输损耗和带宽。

（4）防护层

电缆被覆的塑胶材料，它保护电缆不被锈蚀和磨损。专用电缆还有附加的外保护层（铅皮），既加强电缆的机械强度，又提高抗干扰性。

同轴电缆的各部分都应是均匀（同心、直径均匀、密度均匀）的，这样才能为电信号提供一个光滑的通道，保证电缆具有均匀的特性阻抗。同轴电缆等效电路如图 5—17 所示。

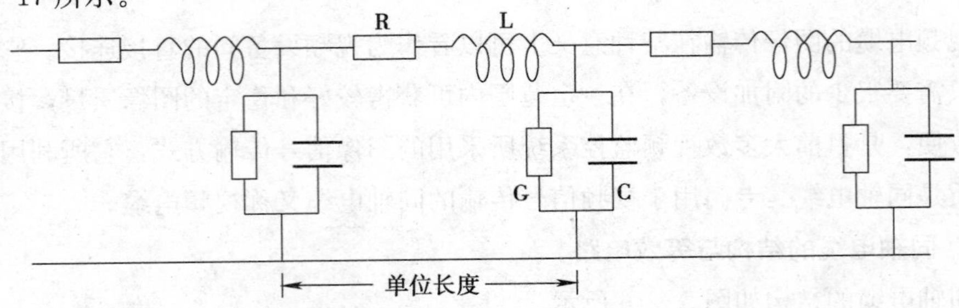

图 5—17　同轴电缆的等效电路

电缆的每一段中心导体对于交流信号相当于一个小电感，本身还有一定的电阻；每一段中心导体与屏蔽层之间等效于一个小电容，其电容量决定于两者间距离和绝缘介质的介电常数，而介质损耗相当于电导的存在。因此，用图中的电路来等效同轴电缆。每一节电路可以等效一单位长度的电缆，整个电缆相当于许多节电路的串接。利用电工基础知识，对同轴电缆等效电路进行分析，可以有以下基本结论：

1）对低频信号而言，同轴电缆主要是电阻起作用的电路。可以认为电路上任一点上的电压和电流是一致的，它们只有幅度衰减，没有相位的失真。

2）对于高频信号，情况就不同了，电抗元件将起主要作用。由于能量在电抗元件上积累、释放所需要的时间会大于信号源的变化，就会造成电缆上各点的电压、电流参数不仅与时间有关，还与几何位置有关。就是说电路上任一点上的电压和电流是不一致的，不但有幅度衰减，还有相位的失真。

显然，信号的低频与高频是相对的概念，由电缆长度与电信号频率的相对关系而定。当信号波长大于电缆长度时，可认为是低频信号，这时电缆表现为集中参数电路，俗称短线；反之，则视为分布参数电路，称长线。例如，市电的频率为 50 Hz，其波长为 6 000 km，那么，几百公里的同轴电缆对于它也是短线，而带宽 6 MHz 的视频信号，它的高频分量的波长为 50 m、100 m 的同轴电缆对于它就是长线。从这个例子可以看出：一定长度的同轴电缆对于视频信号的低频分量和高频分量将呈现不同的特性，这种差异是随着频率的升高逐渐过渡的，可导致电缆对视频信号的高、低频分量的损耗不同，产生的相移也不同。就使得同轴电缆传输宽带信号具有局限性。

2. 同轴电缆基本参数和特性

描述同轴电缆有两个基本参数：

（1）损耗

从同轴电缆的等效电路可以看出：损耗主要由R和G决定。显然，电缆中心导体的直径越大，R越小，绝缘介质的绝缘性能越好，G越小，电缆对传输信号的损耗越小。厂家在产品说明书给出的传输特性曲线主要是描述损耗的，从特性曲线中也可能看出损耗与电缆规格（反映电缆的粗细、中心导体的直径）的关系。

对于不同的频率（信号的低频和高频分量），同轴电缆的损耗是不同的，这是由L和C决定的。表明高频的损耗要比低频大，这就是同轴电缆传输带宽的概念。传输特性曲线也能表示这个特性。同样，电缆中心导体的直径越大，L小，绝缘介质的绝缘性能越好，C越小，电缆的传输带宽越好。

（2）特性阻抗 Z_0

同轴电缆的特性阻抗是一个很重要的参数，它影响传输系统的匹配性，对于传输系统，匹配的阻抗可以保证能量充分的传送，同时，信号在接口端不产生反射，因而波形的失真很小。这一点对于图像系统很重要，由于阻抗不匹配造成的重影会严重地降低图像质量。为了防止这一问题，国家标准规定了视频设备视频信号的输入阻抗与输出阻抗均为75 Ω，所以视频电缆的特性阻抗也为75 Ω，而通信系统所用同轴电缆的特性阻抗为50 Ω。

实际电缆的特征阻抗是由电缆的几何尺寸和材料的特性所决定，可按下式近似求出：

$$Z_0 = (138/\sqrt{E})\lg D/d \tag{5—6}$$

其中，E为绝缘介质的介电常数，D为屏蔽层的直径，d为中心导体的直径。

3. 同轴电缆的主要干扰及抑制措施

同轴电缆传送视频信号的干扰主要来自外部，表现为噪声的增加和图像稳定性的下降。因为它本身是无源的，基本上不产生噪声。同时，视频信号的频带很宽，也易于受处来信号的干扰。同轴电缆所受干扰主要有：

（1）高频干扰

高频干扰又称射频干扰。实际应用的同轴电缆总会有架空的部件，如同天线一样。高频电磁波就会在电缆的长轴方向上产生感生电压，这个感生电压通过信号源的内阻和电缆中心导体与屏蔽层之间的电容在中心导体上形成干扰电流。有时电缆与摄像机的连接会破坏摄像机的屏蔽状态，以至于干扰信号直接进入视频信号源。这些是产生高频干扰的主要原因。

高频干扰源主要有广播、电缆和摄像机附近的射频设备及可能产生电火花的设备。所有高于图像行频的干扰信号都属于高频干扰，其中几百千赫兹到几兆赫兹的容易被人眼觉察，对图像质量的影响较大。它们在图像上的表现是倾斜或交叉的网纹，从图像上的网纹条数可以推算出来高频干扰信号的频率，找出干扰源。可以看出：高频干扰主要来自空中。

高频干扰是很难抑制的，主要的方法是做好屏蔽：将前端设备（摄像机、镜头）的公共地连接好，且不要与本地的地线连接。如必要可采用附加屏蔽的电缆，附加屏蔽不要与电缆的屏蔽层共地。如有条件电缆尽可能走管。干扰产生后可采用专门的陷波电路，减小干扰的影响。

（2）低频干扰

相对高频干扰而言，低于图像行频的干扰称为低频干扰。它对图像的干扰主要是对同步的影响。低频干扰在画面中表现为背景亮度的变化，轻微的干扰不易觉察，严重的干扰可能会破坏图像的同步，使图像扭动或跳动。如果视频设备（监视器）具有箝位功能，在一定程度上会消除这种干扰。

电源干扰基本上来自于电源，地电位差是主要原因。通常人们都把大地作为系统的参考点，认为处处都是等电位。其实不然，不同地点之间会存在着很大的电位差。这主要是由于各地之间用电量的不同和供电系统相间不平衡所致。如果同轴电缆传输系统的屏蔽层的两端都在本地接地，地电位差就会在屏蔽层上产生一个地电流，地电流通过信号源的内阻串入视频信号，形成干扰信号，如图 5—18 所示。

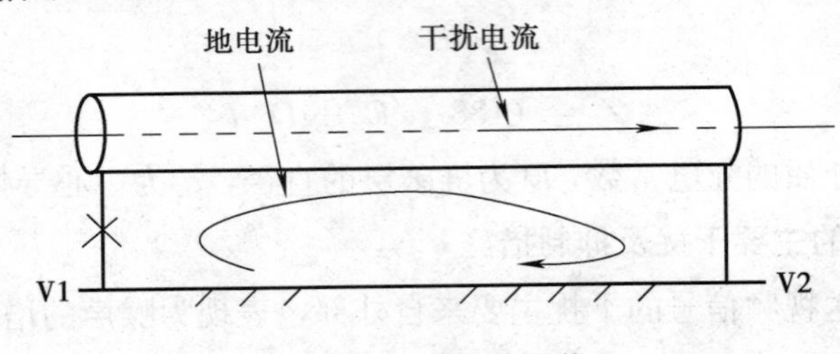

图 5—18　地电位干扰

通过对产生低频干扰原因的分析，可以发现，消除地电流干扰的方法就是切断地电流的回路。采用单端接地或隔离变压器都是可行的方法。这就是为什么前面讲前端设备屏蔽的地最好不要与本地大地连接的原因。

同轴电缆传输还会有一些失真出现，特别是高频分量损失过大后引起的图像分辨率不够的问题，以及彩色副载波还原不好，图像色彩失真。这些问题只要适当地选择电缆的规格，合理地控制电缆的长度（传输的距离），就会避免。

4. 同轴电缆传输性能的评价

同轴电缆的低频、高频传输特性的差异限定了它传输宽带视频信号的距离。这种差异表现于系统的幅频特性和相频特性。后者对图像质量的影响是严重的，它将导致图像重影，色度失真，且又没有好的校正方法，只能是限制电缆的使用长度。同时，与之相关的指标也不容易测量，所以对电缆传输的评价主要是幅频特性，即从损耗和不同频率分量损耗的差别来评价传输系统。实际测试时，可采用多波群信号，多波群信号经电缆传输后，各频率段的幅度将发生变化（衰减），这是由电缆的损耗引起的。各频率段幅度衰减的差别程度（频率越高、衰减越大）就是传输系统的幅频特性。电视系统的彩色副载波是通过视频信号的色同步传送的。它的衰减对图像质量，特别是彩色还原性有很大的关系。同时，它也反映了传输系统的幅频特性（反映高频衰减）。所以，可通过观察彩色视频信号的色同步信号来对系统进行基本的评价。表 5—4 给出了经验值。

表 5—4　　　　　　　　　　电缆传输的评价

副载波衰减（色同步信号相对于同步信号）	传输效果
小于 3 dB（0.7 倍）	良好
小于 6 dB（0.5 倍）	可用
小于 10 dB（0.3 倍）	最低限度、可能不能还原彩色

副载波衰减是以色同步信号相对于行同步信号幅度的变化来测量，标准视频信号的同步信号的幅度为 0.3 V_{P-P}，色同步包络的幅度也是 0.3 V_{P-P}。

5. 双绞线视频传输

利用双绞线进行视频传输也是有线传输的一种方式，在以前应用很多，主要是利用市话系统的电话线。由于电话线的损耗要比同轴电缆高，幅频特性差。因此传送前，首先要对视频信号进行预加重（提升高频分量的幅度），然后将其转换为平衡信号，送入电话线，接收端通过差分放大电路将信号现转换为非平衡信号。这样处理主要是为了抑制外界干扰。外界干扰对平衡的双绞线来说是对称的，两线上对称的干扰信号，经差分放大实现共模抑制被消除，而视频信号是不对称的（反向），得到放大。其具体原理如图 5—19 所示。

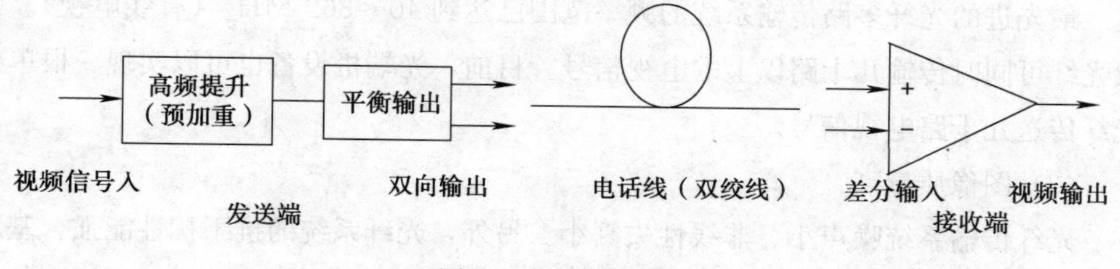

图 5—19　平衡传输

近距离的平衡传输，采用视频变压器进行非平衡/平衡转换和平衡/非平衡转换即可。

随着综合布线技术的发展，5、6 类双绞线具有足够的带宽，平衡性也好，通过跳线可直接连接成点到点的通路，可以实现视频信号的传输。它不用专门布设监控系统线路，只需采用上述视频变压器，完成非平衡—平衡转换和平衡—非平衡转换。由于网络双绞线的性能要远高于普通电话线，系统的图像质量可以做得很好。需要指出的是：这种传输方式与通过网络传输图像不是一个概念，它还是点对点固定的连接，传送的是基带信号。

在视频监控系统中，除了传输视频信号外，还要传送系统的控制信号。它与系统图像信号流方向相反，是从控制中心流向前端的摄像机、镜头、云台、防护罩等受控设备。传输控制信号采用的介质与视频传输不同，控制信号为窄带数据信号，因此要容易得多，此处就不专门介绍了。

二、光纤视频传输

光纤通信技术一出现，立刻在电视系统中得到了应用。这是因为，比之传统的电缆传输具有无法比拟的优势。使视频监控系统无论在图像质量上，还是在系统功能上都上升到一个新的高度。极大地推动了电视技术的发展，拓宽了视频监控的应用领域和范围，光纤传输是现代网络系统的基础，也是未来数字视频系统所依托的基础平台。

1. 光纤通信的主要特点

（1）损耗小

损耗小表现为系统传输距离长。目前，单模光纤在波长 1.31 μm 或 1.55 μm 低损耗窗口，损耗达 0.2～0.4 dB/km，可实现多路模拟视频信号几十千米的无中继传输，基本满足了超大型、远距离视频监控系统的应用。

（2）频带宽

最先进的光纤多路传输系统的频率范围已达到 40～862 MH_Z（有线电视）。一根光纤可同时传输几十路以上的电视信号。目前，光端机设备也可以实现一根单模光纤传送几十路电视信号。

（3）图像质量高

光纤传输系统噪声小、非线性失真小。另外，光纤系统的抗干扰性能强，基本上不受外界温度变化的影响，就可以保证很高的图像质量。

（4）保密性好

由于光路中传送的是光信号，不易窃取，非常适用于安全监控系统等高保密要求的应用。同时，光纤传输不受电磁干扰，可以在强电磁干扰的环境中工作。

（5）施工、敷设方便

光缆具有细而轻、拐弯半径小、抗腐蚀、不怕潮、温度系数小、不怕雷击等优点，所以光缆的敷设施工很方便。

当然，光纤通信系统还存在一些问题：光缆和光端机的成本较高；光路中的一些关键器件，如光合波器、光分波器、电子式光开关、光衰减器及光隔离器之间的连接处理还有待完善。

2. 光纤维的结构与光传输原理

光纤是光波传输的介质，是由介质材料构成的圆柱体，光波沿其传播，这是技术文献中讨论光纤原理意义上的光纤。在实际应用中，光纤是由预制棒拉制出来的纤丝（玻璃丝），经过简单被覆后成为纤芯，纤芯再经过被覆、加强和防护成为工程中应用的光缆。所以说，光纤是光通信技术中的一个技术名词，而光缆是实际应用的光通信器材。

（1）光纤的结构

光纤由芯子、包层（两者为同心圆结构）和套层组成。

芯子和包层的折射率不同，其折射率的分布有两种型式：折射率连续分布型（又称梯度分布型）和折射率间断分布型（又称阶跃分布型）。光纤的分类还有几种方式，见表 5—5。

表 5—5　　光纤的分类

按折射率分布分类	梯度、阶跃
按传播模数分类	单模、多模
按材料分类	高纯度石英玻璃、多组分玻璃、卤化物、混全材料
按制备方法分类	CVD（化学汽相沉积法）、MCVD（改进 CVD）

光纤的套层只是保护作用，对光传输无意义。梯度光芯子直径为 50～60 μm，包层直径 125 μm，阶跃光纤芯子直径为 10 μm，包层直径 100 μm。按波动理论，光纤允许有限的离散数量的光（模）传播，实验证明了这一点。传播模数是芯子的横截面积与（n_1、n_2）的函数，成正比关系。多模光纤可有几百个模。当芯子的直径减小到一定值时，光纤就只能传播一个模，即单模光纤。单模光纤不存在色散，且具有很大的信息载送容量。

（2）光纤传光的机理

光线在介质界面的全反射现象是光纤传光基本原理。如图 5—20 所示，当一束光线投射到两个具有不同折射率（n_1、n_2）介质交界面上时，会发生折射和反射。假定 $n_1>n_2$，折射光就会向交界面方向偏转。当光线入射角 α_1 增大至临界角 α_C（$\alpha_C=\arcsin n_2/n_1$）时，就没有光线进入第二种介质了，形成全反射。把这个分析应用于光纤，可以清楚地理解光纤传光的基本原理（见图 5—21）。

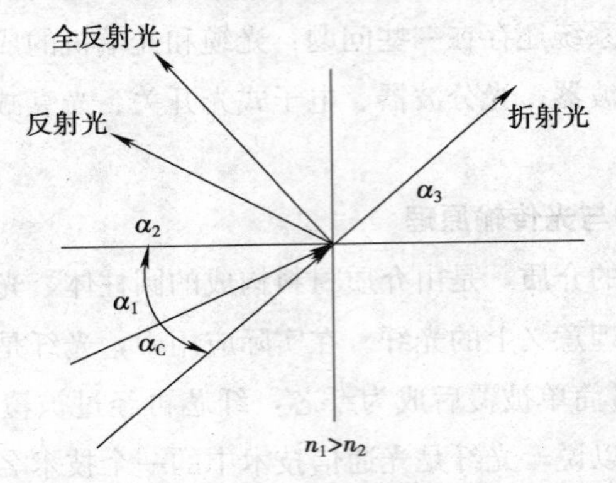

图 5—20　光线的折射和反射

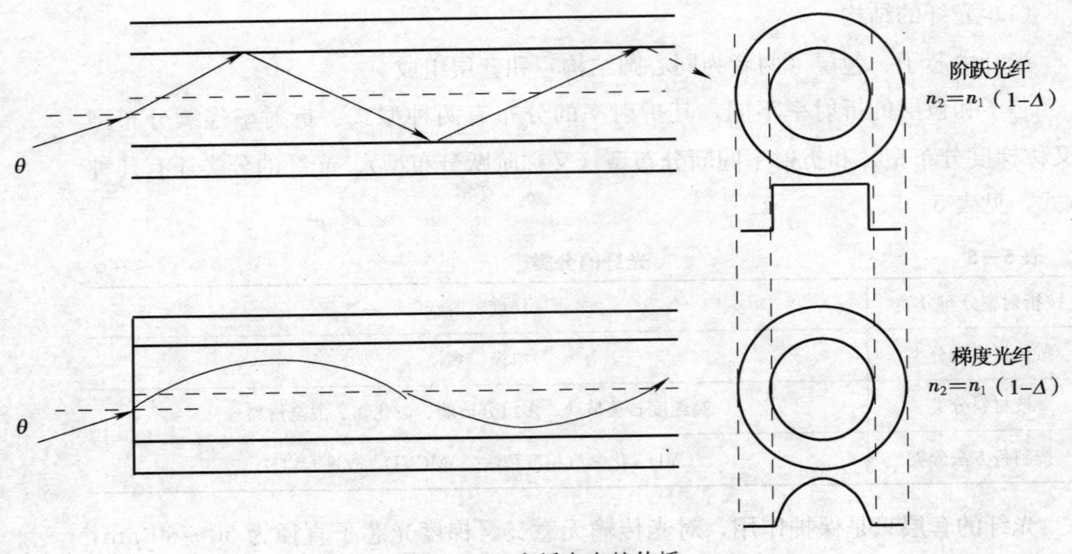

图 5—21　光纤中光的传播

可以认为：光线在介质界面的全反射使光线受到束缚，而在芯子中传播。芯子相当于同轴电缆的中心导体。而包层相当于屏蔽层，包层将光线限制在芯子中，所以光纤又称光导纤维。

3. 光纤的主要技术指标

反映光纤传输性能的主要技术指标有：

（1）数值孔径 NA

表示光纤芯子与包层折射率的差，反映光纤集光的能力。NA 越大，光纤可以传播的光越多。

（2）传输损耗

反映光纤对传输光的衰减，以 dB/km 表示。引起光纤损耗的原因有：材料吸收（热损耗）、散射损耗（传播模转移为非传播模）、结构缺陷等。

材料吸收是指光在光纤中传播时，其功率以热的形式消耗，材料不纯是产生材料吸收的主要原因。

散射损耗是由光纤的几何参数或折射率的不均匀性造成的，因为它会引起一个传播模的光功率转移到另一个模上去，这就是散射。如果转移模为非传播模，就会产生散射损耗。

光纤结构的缺陷是产生损耗的一个原因，如芯子包层界面不光滑、气泡、应力，直径的变化和轴线的弯曲等，都会引起损耗。

（3）传输带宽

表示光纤的传输速率，主要是受到色散的影响（导致脉冲展宽）。主要有材料色散、波导色散和模色散。理论上在 1.3 μm 处可制造出零色散单模光纤；还可把零色散点移到损耗最小的 1.55 μm 处，即色散位移（DS）光纤。这些光纤是大容量、高速率通信的首选。

实际上，常用带宽距离（F. km）表示光纤的传输能力。说明传输带宽与距离成反比，距离越长，带宽越窄。同损耗是影响光纤通信距离的两个主要参数。

（4）均匀性

光纤的重要指标，反映光纤几何参数（直径、同心度）、光学参数（折射率及分布）的均匀性，光纤的结构缺陷（界面不光滑、气泡、应力）等，它影响损耗、色散及光纤的对接。

4. 光纤传输三环节

光源、探测器、光缆是构成光纤传输系统的三个基本环节。

（1）光源

光纤传输信息的载体是光波，光源是最重要的器件。光纤传输用的光源要求有很好的稳定性和寿命，其波长与光纤低损耗区相一致，同时具有很好的调制性能。实际应用最多的固体光源有：

发光二极管（LED），发射波长为 0.8～0.9 μm 或 1.1～1.6 μm 的发光二极管是最简单的固体光源。它可以提供足够的光功率和适当的光谱宽度，容易与光纤耦合，可以方便地直接调制，在实际工程中得到了大量的应用。

它的工作原理是：当PN结正向偏置时，会有电子（少子）注入P区，这些导带的电子与处于价带的空穴（多子）复合时，就会发出光子。能量取决于材料导带与价带间的能量差，决定发射光的波长。这种复合称为自发复合，发光称为自发辐射。由于材料的缺陷，有些复合不发光，因此，LED的发光（量子）效率为50%～80%。

半导体激光器（LD），是受激发光，光谱很纯（小于1 nm）、发光功率较高、调制频率可达1 G、与光纤的耦合效率高，非常适于长距离、高速率的通信。

（2）探测器

与光源相反，探测器的功能是解调光信号，将载于光波上的信息转变为电信号。系统对它的基本要求是在工作波段上有足够的灵敏度和带宽。目前应用最广泛的探测器有半导体光电二极管和雪崩二极管。

PIN二极管是最通用的光电二极管，它的工作原理是：当PN结耗尽层受到光子照射，入射光能量大于或等于材料带间的能差时，光子能量被吸收，产生空穴电子对，由于强电场的作用，它们向相反的方向漂移，通过PN结后收集，形成光电流。为提高耗尽层的宽度，减小掺杂量使P区成为本征区。

雪崩光电二极管（APD），许多系统可接收的光功率是毫微瓦级的，要求高灵敏度的探测器件，雪崩二极管就是一种高灵敏度的光电二极管。它的工作原理是：在加反偏的二极管中，当耗尽层的电场足够强时，光生载流子可以获得足够大的能量去撞击被束价电子使之电离，从而产生额外的空穴电子对，这些载流子同样可以在电场中获得能量去撞击其他价电子，再产生新的载流子。如此往复下去，就会形成载流子雪崩倍增。光电流相应地被几十、几百倍地放大。

PIN与APD都是将光强变化直接转换为电流变化的器件，称为直接探测，其输出电流是输入光功率的线性函数。在光通信系统中，直接光强调制（IM）是最普遍的方式，所以直接探测也是最广泛的方式。PIN在稳定性、寿命、价格方面有优势，应用较普遍。

（3）光缆

光纤通信要得到实际应用，就必须要适应各种工程条件和自然环境的要求。因此要把光纤加强、防护，使之成为有实用价值的光缆。从光纤到光缆是光纤通信从实验室进入实际应用的过程。可以说，光缆制造技术的发展对光纤通信的推广应用起到了决定性的作用。

光缆设计和加工一定要做到：保证光纤良好的通信性能，避免产生光纤的微弯损耗；避免光纤表面损伤；保证光缆的机械强度（抗拉力、防潮密封、可运输）；多芯光缆要便于识别；合理的质量、体积。常用光缆主要有两种型式：

层绞式，是以一根钢丝或加强纤维为中心加强件，外绕缓冲层，多根光纤均匀地分布在缓冲层外（一层或多层），呈螺线状地环绕着加强件，在纤芯层外又是一层缓冲层，最外层是防护被覆。

骨架式，这种型式采用一根含中心加强件的特殊形状的骨架，纤芯平稳地放置在骨架周围的空腔内，呈螺线状地围绕着加强件，骨架外是缓冲层和防护层。这种方式的光缆，纤芯在骨架的空腔内是悬浮的，使光缆弯曲时，光纤不受附加的张力。这种光缆的机械强度较好，但不易制造多纤芯光缆。

总结上面的内容，可以构成光纤视频传输系统的基本框图，如图 5—22 所示。

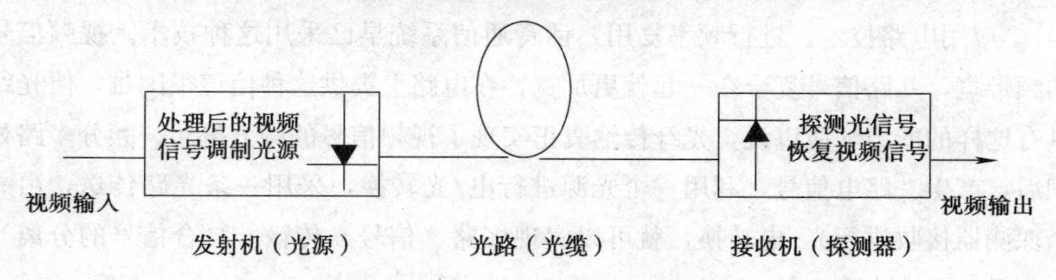

图 5—22　最基本的光纤传输系统

5. 光纤视频传输系统

视频监控系统主要是采用直接光强调制的方式，传送图像基带信号。可把整个光传输系统看成一个黑盒子，一端是视频信号入，另一端是视频信号出。许多实用系统的测试就是这样，不考虑系统光学上的特性或技术参数，只是对系统输出的结果进行评价。因此，光纤视频传输系统的测试成为一种视频测试。光纤视频传输有以下几种主要方式：

（1）基带传输方式

基带传输是应用最多的方式，它直接用视频信号 IM 调制光源（大多采用 LED 光源）。系统结构简单，可以得到 10 MHz 左右的带宽，几千米传送单路图像信号可以得到很好质量。图 5—23 所示为视频基带电路框图。

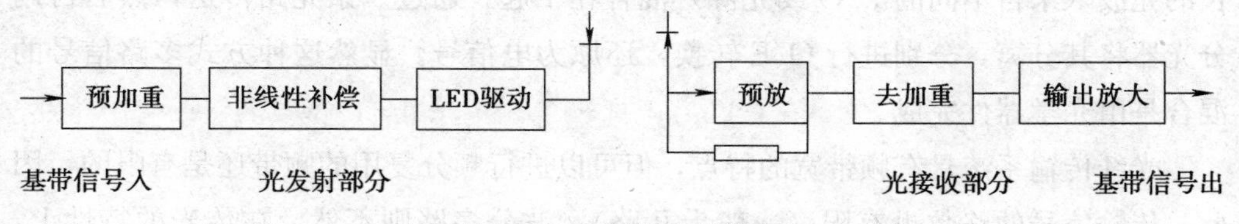

图 5—23　视频基带传输

其中预加重电路主要是用来提高系统的S/N，非线性补偿电路则是针对光源输出特性的非线性失真。光发射机的关键是驱动电路，高性能光发射机多采用具有反馈控制的驱动电路，它可以很好地改善光源输出特性。光接收机的关键部分是预放电路，要求带宽高；噪声低，多采用 PIN－FET 互阻放大器作为光接收机的预放级。

（2）常用的多路传输方式

多路传输对降低工程成本、提高资源利用率很有益处，特别是干线通信，多路视频信号的起点和终点相同，技术上和工程上都非常便于多路传输。目前常用的多路传输方式主要有以下两种：

1）频分多路（FDM）。是电通信中常用的，也是比较成熟的技术（见图 5—24）。应用电路技术，进行频率复用，话音通信系统早已采用这种技术。视频信号的频带宽，几路信号复合在一起就更加宽，在电路上提供这种信道很困难，但光纤具有这样的能力，所以说，光纤传输真正实现了视频信号的频分复用。频分多路处理后，产生一路电信号，利用一个光源进行电/光转换，采用一条光路传送，由一个探测器接收进行光/电转换，就可以实现多路（信号）传输。复合信号的分离当然也是由电路来实现的。

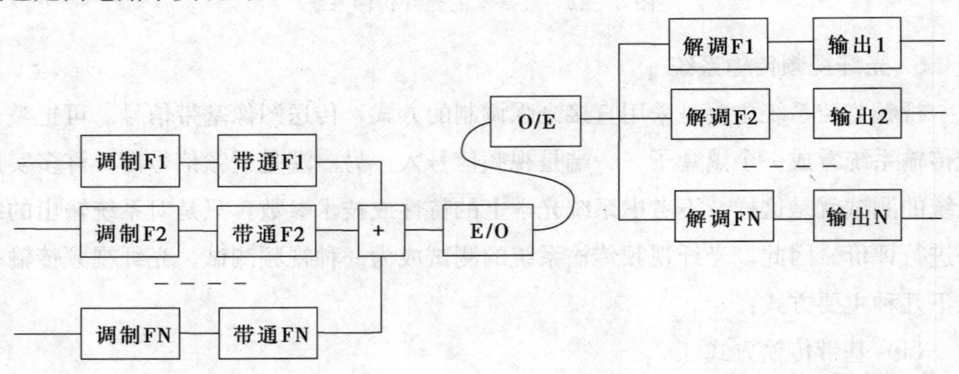

图 5—24　频分多路

2）波分多路（WDM）。不同于 FDM，它是利用光学器件（合光器）将不同波长的光波（来自不同的 E/O 或光源）混合在一起，通过一条光路传送，然后再用分光器将其分离，分别进行 O/E 转换，还原为电信号。显然这种方式多路信号的混合是由光学器件完成。

光纤传输系统具有频带宽的特点，但可以进行频分复用的频带还是有限的，因此，传输信号的路数也有限（一般十几路）。波分多路则不然，在传光的特性上，光纤的资源非常丰富。目前 WDM 系统传输信号数量的限制主要是合光/分光器等光学器件（见图 5—25）。

利用 WDM 系统可以方便地实现光路上双向传输。这也是它突出的优势。

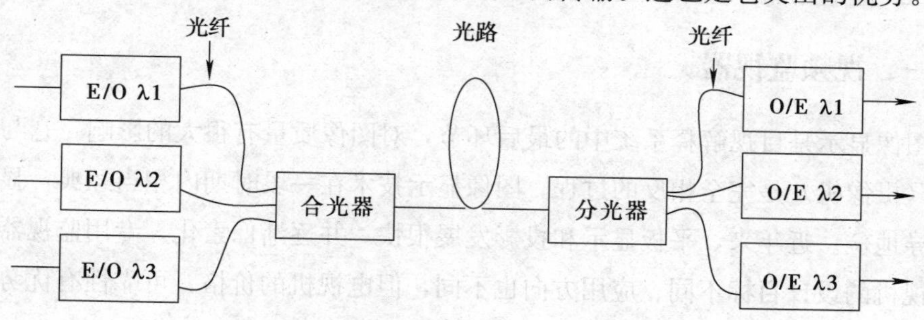

图 5—25　波分多路

6. **光路的建立**

光纤传输系统的建立在很大程度上取决于光缆的敷设、光纤的接续、接头点的防护、各种光学器件的连接等工艺性问题。这些内容被称为光路的建立，其中，光纤的接续和接头的防护最为重要。

光纤的接续是一项技术性很强的工作，不像电缆接头那样方便，需要用专门设备（熔接机）。一个光路不可能从头到尾只用一根光缆，中间会需要接续，它是光路损耗的一大原因（除了光纤本身的损耗外）。在设计光路时，应把接头的损耗考虑在内。接续时要严格地进行端面处理，通过熔接的精度控制，使接头平滑、均匀，从而将产生的损耗降到最低。

接头的防护也很重要，要保证强度，留有一定余量，做到防水、防潮等。

目前光端机与光纤的连接主要采用光接头组件（连接器），它用机械精度来保证连接的效果。一些小的、局域性的系统也有采用光连接器进行光缆的接续。光纤通信已经很成熟了，光缆加工技术、接续技术、穿缆技术都有了很大的提高，如吹管技术，在短距离应用中很普遍，也很经济。

第 5 节　图像显示与记录设备

视频监视器与图像记录设备是视频监控系统的中心室设备，如果说，摄像机是系统的信源，它们就是系统的信宿（也可以认为系统最终的信宿是人）。它们完成与摄像机相反的变换。理解图像显示与记录设备，可以理解电视系统中另外的几种基本变换。本节将主要介绍这些设备的工作原理和主要技术指标，对最新出现的，并得到广泛应用的一些图像显示设备和数字视频记录设备也作以简单说明。

一、视频监视器

图像显示是目视解释系统中的最后环节，对图像质量有很大的影响。它与图像生成（摄像机）是完全相反的过程。图像显示技术在一段时期内相当经典，显像管占主导地位。近年来，平板显示和投影发展很快，并逐渐像素化。专用监视器与普通电视机的设计目标不同、应用方向也不同，但电视机的价格、可靠性有优势，所以在视频监控系统中得到了广泛的应用。

1. 黑白视频监视器

黑白视频监视器的应用越来越少，但用它来说明监视器的工作原理非常简明和适宜。监视器完成的基本变换是：将电视信号（时间顺序信号）转变为空间（显像管屏幕平面）分布。同时，完成电光转换，生成光学图像。这两个变换由显像管来完成。

（1）显像管（CRT）的结构与工作原理

显像管是监视器设计的核心。它的功能是：把时间域的电信号转变为空间域的光学图像信号。

1）显像管（黑白）结构。由电子枪、电子偏转系统、荧光屏和玻璃壳体组成，如图 5—26 所示。

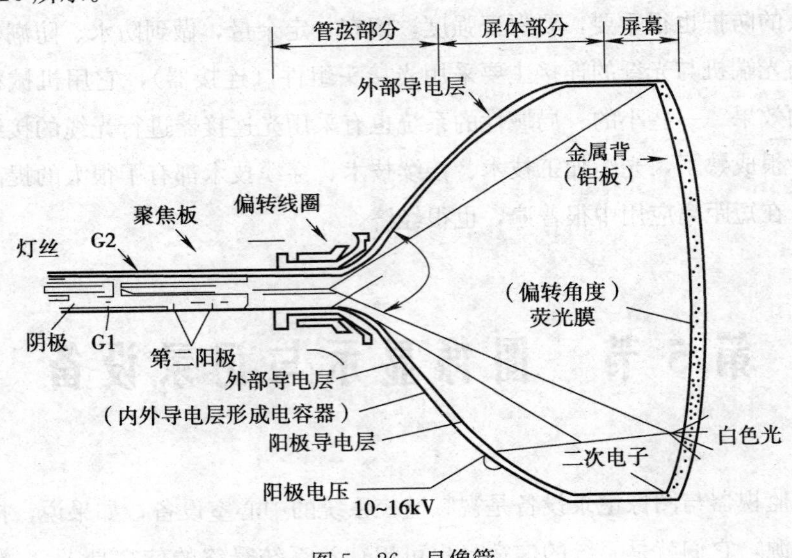

图 5—26　显像管

①电子枪。由一组电极组成。它的基本功能是发射电子，聚焦形成细小的电子束。通过高压嘴供给的十几千伏高压，使电子束加速，获得足够的能量，轰击荧光屏，使其发光。电子枪作用如同一组光学透镜对光线的作用，因此，又称电子光学系统。

②电子偏转系统。是位于显像管外部的线圈组件，也可认为是偏转（扫描）电路的一部分，它与显像管的结构紧密相关。其作用是改变电子束的运动方向，形成矩形扫描光栅。

③荧光屏。由镀覆在面板玻璃内壁上的荧光膜构成，它受电子束轰击而发光，发光强度与电子束强度和能量成正比。

④玻璃壳体。显像管是真空器件，壳体是重要部分。电子枪、荧光膜均置于其中。

2）显像管的工作原理和技术指标

电子束调制，通过图像信号控制电子枪发出电子的量（电子束强度）；通过偏转系统实现电子束扫描，使电子束按图 5—5 所示的顺序打到屏幕上，形成矩形扫描光栅。因打击每一点的电子束强度与图像信号相关（即该像素的亮度信息），而荧光屏各点的亮度（荧光屏发光强度）与电子束强度和速度成正比，屏幕生成还原图像。这就是显像管的工作原理。

评价显像管的主要技术指标有：

①分辨率。指可以分辨电视线的数量。它与荧光粉的特性和电子束聚焦性能有关。荧光粉越细，电子枪聚焦越好，显像管分辨率越高。注意，显像管的分辨率与监视器的分辨率有关，但不是一个概念。后者还与监视器视频通道电路有关。

②发光亮度。与荧光粉的电/光转换效率有关，也与电子束强度和能量（速度）有关。发光亮度是指：单位面积荧光屏在其法线方向上的发光强度，单位是尼特（nt）。

③灰度等级。荧光屏能够分辨亮暗层次的能力（以灰度级数表示）。灰度等级越高，可以显示图像的层次越丰富。同样，显像管的灰度等级影响监视器的灰度等级，但不是一个概念。后者与监视器视频通道电路有关。

（2）黑白监视器电路

图 5—27 所示为典型的黑白监视器的电路原理框图。

监视器主要由视频通道电路，同步与扫描电路和显像管电路、电源组成，它们的基本功能是：

1）视频通道电路。把输入监视器的 $1V_{P-P}$左右的视频信号无失真地放大，使

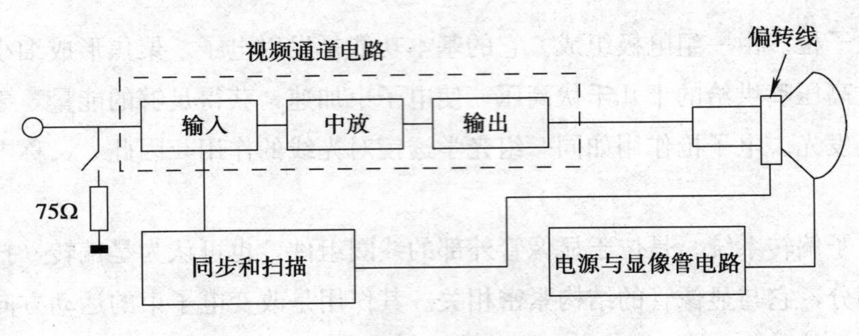

图 5—27　黑白监视器

之能够送到显像管的调制电极去调制电子束。监视器对视频通道电路的基本要求是：

①足够的增益，视频通道电路总的要有 34～46 dB 的增益。

②足够的带宽，决定监视器的分辨率，一般要求有 10 MHz 以上的带宽。

③视频通道由输入级、中间放大级和输出放大级组成。输入级没有增益，主要是阻抗匹配；中间放大级提供主要的增益，要求有良好的线性和频率特性；输出级则是按调制要求输出幅度、极性适合的调制电压。监视器视频通道还具有 DC 恢复和频率补偿特性。

2）同步与扫描电路。与偏转系统一起实现电子束扫描，同步就是保证扫描光栅与原图像的一致性。

3）显像管电路。显像管电路的基本功能是向显像管的各个电极提供工作电压，保证显像管正常的工作。

4）电源。向监视器各部分供电。通常与显像管电路结合在一起。

2. 彩色监视器

同黑白监视器的主要差别在显像管。

（1）彩色显像管

彩色监视器的核心器件。彩色显像管不仅要完成电/光转换，还要完成三个色分量信号的混合。电视系统的相加混色在彩色显像管的荧光屏上进行，由人的眼睛来实现。

彩色显像管的结构基本与黑白显像管相同，最大的差别是它的电子枪要产生三条电子束，分别对应于三个色分量，这三条电子束可以由一个电子枪来产生，也可以由三个电子枪来产生。由此产生了显像管（单枪三束、三枪三束、品字三束、一字三束）的分类。

同时，荧光屏要涂有三种荧光粉，它们在电子束的轰击下可以分别发出三个基色的光。

要做到每条电子束能够准确地打到相应的荧光点上，荫罩是关键的部件。

荫罩，是彩色显像管最有特色的部分，它的基本功能是选色，荫罩的结构要与电子枪相匹配，从图 5—28 所示可以清楚理解荫罩管的工作原理。

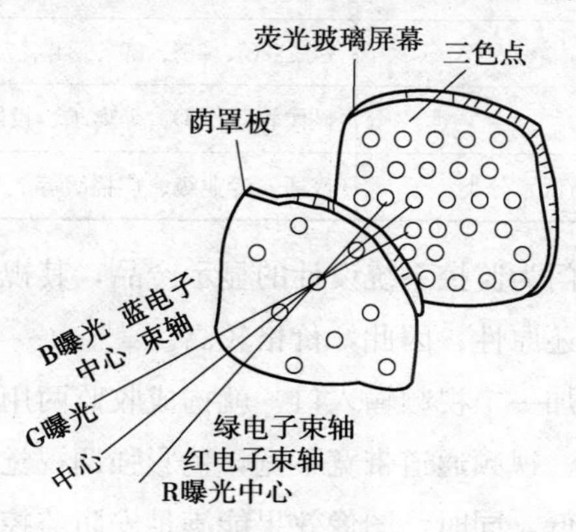

图 5—28　荫罩

荫罩是一个具有阵列小孔的钢板，其几何形状与荧光屏完全相同，位于其前面(有一定距离)，每个荫罩孔对应于一组（三个）荧光粉点。三条电子束分别受图像信号三个色分量信号（R、G、B）的调制，由偏转电路的控制交会在荫罩孔处，透过荫罩孔再轰击到相应的荧光粉点上，产生相应的 R、G、B 光。由于其相距很近，人的视觉所感受到的是三色混合的色彩。这个过程称为选色。荫罩的作用就是保证三条电子束准确地交会在荫罩孔处，然后再准确地打到相应的荧光点上。这个过程称为会聚。

从上述可知：彩色显像管的荧光粉是一点一点或一组一组（三点）涂布的。因此是像素化器件，其分辨率主要由点阵（像素数）来决定。

(2) 彩色监视器电路

彩色监视器首先要将输入的复合电视信号分解为亮度信号 Y 和两个色差信号 R—Y、B—Y，然后生成 R、G、B 信号，这个过程称为解码，解码器（电路）是彩色监视器电路的核心，经放大的 R、G、B 信号分别调制三个电子束。因此，视频通道电路比黑白监视器复杂。这些内容超出了本书的要求，就不介绍了。

彩色监视器的同步和扫描电路、显像管电路与黑白监视器基本相同。

3. 监视器基本分类和主要技术指标

了解监视器的分类和主要技术指标，对于选择产品和客观地评价产品很有帮助。下面作简单的介绍：

(1) 监视器分类

可以根据监视器的规格、功能、技术指标和核心器件来分类监视器，见表5—6。

表5—6　视频监视器的分类

按功能分类	黑白、彩色，专用、收监两用，有无伴音等
按屏幕尺寸分类	14″、20″、25″、29″、34″、72″等
按显示器件分类	显像管、LCD、等离子、投影、DLP等
按规定技术性能（技术指标高低）分类	普通、专业级、广播级等

专用监视器是指专门为监控系统设计的显示产品，其视频通道的带宽高，色彩还原性好。强调图像的还原性，因此，价格较高。

将通用的电视机增加一个视频输入口，就构成收监两用机，这种机型考虑电视伴音和广播电视的要求，视频通道带宽不宽，色彩强调视觉效果，还原性不好。但其生产量大，因此价格低，同时，图像效果能满足安防监控系统的要求，因而得到了广泛的应用。目前，大多电视机都有视频输入口，有些机型为播放DVD图像，分辨率也很高。

(2) 主要技术指标

视频监视器的客观测试在自然环境下进行，所有测试都不需要打开机箱，或对内部电路做调整。测试的主要技术指标有：

1) 水平分辨率。也称清晰度，是沿屏幕水平方向显示图像细节的能力。除与显像管有关外，主要与监视器视频通道的带宽有关，因此，该指标的测量也是对视频通道电路的评价。经计算可知：1 MHz带宽相当于80 TVL分辨率。该指标可采用高分辨率摄像机或视频扫频信号作为信号源，输入到被测监视器，通过目视观察得出测试结果。

2) 灰度鉴别等级。简称灰度，是指监视器能够区分图像最黑到最白之间的亮度级数。标准规定最高为10级。可由灰度等级10的摄像机摄取灰度测试卡，或视频信号发生器的10台阶信号作为信号源，输入到被测监视器，通过观察得出测试结果。

以上两个指标与摄像机的同样指标定义相同，测试方法也相同，测试摄像机时，采用高指标（高清晰度、10级灰度）的监视器作为测量仪器。测量监视器时，采用高分辨率摄像机（10级灰度）作为测试信号源。

3) 光栅的几何失真。由于显像管监视器采用电子束扫描，因此，扫描系统的非线性将产生图像的几何失真（空间位置的失真），它是监视器的重要技术指标。

测量方法是：输入标准方格信号，在屏幕上测量直线、格子宽度的偏差和变形，通过计算得出测试结果。像素化的平面显示设备由于没有电子束扫描，如CCD摄像机，没有这个指标。

4）同步范围。反映监视器适应输入视频信号同步频率变化，保持图像稳定的能力，是监视器特有的技术指标。采用可变行频的视频信号作为被测监视器的输入信号，观察显示图像的稳定性，图像保持同步的行频变化范围就是测试结果。

5）彩色还原性。反映监视器真实地还原图像色彩的能力。采用标准彩色信号输入被测监视器，通过观察监视器的显示图像，做出主观评价。

4. 新型平板显示设备

近年来，各种平板显示设备发展很快，性能优于显像管显示设备，价格也不断下降，大有取代CRT（显像管）的趋势。它们是像素化设备，可以与PC、数字视频设备接口，屏幕尺寸大、无几何失真，观看效果好，在视频监控系统中已被广泛的应用。下面简单介绍几种主要的平板显示设备。

（1）液晶显示器

液晶（LCD），液态存在的分子晶体，大多属于有机化合物。它具有以下基本特点：若电流通过液晶层，液晶分子将按电流的方向排列；若液晶层的外层带有小的沟槽，液晶注入后，液晶分子会顺其排列，当上下两个表面（沟槽之间）呈一定的角度时，液晶排列就会发生扭曲。这个扭曲形成的螺旋层会使通过的光线也发生改变。

液晶的这些特点使它可以作为一个光开关，通过电流的通断改变LCD中液晶的排列，控制光线的通过。将每个光开关（LCD单元）作为一个像素，组成一个矩形阵列，就可以用来显示图像。

在LCD层背面设置一白光源，光线均匀地通过LCD传送到前方（当所有像素均导通时），如依照所接收的图像信号去控制每个像素的通断，并控制通断的时间来调节亮度，即可还原图像。这就是液晶显示器的工作原理。

显然，彩色显示器的每个像素要有三个LCD单元，且分别覆有R、G、B三种滤色片。

（2）等离子体显示器（PDP）

等离子体（Plasma），物质的第四态。温度提高使分子热运动加剧，相互间的碰撞使气体分子产生电离，物质就变成由自由运动并相互作用的正离子和电子组成的混合物，即等离子体。因为电离过程中正离子和电子总是成对出现，因此，等离子体被定义为：正离子和电子的密度大致相等的电离气体。夜空中的满天星斗都是高温的完全电离等离子体。气体放电法可产生人工等离子体。

等离子体显示就是基于气体放电的显示器件，在有一定压强的某种气体的容器内置两个电极，加一定电压时就会产生放电。阳极区会有紫外光发出，并可激发（荧光粉）发光，成为一个可控制光源，采用不同的荧光粉，可成为 R、G、B 光源。

将光源（像素）组成矩形阵列，可用来显示电视图像。等离子体显示屏就是基于这个原理。

如用电视图像信号来控制每个像素的发光强度，并与原图像同步（几何位置一致）即成为视频监视器。其图像信号的处理和控制与 LCD 显示器是基本相同的，不同点是：等离子体是主动发光，而 LCD 是控制背光源的透过量。

LCD 与 PDP 均具有大屏薄型、体积小、质量轻、大视角、无 X 射线辐射、无几何畸变、高亮度、高对比度、亮度均匀、彩色逼真的特点，适应数字化图像显示。

（3）发光二极管显示屏

发光二极管（LED），一种半导体光源。由它组成的矩形阵列可以显示图像，其工作原理与上述两种显示方式基本相同。

LED 显示屏分单色/双色和彩色屏。

1）单色/双色屏，每个像至少由一个 LED（大多是红色）或两个不同色的 LED 组成。通常用于文字、图像等；

2）彩色屏，又称电视屏，每个像素由 R+G+B 三个 LED 或 2R+G+B 四个 LED 组成。主要用来显示电视图像。

LED 屏的尺寸可以很大，适合室外大型信息显示系统。由于像素最小间距（目前可达 0.6 mm）限制，近距离观看效果不是很好。

（4）背投影技术

把投影机放在盒子里，利用反射原理将影像放大投影到电视屏幕上就是背投影。背投影技术从以往的 CRT 三枪背投影，发展为目前的三种数字投影方式：DLP（Digital Light Processing）、LCOS（Liquid Crystal on Silicon）和 LCD。这里主要介绍 DLP 投影机的概念。

（5）DLP

DLP 是超大屏显示技术，在安防系统的监控中心应用较多，它是一种新的投影技术，其核心是 DMD（Digital Micromirror Device，数字微镜装置），一个 DMD 芯片中含有许多微小的正方形反射镜片，这些镜片中的每一片微镜（16μm×

16 μm)都代表一个像素，镜片与镜片之间按照行列的方式紧密排列，并由相应的存储器控制在开或关的两种状态下切换转动，从而控制光的反射或投射到屏幕上的光强（亮度）。

常用的单片机采用一片 DMD，这个芯片在一块硅芯片的电子节点上紧密排列着许多微小的正方形反射镜片，每一反射镜片都对应着生成图像的一个像素，DMD 芯片中包含的反射镜片数量越多，DLP 投影机的分辨率越高。DMD 微镜工作时，由相应的存储器控制在两个不同的位置上切换转动（光开、关）。当光源的光通过由红绿蓝三色块组成的滤色轮投射到反射镜片上，滤色轮以 50 转/s 的速度旋转，这样就能保证光源发射出来的白色光分成红绿蓝三色光循环出现在 DMD 微镜的芯片表面上。存储器的控制信号若是电视信号，反射后通过投影镜头投射到屏幕上光的强度和色彩就还原了电视图像。

DLP 显示器总的光效率可达 60%，可得到比其他投影设备更高的亮度。同时，可以实现无缝隙的拼接，是组成超大显示屏的最好选择。

二、视频记录设备

图像记录是视频监控系统的基本功能，许多系统甚至是以图像记录为主要目标，如银行系统的柜员监控，重要部位的无人值守监控等。因此，视频记录装置成为监控系统的重要设备。数字视频录像机的出现和普及是安防监控发展历程中浓重的一笔，也是最具安防特色的产品。随着网络监控的推广，网络存储系统成为图像存储技术的一个方向。

1. 磁记录原理与磁带录像机

磁带录像机曾是安防系统主要的图像记录设备，数字视频记录设备的出现使它的应用减少了，但用它来说明磁记录原理是很简明的。

（1）磁记录原理

磁带录像机，利用磁介质（磁带）记录视频信号的装置，最基本的变换是电磁和磁电转换。铁磁物质的磁滞现象表明：磁性材料具有记忆特性，使磁记录成为可能。

1）任何磁记录必须包括两个基本部分：承载信息的介质和向介质传递信息实现电磁转换的器件。在磁带录像机中它们是：

①磁带。在塑料带基上均匀地涂布磁性层，磁性材料为硬磁。它是视频信号存储的介质。

②磁头。是一个绕有线圈的环形铁心（软磁材料），铁心上有一狭窄的缝隙。

磁头是完成电磁转换的器件。

2）要实现信息记录必须建立规定的头、带关系，磁带记录的头、带关系非常精密，由机械结构来实现（见图 5—29）。在规定的头、带关系下发生下面的物理过程。

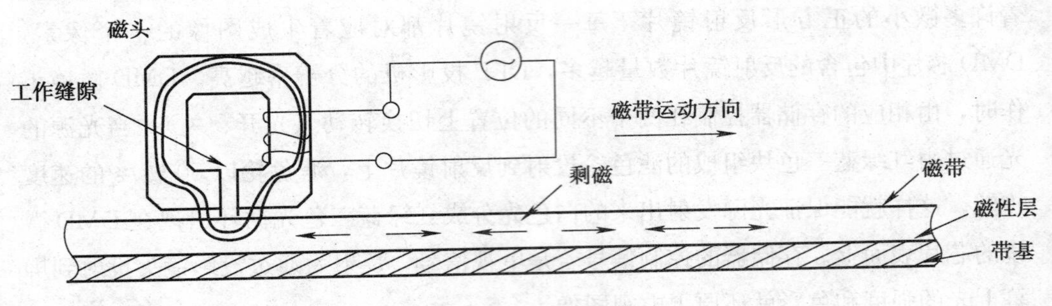

图 5—29　磁带记录

①记录过程。记录信号电流流过线圈，铁心中产生与电流大小成正比、方向一致的磁通，在缝隙处出现漏磁场，当磁带与之接触，磁力线通过磁带闭合，磁带被磁化，产生磁迹。

②重放过程。与记录相反，磁头与磁带相接触，磁头将桥接磁带上的磁迹，磁带表面磁场的磁力线通过铁心，在线圈中产生感生电流。

③消除过程。用逐渐变小的交变电流（磁场）作用于磁带，其磁化强度会逐渐减弱，直到消去磁化。用一恒定的交变电流（磁场），但逐渐离开磁带（相当于逐渐减小）就会实现消磁功能。

（2）磁带录像机

磁带录像机是采用磁带为记录介质，记录视频信号的设备。

1）记录的过程是将视频信号（时间顺序）转换为磁带上的磁信号（长度上的位置），故称为线性记录。该电磁变换中的电与磁信号均为模拟信号。

2）重放的过程与记录相反，将磁带上的磁信号转换为视频信号，即磁电变换。完成上述变化的头带关系与图 5—29 所示基本相同。

磁带录像机的分类主要依据磁带格式、盒式磁带结构、图像质量及工作方式等。常用的分类见表 5—7。

表 5—7　　　　磁带录像机的分类

	类型	特点与应用
按磁带格式	VHS、U－FORMAT	不同磁带格式表示处理视频信号和消除串扰的方法不同。后者优于前者，但缺点是磁带使用量大

续表

	类型	特点与应用
按盒式磁带结构	大 1/2、小 1/2、3/4	与磁带格式相对应，与录像机结构有关，前两者用于安防和家用，后者用于广播
按图像质量	低带、高带，家用、广播	图像质量，主要是分辨率有差别，低带用于安防和家用，高带主要用于广播
按工作方式	长时间记录，帧开关等	特殊记录方式，主要用于安防

2. 数字视频记录设备

随着图像压缩技术和计算机技术的发展，数字视频记录设备得到了迅速的发展，应用日益普及，大有取代磁带机之势。数字视频记录设备原本是一个很宽泛的概念，如多媒体计算机、数字磁带录像机等都是可以存储数字视频信号的设备。

（1）数字录像机与磁录像机的主要差别

数字录像机（DVR）是专门为安防监控设计的产品：是以微机为平台、硬磁盘为介质，记录压缩视频信号的装置。它与磁录像机的主要差别是：

1）记录介质不同。电磁变换是通过头、盘关系来实现，由于不是长度分布磁信号，故称为非线性记录。

2）记录信号不同。参与转换的电、磁信号均为数字信号。

下面对 DVR 的基本构成、工作原理及技术评价进行简单的介绍。

（2）数字录像机的基本构成

表 5—8 说明了数字视频记录设备的分类，也可以看到它的基本构成。

表 5—8　　　　DVR 的分类

机型	操作系统	压缩方式	输入图像	图像格式	存储容量	功能
基于 PC	Windows Linux	JPEG 小波	4 路 8 路	CIF QCIF	40G 160G	画面组合 视频探测
单机 （嵌入式）	RTOS	MPGX H. 26X	16 路 帧数/s	D1 像素点阵、亮色取样比 （4：2：2）	外挂盘阵	系统控制 ADSL TCP/IP DDN

各机型之间并无本质的差别，也无优劣之分，它们主要是适用于不同要求。欧美国家通常将其分类为：服务器型、客户机型、编解码器型，主要是依设备的功能、容量和存储能力来分。

1）系统平台，无论是基于 PC，还是嵌入式系统，数字视频记录设备都是以微机为平台的。

基于 PC 的方式通常是选用一款工控机、采用 Windows 或 Linux 操作系统，通过文件管理系统软件，实现图像信息的存储、检索、编辑、回放等处理，建立一个友好的交互界面，开发各种附加功能。强大的文件管理系统是该方式的优势。

单机（Standalon）方式，是基于嵌入式处理器和实时操作系统（RTOS），采用专用芯片对图像进行压缩处理，因此稳定性好、处理速度快，文件管理系统稳定，实质是以一个专用微机为平台的。可靠性高、实时性好是其突出的特点。

2）视（音）频压缩编码，这是DVR的关键技术，通常由专用的图像压缩板完成。它确定系统的图像格式，实现对图像的压缩。以有效地减小图像信息存储和通信开销，DVR采用的图像压缩编码方式很多，如表5—8所列，它们的适用环境不同，技术性能也有差别，但基本技术要素相同。

3）文件管理系统，对于作为数据存储装置的DVR是很重要的部分，它的基本功能是：磁盘的管理，完成数字图像信息的存、取；文件管理，实现对记录文件的搜索、查询和编辑显示。基于PC的DVR，采用Windows操作系统。它的文件操作都是透明的，用户无须知道文件如何放置、查询及如何自动覆盖，甚至无须知道文件存放在哪个硬盘上。既应用方便、简捷，又增强了系统的安全性。

文件管理系统包括快速文件的查找，文件大小的判断，逻辑硬盘的快速搜索，最小空间的快速判断，文件属性的快速动态修改，以及在硬盘总空间非常小时对报警的快速处理等。快速文件可按摄像机信道号及日期时间排序。对于文件备份单独开了一个线程，使备份能与系统其他操作同时进行而不相互影响。通过对文件属性的判断实现数据备份，在重要文件来不及备份前先实行有效的保护。在后台录像，前台播放历史文件时，把正在播放队列中的文件进行保护，使之不受系统自动覆盖的影响。系统可以每过一分钟自动侦测当前正用于记录的硬盘空间大小，如果空间不够会自动跳转查找下一个或上一个空间较大的硬盘，文件系统相应地做出处理。如果总的硬盘空间不够，系统会启动自动或手动覆盖方式，覆盖最早一天的部分未保护文件，并给出相应的提示。

DVR的文件管理系统要给用户一个安全、快速、方便的文件操作手段。

4）DVR的附加功能，DVR不仅是一个图像记录设备，还具有其他一些重要的功能，如运动探测功能，它可以实现报警前记录和报警触发记录，保证记录信息的有效性，并节省了存储空间；画面组合功能，可以形成多种图像显示方式；系统控制功能，对摄像机等前端设备进行各种功能控制。以上功能使之成为视频监控系统的中心设备，特别是对于中小型系统。DVR的网络功能使之成为分布式系统的节点设备，是实现远程监控的关键技术手段。

本单元内容超出了本书的要求，读者可能难予理解。但记住一些基本概念和名词，对从事安防工作是有益的。

(3) 视频压缩编码标准

各种图像压缩编码标准采用技术基本相同，主要是：

离散余弦变换（DCT），图像由于空间的相关性而具有很大的冗余，表现为经变换后空间频谱中有很多零或量值很低的分量。去掉这些分量，即可去除冗余，减少数字图像的数据量。MPEG 与 JPEG 的差别是前者有帧间差值处理，来消除由时间相关性产生的冗余。采用运动补偿技术会使图像的空间相关性增加，增加帧间差值处理的效率，提高系统的压缩能力。

自适应量化，对图像变换后分量系数要进行量化，一般线性量化将图像作统一的处理，浪费了很多数据量。自适应量化就是对量化等级 Q 值进行自动的调节，使图像细节较少的像块占用较少的数据量，图像细节丰富的像块能够享受较多的数据量，而平均数据量仍符合设计值。量化表的设计是设计者技巧之所在。并根据帧码长自适应地调节量化间隔，这样的处理可以节省大量的数据量。

熵编码（ENTROPY），用最短的码长去表示出现概率最大的量化值。反之，用较长的码长表示出现概率较小的量化值。通过分析出各量化值的出现概率，然后经过二叉树判定量化值的编码。它可以极大地压缩系统的数据量。熵是用来表示每个比特代表信息量（b/p）的量，显然熵值越小，压缩率越大。我们把上述可变字长编码（VLC）称为熵编码。

目前，常用的压缩方法（标准）主要有以下几类：

1）JPEG 系列。JPEG（ISO/IEC 10918），是针对静止图像压缩的，它不规定分辨率要求，采用 DCT、线性 Q 和熵编码。M－JPEG 方式也有帧间处理，亮色取样比为 4∶2∶2，一般可达到 20 倍压缩率。

JPEG－2000（ISO/IEC 15444－1），具有超压缩功能，采用无损与有损码流层进解码、层进传输、码流任意调用处理方式，在保证基本图像质量外，可增强图像质量。而且具有较完善的安全保护措施。

2）MPEG 系列。MPEG1（ISO/IEC11172），主要是针对 VCD、CD－ROM 应用的，它规定 4∶1∶1 的亮色取样比、熵值 0.5～1 b/p，数据率 1.2 Mbps。

MPEG2（ISO/IEC 13818）则是针对 DVD、HDTV 的应用。具有 P、B 帧，采用运动补偿（MC）自适应量化，规定 4∶2∶2 的亮色取样比，可实现 3～10 Mbps的数据率。

MPEG4，主要是针对多媒体的应用，是目前 DVR 应用最普遍的压缩标准，具有很高的压缩比，可实现 5～64 kbps 的数据率。MPEG4 是面向对象的压缩编码方式，根据图像内容将其中对象分离出来，分别进行帧内和帧间编码压缩。它允许在不同的对象之间灵活地分配码率，从而大大地提高了压缩能力。FGS（精细可伸缩编码）是 MPEG4 提供的技术。它将视频序列编码成两个码流：基本层码流和增强层码流。基本层采用传统的编码技术，生成一个码率比较低的码流，增强层则采用位平面编码技术，编码源图像与基本层重构图像间的差值。由于位平面技术提供了嵌入式的可伸缩特性。增强层的码流可根据网络带宽进行任意码流传输，甚至可以不传，这就为适应网络带宽的波动提供了很大范围的自适应性。增强层码流数据包的丢失不会带来图像质量明显的下降。接收端可通过增强层码流的来改善基本层的图像质量，收到的正确增强层码流越多，图像质量越好。

3）H. 26X 系列。H. 264 是其中最新一代视频编码标准。它的编码效率的提高是以运算复杂程度的增加为代价的，其中，可变块大小的全搜索运动估计算法所需要的运算量在整个编码运算中占相当大的比重。在 H264 的运动估计算法中，宏块（16×16）可分为四种类型的子块、8×8 的子块可以分四种小块，因此，在进行运动估计时就会出现七种不同的块。对各种类型的块分别搜索与之相匹配的块，并计算相应的误差和运动矢量，可以提高运动估计的精度，提高编码效率，又可降低运算量。同时，基于 H. 264 的 FGS 已成为人们研究和应用的热点，并得到了更好的效果。目前，H. 264 在 DVR 中的应用已很普遍。

（4）数字视频记录设备的评价

数字视频记录设备的评价是数字视频评价的主要内容，还没有完整的标准和方法。数字视频评价和模拟视频评价的主要差别是：

模拟视频的评价基本是对图像本身的评价，将处理（传输、记录/重放、变换）后的图像与原图像比较，判断其受损的程度或重视图像的观察效果，并不关心具体的处理过程；数字视频评价则许多是针对工作平台和处理方法（压缩算法的优劣的比较）的，有时评价结果与图像质量（主观观察）的相关程度并不高。

模拟视频信号的测试与图像具有直接对应关系，无论在空间、时间上，还是在图像的观察效果上。这是由模拟信号的本质所决定的。数字视频信号则不然，测试大多不具备上述对应关系。目前，还无法通过对处理过程中数据流的测量来反映重建图像的质量。

DVR 作为一种图像设备，对其评价的核心和基本内容自然是图像质量，主观、客观两方面的测试是基本的方法。主要技术指标有：

1）图像格式。又称显示分辨率，用像素的阵列来表示。图像格式是数字视频设备（系统）的设计目标，是其分辨图像细节能力的最高限度。是对图像表示方法的规定，也是数字视频设备之间接口关系的规定，如 CIF、D1 等。图像格式还包括图像的亮度和色度分量的取样比，如 Y∶U∶V 是 4∶2∶2，还是 4∶1∶1。

2）帧码长。一帧图像压缩后的编码长度，是数字视频设备（系统）的设计目标之一。系统根据应用环境（传输速率、存储空间、图像质量的下限）的要求，设定帧码长。

帧码长是表示 DVR 压缩比的一个指标。通常，压缩比的定义是：压缩前源信号的数据量与压缩后的输出数据量之比。也可用压缩后分配给每个像素的比特数（“熵”）来表示。这些都可以通过帧码长来计算得出。

3）记录帧率。DVR 对每一路或对所有资源处理的能力，它实质上是系统（CPU）运算速度、操作系统、总线和硬盘管理功能的表现。它关系到图像的连续性及记录图像信息的完整性。有人把它与图像的实时性混在一起是不准确的，由于人眼的视觉暂存特性，只要每秒能显示足够帧数的图像，人们就能感觉到一个连续的活动图像。如现行电视（CCIR）每秒显示 25 帧画面。显示帧数不够，图像就可能出现跳动，这种现象主要影响图像的观看效果，而记录图像的帧率还涉及信息的完整性，不足的记录帧率可能导致图像内容的丢失。因此，许多专门的应用场合，都对 DVR 提出了相应的记录帧率的要求。

4）峰值信噪比（PSNR）。PSNR 的定义为：$PSNR=10\ \lg \delta s^2/\delta d^2$，其中：$\delta s^2$ 为源图像的均方值、δd^2 为压缩后重建图像与源图像差的均方值。它是测量图像在数字化和压缩处理过程中所产生的失真（图像各像素亮度值的改变，对于彩色图像以亮度分量来计算）的客观指标。实际测量时，人们通常以图像的平均量化值来计算，即不是计算重构图像的每个像素的量化值与源图像该像素量化值的差，而是计算其与源图像平均量化值的差，而且，把源图像的平均量化值定为视频信号图像部分的额定值（对于每像素 8 比特的编码，即为 256），所以，又称其为图像峰值信噪比。其计算公式为：

$$PSNR = 10\ \lg \quad 256\times256/(\sum\sum \delta i\ j2\ /\ NM), \text{源图像为 } N*M。 \qquad (5-7)$$

对于 DVR，这个测量只能在系统对图像完成二次取样，构成了规定图像格式后（作为源图像）和解压缩后重构图像的数字视频序列之间进行（需要采用专用的测试设备），因为只有它们之间具有空间上的对应性（一致性），测量结果显然不包括模拟视频输入进行数字化时产生的失真。模拟视频输出的嵌入式 DVR 可以用测量输出信号的视频 SNR 来代替这项测试，测量结果则包括系统全部处理所产生的失真。

5）主观评价。对于任何图像技术主观评价都是最主要、最基本的测试，因为它直接反映观看者的感觉，图像主观测试同样具有客观和公正性。

主观测试方法是将标准测试图像作为DVR的输入，进行记录，然后重放记录的图像，与原图像进行比较，按通用的损伤制五级评分法进行判别。比较可从分辨、层次、色彩、运动效果、几何失真几个方面进行，最后给出综合的判定。

6）通用的评价指标。完整的DVR评价指标体系，除了图像质量外，还应包括它与外部设备的接口关系和电子产品通用的强制性要求。

与外部设备的接口规定了DVR的应用环境，也保证了DVR的通用性和互换性。

电子产品通用的强制性要求主要是指安全性的要求，可以参考信息设备的有关标准。

第6节 系统与控制

系统实质上是技术和设备的集成，根据不同的应用目的和不同的应用环境，把各种分离的设备按不同的技术路线组合起来构成不同的系统模式。系统模式与系统的中心控制设备有密切的关系，本节将介绍视频监控系统的主要控制设备和常用系统。

一、系统控制设备

视频监控系统控制设备的功能是图像信号的分配、切换、组合，为图像叠加附加信息，系统的管理和前端设备的功能遥控。这些功能可以由分立的设备分别完成，也可集为一体由一个设备完成。它的输入是来自前端的图像信号，经分配、切换、组合后输出到显示或记录设备；向前端设备发出编码的控制信号或直接输出驱动信号，实现前端设备的遥控。

系统控制设备（又称中心设备）与系统的模式相匹配。各种中心设备适应于不同的系统模式以及不同的系统规模和管理方式。在集总式系统中，系统中心设备设置在中心室，而分布式系统的系统控制设备是分散在系统的各个节点。下面介绍视频监控系统中主要系统控制设备的功能和工件原理。

1. 视频时序开关

视频时序开关是一种常用的视频信号切换设备，主要应用于小型视频监控系统。在早期，也曾利用多个视频时序开关的堆砌组成大型视频监控系统的控制设备。通常视频时序开关以图像输入路数分类，有 4 路、8 路、16 路等，输出多为 2 路或 4 路。很少有更多输入或输出路数的产品。

（1）视频时序开关的功能

即使小型的视频监控系统，通常也不采用一对一（一个摄像机连接一个监视器）的显示方式，而是将全部图像信号通过一个控制设备的选择和切换，用较少量的监视器和录像机进行图像显示和记录。视频时序开关的基本功能有：

1）图像信号的固定切换，通过按键操作，从所有图像输入中，选择一两个信号固定地显示在监视器上或送到录像机进行记录。

2）图像信号的时序切换，从全部图像中选择几路或全部信号，按设定的顺序和时间间隔形成一路输出到监视器或录像机。视频时序开关的每路输出可以编程不同的显示序列。通常，可以事先编程，进行显示序列的设定（图像顺序、时间间隔），然后通过按键调用。

3）报警信号的接口，将报警信号的输入，作为图像切换的触发信号，使报警点图像切换到固定显示监视器，或使时序显示停下来，切换出报警点图像。报警信号一般为开关信号。

4）图像序号的叠加，时序开关一般不具有字符叠加功能，但大多有号码叠加的功能。号码是由图像信号连接的输入端来确定。

以上基本功能使得时序开关在小型监控系统可以很好地满足系统的控制要求，操作方便，价格低廉。一般视频时序开关不具前端设备控制功能，若系统需要，可另配置控制单元。

（2）视频信号切换的基本原理

时序开关是采用模拟电子开关进行图像信号切换的设备，它的工作原理就是视频切换的基本原理，大型视频切换设备（如视频矩阵）也是如此，只不过它采用模拟电子开关的数量多。图 5—30 所示为模拟电子开关的引线图与真值表。

这就是一块 IC，根据输入信号的数量称为 X 选 1 开关，图示为 8 选 1。可以将 IN0～IN7 视为 8 个输入端、COM 视为公共输出端，也可相反。禁止端 INH 为高电位时，8 个信道全部不导通，当 INH 低电位时，信道选择端 A、B、C 的二进制编码选择信号输入，就可选择一路输入端与公共输出端导通。因为电路设计是通过模拟电信号，所以称为模拟电子开关。开关电路的带宽和时延及各输入间的隔离度

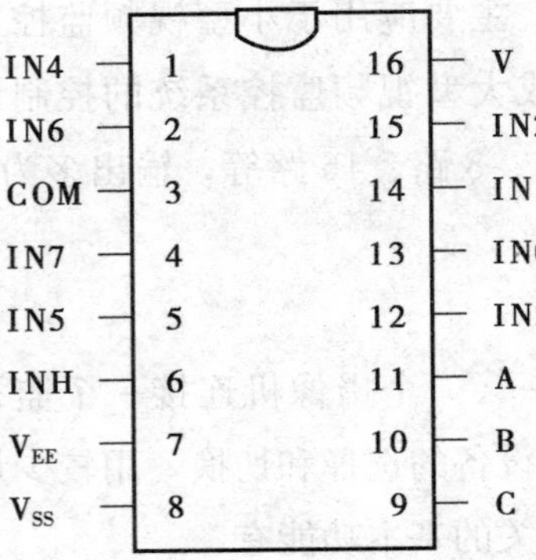

引脚名称	引脚	引脚	引脚名称
IN4	1	16	V
IN6	2	15	IN2
COM	3	14	IN1
IN7	4	13	IN0
IN5	5	12	IN3
INH	6	11	A
V_{EE}	7	10	B
V_{SS}	8	9	C

输入状态				与COM端导通端口
INH	C	B	A	
0	0	0	0	IN0
0	0	0	1	IN1
0	0	1	0	IN2
0	0	1	1	IN3
0	1	0	0	IN4
0	1	0	1	IN5
0	1	1	0	IN6
0	1	1	1	IN7
1	X	X	X	全不通

图 5—30　模拟电子开关 CD4051 管脚图与真值表

均能满足视频信号传输的要求，可以认为模拟电子开关建立的传输信道对图像质量没有影响。

采用这块 IC 再配上适当的外围电路，如视频信号的输入电路和输出电路，以保证阻抗的匹配和适当地插入增益；单片机产生信道选择编码信号、进行顺序显示的编程及其他控制，就构成了实用的视频时序开关电路。若视频时序开关有两路图像输出，自然要采用两块电子开关 IC，将两者的输入端并接起来。

2. 画面分割器

画面分割器又称多画面处理器，其功能是实现多画面的组合，通过一个屏幕观察多个摄像机图像，或一台录像机记录多个图像。不同于视频时序开关和帧切换图像处理器，画面分割是在空间上进行多图像的组合，而前两者是在时间上进行多图像的组合。因此，画面分割器输出的是连续的实时图像，由于显示设备分辨率和扫描方式的限制，图像空间分辨能力是受到损失的。画面分割器是小型视频监控的系统控制设备，在大型视频监控系统中，为增加图像显示量也普遍被采用。近年来，由于大部分数字视频记录设备都具有多画面处理的功能，画面分割器的应用受到了影响。

（1）画面分割器的主要功能

作为系统设备，它的主要功能有：

1）图像组合。将多个输入图像（摄像机所摄画面）同时显示在一个监视器上。可以是将全部输入图像组合，也可以选择部分图像组合。可以是等画面的组合，也可以是不等画面的组合。例如，按输入图像路数分类画面分割器有：四画面、九画面和十六画面等，十六画面分割器可以进行十六画面的组合，任选四画面的组合，也可作一大七小画面组合或一大十二小画面组合。

2）时序显示功能。大多数画面分割器具有时序开关的功能，切换显示固定图像，时序显示顺序图像。

3）图像号码的叠加。是画面分割器的基本功能。有些产品还有少量字符的叠加功能，如八个字符的摄像机名称。

4）报警信号的接口。将报警信号输入作为触发信号，把报警点图像全屏固定地显示。报警输出接口可自动启动录像机或其他相关设备。用户可自行设定警报的持续时间和录像的持续时间。报警输入接口数与图像输入路数相同，报警输入一般为开关信号，报警输出为干接点。

5）视频信号丢失指示。检测输入信号是否为正常的视频信号，视频信号丢失时，在显示中给出指示。该功能可方便用户快速检查图像丢失的原因。

6）屏幕菜单显示。在进行编程/调用和操作时，有相应菜单显示在屏幕上，因此，人机界面友好，便于操作。

7）安全管理。用户可自行设定密码。被授权者（知道密码）才能进行系统的操作。

以上基本功能使得画面分割器是一个小型监控系统控制器，但不具前端设备控制功能，若系统需要，可另配置控制单元。

（2）画面分割器的基本工作原理

以模拟视频为基础进行画面组合是很困难的事，它采用对各输入图像进行扫描变换的方法，将它们组合成一个标准扫描格式的图像。要求所有输入图像保持严格的同步。以数字视频为基础则简单方便得多，画面组合的基本方法是：将输入模拟图像数字化后存入暂存区，然后通过读出速率的控制和存储区选址将不同画面组成一个新图像。由于扫描线的限制和水平分辨率的限制，采用视频监视器显示组合图像，其中每个画面的分辨能力明显下降。如输出数字信号，显示器分辨率很高，图像质量的下降会不明显。采用数字图像处理方法，还可将各摄像机输入的图像（全屏画面）按顺序和时间间隔轮流显示在一个监视器上（如同时序开关），并可用录像机按上述的顺序和时间间隔记录下来（如同帧开关）。这时录像机记录下来的各画面都是不经过空间压缩的全屏画面，所以重放时可以得到清晰的图像。

（3）画面分割器的主要技术指标

由于画面分割器将图像在空间上组合，可认为传输信道对图像产生了较大的影响，因此对全屏显示图像和每画面显示图像要有相应的规定。

1）输入信号。是指输入信号的方式和最大路数。如四路、九路或十六路彩色/黑白视频。通常产品的输入带有环接输出，实质上是表示输入阻抗为 75 Ω，或高阻。

2）输出图像。指全屏图像的显示分辨率。不是视频监视器上的显示结果，是画面分割器输入图像的分辨能力。由于是数字视频格式，有时还要规定灰度等级（256 级）。

每个画面的显分辨率，指多画面处理时，每个画面的图像格式（2×2 格式、256×232）。这不是视频监视器显示的结果，是画面分割器输出图像的能力。

3）显示速率。是指由于进行组合处理产生图像信号的延迟。一般延迟现象不明显。

4）其他一些接口的指标等。

3. 视频附加信息叠加设备

在视频监控系统中，大量的图像集中在一起，需要有一个最明显的标志让人清楚地知道它的来源。系统记录的图像信息也必须带有图像产生的地点、时间等其他附加信息，否则就会失去使用价值。从信息系统的角度看，单纯的图像是不完整的信息，因此，必须在视频监控系统的图像上叠加相应的附加信息，这一功能是由视频附加信息叠加设备，通常由字符叠加器来完成。字符叠加器可以是一个独立的单元，每个摄像机图像对应一个，它产生固定的附加信息。在大多数现代的视频控制设备中，字符叠加是设备的一个单元或模块。这个单元是一个可变字符叠加器，它要随着图像的切换，同步地产生和叠加不同的附加信息。简单的视频信息附加设备，可以叠加的是数字和（英文）字母，而且字符数量有限，如前面介绍的视频时序开关和画面分割器的字符叠加功能。我国应用的视频监控系统一般要求具有汉字的叠加功能，这一点许多国外的产品还做不到。下面介绍字符叠加的基本原理。

（1）字符的产生方法

用点阵来表示字符文字或图形是最常用的方法，如用 5×7 的点阵可以表示数字和字母，如图 5—31 所示。

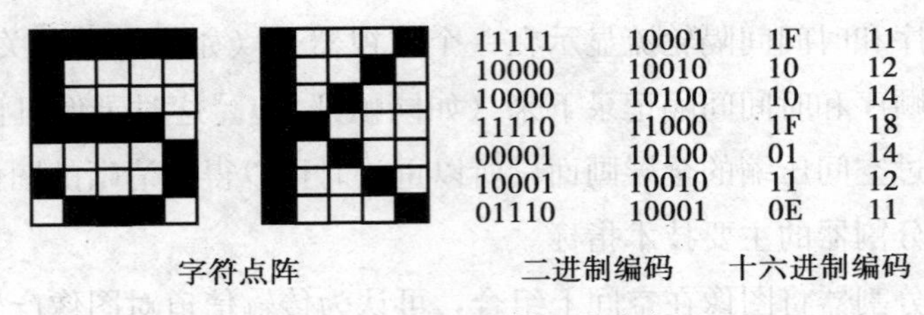

11111 10001 1F 11
10000 10010 10 12
10000 10100 10 14
11110 11000 1F 18
00001 10100 01 14
10001 10010 11 12
01110 10001 0E 11
字符点阵
二进制编码
十六进制编码

图 5—31 字符的点阵形式

从图中看到，点阵表示的字符也可以用各种形式的编码来表示，而这些编码又可以用电脉冲来表示。当这些电脉冲（附加信息的电信号）叠加到图像信号上时，图像上就会显示出相应的字符。

将各种字符、文字点阵的编码存入一个专用 ROM；然后通过 ROM 的地址位进行寻址，输出相应字符的编码，由于图像显示是逐行进行的，ROM 的寻址也是按点阵的行，每次读出一行的编码；再将字符编码转换为电脉冲信号就是字符发生器的基本工作原理。存有字符编码的 ROM（字库）容量的大小限定可产生字符的多少。显然，表示汉字用 5×7 点阵是不行的，通常要用 16×16 点阵，字符编码也很长。大型视频监控系统附加信息用到的汉字会很多，所以大型视频矩阵字符叠加模块的字库都很大。

（2）时间信息的产生

时间信号实质是系统的时钟信号，分年月日和时分秒两部分（日期和时间的概念）。视频监控系统对时间信息的要求与文字信息不同，文字信息对于不同的摄像机图像是不同的，而时间信息对于所有摄像机图像，甚至包括系统中所有具有时间信息的设备必须都是相同的，否则会出现图像信息不可置信的问题。通常在系统采用一个时间信息产生电路，若采用多个时间信号发生器，要求它们之间锁相（与电源或系统时钟），如再不能，应经常对时间信息进行校准。

通常字符叠加设备同时具有时间信息叠加功能，时间信息的产生与图像信号的叠加与文字信息也有不同，主要是因为时间信息是不断变化的，始终是个动态的过程。

目前通用的时间信号发生电路（IC）已很成熟，将它与文字信息叠加电路结合起来即可，这里就不赘述了。

4. 系统控制器

前端设备的控制，主要是对摄像机配套设备的控制，如摄像机方位、视场范围、工作环境的调节，是视频监控系统功能中重要的部分。通常，系统的中心控制设备具有对前端设备控制的功能。小型系统设备没有这一功能，要求采用独立控制单元。视频监控系统的前端设备控制基本有两种方式：直接驱动和编/解码驱动。下面分别作以介绍：

（1）直接驱动

直接驱动是一种最简捷、可靠的方式，就是从控制室直接给前端设备各种功能的伺服电动机提供电源。如给云台旋转电动机提供 24 V 交流电压，给镜头的电动机提供 6 V 直流电压，使它们转动来改变摄像机方位和镜头的焦距。前端设备会有多个功能，需要用多根电缆来控制，因此又称多线并行制。这种方式显然适合于控制距离比较近、前端设备比较少的系统。若距离长了，会因线路的电压降使能量不能有效地供给。设备数量多了会使线缆非常复杂。它是系统控制的基础，因为控制的本质是提供能源。

（2）编/解码驱动

编/解码驱动控制是应用最普遍的控制方式，特别适用于大型视频监控系统，所谓大型是指系统前端设备数量大，系统传输距离远。在这种方式中，控制设备将操作者通过键盘（或其他交互方式）表达的意愿转换为编码数据包，这个数据包包含地址码和指令码两部分。地址码表示对前端设备的选择，指令码表示对控制功能的选择。控制设备将数据包通过传输链路，发送给所有的前端设备。

这种方式需要一个重要的设备，即安装在现场的解码驱动器。顾名思义，它的功能有两个，一是解码，将接收到的数据包解码，首先识别地址码是否为本机，若是本机地址，再读取指令码；二是驱动，根据指令码控制相应的端口，向前端设备的伺服电动机提供驱动电压。解码驱动器与前端设备的连接如同直接驱动方式。根据摄像机外围设备的情况，解码驱动器一般可实现 16 个动作的控制，驱动电压可视需求设定。

显然，该方式是由前端提供能量。

（3）解码驱动器的连接方式

根据系统的前端设备分布情况和线缆的路由，控制器与解码驱动器有两种连接方式，星形连接和总线式并行连接（见图 5—32）。

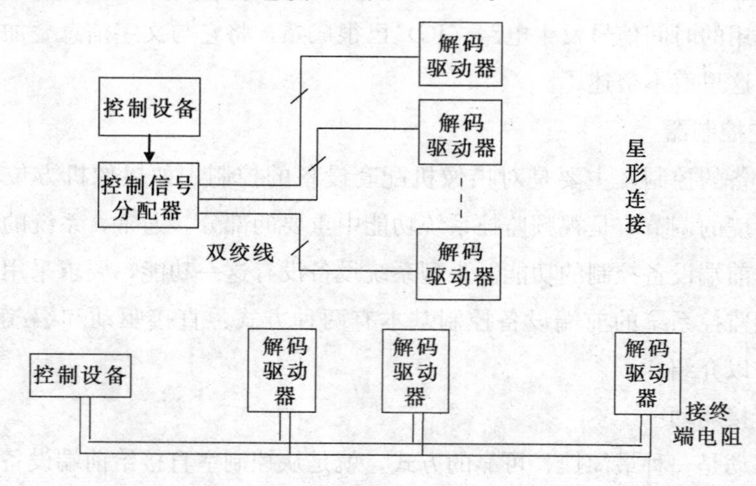

图 5—32　控制系统连接

星形连接，控制器输出经信号分配器，然后通过电缆与每个解码驱动器连接。

总线式并行连接，控制器输出由双绞电缆连接到最远端解码驱动器，中间可并接多个解码驱动器，中间并接的单元应置于高阻状态，而最远端单元接终端匹配电阻。星形连接的每线路也可这样连接，通常一条线路上不超过 4 个并接单元。控制信号数据包通过双线串行传送，平衡传输方式显然是合适的选择。显然，这种方式可以节省线缆。

5. 视频矩阵

对于大型视频系统，将上述各种设备堆砌在一起进行系统控制很复杂，可靠性差，操作也麻烦。将这些功能集成在一起，构成一个综合的系统控制设备是必然的选择，这个设备就是视频矩阵。从字面上看，矩阵是指图像的多路输入与多路输出之间的连接关系。从功能上看，矩阵集图像信号分配、切换、附加信息叠加、系统控制为一体，具有各种相关接口，是视频监控系统信息、功能、控制及与其他系统技术集成的中心。

视频矩阵是视频监控系统的核心设备。它决定了系统的容量、系统的模式、系统与其他系统的集成方式。是模拟集总式系统的主要特征，广泛地应用于各种大型视频监控系统。

（1）视频矩阵的基本构成

几乎所有品牌的视频矩阵都是模块式结构，这种结构便于系统设计、产品的维护、系统的扩展。视频矩阵主要由输入模块、输出模块、CPM 板和电源模块组成，如图 5—33 所示。

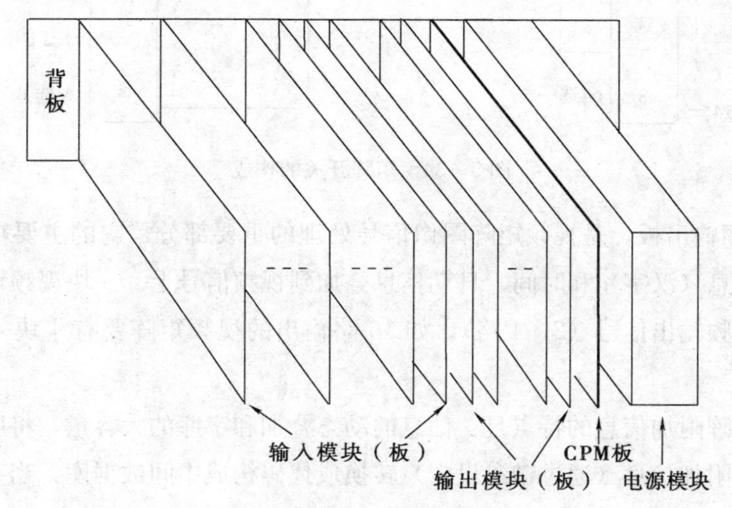

图 5—33　视频矩阵的模块结构

1）视频输入板。视频矩阵在输入单元完成输入视频信号到输出端的连接，可以说矩阵的概念就体现在这里。在介绍视频时序开关时，我们说明了模拟电子开关的工作原理，这样的IC经过适当的组合就可构成多路入/多路出的矩阵开关，图5—34所示表示出了通过级联扩展输入量，并联构成多路输出的原理。

目前，8入/8出、16入/8出、16入/16出等规格的电子开关已制成专用芯片（IC）。视频输入板就是采用这些芯片，加上外围电路形成的可以在输入视频信号和输出端之间实现电路开关（矩阵切换）的单元，这些单元通过机箱背板的进一步组合，构成视频矩阵总的输入量与输出量。例如，用8块16×16的单元可构成128入/16出的视频矩阵，也可构成64入/32出的视频矩阵。模块结构可以通过增加插板来增加输入量。

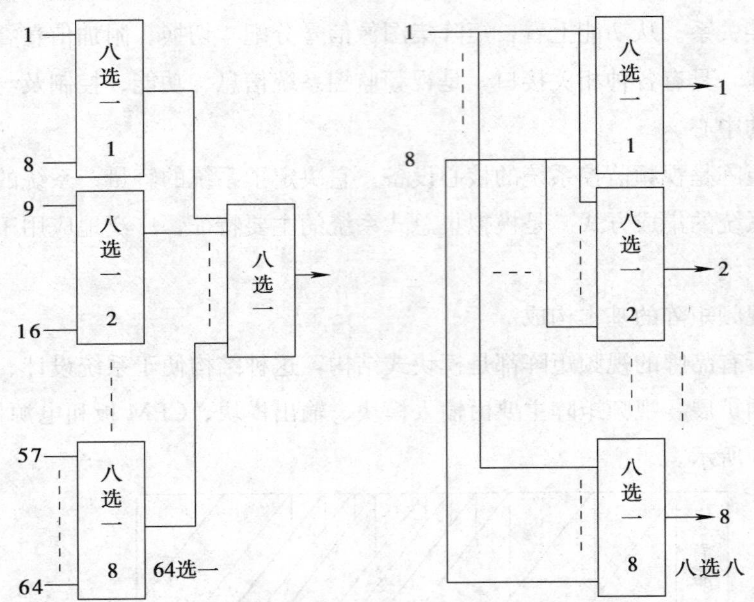

图5—34　矩阵开关的构成

2）视频输出板。是视频矩阵图像信号处理的重要部分，它的主要功能是将摄像机地址信息（汉字）和时间、日期信息叠加到视频信号上。一块视频输出板可以管理多路视频输出信号（2、4路）。如16路输出的视频矩阵要有4块4路的视频输出板。

视频矩阵附加信息的特点是：信息的动态叠加和字库的大容量，将所有摄像机图像信号的附加信息（通过键盘设定）转换成代码构成中间数据库，当某一输入图像切换到输出时，输出板从中间库取出相应的代码，映象出字库地址，逐行取出字符点阵，叠加到视频信号上，同时叠加时间信息，成为视频矩阵的输出信号送至监视器或录像机。视频输出板的汉字库通常要包含一级、二级汉字库的全部汉字（6 008 个）。

3）CPM 单元。又称主机板，是视频矩阵的中枢。实质上是一块专用的微机板。它起着前台和后台管理的功能。前台管理是与键盘建立的人机界面进行通信，进行系统的状态和功能设置，功能控制；后台管理是控制视频输入板、视频输出板完成图像信号的切换和附加信息的叠加。及输出前端设备控制编码信号，与多媒体 PC 和其他系统 PC 的接口等。前台管理是在先进先出的缓冲存储器中建立一个表格（表示系统状态设置和功能控制的指令）。后台管理则是读取表格，转换为相应的代码实现相应的管理。CPM 板的核心是微处理器，大容量的视频矩阵通常采用双微处理器的方案，以提高系统的可靠性。

4）电源单元。为视频矩阵的各个单元提供电源。

（2）视频矩阵的基本功能

视频矩阵的容量越来越大，功能越来越丰富，必须具备的基本功能是：

1）图像的任意切换和时序切换，矩阵开关的特点是可以做到任一路输入到任一路输出的切换和任意顺序显示的排列。

2）图像附加信息叠加，为所有摄像机图像增加地点、时间和其他标识信息。

3）前端设备的控制，对云台的方位、镜头的焦距、光圈、聚焦等及其他防护设备的功能进行实时控制，预先设定的控制。

4）报警系统的联动，是安防系统对视频监控的基本要求。将不产生图像的系统与相关的图像连接起来，当报警发生后，将报警点的相关图像（一个或几个）立刻显示出来。这一功能是由视频矩阵完成的。

5）编程和调用，通过编程对上述功能设定不同的预案，根据现场情况调用运行。

状态预置，对前端设备的状态和系统状态按正常情况要求，报警触发的要求或按不同时间的要求进行预置，使摄像机和系统在操作者完成各种动作后，可以自动地回到正常状态；报警发生后，立即锁定在预置的位置和状态；按时间规定转换到不同的位置和状态。

6）视频丢失检测，通过对视频信号、同步信号的检测，判断图像信号是否丢失，并给出提示。这一功能可以用来初步判断图像信号丢失或不正常的原因。

（3）视频矩阵的配套设备

要实现视频矩阵的全部功能，必须配置相关的设备，主要有：

1）音频矩阵。从信号的交换功能上看，它是与视频矩阵完全相同的，但电路相对要简单一些，因为音频信号的处理要比视频信号简单，在视频监控系统中，音频矩阵通常要求与视频矩阵统一控制、同步切换，但容量往往会比视频少得多。

2）报警控制箱。是视频矩阵与报警系统的接口设备，主要功能是将并行输入的报警信号，转换成串行信号送到视频矩阵，以实现与报警系统联动，自动切换图像的功能。一般小型视频控制设备（包括小型矩阵）都是采用多线制，直接与报警探测器的输出相连接。但是，大型视频矩阵要求与大量报警探测器连接，多线制将使矩阵背面接线端非常多、乱，以致空间位置容纳不了，通过报警控制箱的转换，可以很好地解决这个问题。

3）控制信号分配器。将视频矩阵的控制信号输出分配为多路，以提高驱动能力和实现传输线路的阻抗匹配。

4）解码驱动器。其功能已在前面介绍过了，现在许多厂家把它内置于摄像机的防护罩内，使之与摄像机、云台、镜头等集为一体。

5）多媒体控制平台。很多文章把它视为一种系统控制设备，并将它作为视频监控最新一代的系统模式。其实不然，多媒体控制平台只是一个新的人机交互界面，使操作者可以通过一个可视化界面，而不是传统的键盘，对视频监控系统进行完全的管理和控制。

多媒体控制平台就是多媒体 PC 运行一套图形化软件（用户图形界面 GUI）。所谓多媒体计算机，就是可以处理文字、图形、图像、声音、视频等多种媒体的计算机，以其操作系统为平台，安装专门为视频监控及视频矩阵开发的应用软件，就构成了多媒体控制平台。这个界面更加友好、直观，还可以增加一些有用的辅助功能。

二、典型的实用系统

下面给出一些典型的视频监控系统，它们的规模不同，系统控制设备不同，可以适应不同的应用需求。

1. DVR 为核心的系统

数字视频记录设备除了图像记录外，还具有画面组合、系统控制等功能，非常适于作为小型监控系统的控制设备，系统如图 5—35 所示。

数字视频记录设备通常具有报警接口，与摄像机相对应的探测器可以直接与之连接（开关量），当探测器触发时，在 CRT 上显示报警信息、切换相关图像或启动图像记录。数字视频记录设备通常具有运动探测功能，利用视频探测技术，直接实现监控区的入侵探测功能。

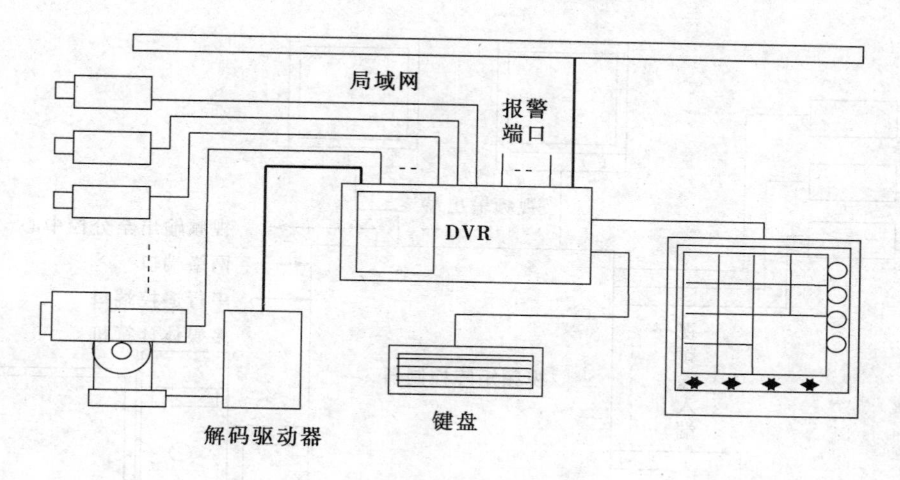

图 5—35　DVR 系统

数字视频设备的网络功能使之成为网络监控系统中的一个节点。可以实现远程图像传输和异地系统控制，也可以使多个数字视频记录设备构成一个局域网，实现集中统一的管理和系统控制。

上述介绍的三种系统模式非常适合于小型视频监控系统，图像源不多，功能也比较简单，这样的设备配置比较经济、可靠，操作起来方便、直观。

2. 视频矩阵为核心的系统

以视频矩阵为系统设备构成的集总式系统是最典型的视频监控系统，视频矩阵作为系统的核心，具有视频信息流的集散、附加信息的产生、前端设备的遥控等功能，同时还是安防系统集成的核心，通过它实现报警等非图像信息与图像信息的关联（图像切换），实现在一个平台上对安防系统的集中管理，通常这是通过一个多媒体界面来完成的。视频矩阵的多个输出和控制键盘，可使系统实现多用户方式，每个用户可根据系统权限的设定，享有系统的全部或部分资源，还可以利用它实现系统的级连，构成多级视频监控系统。视频矩阵是很成熟的设备，许多产品也具有网络功能，实现图像的远程传输和系统的异地遥控。视频矩阵在技术上的优势一般在大型系统中才能表现出来，其基本的设备连接如图 5—36 所示。

3. LAN 的分集系统

把几个利用数字视频记录设备为核心的小型视频监控系统，通过局域网连接起来，就构成了一个典型的分集式系统，每个小系统是集总方式的，而整个系统是分布式的。在当前这是比较流行的方式。分集式系统的节点设备可以是数字视频记录设备，也可以是视频服务器或视频网关。如果前端都采用网络摄像机的话，就不是一个分集式系统了。局域网分集系统如图 5—37 所示。

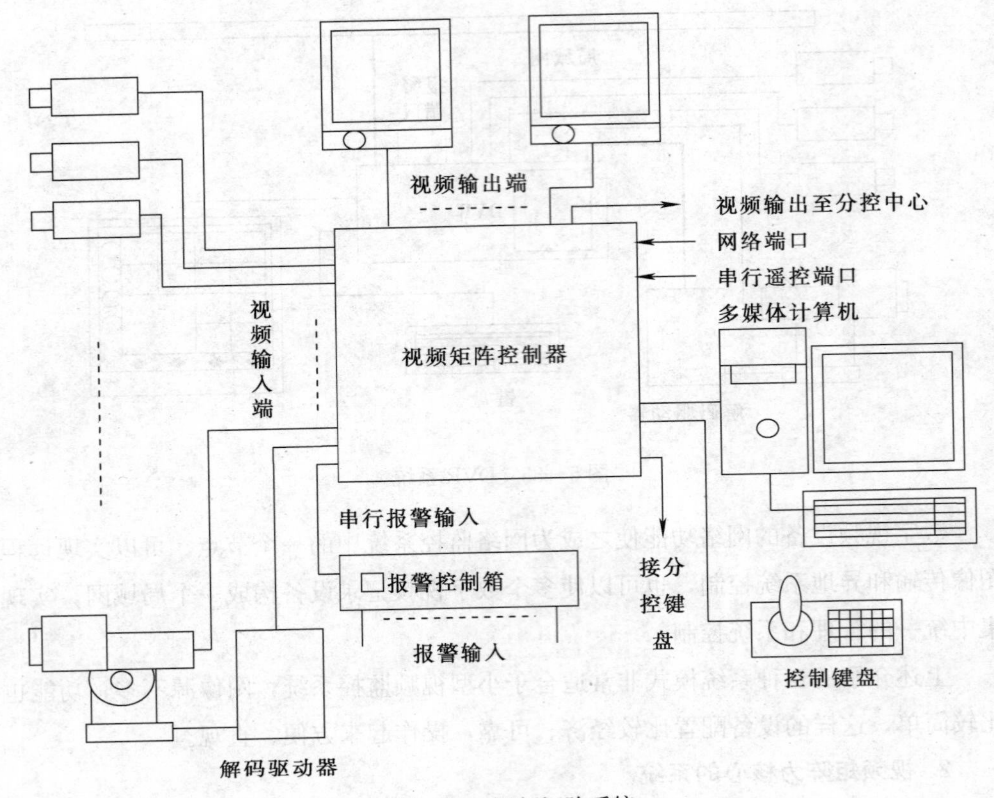

图 5—36　视频矩阵系统

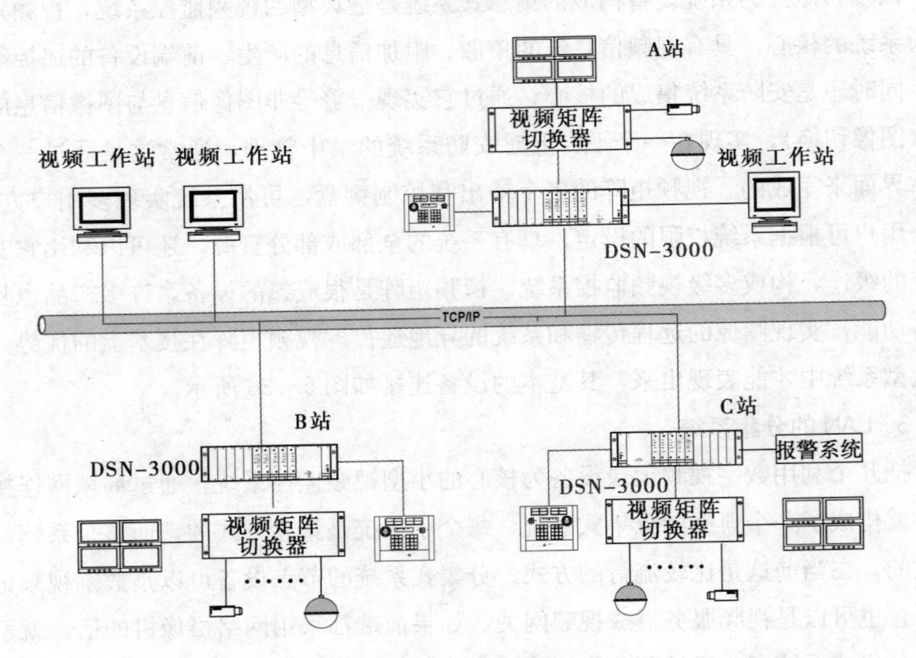

图 5—37　局域网分集系统

4. 远程监控系统

远程监控是当前的热点，很多地方都在建大网，大是指范围大，如城域监控网、城际监控网，在技术上通过光纤传输是可行的，但在经济上、运行管理上是不可行的。通过各种数字化设备把模拟视频信号转换为数字视频流，并在编码过程中根据系统的资源（主要是网络的带宽）对图像进行适当的压缩处理，使之在一定资源条件下，得到较好的图像质量。然后通过网络设备（服务器、网关等）实现与网络的连接。网络本身就是一个虚拟的矩阵，可以实现图像信息的交换，从而构成远程的视频监控系统。网络对图像的损伤主要表现在延时、不连续及由于传输丢包造成的不能正确解码，实际上，图像质量最主要的损失来自压缩编码。网络远程监控系统如图 5—38 所示。

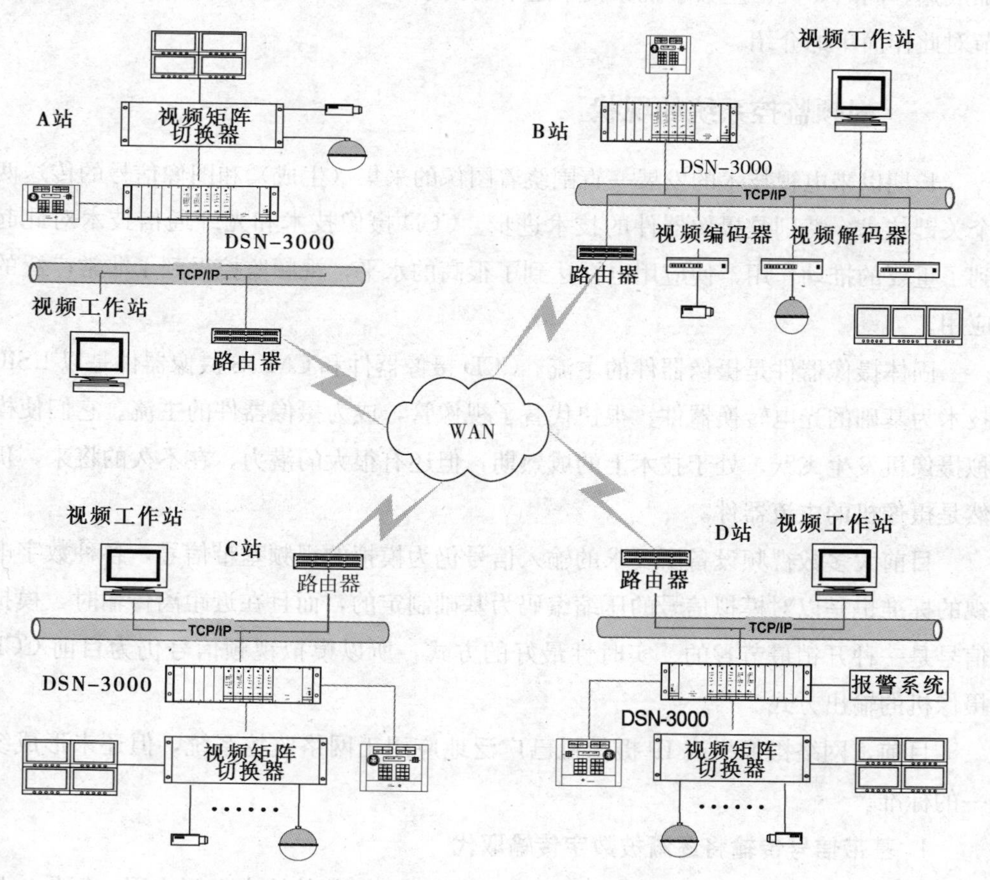

图 5—38　网络远程监控系统

5. 可视对讲系统

可视对讲系统是一种自助式图像系统。它的特点是：对一个图像源的公共管理，而不是多个图像信息的集中管理。图像在系统中作为一个特征，通过目视的识别，来验证行为的合法性。因此，通常把它视为出入控制系统的一种形式。联网型可视对讲系统是典型的集总式视频监控系统，是可视对讲的一个发展趋势。

第 7 节　数字视频技术

视频监控技术的发展十分迅速，经典的系统达到了很高的水平，系统模式也更加成熟。同时，又产生数字视频技术这个新技术，已成为安防监控技术的热点。本节对此作简单的介绍。

一、视频监控系统的现状

长期以来电视技术的发展一直围绕着图像的采集（生成）和图像信号的传送两个关键技术，特别是摄像器件的技术进步。CCD 摄像技术和光纤通信技术对此起到了重要的推动作用，使应用电视达到了很高的水平，视频监控得到了非常广泛的应用。

固体摄像器件是摄像器件的主流。CCD 摄像器件和 CMOS 摄像器件是以 LSIC 技术为基础的光电转换器件，很快代替了视像管，成为摄像器件的主流。它们使模拟摄像机发生飞跃，处于技术上的成熟期，但还有很大的潜力，在不久的将来，仍然是摄像机的主流器件。

目前大多数视频设备所要求的输入信号仍为模拟的视频基带信号，各种数字电视的标准也是以对模拟信号的压缩编码为基础制定的，而且在近距离传输时，模拟信号是一种开销最节省的、实时性最好的方式，所以模拟视频信号仍为目前 CCD 摄像机的输出方式。

目前，网络摄像机或 IP 摄像机已广泛地应用于网络监控系统，但还未形成统一的标准。

1. 基带信号传输将逐渐被数字传输取代

光纤传输技术开辟了通信的新时代，它很快在视频传输中得到应用。但是，目前在视频监控系统中的应用是非常初步的，大多数系统都是采用 IM 方式的视频基带信号传输，光纤仅是代替同轴电缆作为一个新的宽带、低损耗介质，光纤通信技术的真正优势和潜力并未充分体现和发挥出来。这主要是由模拟视频信号传输方式和视频监控系统结构特点所致。随着下一代光纤通信系统的出现和视频监控系统大型化和远程化需求的增加，视频监控系统的基带信号传输将会逐渐被数字传输取代，系统数据流从模拟逐渐转为数字。

2. 系统仍然是经典模式

系统控制设备由于微处理器、单片机的功能和性能的提高和增强、专用 LSIC、ASIC 和多媒体技术的应用，在功能、性能、可靠性等方面有了很大提高，但系统控制方式仍然是经典的，没有本质的改变，理由是：

（1）视频监控系统中信息流的形态没有改变，仍为模拟的视频信号，摄像机是唯一的采集图像信息（生成图像）的设备（信源）。

（2）系统的网络结构没有变，主要是一种单功能、单向、集总式的信息采集网络，介质专用是它的特点。

（3）视频监控系统的工作方式没有改变，主要是通过视频监视器来显示图像，以人的直接观察为提取图像有用信息的方法（信宿—目视解释）。

（4）系统控制设备主要以前台管理为主（前端设备的控制与遥控、视频信号的分配与切换），在整个过程中对由摄像机产生的视频信号基本上不做任何处理。

应用电视从出现开始就是如此，经典的视频监控系统是以摄像机为核心的，所有的技术环节都为了一个基本目标，以保证摄像机图像不劣化。数字视频的出现将打破这种经典的模式，视频监控系统的形态将发生根本的变化，将逐步转为以后台处理（图像探测和图像处理）为核心。

二、视频监控技术的发展趋势

视频监控技术可以说是电子信息技术的缩影，发展趋势可以用数字化、智能化、网络化来概括。

1. 数字化

数字化是人类对客观事物的认识和表达的升华，是以信息技术为核心的电子技术发展的必然，以电子设备为主流产品的视频监控技术亦是如此，首先表现为视频监控系统大量地应用数字设备，以及视频设备中大量采用数字技术。如目前视频监控系统中广为应用的画面合成、帧切换、DVR、远程监控等设备，图像信息的存储从带基向盘基转变，电视摄像机采用 DSP 进行视频信号处理以提高图像质量和完成各种功能设置。这些数字设备和技术在很大程度上提高了监控系统的技术水平，改善和丰富了监控系统的功能。但视频监控系统数字化的真正标志应是系统中的信息流（包括数据、音频、视频、控制）从模拟转为数字，这将从本质上改变安防系统的信息采集、通信、数据处理和系统控制的方式和形态，改变视频监控系统的模式和应用。实现监控与其他系统之间的无缝连接，并在统一的操作平台上实现系统管理和全部的功能控制。可以说数字化是视频监控系统智能化和网络化的基础和前提。

继续提高图像的质量和扩大应用，数字化是必由之路。数字信号具有频谱效率高、抗干扰性能力强、失真小等模拟信号无法比拟的特点，同时也具有信号处理数据量大、占用频率资源多的问题，只有对数字信号实现有效地压缩，使之在通信方面的开销与模拟信号基本相同时，它的其他优点才能表现出来，并具有实用性。在DTV、HDTV巨大市场的拉动下，数字视频技术得到了迅速的发展，相应的技术标准、各种算法和专用芯片、处理、记录和显示设备相继制定和开发完成。数字电视和多媒体是数字视频的两个主要应用方向，数字电视主要目标是HDTV，它的图像质量要求比现行电视提高很多（信息量大得多），但多媒体业务主要是网络的应用，受到资源的限制（采用较低的图像格式），其图像质量是低于现行电视的。视频监控是属于这个技术层次的，所以在监控系统中模拟视频比数字视频仍有一定的优势。

2. 智能化

智能是一个与时俱进的概念，在不同的时期和不同的技术条件下有不同的含义。智能化可以说是自动化的最高境界——自主的优化调节和效率、协调的互动。视频监控系统的智能化可以理解为：实现真实的图像探测，实现图像信息和（通过图像提取）各种特征的自动识别，系统联动机构和相关系统之间准确、有效、协调的互动。

智能化的监控系统不是分别、孤立地观察图像，而是全面地从图像之间的相关性和变化过程去分析和预测事件的趋势，从而实现真实的视频探测、多维视频探测系统等。要求对图像静态的识别向动态分析过渡，从空间和时间两方面提取特征，实现目标的自动识别。通过图像的分析，对不同目标的运动趋势做出预测和统计，作为相关自动化系统的参考数据。所有这些都已有初步应用，但受到应用环境的限制，还有待完善和提高。视频监控系统智能化的关键是系统从对图像的目视解释转变为（机器）自动解释。

3. 网络化

视频监控系统的网络化分为两个层面，一是采用网络技术的系统设计，二是利用网络构成系统。前者的主要表现是监控系统的结构（系统模式）由集总式向分布式过渡，分布式的设计有利于合理地设备配置和充分的资源共享，是视频监控系统模式的一个发展方向，它的基础是网络技术。这个方向将导致安防系统中各种子系统（包括视频监控系统）真正意义上的集成，即在一个操作平台上进行系统的管理和控制。这个方向也将促进安防技术与其他技术之间的融合和集成。后者不仅指出了利用公共信息网络来构成监控系统的这一趋势，也预示了视频监控技术将发生的巨大变革，将由封闭（专用）向开放转化，系统由固定设置向自由生成的方向发展。比如利用远程监控（不仅是视频）技术可随时随地建立一个专用的监控或图像系统，并可随时地改变和撤销它，利用网络技术可以把许多图像服务项目提供给用户。所有这些将导致监控系统模式和应用发生巨大变化，也将促进安全服务业的发展和完善。

以上所谈的“三化”是视频监控技术应用层面上正在发生或即将发生的变化，是有目共睹的。但它又是当今各种技术发展的共同趋势，并不是视频监控技术所独具的东西。当今技术的融合是个大趋势，在信息技术这个箭头技术的带动下，许多不同的专业都向一个目标发展，许多学科和技术走上异途同归之路。多种技术可能在一个共同的关键点上实现突破，如现代信息技术将是计算机技术、通信技术和电视技术融合的产物。图像压缩技术是数字视频的核心，视频监控技术正是在它的带动下发展。

三、数字视频的主要课题

数字视频技术的优势在目前应用模式中表现得还不很充分。随着电视技术数字化的进程，视频监控在安全防范技术中的应用将会有本质的变化，这一点目前已初露端倪。数字化将从根本上改变视频技术的面貌，一些新的概念、新的产品以及新的系统模式将会出现，数字视频技术在安防领域的主要课题有：

1. 视频探测

正如第 4 章所述，目前主流的探测器主要是状态探测或物理参数的探测，探测的真实性很低，所以实现真实的探测一直是安防技术追求的目标。视频探测将是理想的解决方案。

在模拟电视系统中，视频探测已得到了应用，其检测图像亮度电平的变化，实质上也是物理参数探测。在数字视频的基础上，进行窗口设置、亮度值的算法和比对，阈值的设定和动态刷新都很方便，因此，视频探测产品多了起来，许多视频设备（如 DVR）都具有视频探测功能。但其探测原理还是与模拟系统一样，并没有本质的改变。数字视频的优势在于，图像的数字码流不仅包含图像的亮度信息，还包含探测对象的形状、空间位置和运动状态等信息。这些信息对实现真实探测是最有价值的，所以对图像进行数字编码（压缩）的过程就是一个完整、充分的视频探测，探测结果就包含在图像的数字码流中具有自适应性。这应是视频探测下一步应该研究的课题。

2. 远程监控

远距离的传送视频信息始终是电视技术追求的目标。在模拟电视时代，提高传输介质的带宽是唯一有效的方法，光纤传输技术开辟了通信的新时代，它很快在视频信号传输中得到了应用。但是，仅通过提高传输介质的带宽，能力还是有限的。

数字视频和网络技术为远程监控提供了新的解决方案，也把远程的概念从城域扩展到城际、国际甚至洲际的范围。利用 IP 网络的流媒体服务就可以构成远程视频监控系统。这样的方式在很大程度上改变了安全防范系统的形态，使之从传输介质专用到介质共享（利用各种公共信息网络）。从系统的固定设置到系统自主生成，由封闭的系统结构到开放的系统模式。视频监控系统将成为一种可以无所不到的、开放的、能够根据各种具体要求自动生成的系统，安防系统的边界将变得模糊，也变得更为广阔，它将成为网络视频服务业务的一种。目前，利用 IP 网络摄像机、视频摄像机加视频网关或利用 DVR 的网络功能均可以实现远程监控的功能，后两种是典型的模拟/数字混合的方式，非常适于在现有模拟系统的基础上，扩展而成。前者则具有数字视频网的形态。IP 网络摄像机就是具有网络接入功能的摄像机，它内置图像压缩单元和 WEB 服务器，将视频信号压缩并转换成符合网络传输协议（如 TCP/IP）的数据流。更重要的是，它赋予摄像机一个从网络任何地方都可以唯一识别的 IP 地址。远端的用户不需要任何专用软件，只要找到它的 IP 地址，通过网络浏览器就可进行实时的监控。对于多台视频摄像机，则不用每台都内置 WEB 服务器，采用具有多路功能的视频网关更为适宜。

远程监控系统的推广和应用与人们对视频监控系统的传统认识和要求有密切的关系。目前建立在数字视频和网络基础上的远程监控在图像的实时性、连续性及图像质量、观察效果上与传统系统还是有差距的。随着技术的进步，这个差距会有所改善。但改变对监控系统的要求也很必要。这与建立远程监控的技术标准和评价方法有密切关系。这个标准应该是分档、分级并向下兼容的。标准要对系统的图像格式、编码方式、传输速率、交换技术与通信协议以及相应的通信平台等根据安全防范系统的特点和要求作出规定。由此衍生出用于数字视频监控系统的摄像机、视频网关、视频服务器、数字图像记录设备及数字（网络）矩阵的技术标准和相应的产品。在这个过程中，人们要有一个认识上的转变，要跳出源自于模拟系统的传统概念和评价体系的模式，如图像的还原性和实时性，图像质量的评价指标和测量方法等，建立起数字视频环境下的全新的技术体系。要开展网络监控安全性的研究，建立可靠的安全体系和对策。这些研究的成果，不仅是针对远程的网络视频监控，也是针对局域的数字视频监控。它将是视频监控技术完成从模拟向数字转化的标志。

3. 数字视频记录

数字视频记录（DVR）曾是最热门的课题，目前，其产品化程度最高。从开始对磁带录像机的替代，到逐步成为视频监控系统控制器和数字视频系统的节点设备，短短的几年时间，便成为具有中国特点的安防主流产品。

DVR 还有许多问题要去研究，产品还要进一步地完善。本书前面已有了专门介绍，在此不赘述了。目前，大家已从关注压缩方法、机型结构、操作系统及安全性、可靠性等问题，转移到重视技术标准的完善和深入应用的开发。

4. 图像识别

可以说图像识别是视频技术的最高境界，目视解释（光学显示、人的视觉观察）是当前大多数图像系统提取有用信息的主要方式，电视系统也是如此。它固然有直观、判别准确率高的优点，但是当面对大量的图像信息时，其效率低、实时性差就严重地降低了信息的利用率，限制了图像系统的应用。因此，自动解释（机器解释）一直是图像技术的一个重要的课题。数字视频为其提供了一个新的技术平台，使图像识别有了新的解决方案，在机器人视觉、模式识别等方面都取得了重大进展。在安全防范领域更成为目标探测、出入管理、生物特征识别、安全检查的有效技术手段。

提到图像识别，自然会想到图像的自动解释，它是安防系统智能化的重要目标，但目前技术还不能实现。图像识别有验证与识别两种主要应用方式。前者是验证当前行为的合法性；后者是识别个体的身份。它们都要求系统要首先定义特征，并保证原始输入和现场输入的相关性。这就是要建立一个稍加限制的环境，而这些条件是通常电视监控系统达不到的。我们必须找出一个新的途径，实现通常监控环境下的图像自动解释，这就是图像内容分析，安防技术的创新要选择这个突破口。

图像内容分析是工作在通常的监控环境下，它自主地定义简单的特征，这些特征不具有个别识别的能力，但通过图像的关联和综合也可以达到个体识别的目的。其技术发展分为以下四个阶段：

（1）将（运动）目标从视频图像中分离出来。并能在简单环境下（单目标、背景单纯）对目标分类。

在简单环境下对目标进行行为分析，判定其运动的方向、方式、目标的复合或离散，发现和告警异常的行为；产生目标的运动轨迹，并能进行目标的自动跟踪；

进行目标的统计、关联、过滤、趋势预测等。

（2）在复杂环境（即通常的视频监控环境）下实现上述功能。

（3）实现视频语义的解析，通过对一个图像序列的分析，理解其包含的真实信息。

前两项是图像内容分析的定义，目前已有了一些成果。第三项是技术实用性的关键，达到了这一点，系统才具有应用价值。但目前大多数产品还达不到这一阶段。第4项是技术的最高境界，它表明机器具有了与人一样的理解图像的能力，但不具备人所能达到的效率。

智能监控（图像内容分析技术）是逐步发展的过程，不可能一蹴而就，也没有终极的结果，要经过不断的技术积累，特别是核心技术的突破。认为监控技术智能化已经实现的观点是不确切的。

思考题

1. 视频技术的特点是什么？从不同角度表述这些特点。
2. 视频监控的基本模式有几种，理解各自的特点和适用性。
3. 简述视频监控系统在安防系统中的应用、地位和作用。
4. 电视系统完成的两个基本变换是什么？理解变换的作用和过程。
5. 简述电视制式的基本内容、图像分解的作用和过程。
6. 简述摄像机的工作原理。
7. 摄像器件在摄像机中的作用是什么？
8. 安防用摄像机的主要特点是什么？
9. 简述一体化摄像机的型式。
10. 简述摄像机主要技术指标的定义和简单评价方法。
11. 简述摄像机与镜头的匹配的关系和镜头的互换规则。
12. 简述摄像机的主要配套设备的分类和应用。
13. 简述同轴电缆的特点和传输的主要干扰及解决方法。
14. 简述光纤视频传输的原理和基本要素。

15. 简述光纤的多路传输的方式和应用。
16. 简述视频监视器工作原理。
17. 简述 DVR 的主要型式和功能，以及 DVR 在系统的应用和作用。
18. 简述系统控制器的主要功能，简述几种主要控制器的特点和应用。
19. 简述监控系统与其他系统集成的方法和应用。
20. 简述数字视频技术的应用及新技术。

第6章
出入口控制系统

出入口控制是安全防范系统的重要组成部分，应用非常普遍，是大型、综合性安全防范系统不可缺少的部分。同时，出入口控制系统本身包含了安全防范系统所有的要素，可以独立地构成各种实用系统。随着出入口控制技术的发展，它逐渐融合了探测和视频技术，成为安防技术重要的具有特色的发展方向。

第1节　出入口控制系统概述

广义上讲，出入口控制系统是对人员、物品、信息流和状态的管理，所涉及的应用领域和产品种类非常广泛。安全防范系统中的出入口控制是指：采用现代电子与信息技术，在出入口对人或物这两类目标的进、出，进行放行、拒绝、记录和报警等操作的控制系统。

出入口控制系统的核心技术是特征识别，是在数字技术的基础上发展起来的，是现代信息技术发展的产物，是数字化社会的特征。

一、出入口控制的基本要素

出入口控制是很宽泛的概念，既可以是现实（物理）的，也可以是虚拟的；系统控制和管理的对象可以是人流、物流或信息流；保护的可以是有形的财富，也可以是无形的财富。无论什么样的系统及应用，出入口控制系统都具有三个基本的要素：特征载体、特征识别（读取）和锁定（联动）机构。

出入口控制系统可以从“机械锁”来解析。之所以如此，是因为一把独立的“机械锁”与一个复杂的出入口控制系统看似差别很大，实质上却具有相同的基本要素。可以说：“机械锁”是最古老、最简单，也是最完整的出入口控制系统。“锁”的出现和应用就是出入口控制技术的由来，“锁”的技术、结构、功能和形态的不断改进和提高，应用领域拓展和应用方式变化的过程，就是出入口技术发展的历史。

1. 特征载体

出入口控制系统对人流、物流、信息流进行管理和控制，首先要能对控制对象进行身份和权限的确认，由此来确定它们行为（出入）的合法性。这就要通过一种方法赋予它们一个身份与权限的标志，称之为：特征载体，它载有的控制对象身份和权限信息就是特征。

在技术上，特征载体是出入口控制系统管理和控制的对象。根据系统的安全要求，特征载体可以是唯一的，也可以是公用的。可以采用单一特征，也可以是多种特征组合。特征载体的可靠性和安全性通常由密钥量和防伪性来表示，出入口控制系统的安全性还包括特征载体与识别装置之间数据交换的保密性。这些特征载体要与持有者（人或物）一同使用，但它并不与持有者具有同一性，这就意味着：特征载体可以由别人（物）持有使用。

“机械锁”的钥匙是一种简单的特征载体，其“齿形”就是特征。

目前，实用的特征载体很多，主要有：证件、钥匙、条码、磁卡、光学卡、IC 卡等。IC 卡，特别是非接触 IC 卡（射频识别卡 RFID），是目前应用最多的方式。密码也是一种授权的特征，载体是使用者的大脑。

如果从控制对象本身找出一种特征，可使特征与载体具有同一性，能够有效地防止伪造和冒用特征载体的问题，极大地提高系统的安全性。从“人体”上找出的特征就是所谓“生物特征”，它们具有极高的唯一性和稳定性。近年来，生物特征识别技术的发展很快，许多产品已得到了广泛的应用，如指纹识别系统；有些则日见成熟，表现出良好的应用前景，如面相识别等。

2. 特征识别（读取）

（1）特征识别的功能

特征识别通常又分为两个层次：一是对特征载体的识别，仅通过特征载体的有效性来判断持有者行为的合法性，应用于一般安全要求的场合；二是识别特征载体，并对其与持有者的同一性进行认证，主要应用于高安全要求的系统。它不但识别特征载体的有效性，还要判断使用者是否是合法的持有者。

识别具有两种特征的一个特征载体，不具备同一性认证的功能，这种方式的作用是提高特征载体的安全性和防伪性。同时识别两种不同的特征载体是对持有者同一性认证的常用方法，如识别双卡（双人持有）、读卡加密码输入、读卡加生物特征识别等。显然，生物特征识别是同一性认证最有效的手段，因为它的特征就取自于持有者。

电子特征读取装置的识别过程是：将读取的特征信息转换为电子数据，然后与存储在读取装置存储器中的数据进行比对，根据比对的结果来确认持有者的身份和权限。这一过程称为“特征识别”。

（2）特征识别（读取）装置

是与特征载体进行信息交换、实现特征识别的设备。它以适当的方式从特征载体读取持有者的身份和权限信息，以此判断持有者的身份和行为（出入请求）的合法性（与权限是否相符）。

显然，特征读取装置是与特征载体相匹配的设备，载体的技术属性不同，读取设备的属性也不同。磁卡的读取装置是磁电转换设备，光电卡的读取装置是光电转换设备，IC卡的读取装置是电子数据通信装置，通常被称为读卡器。人查阅证件是最简单的特征读取和识别方法。

机械锁的读取装置就是“锁芯”，当钥匙插入锁芯后，通过锁芯中的活动弹子与钥匙齿形的吻合来确认持有者的身份和权限。

特征读取装置（读卡器）大多只具有读取信息的功能，应用于出入口控制系统的前端，完成从特征载体提取信息的功能，然后通过控制单元将判断结果输出到锁定机构。有些则具有向特征载体写入信息的功能，称为“读写装置”。向特征载体写入信息是系统向持有者授权或修正授权的过程，系统使用载体的特征可以修改和重复使用。这些装置主要用于有计费、计时功能的系统。

机械锁的钥匙是不能修改的，因此，它所代表的权限也是不能改变的。人的生物特征是不能修改的，但其所具有的权限可以通过出入口控制系统的管理功能来改变。

特征识别装置与特征载体的相互匹配构成了出入口控制系统的基本数据（信息）链路，是实现出入口系统基本功能的前提，是系统最具特点、并决定整体技术性能的部分。

3. 锁定（联动）机构

（1）锁定

出入口控制系统的基本防护功能是由锁定机构决定的，“锁定”即是“防护”，由此系统有了安防的功能，“锁”就是“禁”，于是有了门禁系统的简称。出入口系统只有设计了适当的锁定机构才具有实用性。当读取装置确认了持有者的身份和权限后，要使合法请求者能够通畅地出入，并有效地阻止不合法的请求。

基于相同的特征识别方式（装置），配合不同形式的锁定机构，构成了各种不同的出入口控制系统，换句话说，锁定机构决定了出入口控制系统的不同应用。比如，地铁收费系统的拨杆、停车场的阻车器、自助银行的收出钞装置等，这些完全不同的锁定机构，使 IC 卡实现了不同的作用。如果锁定机构是一个门，系统控制的是门的开启/闭合，就是狭义的“门禁”系统。

机械锁本身就是门禁系统的一种锁定机构，当锁芯与钥匙的齿形吻合后，可转动执手，收回锁舌使门开启。

出入口控制系统的锁定机构必须具有适当的抗冲击能力，否则它就只是一个管理系统，不具备安全防范的功能。所谓“锁定”表示一种通常的状态（门、装置的锁定、系统的不开放），当特征识别装置确认了请求者行为的合法性，受其控制的锁定机构将释放（门、装置打开、系统开放），因此，它是受控于特征识别装置的状态转换机构，或特征识别装置判断结果的执行机构。锁定机构的抗冲击强度决定了系统的安全性，也决定系统应用的目的，如用于防盗、防抢、防破坏，要求门具有很高的抗冲击能力，而用于一般性的人流控制，只要一个拨杆就可以了。

锁定可理解为实体装置的状态（硬）控制，也可理解为虚拟环境的过程（软）控制，如信息系统的安全管理，对于不能通过身份认证的用户，不允许其打开、修改、拷贝某些文件或操作系统就是一种锁定。这说明“门禁”可以是有形的，也可以是无形的。

（2）联动

联动装置是出入口控制系统的重要组成，可以认为是锁定机构的延伸。它有许多形式，包括系统所控制各个锁定机构之间的联动；多级防范区出入控制系统的防越权、防反传、防跟随；重要部位的双重锁定、要人（VIP）访客系统的双门结构等。还有出入口控制系统与其他技术系统的联动，如与自动识别、电视监控、防火系统等的联动，或向其他系统输出各种信息或指令，实现报警或图像切换，或接收它们的指令，改变系统的状态。

联动机构可以是系统反应的手段，如在要害部位出现非法请求时，除锁定机构保持锁定状态外，启动相应的联动机构，警告、控制或制服非法行为者。

锁定机构和联动装置主要根据系统的安全要求来设计，同时，要适应不同的应用环境和建筑基础条件。形形色色的联动装置使出入口控制系统的功能更加丰富、多样，近来逐渐热起来的要人（VIP）访客系统就是典型的实例。

二、出入口控制系统的模式

将上述三个基本要素组合起来可以构成多种形式的出入口控制系统，基本模式主要有：

1. 前置型

又称单机型离线式，由一个前端控制器（门口机）独立地完成特征信息的读取、鉴权（识别），并控制锁定机构的状态。

通常对非法请求采取拒绝方式（视其为请求者的不当操作）。前端控制器可以具有本地报警功能，对连续、多次出现的非法请求予以警告，也具有少量的信息存储能力，记录最新发生（多少条）出入信息，并可通过读出卡将其读出，在系统控制器（计算机）上显示。可以说：前置型出入口控制系统的特征识别、系统管理与控制功能全部在一个设备内完成，系统的每个前端控制器（门口机）之间没有任何电气、物理和数据上的联系，可以识别的特征量是有限（基本上是唯一）的。图 6—1 所示为前置型系统示意图，形象地说明了出入口控制系统的三个基本要素。

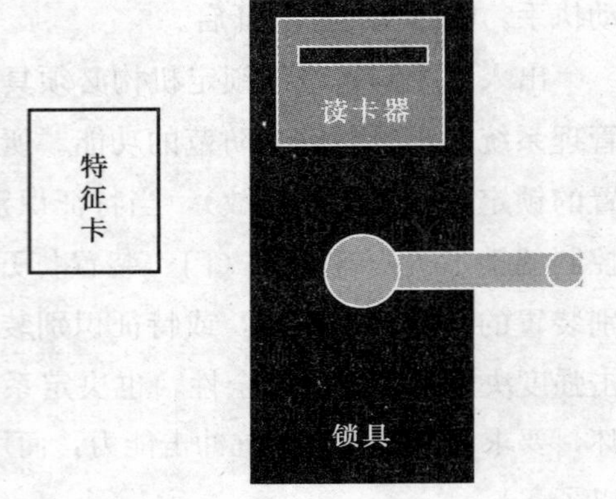

图 6—1　前置型系统

前置型系统用于一般安全要求的场合，如宾馆、居民住宅等，对误识率和误拒率的要求不高。主要产品有：各类锁具（机械、电子）、楼宇对讲等。

2. 网络型

网络型系统也称在线式，所谓网络不仅是指系统网络的拓扑结构，也是指系统各前端设备之间的功能联动，前端控制器与系统控制器之间的信息交换和系统管理。系统对非法请求产生报警或启动联动机构是网络型系统的主要工作方式和特点。网络型系统是出入口控制技术最具特色的部分，又可分为多种模式，但基本的结构和设备构成如图 6—2 所示。

网络型系统由前端控制器、系统控制器（HOST PC）及它们之间的数据传输构成：

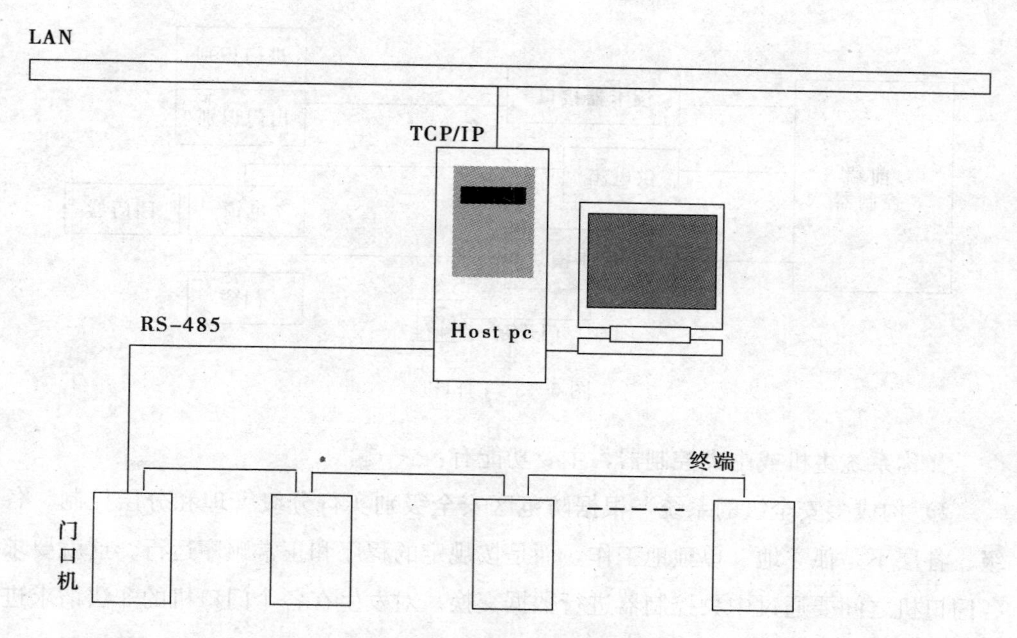

图 6—2　网络型系统

（1）前端控制器

通称为门口机，是前端设备的核心，它首先要完成特征信息读取，识别、锁定机构和联动装置的控制等功能。同时，又是系统网络的节点设备，通过适当的通信方式（光发/收、调制/解调 、总线、网络），接收系统控制器的下传数据、指令，上传需要报警、存储、联动的信号和数据。其基本功能有：

1）特征识别。通过键盘和/或读卡器（双向控制有两套识别装置）来读取特征载体的信息并完成识别，或同时进行同一性认证；

2）锁定机构和联动功能的控制，同时监控它们的状态。具有双向门间互锁、防重复、防反传、限时/限次等功能；

3）监控功能。具有状态自检、防破坏、数据加密、报警、事件记录、电源（备用）监测等功能；

4）联网功能。利用网络或总线连接完成与其他前端控制器和系统中央管理器间的数据通信。

5）辅助输入/出接口、报警探测器、巡更系统、联动装置的控制接口等。

网络型前端控制器也可以独立使用，通过键盘和读卡器进行功能设置和修改，成为一种高档的前置型设备。图 6—3 所示是典型的前端控制器（门口机）的组成。

（2）系统控制器

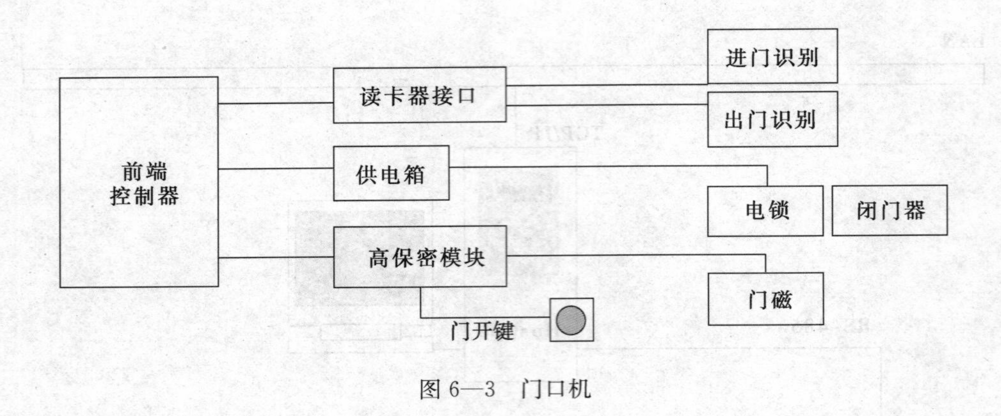

图 6—3　门口机

又称系统主机或中央控制器，主要功能有：

1）构成多安全级的系统，根据防范区安全级别实行分级管理和分层控制。各级、各层不是孤立地、单独地工作，而是按规定的程序和正常顺序运行。这就要求各门口机之间要通过中央控制器进行数据交换。对发生在各个门口机的非法请求进行统一的分析和判断。

2）系统的授权。用户的权限包括出入的地点、时间、顺序、次数、与同行者的关系等。可以通过下传数据对用户授权、修改、撤销，也可以对现场授权进行存储（通过下传数据）。所有这些功能设置及下面提到的系统状态控制，都是通过在系统控制器进行编程和调用来实现的。

3）显示、报警及控制。系统控制器可以显示系统运行状态，系统的报警信息和系统故障状态。报警显示应包括：越权请求、出现失效卡（过期、挂失、伪造）等。系统可以直接控制前端设备，完成锁定、联动等。

4）信息存储。系统能够在一定时间内存储报警、运行等信息，并能方便地查询，系统要建立工作日志。

5）网络管理和状态监控。出入口系统控制器对系统进行全面的管理和系统状态监控。

6）出入控制系统与其他自动系统集成的专用网关，通过 LAN，采用 TCP/IP 方式（目前最常用的方式）实现出入口系统与其他系统的集成。如果说，出入口控制系统是建筑智能化系统的一个子系统，它是位于控制层和现场操作层，通过系统控制器可以在管理层与其他子系统进行集成，实现资源共享和在统一的平台进行管理和控制。

目前，主流的出入口控制系统都有一个功能完善的 GUI，可以实现图形界面的人机交互及与其他系统的集成和功能联动，如图像自动切换等。以出入口控制系统为核心，通过它的功能的扩展实现各种子系统的集成，或与其他系统产生接口关系，已成为安防系统的一种新的选择（目前安防系统多以电视监控系统为核心）。

三、出口控制系统的网络结构

网络型系统的基本特征是前端控制器与系统控制器之间的通信（数据交换），实现这一功能的网络结构有多种方式，目前应用较多的有总线方式、环线方式及它们的级连。下面分别予以介绍：

1. 总线方式

出入口控制系统的前端控制器通过总线与系统控制器相连，如最常用的 RS—485 总线，各个前端控制器跨接在总线上，最后的前端控制器要端接匹配电阻，以保证线路的阻抗匹配。图 6—2 所示就是典型的总线式系统。系统控制器可以连接多路总线，每路总线对应一个网络接口。

2. 环线方式

其实环线也是一种总线方式，所有的前端控制器都跨接在线路上，但可以从两个方向与系统控制器连接实现通信。因此，系统控制器要有两个网络接口，当线路有一处发生故障时，系统仍能正常工作，并可探测到故障的地点。图 6—4 所示给出了环线方式的示意图。

系统采用哪种方式的网络结构，可根据系统的设备布局和安全性要求来定，两种方式在技术上并无优劣，通信方式也基本相同。与入侵报警系统不同的是，线制不同，导致不同的通信方式。

3. 系统的级连

根据通信协议的转换方式，出入口控制系统可分为单级结构和多级结构。

（1）单级结构，出入口控制系统的前端控制器与系统控制都处于同一个网络之中，上面介绍的系统（见图 6—2、图 6—4）均为这种结构。它们之间采用一个通信协议，实现数据的交换和系统的管理、控制。

大多数出入口控制系统及智能所建筑的控制层与现场层之间都采用这种结构。

（2）多级结构，出入口控制系统的前端控制器与系统控制器处于两个不同结构的网络中，因此，它们之间的通信要经过协议转换，如图 6—5 所示。

如果把系统管理层的控制设备视为系统控制器，通常它与前端控制器处于两个网络之中，一个是执行 TCP/IP 进行通信的 LAN，另一个是通过 RS—485，LONWORK 或者 BACKNET 的总线或现场操作网络。

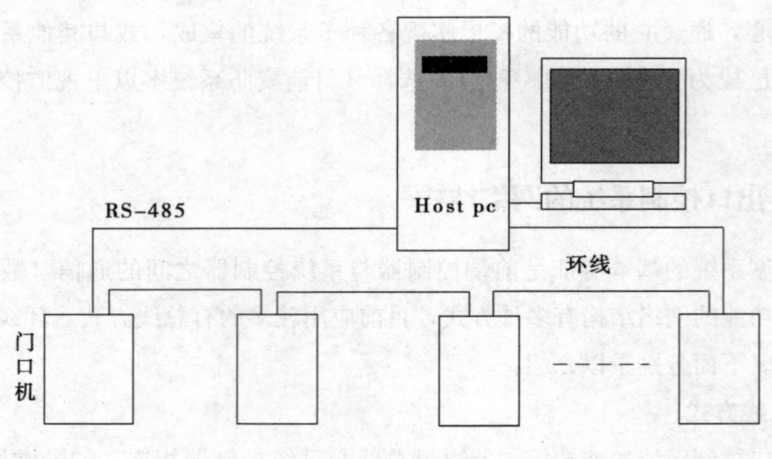

图 6—4　环线方式

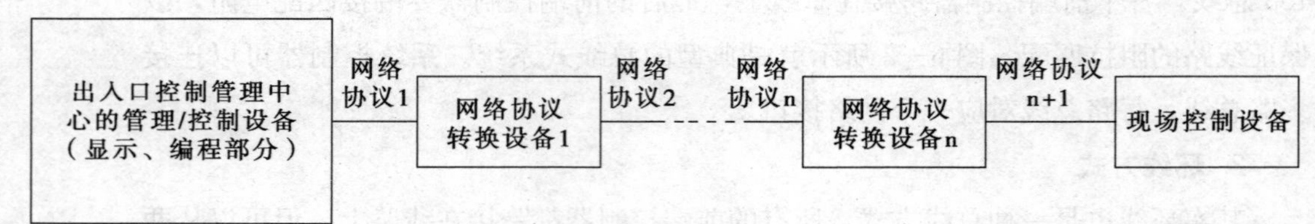

图 6—5　多级网结构

它们之间的通信要经过协议转换。正如上面的介绍，此时，现场控制器作用如同一个专业网关，起到两网络连接的功能。通常是两级结构，用于出入口控制系统与其他自动化系统间的集成，如建筑环境监控系统。理论上可以是更多级的，但这种广域的系统应用不多。

前端控制器与系统控制器之间的数据交换，还有其他的方式，如无线方式、数据载体传输方式。前者是无线联网的网络型系统，后者是通过可移动的数据载体来进行前端控制器与系统控制器间的通信。系统介于单机型与联网型之间。采用信息采集棒方式的巡更系统就是这种方式，单机型系统对门口机的功能设置和存储信息的读取也是采用数据载体的方式，图 6—6 所示为其示意图。通常，数据载体与特征载体是相同类型的，但它必须可以读/写数据，而特征载体可以是只读。

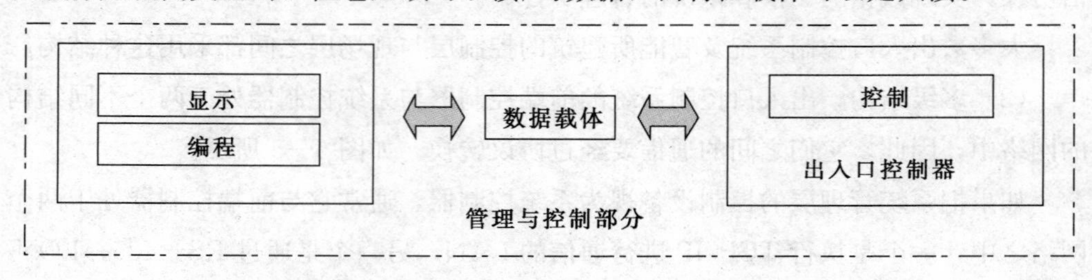

图 6—6　数据载体通信方式

四、出入口控制技术的应用

出入口控制技术在安全防范领域的应用多种多样，例如，在公共事业领域得到了广泛的应用，各种一卡通系统就是典型。从其控制和管理的对象划分，主要是人流、物流、信息流和过程控制。

1. **人流控制与管理**

是安防系统的常用方式，主要有以下三种：

（1）出入口管理与控制

出入口管理与控制主要是用于人流的控制和管理。利用适当的特征载体和识别装置，对防范区进行各安全级别的管理和控制。根据安全要求采取不同的响应方式或系统模式。这种出入口管理不仅要与系统的物理周界很好地结合起来，还要与周界探测系统集成为一体，才能达得更好的效果。此种方式在目前安全防范系统中比较常见。

（2）巡更系统

巡更系统是电子巡查系统的简称，巡更是一种有效的安全防范和管理方式，它把人员的巡逻作为探测手段，并通过对巡逻过程的规范管理保证其有效性和准确性。因此，安全防范系统采用巡更（及其他同类的）技术和巡更系统的设计，代表着一种重视人的作用的安全防范思想。

通过设定巡逻路线、时间、顺序和信息反馈方式和采用一个适当的信息采集手段就构成了巡更系统。信息采集棒或信息按钮是常用的方式。利用特征识别技术，并与出入口管理系统集成在一起，是目前应用较多的形式。

（3）楼宇对讲

楼宇对讲是小区安防中应用最普遍的系统。系统的核心是门禁控制器（门口机），用户使用钥匙/卡/密码开门，访客则通过与主人的（图像/语音）通信被确认，由客户机控制开门。系统的主机具有交换功能，负责建立门口机到客户机的通信。

可视型或对讲型实质上是在同一基本门禁系统的基础上增加图像或声音的验证手段，在门口机上增加摄像机或传声器。

2. **物流管理**

以货品、车辆等为控制对象的系统，主要有：

（1）停车场管理

停车场管理是安防系统的组成部分，主要采用 RFID 方式，适当地设置车辆探测装置（如地磁线圈），对车辆的出入进行管理和控制。除此之外，停车场管理系统通常还具有车位显示、车辆调度功能（由多个停车场系统组成的综合性管理网络），同时，它还是一个计费系统。在安防系统中，停车场管理通常作为出入口控制的一部分，如小区停车场管理与外周界管理集为一体，建筑物的地下停车场管理与建筑的出入口控制集为一体，是一种人流和物流综合的管理系统。

（2）电子商品防盗系统

电子商品防盗系统广泛的应用于商品防盗系统（在欧美有专门的标准）中，是一种物流管理系统。由电子标签（IB卡）、识别装置和激活器组成。识别装置为一电子振荡器（线圈），电子标签为一谐振回路。当电子标签通过识别装置建立的电磁场时，发生谐振，致使识别装置出现电流峰，从而产生报警输出。激活器是在收款时使电子标签失效或复用的装置。这种系统成本低、可靠性高，非常适用于超市等自助式商业。

目前，欧美又推出了新的产品电子标签，它是一种RFID，工作于UHF频段（我国规定为912～916 MHz），采用印刷技术制造平面天线和INLAY封装可使特征卡像纸一样，应用非常方便，由于它是CPU卡，可以读写数据，功能非常丰富，具有非常广泛的应用前景。

采用适当的特征识别方法还可建立许多实用的物流管理系统，用于物品防盗、仓库管理、违禁品控制等。如在爆炸物等违禁品中增加标志物，通过对它的识别，对危禁品的交易、运输、存储进行管理和控制及危险源的识别。

（3）车辆识别

车辆识别是通过对车辆识别卡（VID）的识别，来分析车的流量、流向的。识别被盗车辆、受控制车辆，发出报警和监控其运行路线。

采用模式识别技术，对车辆号牌进行识别也可以构成车辆识别系统，这种方式在停车场管理系统中也有应用。

3. 安全监控与过程控制

安全监控与过程控制是出入口控制技术，或特征识别技术应用非常普遍的领域，特别是在公共服务领域。系统主要是信息流的控制，与安防紧密相关的主要有：

（1）安全监控与业务管理

当前，许多服务性系统都存在无人值守的基站，对于这些基站的安全监控是非常重要的，同时，对这些设施的维护工作也需要进行监控和管理。利用出入控制系统的前端设备作为信息采集和网络的节点设备，构成的大型安全监控和业务管理系统非常有效和经济。这些系统已成功地应用于电话、移动通信和自助银行等领域。

（2）开放式服务系统的安全管理

可以把它们看做虚拟世界的出入口控制系统，主要用于安全认证和信息流的管理。如信息系统、电子交易系统、交互电视（收费电视）及公共通信系统等，它们必须通过特征识别，进行身份认证和权限的认证，然后再开放系统，提供服务。这些应用，在系统的形态上与前面几种的差别很大（主要是指物理意义上的门及出入）。但系统的要素是相同的，采用的技术基本相同。正是这种虚拟系统的安全管理把出入口控制技术和产品提升到一个新的高度。

（3）公共事业管理

公共事业管理涉及人流、物流、信息流等多种方式，是社会信息化水平和文明程度的表现。基于IC卡技术的系统已广泛应用于公共事业的各个领域。如公共交通的收费系统，城市公共事业（水、电、气）的收费系统等。

（4）一卡通

一卡通是以IC卡为载体，计算机和通信为基础，将一定范围的各种设施连成一个有机的整体，进行授权、管理、消费、结算的服务系统。根据这个定义，一卡通可以实现上述各种应用规模的扩大，也可以实现上述各种功能的集成。“一卡”是指采用一种特征识别手段，“通”则意味着广泛（业务、地域）的应用范围。市场上已有多种一卡通系统，其含义并不确定，但它将是出入口控制技术最有前途的应用领域。

第2节　出入口控制系统的主要设备

出入口控制系统的基本要素和系统模式，决定了它的主要设备及功能要求，下面将分别说明，重点是门口机和特征卡。

一、出入口控制系统的产品分类

构成出入口控制系统的各个要素可表现为不同的产品，各制造商为满足市场的需求必须考虑产品的通用性、互换性及新产品的兼容性。也要为降低生产成本，选择通用性的产品来实现大批量生产，并使自己的产品能与其他厂家和产品配套、集成，以构成各种实用的出入口控制系统。目前，很少有制造商能生产出入口控制系统中的全部产品，这就形成各制造商的分工，它们的分工是按产品的分类进行的。

系统的主要产品有：门口机、系统控制器、系统软件、独立的读卡器、卡类、锁具等。这样的产品分类不仅表现了出入口控制系统技术的特点，也反映了安防行业的分工状态。

1. 门口机

门口机是前端控制器的简称，因为它主要安装在所控制的门边。通常，按其可以控制的门（出入口）的数量，分为单门机、两门机、四门机和多门机。

前置型系统主要是采用单门机，它的功能比较简单，主要是缺少与系统控制器的通信。通常是与读卡器（特征识别装置）和锁定机构合为一体，如宾馆常用的IC卡门锁。

在网络型系统中，两门机与四门机的应用较多，单门机少一些，四门以上的多门机很少应用。它的通信单元使其具有上传信息和接收系统控制信息的功能，使得出入控制系统的功能更加丰富，系统的功能设置（安全区域的划分、联动功能和关系等）、系统的授权和变更变得更加方便、灵活，是高档、大型、高安全要求系统的选择。

网络型系统的门口机一般具有读卡器（特征识别装置）接口，外接相应的读卡器。特别是多门机，它可以方便地实现和控制门之间的联动和防反传、防越区、防跟随功能。

门口机的硬件结构与网络模式有密切的关系，下面有专门的说明，这里就不再多讲。

2. 系统控制器

系统控制器是网络型出入口系统的中心设备。在大型综合系统中是管理层与控制层的连接设备，通常利用TCP/IP实现管理层的集成，通过RS－485总线与门口机连接。出入口系统控制器的这种结构和功能与建筑智能化的系统控制器是相同的，因此，建筑环境监控系统都具有与出入口系统集成的功能。

3. 系统软件

系统软件是网络型系统的重要产品。出入口控制系统的高级功能（基本功能是门的开、闭控制）主要是由软件实现的，包括系统的联动、与其他技术系统的技术集成和资源共享、功能的扩展和升级、系统控制点（门）的调整和控制容量的扩充、系统数据库的管理和自动备份、系统的远程管理和升级、系统的布防/撤防和系统开放的协议等。系统软件也是实现门禁系统人机交互界面友好、操作平台简便、可靠的关键。

可以说，系统软件的技术水平是划分出入口系统的高档产品与中低档产品的分界线。目前，国内产品仍是弱项，国外产品在市场竞争中主要是靠软件的优势取胜。

随着出入口系统技术的升级，系统软件需求的增长强劲，市场空间变得越来越宽，这也为国内厂家提供了发展机遇。

4. 读卡器

读卡器是读取装置的代名词，不仅包括卡式特征载体的读取装置，还包括其他的特征读取装置。主要是指仅完成特征信息的采集（读取）或完成采集和识别，但不包括执行机构也不与锁定机构接口的设备。如指纹机可以进行指纹的识别，而指纹头仅能进行指纹的采集，要与控制器（PC）连接才能完成识别功能。读卡器是一种通用产品，标准的接口可与各种控制器连接使用。

显然，读卡器与特征载体相对应，所要读取的特征载体不同，工作原理也不同。可靠、准确地采集特征信息是它的基本功能，因此，作为一种机电、光电设备，首先要建立与特征载体的规定关系（位置、物理和电气）。如读卡器利用对卡的限位来建立规定的关系，接触式 IC 卡与读卡器进行电气连接；生物识别装置因不便确定这样严格的关系，影响了系统的友好性（非侵犯性），成为限制其应用的一个主要因素；RFID 卡的读卡器不要求卡与其实现严格的物理接触，使用方便。

读卡器对特征卡的识读主要是通过编码识别方式，如从条码卡、磁条卡、IC 卡（感应卡）上读取编码信息；物品编码识别系统是通过编码识别装置，提取附着在目标物品上的编码载体所含的编码信息。常见的有：应用于超市的电子防盗系统(EAS)；通过编码键盘输入规定的编码，也是一种读取方式，常用设备有普通编码键盘、乱序编码键盘等。这些产品都属于编码识别设备，应用较多的产品主要有：

（1）密码键盘

通过输入密码的方式，来鉴别人员身份的装置。特点是简单，不需要特征卡，受电磁干扰影响小。但普通密码键盘容易被窥视，泄漏密码，保密性和安全性差，系统可管理和授权对象也比较少。

乱序密码键盘的按键排列随机变化，因此，密码不易被窥视，保密性、安全性较高。可应用于高安全要求的场所。

密码键盘另一个主要应用是特征识别系统的同一性认证，即将其与某种特征识别技术结合起来，进行双重认证，是高安全要求系统的常用方式，如银行卡。

密码键盘适于在室内应用，如室外安装要注意防雨、防尘土。

（2）磁卡读卡器

磁卡上的信息存储在卡片的磁条中，读卡器的磁头要与磁条发生接触，并产生相对运动才能进行读写，这就是“刷卡”。磁卡上的信息很容易被复制、丢失，保密性不高。因此，系统一般仅在卡中存储身份代码，数据则放在后台，如银行卡。它的特点是制作简单、成本低。

（3）条码阅读器

由操作员使用，通过光电扫描阅读粘贴在物品上的条形码。因此，在阅读过程中不要求阅读器与条形码有严格的位置关系。对于一次性的应用很方便、价格低廉。但条形码本身易被复制、易损坏。

超市的计费和货品防盗主要采用条码技术。停车场对非临时车辆的出入也可采用条码管理。

（4）接触式IC卡读卡器

通过卡与读卡器的限位机构，使卡上的电极与读卡器实现电路连接，进行数据交换。系统安全性高，不易受电磁干扰，使用方便，但卡易被磨损。

主要应用于室内人员出入口管理，如宾馆、会议中心等。

（5）非接触式IC卡读卡器

通过电磁耦合和射频通信来实现卡与读卡器间的数据交换。系统安全性较高，卡片携带方便，不易被磨损，有较高的防水、防尘能力。非接触的工作方式，系统友好、方便各种应用。非接触IC卡读卡器的工作频率不同，读卡距离也不同，主要有：近距离读卡器（读卡距离<50 cm）适合人员通道；远距离读卡器（读卡距离>50 cm）适合车辆出入口。

非接触IC卡是本章的重点内容，下面将详细说明。

还有一些识读过程是通过提取出入目标身份等信息，然后再将其转换为一定的数据格式的方式。如指纹识别、掌型识别、眼底纹识别、虹膜识别、面部识别、语音特征识别、签字识别等生物特征识别技术的各种读取装置都是如此。

5. 卡类产品

特征卡是主要的特征载体的形式，通常做成卡片形，也有圆形。它们是可以写入信息（特征）并可读取信息的一种载体，如向IC卡写入电信息，向磁卡写入磁信息等。卡类产品在出厂前，要写入初始化信息，以保证在系统中正确地工作。人们把专业厂生产的卡体称为白卡，是系统用户构成各种出入口控制系统，实现各种应用的基础。主要产品有：RFID卡、接触式IC卡、磁卡、复合卡、信息纽扣、电子标签等。

6. 锁具类产品

各种机构锁具、电锁、门类、闭门器、拨杆、挡车杆和各种通道型装置是出入控制系统的重要组成部分，是系统保障安全性（抗冲击能力）的主要因素，也是系统友好性、保证系统与环境协调的重要因素。它们主要是机构类产品，是与工程结合最紧密的部分。电锁包括电控锁和电（磁）力锁，是最常用的锁定机构，常见的有磁力锁、阳极锁、阴极锁及电控锁。

（1）磁力锁

磁力锁是依靠电磁力直接将电磁锁体和配套软铁吸合在一起的锁具。其构造简单，无滑动或转动磨损件。磁力锁为加电闭锁、断电开启的工作模式，闭锁时的电流一般在 500～800 mA。通常用吸合力来划分其性能，主要产品规格有 250 kg、280 kg 等。

（2）阳极锁

阳极锁是依靠电磁力将锁舌推出，使其插入配套锁片中实现闭锁的锁具。该锁具附有锁片检测装置，当闭锁信号给出时，若没检测到锁片到位（门没有关闭到位）信号，锁舌不会伸出，直至锁片到位才将伸出锁舌，完成闭锁工作。该锁为加电闭锁、断电开启模式，闭锁时的电流一般在 300 mA～1.2 A。

（3）阴极锁

阴极锁不用电磁力直接拉动锁舌，而是推动一个推杆来控制闭锁单元。阴极锁在锁闭时，弹簧将锁舌定位，开锁时，磁力推杆打开闭锁单元，闭锁单元在阴极锁配套的锁舌推动下推开，实现开锁，若推杆未打开闭锁单元，门锁不能被打开。阴极锁通常采用加电开启、断电闭锁模式，也有加电闭锁、断电开启的产品，工作时的电流一般在 100～200 mA。

（4）电控锁

电控锁通过电动装置来控制闭锁机构的方式。当电控锁在电磁力的作用下开启时，才可以开启锁舌，因此，可以说电控锁是机械锁加电控单元。这种电控锁耗电量很小，可以用电池供电，宾馆的门锁大多是电控锁。

二、系统的硬件结构与门口机

1. 门口机的类型

出入口控制系统硬件结构的差别主要来自于门口机和锁定机构，从门口机与出入口（门）的关系可分为单出入口控制型和多出入口控制型：

（1）单出入口（门）控制型

一个前端控制器只管理和控制一个出入口（门）的方式（并不是系统只控制一个出入口）。

通常将特征识别与出入口的控制单元集为一体，或将锁定机构也集为一体，即单门机。单门机可以采用一种或两种以上的特征识别手段，也可以控制一种或两种以上的锁定机构，实现同一性认证和双人双锁控制等功能。

（2）多出入口（门）控制型

一个前端控制器同时对两个以上出入口实行管理控制的系统。使用的设备称为多门机。

通常的结构是一个控制器具有多个独立的特征读取装置，同时，处理来自不同出入口的出入请求，分别控制各个出入口的锁定机构。

多出入口控制型的控制器由于要同时进行多个请求的鉴权和锁定机构的控制。因此，数据处理能力要比单门机强，但这并不意味着系统可以实现的功能比单门机多。

2. 门口机的结构

根据特征读取与数据处理和控制单元的结构，前端控制器有一体型和分体型两种。

（1）一体型

前端控制器的特征读取与数据处理、控制等各个组成部分，通过内部连接、组合在一个机箱内，构成一个独立的设备，实现出入口控制的所有功能。前置型系统的门口机主要是这种方式。有些一体机还包括锁定机构，如宾馆应用的 IC 卡门锁。

（2）分体型

前端控制器的各个组成部分在结构上是独立的，它们之间通过电缆连接，按规定的协议进行数据交换，来实现出入口控制的各种功能。通常，分体机是将读卡器与门口机分置，这样，门口机可以安装在前端的受控区内，只有特征读取设备安装在出入口现场。

显然，多门机是分体式结构，其所控的各出入口之间可有一定的距离。

3. 典型的前端控制器

下面以典型的单门控制型门口机为例，说明门口机的基本功能、主要技术指标和电路原理。

（1）基本功能和主要技术指标

1）可识别 4 000 张卡，256 个组群；

2）可设置 64 个时段，16 384 种出入时段控制方式；

3）通过与系统控制器管理模块的连接（数据交换），可实现超容量（最多 42 亿张卡）的动态管理；

4）可设置特征卡的功能和安全级别，如 VIP 卡、超级卡、普通卡、通卡、巡更卡等；

5）可设定特征卡的有效期及使用次数，并能根据管理要求禁止某张特征卡的使用；

6）同时支持单机与联网模式，具有 8 000 条事件保持能力；

7）可接带密码键盘的读卡器，对持卡人进行双重认证，识别格式：Wiegand 8/26/40 bit；

8）具有密码防胁迫报警功能；

9）可设定为读卡器直通方式，进行特征卡的数据写入；

10）可通过网络遥控开锁；

11）可编程设置开启时间长短，或长开方式；

12）数据处理单元收到特征读取装置发送的一组完整信息后，应在 0.8 s 内完成判定，发出相关的控制指令，这项指标可认为是系统的响应；

（2）通用电气指标

主电源：DC15V/2.5 A

辅助电源：（备用电池）12 V/ 7 Ah

工作电流：典型 30 mA（空载）

最大电流：2 A（带读卡器及电控锁）

（3）电原理框图

门口机的电原理如图 6—7 所示。

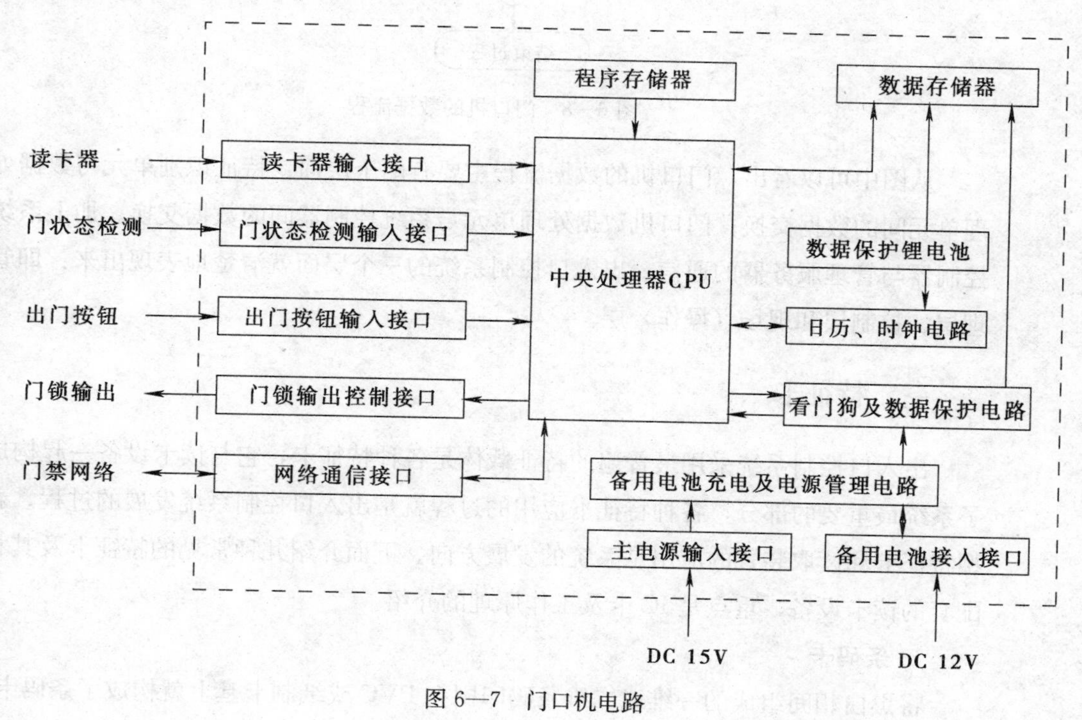

图 6—7　门口机电路

（4）数据流程图

门口机工作时的数据流程如图 6—8 所示。

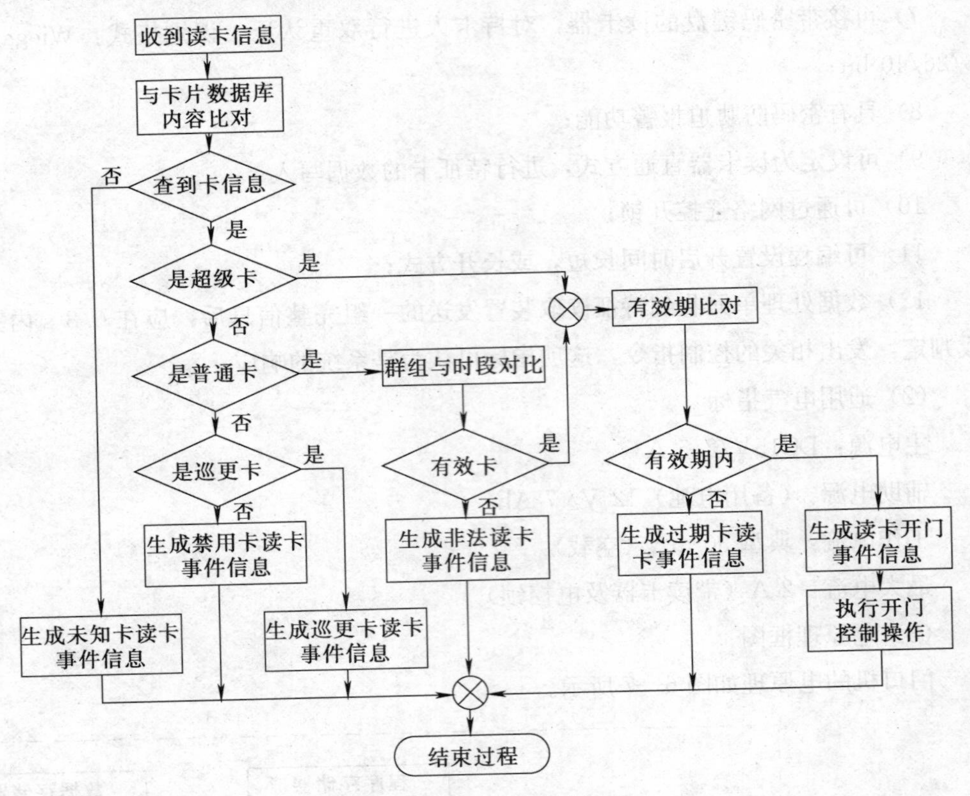

图 6—8　门口机的数据流程

从图中可以看出，门口机的数据流程主要有两个层面：特征识别单元与数据处理单元间的数据交换；门口机数据处理单元与系统控制器间的数据交换。加上系统控制器与管理服务器的通信，出入口控制系统的三个层面就清楚地表现出来：即管理层、控制层和现场（操作）层。

三、特征卡

出入口控制系统采用最普遍的特征载体是各种特征卡，它与读卡设备一起构成了系统最重要的部分，各种特征卡应用的过程就是出入口控制系统发展的过程。新型特征卡和读取装置的应用是系统的发展方向。下面介绍几种常见的特征卡及其相配套的读卡设备，重点是 IC 卡及工作原理的介绍。

1. 条码卡

将黑白相间组成的一维或二维条码印刷在 PVC 或纸制卡基上就构成了条码卡，

条码卡可由持卡人携带，也可贴在各种物品上。其优点是成本低廉，缺点是条码易被复印机等设备轻易复制，所以不宜用于安全要求高的场合。目前条码主要用于物流管理方面，如超市的商品库存、计价等。安防出入口控制系统较少采用。

光电扫描器是读取条码信息量的主要方法，不需要卡与扫描器的接触，但两者之间必须是直视的。条码的变形、污损以及光电扫描器与条码的角度是产生误读的主要原因。显然，条码卡一次加工成形后，信息是不能改变的，适合于物品分类进行固定的标志。

2. 磁（条）卡

将磁条粘贴在 PVC 卡基上就构成磁条卡，由于磁条（磁介质）具有存储信息的功能，因此，磁卡可以方便地写入和读出一定量的信息（视磁条的长度）。其优点是制作成本较低，缺点是存储信息可能被复制、篡改或被消磁和污损。磁卡的读写设备是一种电磁转换装置，通过磁头与磁条的接触及两者之间的相对运动，完成电信息的写入（电磁转换）。或磁条上存储信息的读出（磁电转换）。读卡机磁头的磨损，磁卡的消磁和污损是产生信息读写错误的主要原因，磁卡与磁头的相对速度对信息的读写也有很大的关系，有些读卡器通过机械传动的方式，使磁条按规定的速度通过磁头，可以实现良好的信息转换。有些设备则是由人为滑动磁卡与磁头接触，由于两者间的相对速度会有很大差异，因此，可读写电信息的频率较低，磁卡存储的数据量较小。

磁卡的应用有两种方式，一是把磁卡作为特征载体和数据存储单元的集成，通过对磁卡上信息的读取和识别，判定其请求的合法性，如地铁的收费系统，每次操作对卡内现存金额确认和修改。二是通过对磁卡信息的读取，仅进行持卡人的身份认证，持卡人的请求在确认身份后，由后台数据库进行处理。如银行卡，持卡人的存款数量并不在保存磁卡中。

磁卡主要用于物流管理和用做金融卡，由于它对使用环境要求较高，且安全性较差，高安全性要求的出入口系统采用不多。为提高系统的安全，磁卡常与密码键盘一起使用。

3. 韦根卡（Wiegand card）

韦根卡曾经是国外非常流行的一种特征卡，它是用特殊的方法在卡片中间嵌入极细的金属线，并按一定规则排列（编码），因此也称铁码卡。由于它是一种物理结构的卡，防磁、防水、环境适应性较强。当卡片本身遭破坏后，金属线排列也被破坏，仿制比较困难，但利用读卡机将卡上信息读出，还是可以反过来制造一张相同的卡，因此，其安全性较差，同时，卡上信息不能修改，也限制了它的应用，所以许多系统都是将它与磁卡复合。

韦根卡的读卡器及操作方法与磁卡基本相同，但工作原理差别很大。目前，用于安全目的的出入口系统应用韦根卡不多，但是，韦根这个词在出入口控制系统中已有了特别的含义：

（1）特定的读卡器与特征卡的接口；

（2）特定的读书卡与门口机（前端控制器）间的接口；

（3）标准的数据格式，如 26 bit 二进制数据格式。

实际上，它已成为一种通信协议和数据格式的代名词。许多特征卡读卡器与控制器间都采用韦根方式连接，这些读卡器也称韦根读卡器。接口除数据格式外，还包括物理接口，韦根接口是由三线组成的，包括数据 0（通常为绿线）、数据 1（通常为白线）和 DATA RETURN（通常为黑线）。目前许多读卡器都提供韦根接口，传送韦根数据（信号）。图 6—9 所示给出了韦根信号的示意图。

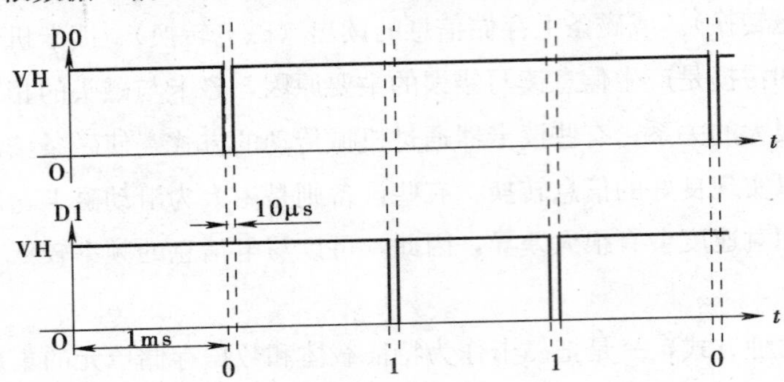

Wiegand 26bit格式说明

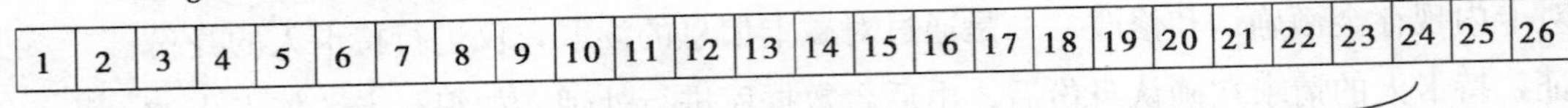

24bit有效数据

图 6—9　韦根信号

4. IC 卡

IC 卡是本章中重点介绍的内容，因为它是目前出入口系统应用最普遍的，也是发展前景最好的特征载体，同时，IC 卡系统本身的安全设计是非常有特点的。

（1）IC 卡的分类

IC 卡是一种包含集成电路（IC）的特征卡，通常是一个数据存储系统，有时也具有附加的计算能力。比其他方式的特征载体，在存储数据密度、抗干扰能力、数据安全性及与用户的友好性等方面有明显的优势，特别是非接触 IC 卡，因此得到了广泛的应用，特别是在安全防范领域。

1）IC卡根据其内部结构和可以实现的功能分为两种基本类型：存储卡和CPU卡。

①存储卡，内置的IC芯片是电可擦只读存储器（EEPROM），只具有数据存储和读出功能，其数据的操作由内置时序逻辑电路来控制，也可能集成一些简单的安全算法，通过数据流密码实现数据的加密，以提高系统的安全性。存储卡可在初始化时写入长期保存的信息，也可通过读写器修改和写入新的信息。它的最大特点是价格便宜、可靠性高，适用于安全性要求的公共服务性系统，如电话卡、电卡、公共交通卡等城市公共事业。

②CPU卡，内置的IC芯片集成CPU及分段存储器（ROM段、RAM段、EEPROM段），在制造过程中，通过掩模编程将操作系统（Chip Operating System）固化在ROM中，实质上是个微型计算机。专用的应用程序是在IC卡生产后才装入EEPROM中的，由操作系统进行初始化。

IC卡操作系统能够把各种应用集成在一张卡里，在CPU的控制下进行数据处理和存储，功能非常丰富，应用十分灵活，故称为智能卡。读卡器对IC卡的操作要经过COS进行身份认证，数据传输有完善的加密处理，安全性极高，适用于各种高安全要求的领域，如通信、金融、电子交易、高安全要求的门禁系统和法定证件等，我国第二代身份证就是采用CPU卡。

2）根据信息的读取方式。IC卡分为接触式卡和非接触式卡。

①接触式IC卡，通过标准的电极与读卡器实现电路连接，进行数据的交换。接触式IC卡体带有外露的电极，当按规定的方式将卡插入读卡器时，卡体上电极与读卡器的相应电极相接触，实现电路连接。连接的准确性是由读卡器对卡的机械定位精度来保证。通过供电极读卡器向卡电路加电，数据则由数据电极进行交换。

接触式IC卡的优点是，安全性好、可靠性高，已被广泛地应用于宾馆、加油站等场合。由于是接触式连接，操作不当（卡不对位、错方向等）会使系统不能正确工作，系统的友好性差，同时，卡与读卡器的反复接触容易造成电极磨损，必须对设备进行经常维护。

②非接触式卡，又称射频IC卡。通过电磁场耦合或微波传输来完成数据存储的载体与读卡装置间的数据交换。它们之间发送和接收的无线电频率称为工作频率，工作频率的高低与IC卡同读卡器的接近距离有关，决定其工作方式。通常分低频、高频、超高频三个频段，见表6—1。

表 6—1　　射频 IC 卡

射频 IC 卡	工作频率	读卡器类型	工作范围
密耦合型	3～30 MHz	紧贴式	2 cm 以内
远耦合型	30～300 kHz	接近式	1 m 以内
遥控型	300 MHz～3 GHz	邻近式	10 m 以上

安防系统中应用最多的是低频卡和高频卡。如在停车场管理系统中应用的 125 kHz、134.2 kHz 和居民身份证应用的 13.56 MHz 产品。

3）从供电方式上 IC 卡分为无源卡和有源卡。无源卡卡本身没有电池，必须从读卡器中（通过电极接触或电磁感应）获得能量，才能与读卡器进行信息的交换。

①无源感应卡采用射频识别技术（RFID — Radio Frequency Identification），也称无源射频卡。卡片与读卡器之间的数据采用射频方式传递，卡片的能量来自读卡器的射频辐射场，当卡片靠近读卡器，其感应积累的能量足以使其内部电路工作时，就向读卡器无线传送数据。无源感应卡主要有感应式 ID 卡和可读写的感应式 IC 卡两种形式。感应式 ID 卡在工作时只向读卡器发送卡片本身的 ID 号码；可读写的感应式 IC 卡能在“读卡”过程中交互读写信息与验证，安全性高。由于无源感应卡的能量获取来自读卡器的射频辐射场，能量较小，因此，读卡距离较近。无源感应卡在识读过程中不需接触读卡器，对粉尘、潮湿等环境的适应性远高于其他接触式卡，使用方便，与用户友好，是目前出入口控制系统的主流产品。

②有源感应卡，因其读卡距离较远，又称遥控卡。它的技术特点与无源感应卡基本相同，由于能量来自卡内的电池，可以发出较强的电磁辐射，因此，读卡距离通常可达 10 m 以上，可以在移动过程中完成数据交换，特别适用于公路的快速通关自动计费和机动车识别系统。

通常，有源卡的电池是在制作时内置，不能更换，因此，电池的寿命就是卡的寿命，一般在 2～5 年。这是影响其应用的一个问题。

总结上面的叙述，用图 6—10 所示来说明 IC 卡的分类。

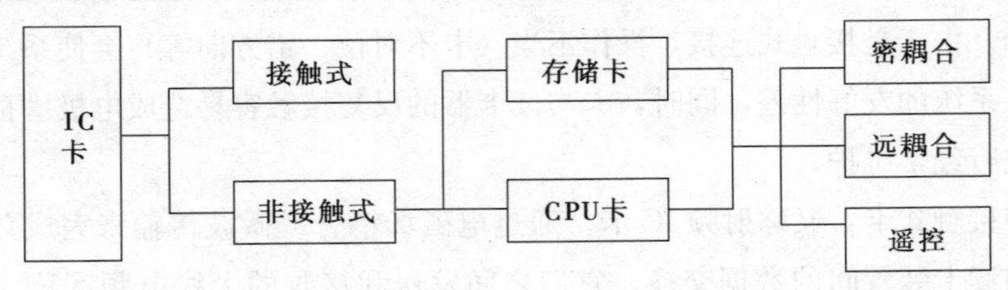

图 6—10　IC 卡的分类

(2) IC 卡的工作原理

这里主要是介绍常用低频卡、高频卡与读卡器间的数据交换过程，是 IC 卡的基本工作原理。

1) 低频卡，以某 125 kHz 产品为例说明。读卡器工作时，通过其感应线圈（天线）向周围持续发送 125 kHz 的射频电波，空间电磁场的强度随与线圈平面的距离变化（越近越强）与天线（线圈）的极化方向有关。IC 卡内部除了处理和保存信息的电路芯片外，也有一组用于接收能量和发送信息的线圈（电感），它和电容组成一个 LC 回路（谐振频率为 125 kHz）。当卡内线圈靠近读卡器线圈，并且极化方向一致时，它将从空间电磁场获得较大的能量，并通过泵电路向卡内的蓄能元件充电。在能量足够时，激发信息处理单元工作，同时调整 LC 回路的电容值，使其谐振在 62.5 kHz，IC 卡将信息调制在 62.5 kHz 载频，通过天线发送出去。

为保证这种双频双工的方式正常工作，读卡器的接收电路采用特殊的滤波设计，设置在 125 kHz 陷波，而将 62.5 kHz 设计为最大增益点（见图 6—11）。

通常，读卡器能接收到 IC 卡发射信息的距离大于 IC 卡可以获得足够能量的距离。因此，这种方式的读卡设备，在两只读卡器距离较近时，可能会出现两只读卡器同时读卡的现象。

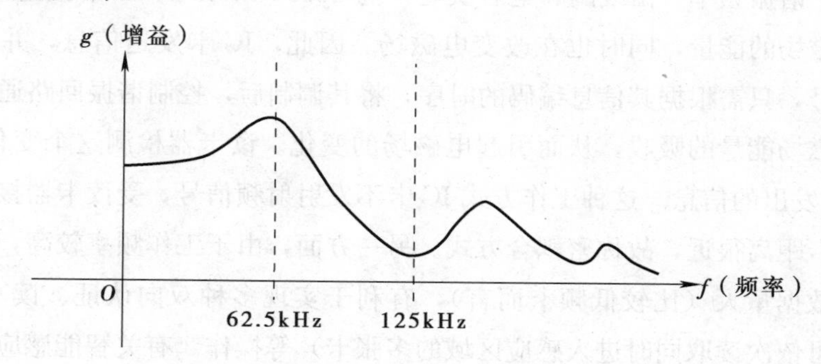

图 6—11　读卡器接收电路频率特性

低频卡还有一种单频半双工的工作方式，以 134.2 kHz 产品为例说明：

读卡器工作时，间断地向周围发射 134.2 kHz 的射频电波，IC 卡感应的能量足够时，在读卡器发送射频电波的间歇时间向读卡器发送信息，其载频仍是 134.2 kHz。这种方式读卡器接收电路大为简化，但容易因两者不同步而不能正常工作。图 6—12 所示给出了两者正确的时序关系。

2) 高频卡，以 13.56 MHz 产品为例说明。读卡器工作时，向周围发送 13.56 MHz 的射频电波，形成一个空间电磁场，同时，读卡器本身可检测这个电磁场细微变

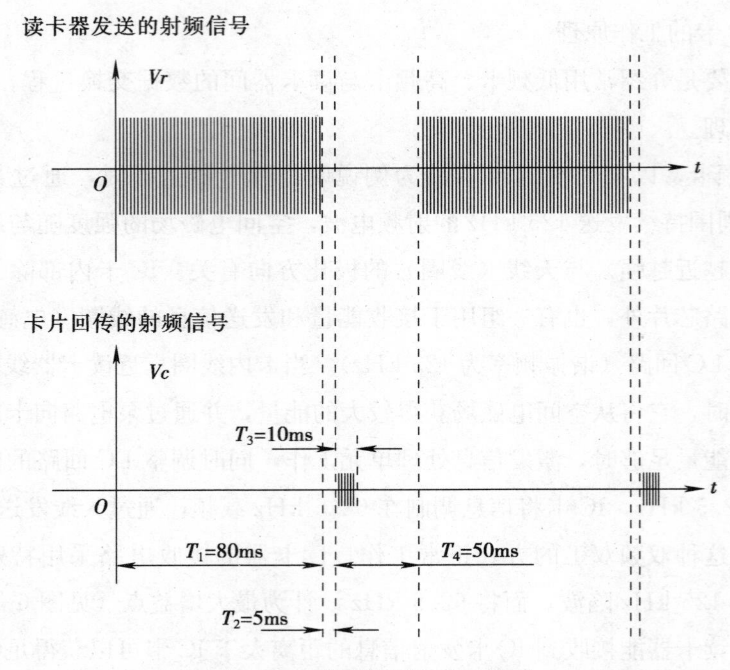

图 6—12　射频辐射与信息回传

化。当一个谐振频率（由线圈和电容决定）为 13. 56 MHz 的 IC 卡接近读卡器时，将吸收电磁场的能量，同时也在改变电磁场。因此，IC 卡发送信息，并不需要发射射频信号，只需根据其信息编码的时序，将其调制后，控制谐振回路通断变化来改变对电磁场能量的吸收，从而引起电磁场的变化。读卡器检测这个变化，解调，得到 IC 卡发出的信息。这种工作方式 IC 卡不发射射频信号，受读卡器接收灵敏度限制，读卡距离很近，故称密耦合方式。另一方面，由于工作频率较高，单位时间内传送的数据量大（比较低频卡而言），有利于实现多种双向认证、读写、加密、防冲撞（可依次读取同时进入感应区域的多张卡）等操作。有关智能感应卡的国际标准（ISO/IEC 14443）和 RFID 标准（ISO/IEC 15693）已将 13. 56 MHz 作为标准工作频率。

高频卡与读卡器交换数据时，由于两者相距很近，可以认为不是通过无线传送，而是通过电路连接，两者的线圈就像一个高频耦合变压器的初、次级，因此，这种工作方式的 IC 卡又称为耦合卡。

3）遥控卡，超高频卡大多工作为遥控方式，卡与读卡器之间的数据交换是无线通信。显然，由于通信距离较远，卡和读卡器都不能处于连续向空间辐射电磁波的状态。因此，要有探测装置来判定特征卡是否到达了识读区域，如用环路探测器（地磁线圈）探测车辆的出现，然后读卡器向空间发出电磁辐射，这个电磁辐射将

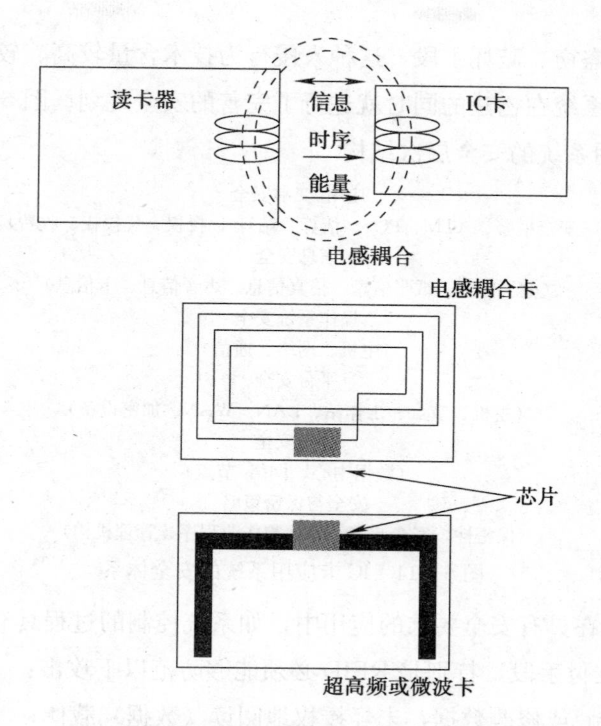

图 6—13　高频卡的耦合与卡的结构

卡激活（无源卡获得足够的能量），再与读卡器进行数据交换。

最后要明确一个概念，就是经常被人们等同的非接触 IC 卡与 RFID 的差别是什么。应该说：首先，RFID 卡是一种非接触 IC 卡，然后它在出厂时一次写入不可更改的卡号，卡号可以是唯一的，成为卡的基本特征，ID（Identification）卡这个名称就是由此而来。同时，RFID 卡的数据存储容量要比 IC 卡小。由于上述原因，两者适于不同的应用。

IC 卡可以将大量的数据存储在卡中，并可反复读写，但每次使用（数据交换）时都必须进行安全认证（加密），才能保证其安全性。适用于与消费有关的应用。

RFID 卡，可把大量的数据（用户身份、授权、资源等）保存在系统后台数据库中，读卡只是进行身份认证，适合于由系统（软件）授权的出入口控制系统。

（3）IC 卡系统的安全管理

IC 卡应用系统的安全十分重要，主要是因为：这些系统通常涉及资源的管理、货币的支付和各种交易，是犯罪分子攻击的新目标，且风险很高，而且，受到攻击后可能造成的损失较大；再有，系统通常是开放性的，管理起来难度很大，非常容易受到攻击；IC 卡被伪造、变造等事件发生的概率不高，但发放量大，一旦出现后果会很严重。正是由于这些原因，针对 IC 卡应用系统的计算机犯罪、网上犯罪已成为一种新的盗窃、破坏手段，这种入侵行为技术含量较高、较为隐蔽，不易发现。因此，各种系统在构建的同时就进行了完善的安全规划。图 6—14 所示给出了典型的 IC 卡应用系统的安全层次结构。

应用/交易安全
（安全报警、ATM、POS、清算、结算 、授权、代授权、收费）
信息安全
（电子信息、纸张信息、传真信息、声音信息、卡信息）
操作系统安全
（主机、网络、通信）
平台安全
（主机、节点、工作站、LAN－WAN、加密设备）
物理安全
（数据中心、网络/节点）
安全与保密策略
（保密性、安全政策、标准与作业程序、管理机构）

图 6—14　IC 卡应用系统的安全体系

具体地讲，在具有安全要求的应用中，如系统控制的过程具有一定的价值，或 IC 卡作为一种支付手段，特别是 RFID 必须能够防范以下攻击：

1）为了复制/或修改数据，未经授权地阅读（数据）载体；

2）利用其他数据载体进行阅读，企图得到非法授权；

3）为了伪造数据载体，窃取通信（无线、网络），并取得数据。

这里讲的数据载体就是 IC 卡。

在选择 RFID 系统时，密码功能是十分重要的，对于没有安全要求的系统，引入密码会增加不必要的费用，在高安全要求的系统中，省略了密码将会导致系统严重的漏洞，可以说，没有安全措施的系统就没有应用价值。IC 卡主要采用的安全措施有：

1）对称的鉴别。数据载体与阅读器双方的通信中互相检验对方的密码。在这个过程中双方使用共同的密钥 K 和共同的密码算法。

2）导出密钥的鉴别。上述方法的缺点是：同一应用系统的所有数据载体都采用相同的密钥 K。大量的数据载体的使用，会使小概率的破解成为可能。一旦发生密码破解事件，整个系统将被控制或失效。为此应该对各个数据载体采用不同的密钥来保护。在数据载体生产过程中，读出客观存在的序列号（识别号），用加密算法和主控密钥 KM 算出密钥 KX（导出密钥），数据载体这样进行初始化，每个数据载体由此接受了一个与自己的识别号和主控密钥相关的密钥。利用这个密钥进行双方的鉴别，具有很高的安全性。

鉴别时，先在阅读器中特殊的安全模块（SAM）中，使用主控密钥计算出数据载体的专用密钥，再启动鉴别过程。SAM 本身就是带有加密处理器的接触式 IC 卡。

3）数据传输的加密。数据加密可以防止主动和被动的攻击。将传输的数据（明文）在传输前改变就是加密，而这种改变要按相同的模式进行：传输数据（明文）被密钥 K 和加密算法变为秘密数据（密文），不知道加密算法和 K 就无法从密文中解释出传输数据。在接收中，使用密钥 K 和加密算法可以将密文还原为原来的形式（明文）。如果 $K=K$，或者相互间的直接的关系，称之为对称加密。如果关于 K 的知识与解密处理无关，就是非对称加密，一般 IC 卡采用对称加密法。

（4）IC 卡的应用

IC 卡是安防出入口控制系统主要采用的特征载体，但它的真正广阔的应用是在公共事业管理、电子交易、开放性公共服务系统。目前，低频卡主要应用于人员出入口和停车场管理系统，13.56 MHz 的 IC 卡已被广泛应用于出入口控制系统、公交地铁系统、银行系统及其他公共管理领域。公路交通更是把快速通关的实现寄予在遥控卡的应用。除此之外，IC 卡的重要应用领域还有：

1）身份证。我国第二代居民身份证采用了非接触式 IC 卡，其中的安全管理采用了高保密的安全模块 SAM。由于 IC 卡的应用，身份证已不是一个分立的证件，而是一个可以通过识读设备来鉴别真伪、读取个人信息，并进行网络化管理的人口信息系统的数据载体。除身份证外，还有许多法定证件如驾驶证、公民护照等都已开始或准备采用非接触式 IC 卡作为数据载体。

2）移动通信系统。移动通信系统安全认证是保证其可靠运行和安全收费的关键技术。它是通过 G 手机中的 SIM 卡来实现，SIM 卡就是一种 IC 卡。其他一些开放的服务网络也都应用 IC 卡技术来进行安全和计费管理，如正在开播的数字电视系统。

3）一卡通。综合的特征识别系统。通过 IC 卡进行授权、鉴权，消费、结算，信息管理等多种功能。将物理与虚拟空间的防范、安全与工作（生活）融于一体。目前，我国已有多种一卡通在运行。

第 3 节　出入口系统的评价

出入口系统的评价有两个方面：一方面是对系统设备的评价，主要是在实验室环境下进行的各种技术指标的测量；另一是方面对实用系统的评价，主要是对系统达到效果的评价。

一、出入口设备的主要技术指标

特征识别设备技术指标的测量要在特征载体与读取装置匹配的条件下，共同完成，因此，许多具体的技术指标是两者共有，或必须在两者匹配时才能测量。

1. 密钥量

密钥量，载体可生成（可分辨）特征的数量，它不仅与特征载体本身的特性有关，还与读取装置可以识别特征的差异有关。若把特征分解为由 T 个元素组成，每个元素可以分辨的差别为 S，系统的密钥量就为 s^T。

一把钥匙，它的齿数和每个齿的高低阶数可以形成的齿形的数量就是锁的密钥量。如钥匙由 5 个齿组成，每个齿有 5 个阶（级差）的机械锁，它的密钥量即是 5^5。

编码方式特征卡的密钥量由表示特征的数据长度决定，如用 8 位二进制数字表示特征，它的密钥量是 2^8。IC 卡通过数据格式的设定可以有很大的密钥量，ID 的可发卡号数就是 ID 卡的密钥量。

人的生物特征系统可以根据安全性要求，选取多个元素来组成特征，每个元素可分辨的差异也可很多，因此，具有极大的密钥量。

特征载体的密钥量越大，应用系统的容量就越大，同时，安全性也越高，因为它被破译的可能性或被仿制的可能性越小。

2. 误识率与误拒率

（1）误识率

将未授权特征卡信息（如 ID）错读为授权卡信息（一个或多个）的概率。显然是读取装置的技术性能，但与特征卡有密切的关系，是反映两者间正确交换数据的能力。测试方法不同，可以得出不同的测量结果。如设定一个读取装置可以确认多个特征载体的请求，或只能确认一个特征载体的请求，就会得出不同的测试结果。因为，前者把读取装置将某数据（特征）错读为多个可确认的数据（特征）都视为误识；而后者仅把错读一个确认特征视为误识。测量还可以选择多个读取装置独立进行，然后进行统计产生结果。机械锁的互开率试验就是这样的测量。

对读取装置误识率的测试应在实验室中进行，通常不考虑特征载体与读取装置物理关系（接触不良、不到位及表面污损等）的因素。主要测量两者间进行相应变换（电磁、光电、解码等）时发生的数据错误，是设备本质性能的测量。

（2）误拒率

将授权卡信息错读为未授权卡信息的概率。与误识率相同，误拒率也是反映特征载体与读取装置间正确交换数据的能力，但它是从另一角度的评价。如果说误识会影响系统的安全性，使非法请求得到允许；误拒则不会影响系统的安全性，但它会将合法的请求拒绝，会降低系统的通过率和友好性。

误拒率的测量可以与误识率测量一起进行。一个试验，从不同的角度统计结果，因此，要注意的问题也是相同的。特别要注意不能把应该确认的请求计为误识，把应该拒绝的请求计为误拒。分别进行这两个测试时，不会有这个问题，如测试误识率时，不会使用应确认的卡。

这两个指标都是设备可靠性指标的一部分，要有足够的样本量和做大量的试验才能保证测量结果较高的确定度。并且，要有高精度的装置来保证每次操作的有效性，排除上述的干扰因素并提高测量工作的效率。这两个指标与密钥量也有一定的关系，密钥量高的系统，这两个指标也会较高。人们经常碰到锁被别的钥匙打开的情况或钥匙不好用开不了锁的情况，就是实际应用时误识率和误拒率的表现。

有些系统的误识率和误拒率可以通过理论分析、计算得出。很难进行实际测量，如密码键盘。各种产品的说明书应给出这些指标，并说明测量方法。

3. 响应时间

出入口控制器（门口机）完成一次鉴权（确认或拒绝）需要的时间。通常是指从特征载体输入读取装置开始，到输出识别结果为止的时间。许多系统响应是即时的，如机械锁，一般的读卡器的响应时间很短，以至于可以忽略不计。但有些系统的响应时间较长，如生物特征识别装置，对于系统的通过率和实用性，这个指标就很重要。

4. 计时精度

时间是出入口控制系统鉴权的重要内容，特别是分区、分级管理的系统，它关系到各控制点的时间顺序。因此，出入口控制设备要设有时钟和时间校准功能，计时精度是重要的指标。单机型系统的设备要有独立的时钟及校时功能，网络型系统的设备应运行在统一的时钟下，各单元能够进行自动的校时。

出入口控制系统与其他安防系统集成时，计时精度是一个重要的因素，如果系统记录的时间与相关图像显示的时间不一致，两个信息就没有证据价值。

5. 安全性

出入口控制系统设备的安全性涉及两个方面，一方面是上面提到的防止被破译、被仿制的能力，主要是针对读卡器、控制器等电气类产品；另一方面是抗机械力破坏的能力，主要是针对锁定机构等机械类产品。

设备要求具有防止特征载体被复制、仿制和防止在数据传输过程中被窃取或篡改的功能，除了与密钥量有关外，还与系统的加密方式及密钥的长度有关。因此，门口机应明确规定读取单元与数据处理单元间和其与系统控制器通信的加密方式和密钥长度。

出入口控制系统中，锁定机构的安全性主要用抗冲击强度来表示，所谓抗冲击强度即是抗拒机械力破坏的能力。一般有两种评价方法：一种是在其不被破坏至失去功能时，可以承受的最大外力，如挡车杆、闸机、阻车桩等的抗冲击测量；另一种是采用规定的方法、工具将机构开启所需要的时间，如安全门和锁具的安全性试验。

6. 信息存储能力

出入口控制设备应具有一定信息存储能力，单机型控制器要能记录规定条数的出入信息，网络型系统则应具有工作日志的功能，包括出入信息、事件信息、操作信息及系统状态（设置、故障等）信息的记录。通常用可记录信息的时间来度量。

以上技术指标反映了设备的基本性能和质量水平，应在实验室条件下，对具体设备单独进行测试。

二、出入口系统的评价指标

对出入口控制系统的评价是指在应用环境下对系统总体效果的测试。其中许多指标与上节介绍的相同，但测试结果反映的问题不同。有些指标可在现场进行客观测量，有些只能进行主观性的功能检查。出入口系统评价的主要内容有：

1. 通过率

每个出入口单位时间的最大通过量。它反映系统的实用性，该指标主要是针对高频次使用的通过式系统，如考勤、公交收费等。

通过率主要由系统的锁定方式来决定，高安全性系统也与特征识别的响应时间有关。多出入口系统的通过率是各个出入口通过率的和。该指标有时与系统的安全性相矛盾，设计时要做出合理的折中，在公共活动区要首先保证足够的通过率，要求低误拒率；在要害部位则注意系统的安全性，要求低误识率。

2. 系统容量

系统可以发放或识别特征载体（IC 卡）和可以控制出入口（门）的数量。显然，对前置型系统没有这个指标。大家可能认为系统的容量与特征载体的密钥量有关，其实大多数场合不是这样。通常，特征卡的密钥量是足够的，或系统并不要求很高的密钥量。影响系统容量的关键因素是，控制处理每次识别的时间（响应）和系统控制器并行处理多个事件的能力。

3. 误识率与误拒率

对于实用的出入口控制系统，误识率和误拒率可用下面的定义：

误识率——系统对非法请示予以允许的概率。

误拒率——系统对合法请示予以拒绝的概率。

这两个定义与读卡器的相关定义是有差别的，它除了与读卡器的指标（系统本质的性能）有关外，还与应用环境和使用者的配合程度有关。如环境的电磁干扰、设备的相互干扰，卡不到位，卡受损等情况。

在系统应用环境下进行这些指标的测试很困难，可在较长时间的使用中，进行数据的统计得出相对可信的结果。

4. 反应方式

系统对非法请求的反应方式。出入口控制系统根据安全要求对非法请求采用不同的反应方式，主要有：

（1）拒绝

系统拒绝非法请求，但不做任何反应。对于一般安全要求的系统大多采用这种方式。它把非法请求视为不当操作，系统也允许反复的操作。前置型系统通常采用这种方式，如宾馆的门控制系统。

（2）报警

系统拒绝非法请求，并产生报警。报警方式可以是多样的，如发出声光提示；记录非法请求的特征卡（假卡、错卡、废卡等）、地点、时间及次数等信息。具有报警功能的系统主要是网络型系统。

（3）启动联动机构

联动机构是指系统的附加安全措施，不包括系统的锁定机构。某些高安全性要求的场所，当出现非法请求后，将采用其他手段对请求者进行适当的控制，为人员的反应提供足够的时间。这种方式要求控制器有相应的输出接口。目前，这种系统应用多起来了，如要人访客、某些重要部位采取适当的失能手段等。

5. 安全性

系统的安全性主要从系统抗技术破坏的能力和抗暴力破坏的能力两个方面来评价：

（1）抗技术破坏能力

涉及系统的密钥量、数据和信息的加密，系统的安全管理等方面。

（2）抗暴力破坏能力

又称抗冲击强度，主要涉及出入口系统中的机械产品和结构件的强度。

由于该指标涉及系统的不同部分（识读、管理、控制和锁定），评价方法差异很大（电气、机械），而且，直接影响使用者对系统的信心和认识。所以，在出入口系统的相关技术标准中，对此做了专门的规定。从外壳防护能力、保密性、防破坏能力和防技术开启能力几个方面，划分了防护等级，并提出了具体要求。表6—2示出了对现场识读装置的相关规定，实际上也是对系统的要求。

6. 友好性

友好性包括系统与人的友好性和与环境的协调性。

出入口控制系统提倡采用非侵犯的工作方式，使人在进行识别和通过出入口时，方便、顺畅，没有胁迫感。人通过出入口时与系统有两个交互界面，一是特征读取的过程；二是出入口开启/锁闭的过程。要求读卡操作简单、快捷、可靠，锁定机构的开启和锁闭自如、无紧迫感。

设备外观及安装方式要与环境协调，不影响环境美。出入口设备主要安装在建筑主要的公共部位，因此，要与建筑环境融为一体，让人感到自然、和谐。

公共服务系统的出入口的通过率也是友好性的表现。出入口系统要由控制对象与系统配合，才能正常工作，如果没有友好性，各种麻烦一定会很多。有些生物特征识别系统不要求人做强迫性的操作，因此得到广泛的应用。

表6—2 出入口控制系统防护等级分类表

要求 等级	外壳防护能力	保密性			防破坏		防技术开启	
		采用电子编码作为密钥信息	采用图形图像、生物特征、物品特征、时间等作为密钥信息	防复制和破译	抵抗时间，min 有防护面的设备			
普通防护级别A级	外壳应符合GB 12663年份的有关要求 现场识读装置外壳应符合GB 4208—1993中IP42的要求 室外型的外壳还应符合GB 4208—1993中IP53的要求	密钥量 $>10^4\times n_{max}$	密钥差异 $>10\times n_{max}$；误识率不大于 $1/n_{max}$	使用的个人信息识别载体应能防复制	防钻	10	防误识开启	1 500
					防锯	3		
					防撬	10	防电磁场开启	1 500
					防拉	10		

续表

要求 等级	外壳防护能力	保密性			防破坏		防技术开启	
		采用电子编码作为密钥信息	采用图形图像、生物特征、物品特征、时间等作为密钥信息	防复制和破译	抵抗时间，min 有防护面的设备			
中等防护级别B级	外壳应符合 GB 4208—1993 中 IP42 的要求 室外型的外壳还应符合 GB 4208—1993 中 IP53 的要求	密钥量 $>104\times n_{max}$ 并且至少采用以下一项： 1. 连续输入错误的钥匙信息时有限制操作的措施 2. 采用自行变化编码 3. 采用可更改编码（限制无授权人员更改）	密钥差异 $>102\times n_{max}$ 误识率不大于 $1/n_{max}$	使用的个人信息识别载体应能防复制 无线电传输密钥信息的，则至少经 24 h 扫描时间（改变不少于 5 000 种编码组合）获得正确码的概率小于 4%，或每次操作钥匙后自行变化编码	防钻	20	防误识开启	3 000
					防锯	6		
					防撬	20	防电磁场开启	3 000
					防拉	20		
高防护级别C级	外壳应符合 GB 4208—1993 中 IP43 的要求 室外型的外壳还应符合 GB 4208—1993 中 IP55 的要求	密钥量 $>10^6\times n_{max}$，并且至少采用以下一项： 1. 连续输入错误的钥匙信息时有限制操作的措施 2. 采用自行变化编码 3. 采用可更改编码（限制无授权人员更改） 不能采用在空间可被截获的方式传输密钥信息	密钥差异 $>10^3\times n_{max}$ 误识率不大于 $0.1/n_{max}$	制造的所有钥匙应能防未授权的读取信息、防复制	防钻	30	防误识开启	5 000
					防锯	10		
					防撬	30	防电磁场开启	5 000
					防拉	30		
					防冲击	30		60

7. 信息的存储

出入口控制系统具有的信息存储能力，是系统重要的技术指标，包括可记录的信息和查询方式。高安全性的系统除能保存各授权对象的信息外，还能保存各种系统操作信息，如操作员授权信息、事件信息等，事件信息包括时间、目标、位置、行为等。

对于联网型出入口控制系统，信息不仅保存在出入口管理主机（系统控制器）中，还应在前端控制器（门口机）中保存所对应的控制对象的授权信息，及出入事件、报警等信息。

有关标准规定：前端控制设备中的每个出入口记录总数：A 级不小于 32 条，B 级、C 级不小于 1 000 条。系统主机的事件存储载体，应至少能存储不少于 180 条的事件记录，存储的信息要保持新鲜。经授权的操作（管理）员可对授权范围内的事件记录、存储于系统相关载体中的事件信息进行检索、阅读和/或打印生成报表。

与视频安防监控系统联动的出入口控制系统，应能记录事件发生时相关的图像，并能在事件查询时，回放这些图像。

以上是出入口控制系统的主要评价指标，其中有些可以进行客观测量，大多是功能性检查和主观评价，因此，专家的知识和经验对评价结果的科学性和准确性有重要的作用。

三、出入口系统应注意的问题及发展趋势

出入口系统在应用中出现过许多问题，解决这些问题就是出入口技术发展的过程。任何技术和产品都有它的适应性和局限性，不可能满足用户所有的要求，因此，合理地选择和折中是出入口系统设计的要点。

1. 需要注意的问题

（1）安全性与通用性的矛盾

安防系统出入口控制主要是进行人流和物流的管理，用于防盗、防破坏等目的，因此，系统的安全性，特别是自身防破坏能力是重要的指标。但出入口管理又要与日常的管理结合在一起，保证系统的通畅，往往会出现矛盾。系统设置不当，通过率不足，都会影响日常的工作。所以，高安全要求的出入口管理系统最好单独设置，不与其他功能集成在一起。特别在进行一卡通系统设计时，不要把高安全要求的功能包括在内。

（2）友好性与可靠性的矛盾

友好性主要表现在要求使用者与系统的配合方面，主要是特征读取的过程。系统如果让使用者感觉受到强制，会发出抱怨，不配合系统工作，如不当地输入特征卡，对锁定机构进行阻挡等；若没有规范性的动作要求，系统则不能正常地进行特征识别，系统的可靠性大大降低。要求设计者通过合理的设备和设施的配置和布局，使人既能自觉地产生规范的行为，又没有强迫感。如通道的设计，锁定机构的启闭过程的缓冲设计等。

（3）系统安全性与系统安全功能的关系

出入口系统自身的安全与系统的安全功能（防范的功能）有一定的关系，但并

不完全是一回事。有些系统锁定机构被破坏，直接导致防范功能的下降，有些则影响不大。因此，在设计时，要具体问题具体分析，不要一味地提高出入口系统的安全要求，如密钥量、防破坏能力等，因为这样会降低系统的通用性。

（4）统一的接口标准和统一的通信协议

目前，各种出入口设备之间是可以互换的，但系统型设备间的通信协议和加密方式还没有统一的标准。系统的管理软件和人机交互界面，各公司产品的差别很大，没有互换性。要求系统设计时，要充分考虑设备间的匹配，系统的升级及与其他系统的集成等因素。同时也希望标准化工作者能尽早地制定出相关的标准。

2. 生物特征识别技术

生物特征识别是以生物统计学为基础，集图像、计算机、传感技术的最新成果，在数字技术的基础上发展起来的一门新兴的技术。由于它在个体身份认证方面的优势，成为安全技术关注的热点，成为出入口控制技术的主要研究方向。

（1）生物特征的概念

生物特征是指人（动物）自身具有的、各性差异的表征，它具有极高的唯一性（极大的密钥量）、并且具有与持有者的同一性。因此，把它作为特征（载体）构成的出入控制（特征识别）系统具有极高的安全性，是个体身份认证最准确和有效的手段。

目前普遍采用的生物特征主要有：指纹、掌形、视网膜/虹膜、声纹、面相、行态及 DNA 等。其中有些特征，如指纹、DNA 等是与生俱来的，几乎是唯一的，可以作为人的终身标志。有些特征，如面相、行态等，则在一定时间保持很高的稳定性，不同人之间的个性差异很大，作为个体识别具有很高的准确性。

目前，指纹、掌形、DNA 识别技术已较成熟，应用也很普遍，指纹识别已完成了由目视解释到机器解释的转变。面相、行态等识别技术由于环境的限制，距离实用还有一定的过程。

生物特征识别技术以生物统计学为基础，主要表现于：通过对人的特征的统计和分析，证明生物特征的唯一性、稳定性，及应用于个体识别的高安全性。通过统计分析，确定描述生物特征的方法及能够表现个性差异的特征点，确定实现识别的方法和技术方向；在识别技术中应用统计技术来判定结果。无论是采用定义识别还是模式识别技术，都是要找出有限量的特征点，并把它量化，然后将其与模板进行比对，给出判别的结果，这要涉及传感、成像、图像处理等，但最后的判定要以统计学为基础。特征识别（分类、解释）的方法基本上分为统计方法和结构分析两类，前者是以数学决策理论为基础，建立统计学的识别模型，指纹、掌形的识别多采用这种方法，其特点是稳定。后者则主要是分析图像的结构，它充分地发挥了图像的特点，但容易受图像生成过程中噪声干扰的影响。

（2）常用的生物特征识别技术

生物特征识别不依附于其他载体，直接对出入对象进行个性化探测，根据生物特征的差别，识读装置在传感方式、特征提取方法上有很大差别，目前，在实用性方面，各种技术有一定的差距，从技术上讲，它们各有特点适应于不同的应用和不同的环境。下面是几种常见的生物特征识别技术。

1）指纹识别。指纹识别是应用最早的生物特征识别方式，是从目视解释开始，主要应用于刑事侦察的个体识别。指纹是每个人特有的、几乎终生不变的特征，在安防出入口系统中，它就像一把钥匙，作为一种方便、可靠的特征载体。与其他生物识别技术比较起来较容易实现，是目前应用最广泛的生物特征识别技术。

指纹读取装置（采集器）采用光电技术或电容技术将指纹信息采集下来，然后进行特征提取，并与已存储的特征信息比对，完成识别过程。这一过程可全部在读取装置中完成，也可以在是读取装置仅进行指纹采集，然后将其传送到后台设备（如 PC）完成特征提取和识别。单独进行指纹采集的装置易于小型化，使用方便，系统识别速度也较快。进行指纹特征采集操作时，要求人的手指与采集器建立规定的关系，所以系统友好性稍差。

生物统计学证明：指纹具有很高的唯一性，人之间出现相同指纹的概率很低，安全性较高，但仍存在被仿制的风险。最近出现了具有活体指纹采集功能的产品，主要是增加对温度、弹性、微血管的探测来确认采集指纹的真实性。在高安全要求的场所，除指纹识别外，还可增加其他特征识别手段，如密码等来提高系统的安全性。

2）掌形识别。是把人手掌的形状、手指的长度、手掌的宽度及厚度、各手指两个关节的宽度与高度等作为特征的一种识别技术，人体的这种特征在一定的时间范围内是稳定的，如一次运动会或活动期间。特征读取装置将其采集下来，并生成特征的综合数据（特征值），然后与存储在数据库中的用户模板进行比对，来判定识别对象的身份。目前，掌形识别技术发展很快，主要是采用红外＋摄像的方式，摄取手的完整形状或手指的三维形状。设备识别速度较高、误识率较低。但同指纹识别一样，操作时需人体接触识读设备，要求人机配合程度高。

掌形识别是比较成熟的技术，但友好性差，且掌形特征不具长期的稳定性，受伤、过度运动后也会发生改变，不适合于长期使用的系统，在安防系统中应用较少。

3）虹膜识别。一个人的虹膜在发育成熟后终生不变，具有极高的唯一性，因此，是一种安全性（密切量）极高的人体生物特征。虹膜是与视网膜不同的概念，它存在于眼的表面（角膜下部），是瞳孔周围的有色环行薄膜，人眼的颜色就是由虹膜决定的，不受眼球内部疾病的影响。

虹膜读取装置主要是摄像机，只要眼睛正视摄像机就可完成信息读取。它的特点是不需要接触识读设备，但也需要人体配合（不能闭眼，侧面对摄像机）才能摄取有用信息，因不便于严格规定人的位置，系统的误识率很低，拒识率则较高。

虹膜作为特征的另一优势是不易仿造，但受环境条件的限制，在安防系统中应用尚不普遍。

4）面相识别。可以说，面相是人类最常用的识别方法，也是通过目视的方法。面相识别是通过现代信息技术，将摄像机捕捉到的人脸图像进行分析，提取特征，进行身份识别一直到图像技术研究的课题，近年来取得了较大的进步。与其他生物特征识别方法相比，它具有较突出的优点：

①非侵犯性。应用时不要求人的主动配合，只要建立一个稍加限制的环境（人并没有强迫感）就可以快速、简便地进行特征采集。系统友好性高。

②良好的防伪性。最新的一些面相摄取技术，可以防止由于化妆、眼镜、表情变化的干扰，消除光照、背景、角度等因素产生的像差。

③从目前的应用情况看，其经济性有较大的改善空间。

由于上述优势，面相识别已成为生物特征识别领域的主要研究方向，应用前景十分广阔。

（3）生物特征识别技术的应用

从工作方式来看，生物特征识别技术主要有两种应用形式：

1）验证。把当事人的身份与正在发生的行为联系在一起，确认其合法性。这是安全防范系统的典型应用，是把请求出入的人本身作为出入口控制系统的三要素之一（特征载体）。由于生物特征来自持有者自身，不需要进行同一认证，具有极高的安全性，并简便了操作，因此，适用于高安全性要求的场所，如重要的物资和文物库、要人访客或重要活动的出入口管理。

验证系统因为可以对特征输入的过程加以更多的控制，系统的可靠性和稳定性好，也相对成熟。它的基本工作方式是把特征输入装置读取的特征与系统存储的有限量的特征样本（这些样本代表了一定的授权）进行比对，来确定请求是否合法。这种应用称为“一对一”的方式。通常，系统的存储样本的数量不是很多，而且现场输入的条件可以加以控制，因此，系统的识别率很高。

2）识别。对输入特征与存储在数据库中的大量的参考值进行比对，来确定对象的身份，又称为“一对多”的方式。这样的系统首先要建立一个海量的基础样本数据库，如各城市人口的指纹库等。再者，特征输入的环境有时是不能控制的，输入特征的完整性和可用性有时很差。所以，建立一个实用的系统必须确定一个稍加控制的特征输入环境，以保证影响特征采集的不真实（失真、不完整、伪装）的各种因素能予以排除或控制。

目前，刑事侦查应用的主要是“一对多”的系统，它与“一对一”系统的差别，除了系统数据库参考数据量的多少不同外，主要差别是：“一对一”系统合法授权者的数据肯定在数据库中，而“一对多”系统需要查找的对象的数据不一定在系统数据库中。

（4）生物特征识别技术的研究方向

生物特征识别技术在安全领域是一门应用技术，其研究的重点是应用基础研究。主要方向有：

1）各种生物特征识别技术、特征识别的算法在安全领域可行性的研究、确定它们的适用性，研究由此形成的识别系统的准确度、效率及经济性等问题。跟踪各种新的生物特征识别技术和算法，结合具体的应用方向和特点，进行识别技术和算法的改进和创新，如建立适合于亚洲人（中国人）的面相、声纹、行为识别系统。

2）生物特征识别技术的应用环境的研究。研究和分析各种环境因素对识别结果准确性的影响、对系统可能产生的干扰程度、对识别设备性能的要求等。通过研究提出各种应用方式必需的环境条件或在不同的环境条件下的应用模式。

3）评价技术与技术标准的研究和基础试验条件的建立。评价技术是特征识别技术的核心，因为识别本身就是一种评价。技术的、算法的、设备的、环境的、系统的评价，特别是识别结果的评价是识别技术的要害。评价技术的关键是技术标准和试验环境。这些问题应与技术的研究同时进行，而不是技术、设备、系统已经应用了，才去做的事。

3. 出入口技术的发展趋势

出入口控制是一项很经典的技术，在人们还没有形成安全防范、安防技术与系统的概念以前，它就已得到广泛的应用。随着安全理论的完善、安防技术的发展，出入口控制的概念出现了，它在安全体系中的地位和作用也日益明确，其重要性逐渐被认识和承认，成为构成安全防范系统的三大关键技术之一。

近年来，出入口控制技术发展很快，主要表现为：应用领域和应用方式不断增加，投资额从占各个系统的15%增加到20%左右，在欧美国家所占比例要更高；

新技术、新产品不断出现，可以明显地看到，出入口控制技术和电视监控技术已成为安防业每年产生新产品最多的门类。而且，两者在许多方面有着共同的发展方向。如图像内容分析、生物特征识别等，近年来，安防行业的创新产品几乎全部是出入口控制和电视监控，两者各占一半；产生了影响安全防范技术发展的新概念，它们将引发安防系统本质的提升和形态的改变。有些新概念、新技术目前还不具实用性，有些未来的产品形态和应用方式还很模糊，但其意义和作用已初露端倪，概括起来主要有以下几个方面：

（1）传统产品仍有应用和发展空间

所谓传统产品是指以物理的门为核心，主要用于防入侵的系统，如楼宇对讲和防盗门等。它们采用接触式 IC 卡或磁卡甚至钥匙作为特征载体，主要是前置型系统。这样的系统还在大量采用，且占市场的 40%左右，今后一段时间也将如此。之所以如此，是因为传统产品的功能和性能仍可满足大部分用户的安全需求。同时，厂家已经有了稳定的生产和可靠的质量控制，价格比较低，产品和系统的标准完整，相互间的接口规范，用户的选择多样。

安防系统的一个特点是：采用经实践证明为有效、可靠的产品和技术，不片面追求“新”和“高”技术。

（2）新技术、新系统实用化

新技术、新产品是推动出入口控制系统产品市场的主要动力。如指纹识别技术日臻成熟，IC 卡成为最流行的特征载体。从应用的角度，网络型系统得到推广；出入口控制系统在社会公共事业领域得到广泛应用；门禁系统成为建筑智能化系统的重要组成；一卡通得到广泛的应用等，都是新技术和新产品推广的结果。这些实用化的产品，使出入口系统的友好性提高、功能更加丰富，网络化更加突出。因此得到了用户的认可，成为安防系统新的增长点。

（3）生物特征识别技术的研究取得较大进展

目前，生物特征识别技术在原理和基本技术上已基本成熟，但实用化还有一段时间。因此，应用基础研究和应用研究是当前安防技术研究的热点和重点，它将视频技术与特征识别技术结合在一起，实现真实的探测。这是安全技术发展的主要方向，也是今后安防市场的主要增长点。业界人士普遍认为，2010 年该类产品销售额将达到安防市场的 20%。

思考题

1. 简述出入控制系统的基本组成，说明基本要素的功能和作用。
2. 简述出入控制系统的主要模式，清楚在线式和离线式的基本判别方法。
3. 简述出入口控制技术的应用，说明一卡通的含义。
4. 简述系统常用的特征载体及相应的读取设备。
5. 简述门口机的基本功能，理解其在系统中的作用。
6. 简述IC卡的分类和特点。
7. IC卡与RFID的区别是什么？
8. 简述出入口系统评价的主要内容，并说明“拒绝”“报警”的含义。
9. 简述出入口系统安全主要包括的几个方面，解释误拒、误识率的含义。
10. 系统应用要注意的问题是什么？
11. 简述生物特征识别的应用方式。

第7章 其他系统

出入口概念是广泛的，核心是特征识别。电子巡查与停车场管理系统作为安防系统的组成部分是在相关标准中明确的，之所以把它们单独划分出来，是由于它们的应用目的与安防系统的出入口控制有所不同。但从技术本质上看，它们都是出入口控制系统的一种形式。一卡通系统并不是安防系统，但可以与安防系统集成为一体，这些系统的技术核心都是特征识别。防爆安全检查设备通常是与出入口系统配合使用的，违禁品的探测也是一种特征识别。本章将对这些系统做简单的介绍，并不涉及过多技术原理的论述，仅作为出入口控制技术的工程实例。

第1节 电子巡查系统

一、电子巡查系统概述

电子巡查是安全防范系统的重要组成部分，通常称为“巡更”系统，源于系统控制和管理对象是安全人员的巡查路线。在安防系统中它体现一种另类的设计思想，不是通常的人管技术，而是技术管人。对系统中心室的监控，对哨位的监控及对系统反应过程的监控也是基于这种设计思想。它的基本功能是监督安全人员按制度进行规范的活动，由此来提高系统的安全防范能力和系统管理水平。电子巡查系统除用于安防系统外，还广泛使用于宾馆、商务楼、住宅小区、工厂、医院、邮电、运输、部队、监狱、电力、油田等各种需要对预定的场所以及对部位进行定时、定点检查的场所。

1. 电子巡查的系统模式

根据巡查信息传送到系统管理器（信息终端）的方式，电子巡查系统可分为离线式和在线式两大类。

（1）离线式电子巡查系统

安全人员在巡查过程中生成（采集）到的巡查信息通过数据载体输入到系统信息终端的系统。显然，系统的前端（信息采集点）标志设备与系统管理器之间没有任何电路连接，是由人传递数据载体来实现信息的传送，所以，这种方式必须有一个独立的数据载体。离线式电子巡查系统的结构如图 7—1 所示。

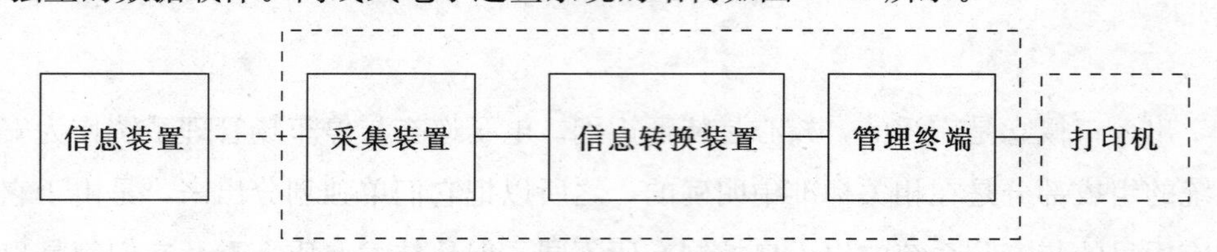

注1：图中大虚线框表示其中的设备可以是一体化设备，也可以是部分设备的组合。（下同）
注2：图中小虚线框中的打印机表示属于可选设备。（下同）

图 7—1　离线式巡查系统

由于信息传送方式的限制，离线式系统只能对巡查人员、路线、方式、时间进行事先的设定，并在巡查完成后对采集的信息进行分析统计，而不能对安全人员的巡查过程进行实时的监控和管理，仅适合于程序化、规范化的过程管理。离线式系统结构简单，价格低廉，便于实施，功能可以满足基本的安全需求，主要应用于安防系统。

（2）在线式电子巡查系统

系统的前端信息标志设备通过有线或无线方式与管理终端进行数据传送，常用的通信方式是 RS485 总线，也可通过以太网、电话线传输。与出入口控制系统集成的电子巡查系统，在传输资源上是共享的。显然，在线式系统可以实时地将安全人员的巡查信息传输到管理终端。

系统的前端标志设备可以是多种方式，简单的是一个按键，复杂的可以是特征读取设备，当确认安全人员巡查到达时，将人员、时间信息加上本身的地理信息一起传送至系统管理器。系统中可以没有数据载体，由人来触发前端设备（信息采集器），也可利用一个数据载体来标识巡查人员的身份。在线式系统的结构如图 7—2 所示。

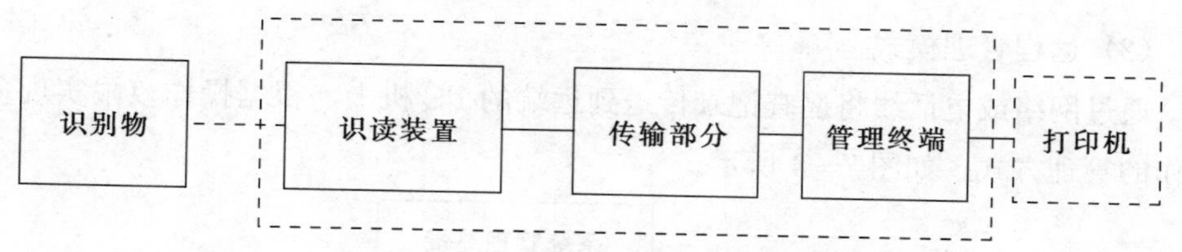

图7—2　在线式电子巡查系统

在线式电子巡查系统不仅具有离线式系统的功能，按事先设置的巡查人员、方式、路线、时间方案进行监控、记录巡查信息，用于事后的分析统计，还能够实时地监控正在进行的巡查过程，即时发现巡查过程中出现的违规现象，如未按规定时间到达、巡查路线不对等，并发出报警信息。这种主动的实时监管方式可以及时地发现和纠正不规范的巡查活动（时间不准确、轨迹不正常），防止巡查人员的失职、失误，并能及时发现巡查人员在巡查过程中出现的危险，如被劫持、伤害等突发事件，保护巡查人员的安全。

在线式系统可以方便地对前端设备进行功能设置，如双机读双卡，并由其即时发出提示信号等，使系统可以根据要求临时地设置多种巡查方案。

可以看出，在线式电子巡查是一种典型的在线式出入口控制系统，它们的数据载体（特征卡）、前端读卡器和系统管理设备都是可以与出入口控制系统共用。联网型出入口控制系统大多具有电子巡查管理模块，通过功能设置，构建电子巡查系统，如出入口控制系统可将感应卡设置为出入卡和巡更卡两类，将系统中有些出入口和部位设置为巡查点，构成了电子巡查子系统。此系统利于集成是在线式系统的突出优势，但其系统结构较复杂、价格较高，适用于大型综合性系统。

2. 电子巡查系统的管理模式

电子巡查系统的管理模式主要与上述的系统模式有关，基本上有以下两种：

（1）本地管理模式

通过信息转换装置或现场识读装置将巡查信息输出到本地智能终端，来实现系统的管理，如图7—3所示。

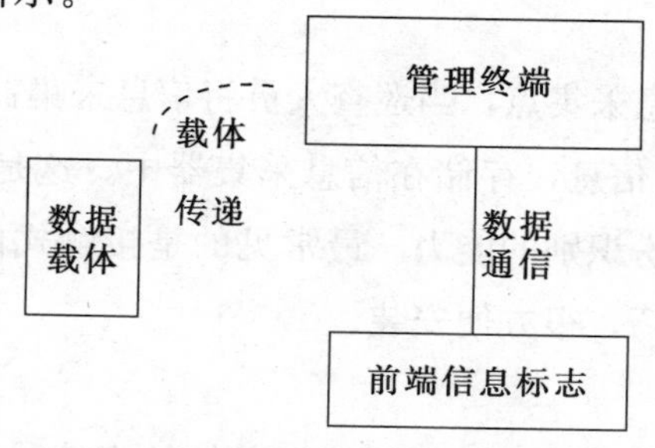

图7—3　本地管理模式

（2）远程管理模式

通过网络或电话线将巡查记录传送到远端的PC机上，根据操作权限实现多点操作的管理方式，如图7—4所示。

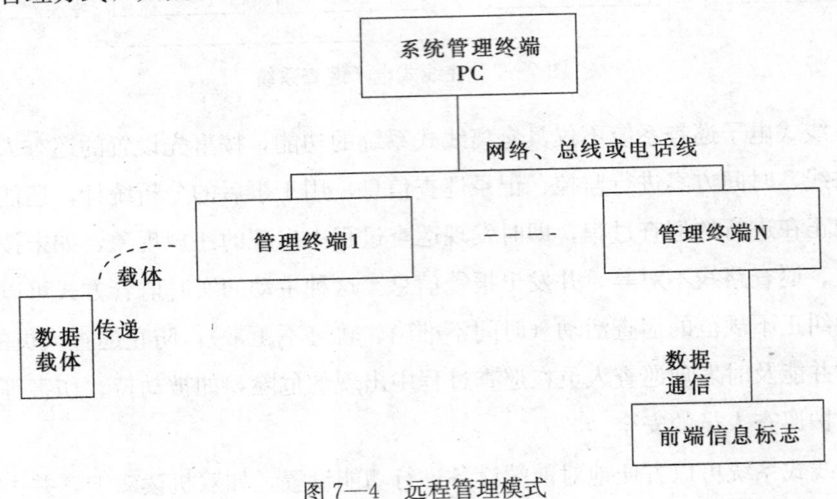

图7—4 远程管理模式

二、电子巡查的产品分类

从电子巡查的系统模式可以看出，电子巡查系统的基本产品有前端信息标志设备、数据载体、系统管理器和系统软件。有些产品是电子巡查系统所特有，有些则可与出入口系统共用，下面分别加以介绍：

1. 前端信息标志设备

安装于巡查路线上的信息采集点，标志其地址和时间信息设备。有多种形式的产品，常用的有：

（1）信息键

信息键是由巡查人员触发后，向系统管理器发出相应的地理信息。这种设备不能识别人员身份，时间信息则由系统产生。这是最简单的在线方式巡查系统。

（2）信息插座

信息插座安装在信息采集点，当巡查人员将信息采集器与之相连时（两者相互配套），生成时间和地点信息，存储在信息采集器中。这是一种离线式方式，也不具有对巡查人员进行身份识别的能力。最常见的是接触式信息钮，由存储的ID标志地理信息，它体积小巧，很方便安装。

（3）特征识读装置

特征识读装置通过对巡查人员所持特征载体的识读，确认其身份，并将人员、地点、时间等信息传送回系统管理器。实际应用时，巡查人员到达识别装置处，现场识读装置（接触式载体要进行正确的操作）采集到特征载体表征的巡查人员信息，再由信息处理单元与时间信息和地理信息一起生成一条巡查事件记录，并暂存于存储单元中，再通过传输部分实时传递给系统管理器（智能终端）。显然，特征读取装置要与特征载体相对应。如采用 RFID 作为特征载体，识读设备就是射频读卡器。识读装置可以是电子巡查系统的专用设备，也可以是出入口控制系统的识读装置，是可与出入口控制系统集成为一体的基础。

2. 数据载体

对于离线式系统，它是实现数据传送的媒介，有多种形式的产品，常用的有以下两种：

（1）信息采集器

信息采集器内置识读电路和存储单元和电池，用于采集、存储巡查信息的设备。通常，巡查信息包含时间、地点及人员信息。采集器常做成棒状，以方便巡查人员手握使用，具有一定防水、防尘能力的设备。

信息采集器离线式系统的设备，它要通过通信接口与信息转换装置连接，实现系统管理器进行信号转换及通信。RS232 接口是最常用的通信接口。

（2）特征载体

在线式电子巡查系统中，现场识读装置通过对特征载体的识别，来判断巡查人员是否到达及其身份。最常用的是 IC 卡。

通常分为编码识别方式和特征识别方式。感应式 ID 卡、信息钮都是常见的编码识别载体；指纹等生物特征信息属于特征识别载体。特征载体的作用就是让系统知道谁在巡查，以便与时间和地点等信息组成完整的电子巡查信息。

3. 系统管理器

系统管理器又称智能终端。它的基本功能是存储巡查信息，并进行事后的分析和统计。

（1）离线式电子巡查系统的智能终端可以是一个专用的设备，也可以由信息转换装置、PC 机及其管理软件组成，是电子巡查系统的管理中心。负责系统基本设置、统计巡查事件、生成数据报表等功能。

（2）在线式电子巡查系统的智能终端，除能完成离线式系统的基本功能外，还能监控巡更过程，对非正常的行为及时报警，常与出入口控制系统的管理器集为一体。

4. 系统软件

系统的重要组成部分，软件可以说是电子巡查系统划分档次的主要依据。特别是在线式系统，它与其他系统的集成主要是通过软件来实现。

系统软件最重要部分是系统的安全管理，保证系统完整地存储（一定量）巡查信息，并保证存储的信息不被删除、修改、复制；通过系统的自动分析和统计功能，自动生成相应的报表；及对安全人员的巡查工作给出正确的评价，并发现出现的问题。

系统的管理和使用要有权限设置，要通过身份认证，这些功能都由软件来实现。

三、电子巡查系统的基本功能和技术指标

制订合理的系统方案，进行设备匹配和设备间的技术集成，从而满足用户的安全或业务需求是电子巡查系统的设计目标。系统达到的技术指标则是设计目标的量化，因此，系统可实现的功能和技术指标是系统验收的基本依据。主要有：

1. 硬件的基本功能和主要技术指标

（1）巡查信息采集

巡查人员通过巡查地点时，按正常操作方式，信息采集器或识读装置应采集到完整的巡查信息，包括人员、时间、地点及状态（是否被胁迫）。

（2）巡查信息存储

离线式系统的信息采集器应具有信息存储能力，通常存储不少于 4 000 条的巡查信息，在换电池或掉电时，所存储的巡查信息不应丢失，保存时间不少于 10 天。在线式系统的识读装置也应具有信息暂存功能（存储容量由产品标准规定），并能与系统管理器进行实时的通信。

系统管理器应具有足够的信息存储能力，并可进行数据的分析和统计。系统的巡查信息在系统管理器中应保存不少于 30 天或达到用户的要求。

（3）故障监测

电子巡查系统在传输数据时，如发生传送中断或传送失败等故障，应有提示信息。

（4）数据输出

采集装置或识读装置内的巡查信息应能直接输出打印，传送并存储在系统管理器（智能终端）中的信息，也可以直接或以报表的形式打印输出。

（5）识读响应

信息采集器或现场识读装置在采集或识读时，应有声、光或振动等指示。响应时间应小于 1 s。

在线式电子巡查系统采用本地管理模式时，现场巡查信息传输到智能终端的响

应时间不应大于 5 s；采用电话网管理模式时，现场巡查信息传输到管理终端的响应时间不应大于 20 s。

（6）识读距离

采用非接触数据载体时，识读距离应大于 2 cm。

（7）计时精度

系统管理器应能通过授权或自动方式，对信息采集器或识读装置进行校时，信息采集器或识读装置计时误差每天应小于 10 s。

2. 系统软件的基本功能

（1）基本要求

对系统软件的基本要求有：采用中文界面；应根据智能终端的配置选择相应的通信协议及其接口；应设置登录和操作权限；应有工作日志；系统更新（升级）时应保留并维持原有的参数（如操作权限、密码、预设功能）、巡查记录、操作日志等信息。

（2）系统查询

在线式电子巡查系统应能通过智能终端向各识读装置发出自检信号，并显示设备的状态（正常或故障）及设备编号或代码。

系统软件应能编程巡查方案（设置多条不同的巡查路线、时间、地点、人员等规定），通过调用编程实施相应的巡查方案。

（3）巡查记录

是指每条巡查信息的内容，包括时间（精确到秒）、地点、人员信息。巡查记录应正确反映正常巡查活动的信息，也能对不规范巡查活动进行完整的信息记录，包括迟到、早到、漏巡、错巡、人员班次错误等内容。

（4）查询统计

获授权者（系统管理员）可按时间、地点、路线、人员、班次等方式对巡查记录做查询和统计，也可按专项要求（迟到、早到、错巡、漏巡或系统故障等）对巡查记录进行查询和统计。

（5）脱机和联机

在线式电子巡查系统的前端识读装置应可脱机工作，在智能终端关机、故障、掉电或通信中断时，识读装置应能独立实现对该点的巡查信息的记录；当智能终端恢复正常工作时，再自动地将巡查信息传送到智能终端，恢复联网工作状态。

（6）报警

在线式电子巡查系统应具有报警功能，当出现下列情况时，智能终端发出报警信号：

1）在巡查计划时间内没有收到巡查信息及收到不符合巡查计划的巡查信息；

2）收到设备故障或/不正常报告；

3）收到巡查人员发生意外发出的紧急报警信息。

第2节　停车场管理系统

停车场管理是安全防范的重要内容，是对进、出停车库（场）的车辆进行自动登录、监控和管理的电子系统或网络。与通常的安防出入口管理（人流、物流的控制）不同，它主要是对车辆进行管理和控制，同时，又经常与计费管理结合在一起，所以，系统的设计思想也不同于通常的出入口系统。

一、停车场管理系统概述

停车场管理系统同样由数据载体、识读装置和锁定机构三个技术要素组成，但各环节都具有其自己的特点，如特征的读取方式，锁定机构的机械结构等，都需要专门的设计和产品。停车场管理系统的基本功能是保证车辆通畅、有序地进出，由此来提高系统的安全防范能力、系统管理水平和效率。除用于安防系统外，还广泛使用于需要对车辆进行出入控制、停车引导和计费的各种场所。

现代停车场管理体制系统还包括视频监控、报警等其他安防技术，特别是采用图像识别技术进行对车辆的自动识别。这些内容在本书的其他章节中已做介绍，本节就不赘述了。

1. 停车场管理系统的结构

停车场管理系统主要由入口/出口控制、场内车位管理、中心管理/控制部分组成。综合的系统还包括出入口与场内的监控，具体如图7—5所示。

（1）入口控制部分

停车场管理系统的入口控制部分由数据（特征）识读装置、前端控制单元和执行（锁定）机构三部分组成，是典型的前置型出入口系统。根据安全与管理的要求，还应配置自动发卡设备、识读结果和车辆引导指示装置。有条件的还可增加复核用图像监视系统和对讲设备等。

1）数据识读装置。一种特征识别装置，完成对车或驾驶员，或车与驾驶员的

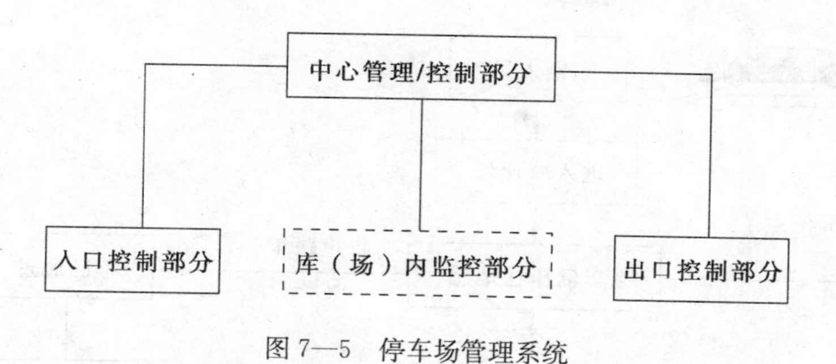

图 7—5　停车场管理系统

身份认证。最常用的车、驾驶员的特征载体是射频感应卡。通过读取其内置的编码信息，识别车或人的身份和权限。

采用图像技术自动识别车辆号牌也是常用的特征识别方式。系统可采用单一识别方式，也可采用两种以上识别方式来提高系统的识别率。根据安全要求可以选择车或驾驶员作为识别对象，也可以对两者进行同一性认证，来提高系统的可靠性。但识别技术的选择，对系统的通过率和友好性有很大的关系，设计时要做出合理的折中。

遥控型的数据识读装置要有车辆探测装置配合，当车辆到达识读区时，探测装置产生探测信号，识读装置发出射频辐射，激活数据载体进行特征读取。

2）前端控制单元。停车场管理系统的数据处理和执行机构的控制都应在前端控制单元完成，无论是前置型系统还是网络型系统。前端控制单元接收识读装置传送的对象身份信息，经处理和分析，确认其身份和权限后，向执行机构发出相应的指令。对合法请求的车辆予以放行，拒绝非法要求。除了执行机构产生相应的（启/闭）动作外，系统还应有识别结果和控制状态的提示信号，如语音提示或 LED 显示屏等。大型系统还可有场内车辆、车位信息的显示功能。

为临时车辆（没有数据载体）进入停车场，入口处应设置自动出卡设备。通常采用专门的摄像机采集车辆号牌图像，以作为自动识别用。高安全要求的场所可以建视频监控用摄像机及对讲设备。

3）执行机构。通常是车辆身份识别结果的一种指示方式，阻车杆的启、闭表示放行和禁止，一般情况下，它不具有抗冲击能力。电动栏杆机是应用最为广泛的停车场出入口执行机构。

对于要求有防冲击能力的系统，阻车装置要能抗拒一定质量、一定速度的车辆的冲击，并能有效阻止其通过，如升降式阻车桩。

执行机构受前端控制单元的控制，还应有配套设施，如车辆位置探测（红外光闸），以防止误挡、误砸车等事故的发生。图 7—6 所示为入口处的工作流程。

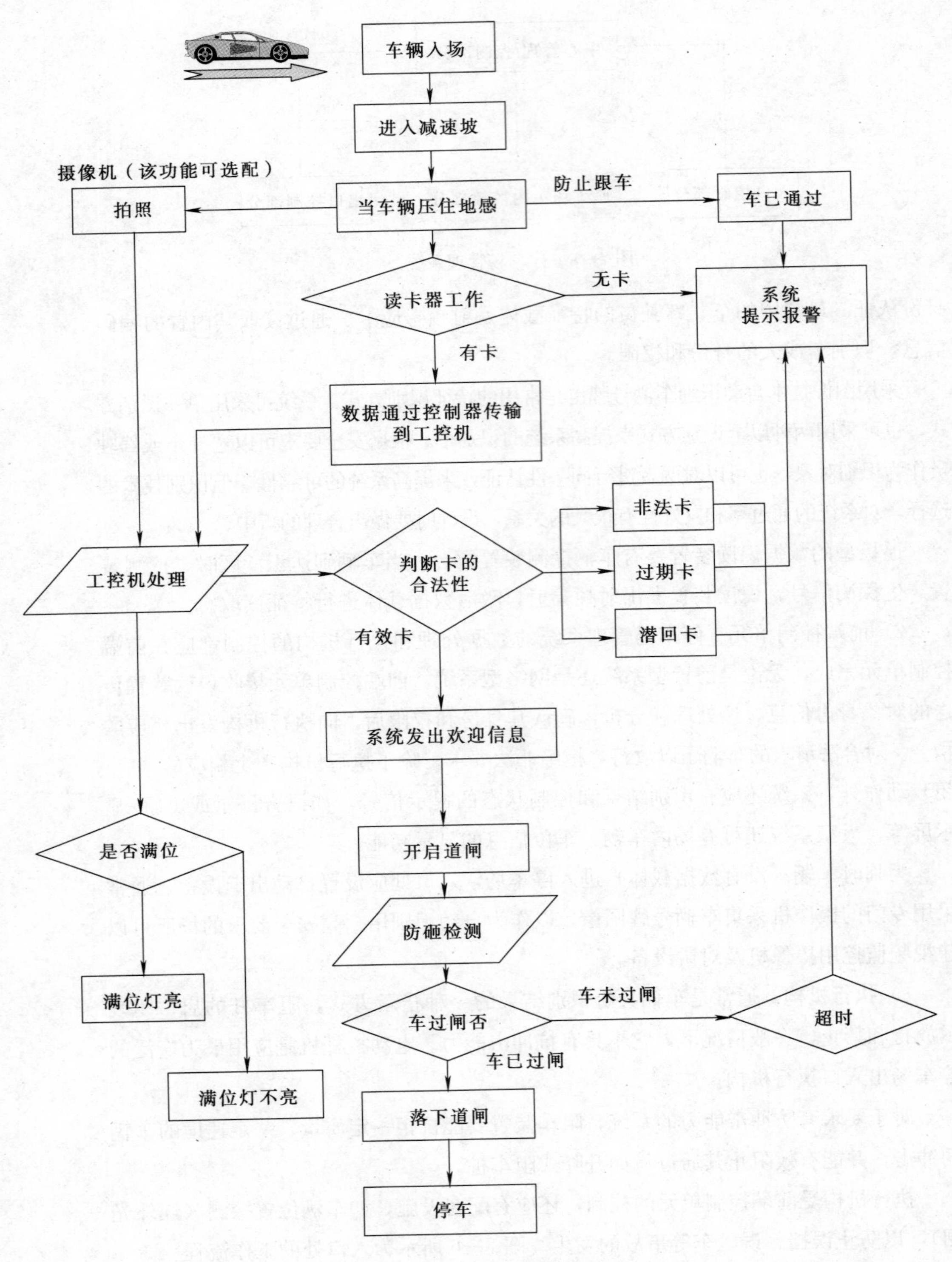

车辆入场
进入减速坡
摄像机（该功能可选配）
拍照
当车辆压住地感
防止跟车
车已通过
读卡器工作
无卡
系统
提示报警
有卡
数据通过控制器传输
到工控机
非法卡
工控机处理
判断卡的
合法性
过期卡
潜回卡
有效卡
系统发出欢迎信息
是否满位
开启道闸
防砸检测
满位灯亮
车未过闸
车过闸否
超时
车已过闸
满位灯不亮
落下道闸
停车

图 7—6　入口的工作流程

（2）出口控制部分

停车场管理系统的出口控制部分的设备组成与入口控制部分基本相同，也是由数据（特征）识读装置、前端控制单元和执行（锁定）机构三个技术要素组成。但配套设备有所不同，如有自动收卡设备、收费指示装置等。图 7—7 所示为出口处的工作流程。

（3）停车场监控

在高安全要求的场所，如重要建筑的地下停车场，大型专用停车场，应设置视频监控系统，对停车场的入/出口处、行车道与停车区域进行实时视频监控。监控中心与系统管理中心在一起，可在入/出口处设置监视器，分配规定的图像进行现场的监控，监控系统应具有一定（按用户要求）信息存储能力，以保证事后查证。一般情况下，这个系统不包括图像识别功能。如要求进行图像识别，应建立专门的系统，设置专门的摄像机。

（4）中心管理/控制部分

停车场管理系统的管理与控制中心。由于系统结构的不同，功能的不同，停车场管理系统的中心管理设备的形式和功能差别很大。有些系统的大部分功能由中心管理器来实现，前端控制单元则承担很少；另一些系统则反之，大部分功能都由前端控制单元来完成。系统中心管理器仅具有数据存储、统计及工作日志功能。

典型的综合性停车场管理系统应具备如下功能，它们是由前端控制单元和中心管理器共同来实现的。

1）停车场管理系统的人机交互界面，管理者、操作员对系统进行功能设置，对车辆或人员授予不同的权限，不同的入/出口设定不同的工作流程及控制方式，都要通过友好的交互界面来进行，系统可编程设定多种工作方式，通过调用或按编程控制自动的实施和转换；

2）出入对象的授权和权限管理，应能对管理对象分类：内部、外部，长期、临时，现金收费、数据卡储值等；

3）信息的存储，包括事件的记录：车辆出入的时间，出入口；工作记录：系统的设置，授权或改变权限等；报警事件的记录：非法请求，强闯等。存储信息应能自动生成相关的报表、打印输出。

有视频监控的系统还存储与上述内容相关的图像信息，特别是对报警事件。

4）出入对象的识别与鉴权，控制单元接收识别装置传送的车辆信息，与预先存储在系统中的信息进行比对，由此对请求对象进行认证和鉴权，保证合法请求可以顺畅地通过，有效地拒绝非法请求；正确无误地进行计费。

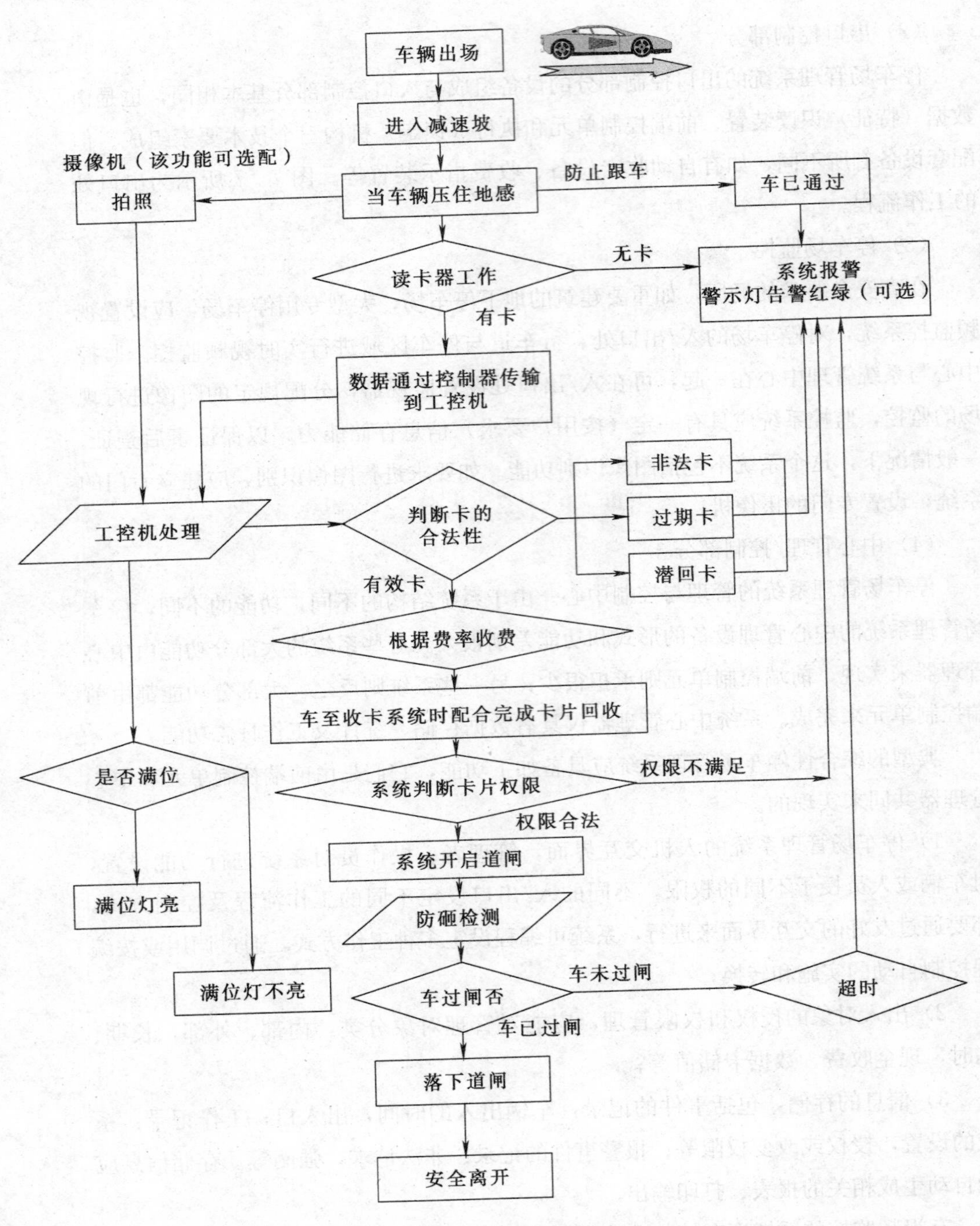

图 7—7　出口的工作流程

系统的安全管理，对系统操作员的授权和权限管理。设定操作员级别，使不同级别的操作员对系统有不同的操作能力，因此，系统应具有操作员登录和身份认证功能。收费系统应有对出入口值班人员的管理功能，如操作与收费权限，并有完整的记录，保证收费的正当进行，防止内盗事件发生。

5）系统的监控中心，具有视频监控功能的系统，系统管理中心应是监控系统的中心控制室。并具有与其他系统集成的功能，如实现与门禁、电子巡查、入侵报警、视频监控、消防等系统的联动。

2. 停车场管理系统模式

可以从不同的角度对停车场管理系统进行分类，如按系统功能可分为：不计费模式、计费模式；按系统管理的入/出口数量和管理层次可分为：单口模式、单区多口模式、多区多口模式；按特征识别方式可分为：定义识别（编码信息识别）和模式识别（图像识别）；按网络结构模式可分为：前置型和联网型。

不同的模式意味着不同的功能要求和设计目标，也关系到系统的安全策略，下面以前置型系统和联网型为基础分别说明。

（1）前置型系统

系统所有的功能都在出口处（设备）完成。前端控制单元就是系统的管理器，或者说这种系统没有中心管理器。适合于单口系统或单区多口系统，各出入口之间没任何电气连接，单独地进行数据读取、识别、鉴权和控制执行机构的功能。

前置型系统可以采用统一的识别技术，通过统一的授权和各设备间的校时管理，实现各出入口的统一管理，如从入口进入的车辆从另一口驶出。利用IC卡也可以实现计费功能，车辆进入时，将时间信息写入卡中，车辆驶出时（无论从哪个口）根据读出的数据（出入时间差）得出应收费值。

（2）联网型系统

将各前端控制单元通过数据网络连接到系统中心管理器，进行统一的管理。停车场管理系统的许多功能，特别是多口、多区间的分级管理由系统中心管理器实现。系统通常由中心管理软件进行统一的授权、计费、信息存储和信息发布。联网型系统适用于高安全要求的大型系统。

联网型系统可设置不同安全级别的区、口，对管理对象可以进行各种级别的授权，在不同的区或口采用不同安全要求的识别装置和执行机构。

联网型系统还可以实现多个停车场的统一管理，如一个商业区内的各个停车场的车位状态的显示和调度，采用一卡通实行统一的收费管理等。

二、停车场管理系统的主要产品及基本功能

1. 停车场管理系统的前端设备

停车场管理系统的前端设备是最主要的产品，有分立和集中两种形式：分立，是指数据识读设备、控制单元、车辆检测和执行机构等都是独立的设备，通过设备间的物理和电气连接来实现完整的功能；集中是指将各功能单元集为一体，通常是将识别、控制单元和探测单元组合为一台设备。

下面从识读设备、车辆检测设备、执行设备、现场显示设备、管理控制、图像复核设备及管理软件分别加以介绍。

（1）数据识读设备

实质上就是出入口系统中的特征读取装置。根据停车场管理的特点，为保证系统的友好性和通过率，射频 IC 卡是最常用的数据（特征载体），采用远耦合或遥控方式。如采用读卡距离在 50 cm～1 m 的无源卡识读设备，或采用 3～8 m 的远距离有源卡识读设备，实现不停车识别和计费管理。使用远距离识读时要注意防止误读和非授权车辆提前通过。

为了满足临时车辆的出入要求，入/出口处要设置出卡机和收卡机等设备。它们内置识读设备，出卡或收卡的同时完成读卡操作，这种设置适用于无人值守的入/出口，出卡机通常具有对讲功能，请求者可与中心值班人员通话。收卡机则在收卡操作时先自动读卡，判断卡的有效性及类别后，再自动地收卡，或将不符合规定的卡自动退出。

在高安全要求的场所，可以采用两种识别装置来防止系统的误识，或进行车与驾驶员的同一性认证。

图像识别系统是世界上最新一代的车辆综合识别技术（IC 卡＋图像识别），将它引入停车场管理系统，具有高效、准确、安全、可靠的特点，极大地提高了停车场的水平。图像识别与 IC 卡配合使用，能准确判断出 IC 卡和车牌是否吻合，杜绝了偷车者的盗车途径。计算机图像存储能防止谎报免费车辆的现象。目前，图像识别技术主要用于对车牌号或车型的自动识别，或作为上述数据识别技术的复核手段。

（2）车辆探测设备

停车场管理系统的常用配套设备，主要完成两个功能：

探测车辆是否到达识读区，以便开始数据交换，设备设置在距识读装置适当距离的地方，探测信号产生在识读前；

探测车辆通过执行机构的位置，控制其正确的动作，防止误挡、误砸车辆现象的发生。设备应安装在执行机构附近，探测信号产生在识读后。

同时，车辆探测设备应具有通过车辆的计数功能。常用的车辆检测设备有：

1）环路探测器。环路探测器也称地感线圈，是一种外接环状大线圈的金属探测设备，环路探测器工作时，线圈与内部电路构成 LC 回路振荡器，通常的工作频率在 200～400 kHz。当车辆通过时，车辆上的金属靠近线圈，改变了 L（电感）值，使振荡器频率发生变化，环路探测器的内部电路检测到这种变化，输出有车辆通过的信息。它的主要功能和技术指标有：

探测灵敏度调节：8 级可调；

频率设置：环路有 4 种频率可供选择，防止相邻环路的交调串扰；

输出方式：有 3 种继电器接点输出方式可供选择：

方式 1：车辆驶入时，接点吸合，并维持到车辆驶出，接点释放；

方式 2：车辆驶入时，接点吸合，并维持 300 ms 后，接点释放；

方式 3：车辆驶出时，接点吸合，并维持 300 ms 后，接点释放；

继电器接点容量：24 V/2 A；

可适应的线圈电感量：50～220 μH，通常线圈尺寸为：76 cm×183 cm 矩形，导线直径 1.5 mm，绕 4～5 圈，并用塑料胶带扎紧，避免松动影响性能。

环境适应性：传感线圈能自动适应外界环境变化。

地感线圈可以实现上述的两个功能。安装时要注意线圈附近，特别是线圈正下方不能有大量的金属物质，相邻线圈边缘相距至少超过 30 cm 以上。

2）红外光闸。实际上就是主动红外探测器。当车辆通过时，阻断光路，探测器产生车辆通过信号。它主要用于防止车辆被误挡、误砸和车辆计数。优点是设备简单、安装方便，缺点是容易产生误探测。也有被动红外探测器用于车辆探测的实例，因误探测率高，较少使用。

利用图像技术进行车辆探测可以与图像识别结合在一起，是一种有前途的方式，但目前应用很少。

（3）执行机构

相当于出入口控制系统的锁定机构，也具有识读结果的指示功能。电动阻车杆是最常见的停车场用出入口执行机构，起到车辆放行或禁止的指示作用，根据系统要求，可以具有一定防冲击能力。如上所述，要与车辆检测装置配合，防止误动作。电动阻车杆有直臂和屈臂两种形式，适用于不同高度的空间。它的主要技术指标有：

起落时间：最短为 3.5 s；

起落速度控制：连续可调；

控制方式：可以与无线遥控器、控制按钮、红外探测器等其他设备连接；

使用寿命：＞1 000 000 次；

杆长（直杆或折杆）：2.5～6 m；

噪声：＜60 dB；

环境温度：－20～50℃。

停车场管理系统可以根据安全要求定制特殊的执行机构，以提高系统的抗冲击能力。

（4）现场信息显示设备

为使用者提供信息服务的显示装置。显示信息包括：放行、禁止指示，收费金额，车位状况及引导信息等。LED 显示器是最常用的方式。操作员观看的信息显示设备主要是 PC 的 CRT 或 LCD。

信息显示设备还包括语音设备。

2. 系统控制器与管理软件

停车场管理系统的核心，包括前端控制单元和中心管理器。

（1）前端控制单元

前端控制单元又称现场控制器。它通常安装在入口/出口装置中，与现场的识读设备和执行机构相连接。控制器内可存储该出/入口可通行的对象权限信息、控制模式信息及现场事件信息。

（2）中心管理器

中心管理器是联网型系统的核心设备。它所实现的功能前面已经介绍过。这些功能主要由系统软件来完成。大型综合性系统不存在单独的停车场系统中心管理器，它与整个系统集成为一体，共享一个统一的管理平台。

（3）软件

软件是智能化系统的重要产品，特别是在硬件基本上实现通用性、互换性的今天，软件是决定系统智能化水平的关键。通常，停车场管理的系统软件应具有如下功能和特点：

1）系统管理软件功能

①采用目前世界上最先进的计算机模拟控制系统，自动化程度高，使用简洁；应具有友好的全中文操作界面，中文菜单显示，每个操作步骤都有详细的提示，直观、方便。非专业人员经简单培训即可上机操作；

②严格的分级（权限）管理制度，使各级操作者责、权分明；

③系统功能的增删和改进极为便捷，大大地提高系统的适应性；

④自动计费，根据车辆停车时间、车型及收费标准，系统自动计费。可查询收费记录，当发现错误计费时，可人工干预，重新自动计费；

⑤对丢卡用户可查询、登记。调出存储在中央管理器的数据，供现场操作人员与现场实际情况比对用；

⑥完善的财务统计功能，自动完成各类报表（班报表、日报表、月报表、年度报表），提高系统的水平和效率；

⑦完善的工作日志和数据分析、统计功能，能自动生成各类报表并打印输出。

2）系统管理软件的特点

①模块化，由各个功能模块组成，如出入、停车管理引擎、管理/收费程序、数据服务等模块，可增加视频监控模块，各模块互相独立，既可独立运行，又相互接口。

②分布式，根据停车场规模的大小，系统的各个模块可安装在同一计算机上，也可分布安装在任意多的计算机上。

③联网型系统的所有数据通过网络传至一台服务器/工作站（系统中心管理器），做数据处理，其他工作站运行时，均调用这台服务器上的数据文件。

3. 停车场管理系统的基本功能与技术指标

停车场管理系统的主要功能有：车辆信息识别、状态控制与报警、计费、服务信息显示、信息存储及系统监控、安全管理等几个方面：

（1）车辆信息识别

车辆信息识别是系统的基本功能。通过车辆信息识读装置，识别车辆身份的编码信息。通常与车辆探测结合在一起，确定车辆位置、识别车辆的特征。

对识读结果采用适当的声、光方式进行提（显）示，并控制执行机构产生相应的动作。

（2）挡车及报警

挡车是停车场管理系统基本的状态控制，放行合法请求车辆，阻挡非法请求车辆，是系统具有安防功能的标志。挡车装置应具有足够的抗冲击强度，如有必要，应设置专门的高强度阻车装置。

挡车装置应有防砸车功能，阻车装置要能防误启动，以避免发生意外损失。

阻车装置应具有应急开启功能，在停电或系统不能正常工作时，应可以手动开启和关闭。

系统对强闯和使用失效卡车辆应发出报警，并能防止车辆重入、重出，及防止车辆利用同一车辆身份编码信息多次进出停车场。

（3）计费

对停车费用的设定、计算和管理是停车场管理系统的基本功能之一，多出入口计费系统应是网络型系统。有些系统具有与其他系统的接口，实现系统集成，如与物业管理系统、门禁管理系统、消费系统等集成。

（4）信息显示

停车场管理系统应采用适当的方式显示各种信息。包括系统的工作状态，如操作与结果、出入准许、发生事件等；面向用户的服务信息，如车位、天气、附近道路状况等。

系统状态信息可采用图形化界面显示给操作人员，通过声、光或简单的文字显示给用户。

（5）信息存储

停车场管理系统应保存在场车辆的信息：包括车辆信息，车主信息，出/入场时间信息等，保存时间≥1年，临时出入车辆信息的保存时间可酌情规定。

具有图像功能的系统应保存出/入场车辆图片信息，保存时间≥15天。为实现图像对比功能，应在同一图面上显示车辆的出、入图片，出/入场车辆图像分辨率：不低于352×288像素。

具有车辆自动识别功能的系统，应将车辆图像与识别号牌一同记录。停车场管理系统必须具有事件记录功能，包括出入事件、操作事件、报警事件及相应的处理措施等的存储。

（6）系统状态监控

主要是指对停车场管理系统自身状态的监控。

系统应定期地进行自检，每次自检时间≤10 s；自检内容应包括：出/入口控制单元状态、挡车装置状态（异常、正常）、网络状态等。当出/入口控制单元、网络、挡车装置等出现异常时应有声光提示报警。

对异常开启事件能实时报警，记录异常开启的发生时间、出/入通道号、操作员等信息，并上传到中心管理器。

（7）安全管理

安全管理是系统管理的重要内容，包括：

1）权限管理，对系统操作（管理）员的授权管理和登录进行管理，应设定操作权限，使不同级别的操作（管理）员对系统有不同的操作能力。

2）事件查询、报表生成的管理，经授权的操作（管理）员可对授权范围内的事件记录进行检索、显示/或打印，并可生成报表。

（8）其他

保证系统正常运行的措施还有：

1）脱机运行功能，当中心管理器或网络出现故障时，前端设备可在脱离中央管理器的情况下工作，进行车辆的出入控制。

2）备用电源，系统停电后，应自动切换至备用电源，并能够维持系统正常运行不少于 15 min。

3）对讲系统功能，使车辆驾驶人员能和操作（管理）员进行及时有效地沟通。

第3节　一卡通系统

一、一卡通系统概述

前面已经给出了一卡通的定义。此概念比较宽泛，特点是不同系统之间的集成，多功能的集成。安全防范功能是可以集成的功能之一，有时也会成为主要的功能，因此一卡通成为本书的内容。

采用非接触式 IC 卡为载体，通过网络技术构成广阔的平台，实现丰富的功能集成是一卡通的基本模式。其核心是“一卡”和“通”。一卡是指采用一种特征识别手段，“通”则表示完成多种应用。关键产品是 IC 卡与（基于 OPC 结构的）应用软件。

一卡通系统可以实现的功能或可以集成的子系统主要有：

1. 门禁管理系统

（1）依据设计要求及相关图样确定门禁点位设置，对控制区内的各重要房间、楼梯通道及特定区域等位置实现可靠的出入管理；确定各门禁点的控制方式和锁定机构的形式。如门禁点采用双向或单向门禁控制方式，门禁的结构形式等；

（2）设计系统的联网方式和实时监控功能；

（3）设计系统可对所有持卡人进行分级管理，根据其身份确定各门的通行权限；

（4）设计系统要保证在异常紧急情况下，有应急开门装置；

（5）设计系统和数据存储功能，做到系统对事件、工作过程可统计、查询，并能（打印）输出人员出入情况等资料；系统可对所有出入事件、报警事件、故障事件、非正常通行等事件进行实时记录；

（6）设计系统的可编程功能，系统应可对各通道门锁的开启/关闭时间进行设定；系统 GUI 的设计，系统应提供电子地图，具备图控监视功能；

（7）确定系统与其他系统的集成方式，系统应提供专用的 I/O 控制模块，可实现与消防、报警、CCTV 等系统的联动。

2. 考勤管理系统

考勤管理主要是在系统控制区的外通道处，如人员进出建筑物的底层通道口，地下停车场的出入口处设立考勤点，系统可以统计每个工作人员的出勤、迟到、早退、请假、加班、出差等状况。对工作人员的上下班出勤情况进行管理。

3. 巡更管理系统

电子巡更系统是以门禁系统采用的读卡器为信息采集装置，按安全保卫工作的管理要求，在控制区内停车场、办公区域以及其他重要场所，利用门禁系统的读卡器，或适当增加一定的读卡器，形成合理的巡逻路线，通过门禁管理系统的主机进行巡更过程状态的监督和记录，并能在发生意外情况时及时报警。

4. 消费管理系统

消费系统通常采用“电子钱包”的方式。在控制区内各消费点处设置消费 POS 机。系统应能方便地进行各消费点和后台数据库之间的数据交换和财务结算，以保证系统的可靠性和（个人财产的）安全性，管理和维护方便。

5. 会议签到管理系统

智能化会议签到系统是一种集成化和网络化人员管理系统，特别适合于大型（人员要严格控制、保密）会议的管理。系统采用非接触 IC 卡读写器作为终端设备，具有友好性，与会议证件管理结合起来，使用方便、可靠。可以将与会人员所持的 IC 卡内的个人信息读出并显示在液晶显示器上，同时，通过网络将数据传输到主控服务器，主控服务器将采集到的数据进行分类识别统计，实时地显示统计结果，系统除会议签到功能外，还应具有会议信息采集和人员身份核验等功能。

6. 访客管理系统

该子系统主要是控制区的外通道口处设立访客点，针对外部临时访客和其他特殊来访人员（如上级、合作、私人）进行身份识别及出入管理。对于有安全保密要求的单位，访客系统是十分重要的，对可以进入控制区的访客，系统可发放临时卡，在访问结束后收回。对于控制区内的要害部位，还可设专门的要人访客系统，以加强系统的安全性。

7. **停车场管理系统**

该系统主要是为实现智能化停车管理，内部人员持内部卡（车辆）出入停车场，外部人员凭临时卡进出停车场，由子系统后台记录、查询，进行有效的车辆进出管理。停车场管理系统通常是出入口控制的一部分（人员通过停车场进入控制区），如地下车库。一卡通的设计方案就非常方便、合理。停车场系统也应与消防、安保监控等系统实现功能联动。

大型系统要求只用一张卡就能够任意出入各个停车场，还要能够根据要求输出相关的资料、文件或报表。外部临时车辆在出停车场时应完成系统收费及临时卡片回收。系统主要功能具体有：

（1）车辆需凭有效卡片进出停车场。

（2）内部长期用户车辆办理内部卡片（应为远距离卡），可不停车出入停车场。

（3）外部车辆在停车场入口处，按请求键从吐卡口领取临时卡，然后出入停车场。

（4）系统发现有非法卡使用时，或设备遭遇破坏等意外时应能发出报警信号。

（5）系统可以进行临时车辆的收费和内部卡的计费管理。

（6）系统应具备停车位状态及车辆满位显示。

（7）最新的系统采用视频技术实现车辆图像比对功能。

8. **图书馆管理系统**

图书馆管理系统是一卡通很重要的内容，还包括单位内部文件、技术资料的借用管理。系统采用智能感应式 IC 卡取代传统的纸质借书证，实现内部图书资料等的借阅管理。借书时，通过感应式 IC 卡阅读器读取借书证（感应 IC 卡）信息，并判断借书证的有效性，确认借书证有效后，通过条码扫描仪扫描图书信息办理借书手续，并将借书信息保存到后台数据库。还书时，在后台数据库中记录还书的信息。系统具有超期借阅提示，热门书刊统计等功能。

9. **电梯控制管理系统**

该系统将读卡器与电梯联动控制模组连接，当人员刷卡后，联动控制模组能够做出同意或拒绝人员登梯，并限定其可到达的楼层。显然，该系统适用于高安全要求的场所。系统平时可设置为电梯的一般性管理，如电梯的分配，楼层的限制等，在有重要活动时，按上述功能设定、运行。

10. **系统集成与功能联动**

该子系统包括两个部分：一个是提供专用的联动控制模组，实现与消防、报警、CCTV 等系统的功能联动，如切换图像，打开通道门等，另一个是建立统一的控制平台对系统进行集中的管理。

一卡通系统有一个友好的图形化人机交互界面十分必要，也是系统软件的重要内容。在这方面国内系统与国外系统还存在较大的差距。

通常，一卡通系统中还包括员工的身份资料管理。身份资料管理可以通过每个与局域网直接或间接相连的终端设备，从后台数据库中调用，从而方便地进行查询和管理。

二、一卡通的系统设计

从应用的角度看：一卡通管理系统是一套基于智能建筑系统集成理念的管理平台，能提供一套完善的系统解决方案。系统可以提供功能强大的组件，包含基于智能卡的门禁管理模块、考勤管理模块、停车场管理模块等，可以挂接管理平台的各种一卡通功能模块。其中的任何一个模块都可以独立管理系统的相应服务。

1. 一卡通系统的设计原则

（1）可靠性

采用分集型控制系统，即将任务分配给系统中每个现场处理器，免除因系统内某个设备的损坏而影响整个系统的运行。

（2）实用及方便性

系统平台集成多种功能，以满足不同的需求。显示终端可综合各子系统的资料，方便管理，操作便捷。

（3）扩展性及灵活性

系统具有可扩充性，以便将来扩展网络服务业务的需要。系统可在任何地方加插现场控制器及操作员终端而不影响系统运行。系统扩展只需连接网络（Intranet/RS485），无须重新规划整体系统架构。

（4）集成性

系统是以模块化平台方式为中心的开放系统，系统的中心管理设备配置容易；系统组件采用模块化设计，各硬件模块分工明确、互相协调、共享资源，使系统达到最高效的利用率和最高的可集成性。

（5）经济性

一卡通系统足够应对今后技术的快速发展，现阶段的投资可以得到充分利用及保护。

一卡通系统实现的关键在于系统模块化的组织结构，以及基于计算机网络系统

Internet/Intranet的灵活设计。系统遵循现有工业标准，具有充分的开放性。通常，系统服务器运行在基于微软的Windows 2000的平台上，客户机运行在Windows 2000的平台上。

2. 需求分析和功能设计

(1) 用户需求分析

首先要清楚用户的需求，包括：

服务对象，如智能一卡通系统的主要服务对象是某建筑内部的工作人员，通过该系统对内部人员实行身份识别、门禁、考勤等综合管理；

服务的范围，系统将采用非接触式智能IC卡技术，实现一卡通功能，为建筑内各部门和单位提供安全、环境管理、消费等多方面的服务。满足业主对单独管理部分的系统功能设置和控制的要求；

系统的扩展，系统预留有开放的接口，以便在今后服务功能扩展时和其他系统无缝连接，从而形成统一的身份识别与消费管理系统。

(2) 系统功能设计

根据用户对智能一卡通系统的实际管理需要，设计系统实现的功能及满足的技术要求，或者说确定组成系统的各子系统及其基本功能，主要有以下几个方面：

1) 系统集成及发卡中心系统。一卡通系统集成和智能卡发行管理中心系统是一卡通系统的核心部分，主要进行系统内人员的身份管理，并管理和监控非接触式IC卡的使用，对智能卡权限进行控制和更改，确保卡片及系统的安全性和实施监控功能。

如在安防监控中心内设置系统管理中心和发卡授权中心。发卡中心可以完成IC卡的制作、发行和授权。系统的设置和修改对于不同的人有不同的权限，具有良好的安全性。同一张经发行授权的IC卡可分别用于工作人员的身份识别、门禁等，真正实现一卡多用。

该子系统的设立保证其他各个子系统的资源共享，协同运行，让系统更完善和稳定。通常该子系统为C/S结构（服务器和客户端协同作业）方式，充分使用局域网的特性，使得系统管理和卡片发行管理更容易和安全。

2) 确定系统集成的各项服务功能。这些功能都应是可以单独运行和管理的子系统，系统采用模块式结构，各个功能模块都挂接在统一的网络和管理平台，因此，各模块应具有标准、方便的软硬件平台接口，能够实现与其他系统的集成和联动。可以采用可视化图形界面及开发应用运行平台，便于操作和二次开发。

3. 一卡通系统平台

（1）系统硬件平台

通常以多功能结构为设计方向，基于以太网的综合管理平台。系统硬件主控器一般采用稳定、高效 32 位的 CPU 为核心。系统平台通信接口为国际工业级通用标准，这使得系统多任务运行在技术上有了更有力的保障，并具备高效率、高稳定性和多重扩展性等特点。

系统支持 Intranet/Internet、RS－485、RS232，并配合多任务环境操作，使多个子系统都能于同一标准化之平台架构下，高效率且稳定地整合运作。

系统基于当今与未来的通信技术和硬件结构为基础，使其应用范围更具扩展性/灵活性，系统可以根据用户的使用环境，采用灵活的模块搭接方式进行系统结构设计。系统硬件单元采用模块化设计，使系统成员简单，易于系统的规划和学习。

（2）系统构架

一卡通系统可分为：系统管理层、控制层和现场层。大多数系统管理层采用 TCP/IP，控制层采用 RS485 总线方式。

1）管理层构架。系统管理层（服务器与工作站）通过互联网或 LAN 连接，通过 TCP/IP 进行数据交换，如图 7—8 所示。

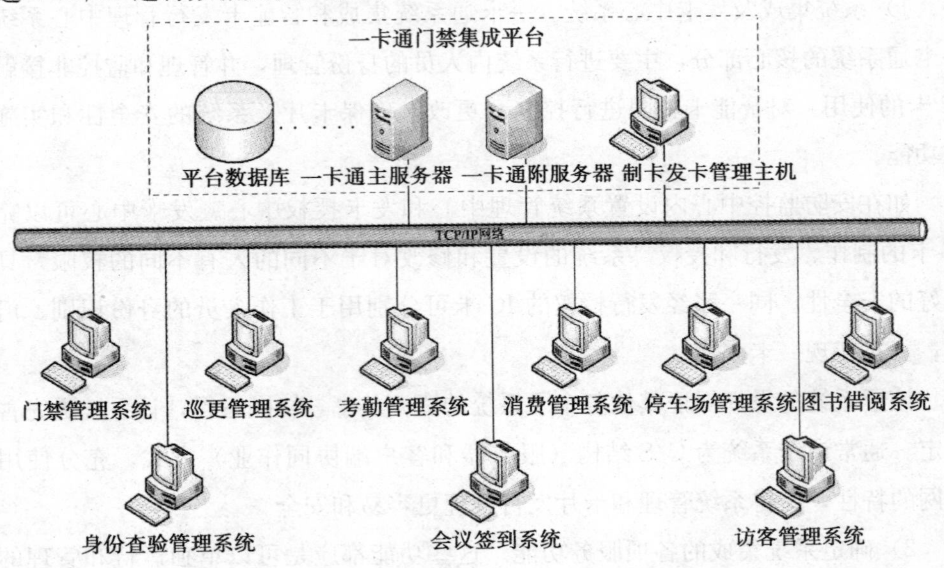

图 7—8　一卡通系统结构

2）控制层构架。控制层以系统网络控制器（工作站）为核心，采用 RS485 方式通信，与现场控制单元（如门口机）连接。如果采用 ID 方式，一条 RS485 总线可挂接 15 个现场控制单元，控制层构架如图 7—9 所示。

其中的网络控制单元（NCU）就是上图的管理工作站，通过网络（TCP/IP）构成系统的管理层，通过 RS—485 总线与现场控制单元（ACU）连接，构成系统的控制层。而现场控制单元与所控制前端设备构成系统的现场层。所以，图 7—9 是一卡通系统的完整构架。

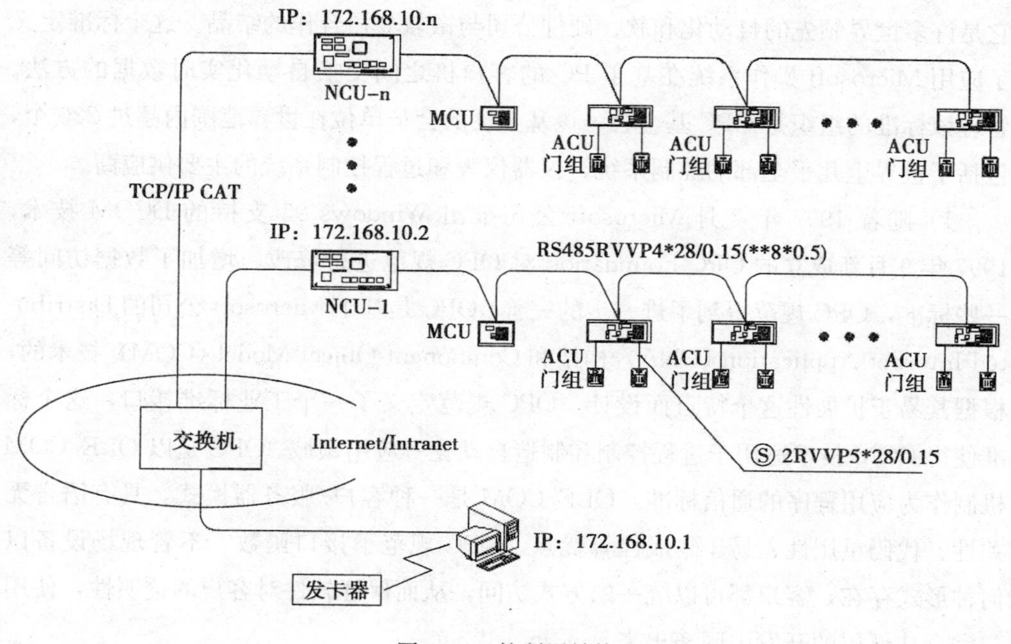

图 7—9　控制层结构

4. 一卡通系统软件管理

(1) 软件管理

通常，一卡通系统集成管理平台的系统服务器由基于 Windows 的 PC 组成，它控制由前端控制单元组成的网络，并且存储控制程序、网络系统参数、“系统动作”记录文件等于系统数据库；所有计算机按照客户机/服务器的结构，文件服务器基于 Windows 2000 Server；客户机上的平台管理系统软件同样工作于 Windows NT/2000 平台。

平台管理系统 PC 能够监视“系统动作”传送指令，或者向控制器下达参数改变命令；平台管理系统的操作者能够通过远程命令，控制前端设备的状态，如门的开关；也可以由系统自动控制前端设备的状态，设备状态的变化信号能在平台管理系统上及时反应。

在建筑平面示意图上，显示计算机控制的每个前端的状态位置，如门的开关位置，同时应用图标及描述性文字标示。

在报警监控模块中，每个平台管理系统的操作者能够看到报警探测器的状态，无论是处于常规状态、故障或报警状态。

（2）OPC接口

OPC（OLE for Process Control——用于过程控制的OLE）是一个工业标准，它是许多世界领先的自动化和软、硬件公司与微软公司合作的结晶。这个标准定义了应用Microsoft操作系统在基于PC的客户机之间交换自动化实时数据的方法。管理该标准的组织是OPC基金会。该基金会的会员单位在世界范围内超过220个，包括了世界上几乎全部的控制系统、仪器仪表和过程控制系统的主要供应商。

1）随着1997年2月Microsoft公司推出Windows 95支持的DCOM技术，1997年9月新成立的OPC Foundation对OPC规范进行修改，增加了数据访问等一些标准，OPC规范得到了进一步的完善。OPC是基于Microsoft公司的Distributed Internet Application（DNA）构架和Component Object Model（COM）技术的，根据其易于扩展性这个特点而设计。OPC规范定义了一个工业标准接口，这个标准使得COM技术适用于过程控制和制造自动化等应用领域。OPC是以OLE/COM机制作为应用程序的通信标准。OLE/COM是一种客户/服务器模式，具有语言无关性、代码重用性、易于集成性等优点。OPC规范了接口函数，不管现场设备以何种形式存在，客户都可以统一的方式访问，从而保证软件对客户的透明性，使用户完全从低层的开发中脱离出来。

2）传统的过程控制系统结构。传统的过程控制系统是一对一的，任何一种HMI（人机界面）等上位监控软件或其他应用软件（如趋势图软件、数据报表与分析等），在使用某种硬件设备时都需要开发专用的驱动程序。系统构建完成后的最终结果是：

①1种软件要使用N类硬件设备，需要开发N个驱动程序；

②M类软件要使用N类硬件设备，需要开发M＊N个驱动程序；

③每增加1个新的应用软件，需要另外开发N个硬件设备的驱动程序；

④每增加1个新的硬件设备，需要为M个软件开发新的设备驱动程序。

显然，这种结构新增应用软件或者硬件设备带来的只会是驱动程序种类的迅速增长。

3）基于OPC技术的过程控制系统结构。基于OPC技术的过程控制系统可以完美地解决传统方式的上述问题。任何一种设备只需要提供一种驱动就可以供任何软件系统使用，系统构建完成后的最终结果是：

①M类软件要使用N类硬件设备，只需要开发N个驱动；

②每增加一个新的应用软件，不需要另外开发硬件设备的驱动程序；

③每增加一个新的硬件设备，只需要为开发一个新设备的驱动程序。

因此，适当地新增应用软件或者硬件设备就可以轻松地扩展系统。

由于OPC规范基于OLE/COM技术，同时OLE/COM的扩展远程OLE自动化与DCOM技术支持TCP/IP等多种网络协议，因此，可以将OPC客户、服务器在物理上分开，分布于网络的不同节点上。OPC规范可以应用在许多应用程序中，如可以应用于从SCADA或者DCS系统的物理设备中获取原始数据的最底层，同样可以应用于从SCADA或者DCS系统中获取数据到应用程序中。实际上，OPC设计的目的就是从网络上某节点获取数据。OPC的客户/服务器关系图同样描述了OPC在SCADA系统的应用。

4）采用OPC技术规范设计系统的好处。采用标准的Windows体系接口，硬件制造商为其设备提供的接口程序的数量减少到一个，软件制造商也仅需要开发一套通信接口程序。既有利于软硬件开发商，更有利于最终用户。

OPC规范以OLE/DCOM为技术基础，而OLE/DCOM支持TCP/IP等网络协议，因此，可以将各个子系统从物理上分开，分布于网络的不同节点上。

OPC按照面向对象的原则，将一个应用程序（OPC服务器）作为一个对象封装起来，只将接口方法暴露在外面，客户以统一的方式调用这个方法，从而保证软件对客户的透明性，使用户完全从低层的开发中脱离出来。

OPC实现了远程调用，使应用程序的分布与系统硬件的分布无关，便于系统硬件配置，使系统的应用范围更广。

采用OPC规范，便于系统的组成，将系统复杂性大大简化，可以大大缩短软件开发周期，提高软件运行的可靠性和稳定性，便于系统的升级与维护。OPC规范了接口函数，不管现场设备以何种形式存在，客户都可以统一的方式访问，从而实现系统的开放性，也易于实现与其他系统的接口。

出入控制系统是安全防范系统中应用非常普遍的技术，它的技术内容包括：探测、电视、声音、特征识别及各类锁具、安全门、锁定装置等联动机构，可以说，出入控制系统涵盖了安防系统的所有要素。它是一个大型、综合安防系统不可缺少的部分，也可以独立地构成各种实用的安防系统，其核心技术是特征识别。由于特征识别具有目标探测的能力，利用它可以构成多种高安全性的防范系统，同时，特征识别技术本身的安全设计和考虑也是很有特点的。

第 4 节　防爆安全检查设备

由于国际恐怖活动的日益加剧，世界各国都采取了高标准的安全措施和使用先进的安全检查设备，在机场、车站、港口、重要部门和在重大活动时，对人员、物品和场地进行严格的安全检查，以阻止炸药、爆炸装置、易燃易爆的液体、武器、刀具被带入飞机、火车、轮船、重要场所及在活动现场存在。安全检查成为反恐防爆的重要手段，成为重点单位和重大活动安全防范系统的重要组成部分。

一、概述

安全检查是探测，也是特征识别，与通常安防系统的探测或特征识别的主要差别是，其探测或识别的对象是违禁物品，而安防系统的探测对象是人。因此，设备的工作方式和原理也有很大的差别。

1. 防爆安全检查设备的分类

可以从不同的角度对防爆安全检查设备进行分类，通常的方法有：

（1）按基本技术

根据设备的基本工作原理或采用的核心技术，防爆安全检查设备可分为以下几类：X 射线检查设备；中子探测设备；四极矩谐振分析探测设备；质谱分析设备；毫米波探测设备；金属探测设备等。

（2）按应用方式

依据设备的应用场合和工作方式，防爆安全检查方式有以下几种：通过式、便携式；固定式和移动搜索式等。

（3）按探测对象

从设备探测的物质分类有：金属探测设备、炸药探测设备、液体炸药探测设备、毒品毒物探测设备、武器检查设备等。

（4）按检查对象

按检查的对象分类有：手提行李检查设备、人体检查设备、车辆检查设备、集装箱检查设备等。

2. 防爆安全检查设备的应用

防爆安全检查设备的主要应用领域和场合有：

（1）机场、铁路、港口的安全检查

对人员和携带物品进行检查，发现并阻止爆炸物、可燃物及武器等被带入，以保障交通运输的安全。

（2）重要部门的安全检查

包括重要的国家机关、监狱、法院、博物馆等部门。有效地防范和阻止武器、炸药、违禁品和威胁物进入安全区域、重要部门以及公共场所，防范爆炸、劫持等恐怖事件的发生。

（3）重大活动的安全检查

结合活动的出入管理系统对出入活动的人、物、车辆等进行检查，发现和防止违禁品进入现场，防止恶性事件的发生；

重大活动的安全检查还包括对环境和现场的检查，如活动开始前的检查和活动后的清场。

（4）海关和出入境的检查

发现非法携带和运输违禁品，有效地打击走私和倒买文物等活动。

（5）事件发生现场的勘察

勘察事件现场、发现爆炸物痕迹和其他物证，为破案收集相关信息。安全检查设备也广泛地应用于毒品、食品残毒的检查，打击有组织贩毒，保证食品安全。

二、安全检查设备的基本原理及常用设备

1. 常用设备的工作原理

（1）X 射线安全检查设备

利用了 X 射线和被检物（客体）相互作用时发生的光电吸收、康普顿散射、瑞利散射和电子对效应得到被检物的特征信息，其基本工作原理是：

1）X 光透射成像。通过分辨物质的密度（原子序数）对 X 射线衰减（密度越大，衰减越大）的影响，区分物体的外形和基本种类。医学 X 光透视就是利用这个原理实现的。

按成像原理分为面成像、线扫描和点扫描，主要差别是 X 射线辐照（扫描）被检物的方式。探测设备检测穿过被检物衰减的 X 射线强度信号，生成被检物的透射图像，通过透视图像的灰度层次和图形轮廓进行物体识别。

2）康普顿散射。康普顿散射是射线和物质相互作用发生的非相干散射效应，探测设备采集被检物散射的 X 射线，生成被检物的散射 X 射线图像。散射分为前散射和背散射（散射射线的角度小于 90°为前，大于 90°为背）。背散射探测器位于

X射线源一侧，这样可以使得设备结构紧凑，使用方便。

背散射设备通常采用飞点扫描，使用一个专用的机械斩波系统将扇形X射线射束斩成笔束状的X射线飞点，X射线点飞快地从下到上（或从上到下）往复运动，当被检物体移动时，X射线飞点就一行一行地扫过被检物，得到完整的被检物的二维散射图像。

X射线康普顿散射设备就是利用不同原子序数的物质对X射线康普顿散射效应的差异，来区分炸药物（碳、氢、氧成分丰富的物质）与一般物质。

3）双能量设备。利用了两个或多个X射线能谱和物质相互作用，从不同的高、低能谱信号中得到有关被检物原子序数的信息，从而得到被检物的物质组成信息，有效地区分有机物和无机物，并给出不同的颜色。

传统双能量X射线检查设备使用层叠型能量探测器，射线源的工作高压一般为140 kV。射线穿过被检物后首先到达低能探测器，低能探测器吸收衰减了的低能X射线。在低能和高能探测器之间有一个低能滤波器，穿过低能探测器和低能滤波器的高能射线被高能探测器吸收。探测器将强度变化的X射线信号转换成可处理的电信号，专用处理电路把每一像素的模拟信号转换为数字信号，并对每个像素进行偏移和增益校正。然后将校正的信号送到计算机进行存储和多种图像处理，并在显示器上显示彩色的能量型X射线图像。

先进的双能量X射线检查设备通常使用两个X射线源和两套独立的探测器。一般情况下，低能X射线源的工作电压为75 kV；高能X射线源的工作电压为150 kV，低、高能射线可以很好地分离。这种设备探测物质的有效原子序数精度高，对炸药的探测率高于传统的双能量设备，这种设备也称炸药自动探测设备。

4）CT技术。X射线成像与计算机图像处理技术的结合。它不仅能得到被检物的透视图像，还可以得到被检物断层图像以及三维图像。单能X射线CT设备通过X射线被检物体密度信息去识别物质，双能X射线CT通过测量被检物的有效原子序数和密度两个信息去识别物质，这样就提高了设备的探测率，降低了误报率。

安检CT使用多层螺旋扫描技术。它的检查通道尺寸大；扫描速度快，能准确地计算被检测物质的密度以及有效原子序数，自动识别出行李中隐藏的炸药，并给出炸药的类型及质量；显示内容丰富，图像处理功能强大，智能化程度高；具有预检测、TIP和网络化功能。

（2）金属探测

金属探测主要用于武器探测，如枪、刀具等，由于许多爆炸装置内置金属引信，因此，也可以实现爆炸物检查。其工作原理是：

当金属通过电磁场时，将改变其分布强度和方向。探测设备产生一个稳定（连续、脉冲）的电磁场，检测电磁场时，若发现其强度或分布发生变化，则可判定可能有金属物体通过。

金属探测分通过式和手持式两种。工作原理是相同的，金属物体对电磁场的影响与其通过电磁场的速度有关，因此，被检物要有一定的通过速度。通过式与手持式探测的区别就在于：前者电磁场是固定的，探测对象是运动的；而后者电磁场是移动的，探测对象是固定的。信件检查仪也属于金属探测。

（3）离子炸药探测

离子探测属于质谱分析，是目前常用的炸药探测设备。与上述探测技术不同，它是直接对炸药类物质进行分析和识别。基本工作原理是：首先进行采样，然后将样品电离，由于不同物质电离后的质荷比不同，而不同质荷比的离子在电场的运动速度也不同。通过飘移时间的分析，就可识别是否有炸药等物质的存在，并可确定炸药的种类。这种设备还可用于毒品和农药的探测。

还有许多安全检查设备，它们的工作原理与上述不同，因设备的使用不很广泛，这里就不介绍了。

2. 常用的安全检查设备

安全防范系统中常用的安全检查设备有：

（1）X 射线检查设备

在各种固定场所常用的 X 射线探测设备有：手持行李安全检查设备、托运行李检查设备；双能量 X 射线安全检查设备、多视角 X 射线安全检查设备；CT 安全检查设备等。各种设备如图 7—10 至图 7—13 所示。

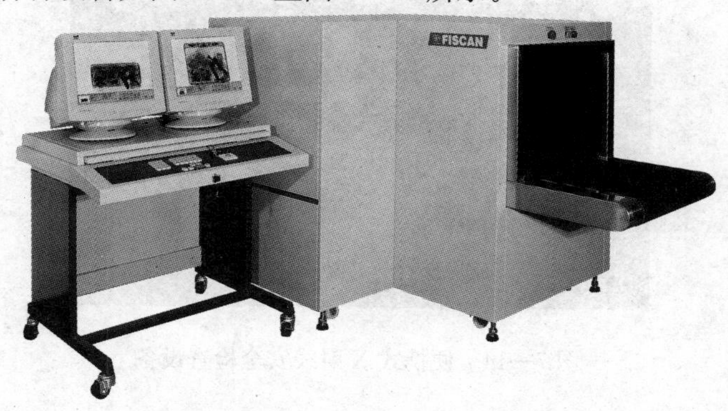

图 7—10　手提行李 X 射线安全检查设备

图 7—11　托运行李 X 射线安全检查设备

图 7—12　双能量 X 射线安全检查设备

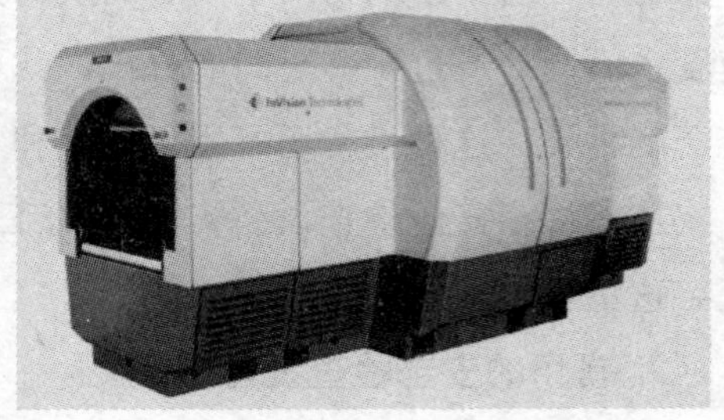

图 7—13　CT 安全检查设备

（2）移动式安全检查设备

用于不固定场所的安全检查设备有：便携式 X 射线安全检查设备（见图 7—14），小型 X 射线检查车，车载集装箱及车辆安全检查设备等。

图 7—14　便携式 X 射线安全检查设备

（3）金属探测器

用于金属武器的探测设备主要有：通过式金属探测器、手持式金属探测器、信件炸弹探测器等，如图7—15所示。

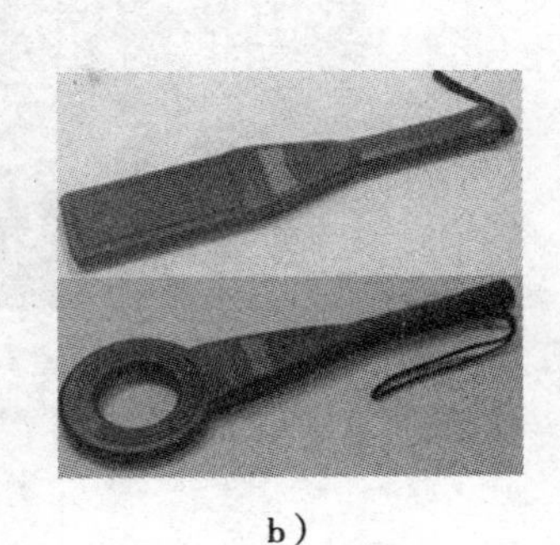

a）　　　　b）

图7—15　金属武器探测设备

a）通过式　b）手持式

（4）其他安全检查设备

除以上安全检查设备外，常用的检查设备还有：

1）车辆检查镜，有光学或视频两种方式，分为便携式和固定设置式。检查通过车辆底部是否带有违禁品。

2）液体炸药探测设备，探测瓶装的液体物质是否为违禁品，主要采用磁谐振技术、激光拉曼光谱法和微波密度分析进行探测。

3）机器人，一种遥控装置，实现危险环境下的无人操作。如排除爆炸物、搜索和侦察等配套设备，防爆服、防爆罐等危险品隔离、转移、处置装置及安检人员的防护装备。

其他一些设备如图7—16至图7—19所示。

图7—16　小型背散X射线检查车

图 7—17　大型安全检查车

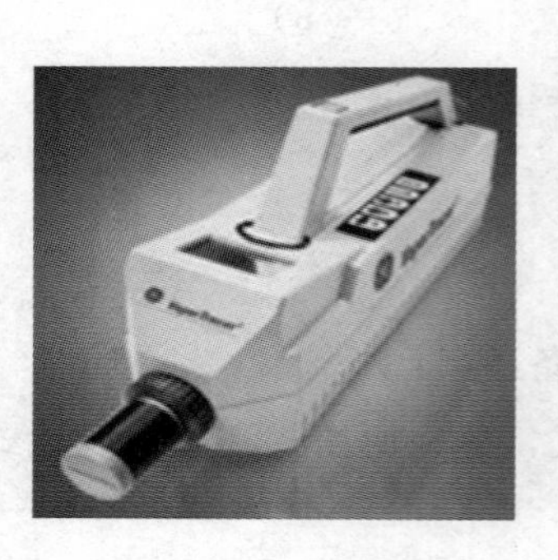

图 7—18　手持炸药探测仪

图 7—19　人体毒品检查设备

三、安全检查设备（系统）的规划

大型活动的安全检查系统是安防体系的重要组成，因此，要在安全系统整体目标的前提下，规划安全检查系统，做到相互配合、互补和协调。

1. 安全检查系统的目标

安全检查系统的具体目标是：

（1）对人员、物品、车辆和场地、设施的安全检查，发现（探测）、阻止违禁品进入防范区域和从防范区域发现（探测）、排除危险因素。

（2）重要部门与出入口控制系统配合，实现人流、物流的安全检查和管理。

（3）重要活动（开幕式、比赛前）场地、设施的安检，活动后的场地清理。发现可疑物品后的排除、转移或发生爆炸事件后现场的控制和清理等。

（4）要人访客的管理。

2. 系统设计的基本原则

设备的选择与安装要与建筑设施结合，统一规划和设计。

（1）根据不同的安全要求，规划和设置不同的安全检查设备（系统）。

（2）与出入及周界管理系统配合，重要活动要与票务和证件系统结合。票、证的特征识别也是一种很有效的安全检查手段。

（3）尽可能地采用通过式和搜索式设备，保证系统的通过率、友好性和效率。

（4）固定与临时设置相结合，提高设备的使用率和系统的经济性。

（5）注意设备的日常维护，保证安全检查的有效性和可靠性。

（6）建立完善的安全检查程序，加强人员的训练，保障安检工作的质量。

思　考　题

1. 电子巡查的系统模式和管理模式有哪些?
2. 电子巡查系统的主要产品和技术指标有哪些?
3. 掌握停车场管理系统的结构，清楚入/出口的工作流程。
4. 停车场系统的基本功能和主要产品是什么?
5. 简述一卡通系统的功能和应用。
6. 简述安全检查设备的应用和在安防系统中的地位。
7. 简述安检设备的基本分类、常用的安全检查设备。
8. 简述安全检查系统设计的基本原则。

第8章 基础施工

基础施工是安全防范工程设备安装的基础。与建筑施工和建筑设施有密切的关系。

在实操教材中，将对基础施工的具体要求和相关知识做详细介绍，本书仅对通用性的要求做些说明。实体防护设备是安全防范系统的重要组成部分，它的安装与建筑设施的关系极为密切，本书也将简要地介绍常用的实体防护设备。

第1节 基础施工的基本规范

安全防范工程的基础施工不属于建筑施工，是为安防系统的设备安装建立基础条件。但它与建筑施工和建筑设施有密切的关系，是在建筑环境和建筑设施的基础上，为安防系统通信网络的建立和前端设备的安装，建设必需的设施和预留条件。

一、基础施工的范围

安防工程基础施工主要包括：

1. 通信线缆敷设的基础条件

为各类线缆和路由建设符合规范的，具有保障线缆安全、可靠和寿命的环境。主要包括：

（1）地下或埋设电缆的管路、线管；

（2）通过建筑的桥架、线槽；

（3）空中线缆的立杆、纲线等施工。

以及与上述内容相关的井孔、接线盒、配线间等的施工。

2. 线缆敷设

在上述施工的基础上进行各类线缆的敷设，包括：配线，线缆接续；线缆的防护（防潮、防水、防鼠等）处理。

3. 支架安装与预置件预埋

主要是为前端设备的安装建立基础条件，包括：各类设备支架的安装；各类设备生根或安装所需预制件的预埋。

4. 出入口锁定、执行装置和实体防护设备安装与基础条件

（1）出入口控制系统各种锁定、执行机构，如门、挡车杆等的安装；

（2）实体防护产品的安装，如防盗门、保险柜的固定等。

（3）安装设备所要求的牢固、稳定的基础（地面、固定物），及在基础上预埋的预制件。

上述内容前三项是安防系统安装维护员必须掌握的技能，在实操教材中均有详细的介绍，后两项主要由专业公司来完成，安装维护员应具备配合施工和检查施工质量的能力。

二、基础施工基本原则和通用规范

1. 基础施工的基本原则

安全防范工程基础施工应遵循以下基本原则：

（1）与建筑施工同时进行

基建项目安全防范系统的设计和施工应遵循与基本建设同时设计、同时施工和同时完成运行的原则，这样利于降低成本、缩短工期、保证质量。若可能，应将管线与建筑弱电系统一起规划、设计和施工。尽可能地利用建筑的公共条件，如管孔、电缆井、桥架、线槽和配线间等；如有可能，线缆的敷设可交由机电安装公司统一进行。

（2）利用建筑的现有设施

对于改、扩建项目，要充分利用建筑和环境的现有设施，新施工的部分必须保持与建筑和环境的协调，尽可能地少走明线、少立杆。

（3）不影响建筑施工和日常工作

与基建项目共同施工时，要遵守建设方的统一调度，不影响基建施工，特别是在需要基建方配合的时候。

改、扩建项目的施工要努力减小对建设单位日常工作的影响，如避开施工时间，采用降噪、减尘措施等。施工过程和施工后要及时进行环境的恢复和清扫。

（4）遵守建设单位的相关管理规定

现场施工除遵守公司的项目管理制度，严格执行相关工艺规范外，还要遵守建设单位的相关管理规定，如出入管理、安全管理等，对于保密单位要特别强调遵守保密制度，并接受建设单位的监督。

2. 基础施工的通用规范

基础施工要严格执行施工规范，达到规定的质量要求。

（1）基础施工规范

1）做好准备。基础施工的准备工作主要分为以下两个方面：

①技术准备工作包括领取和阅读图样，通过图样了解施工的内容，如路由、方位、高度等基本数据。安装器材的类型、特点及安装要求等；了解现场的环境条件和管理规定，特别需要注意安全事项。

②物质准备工作包括领取安装器材、辅料，检查器材的外观和基本功能；准备工具和设备，检查其完好性和安全性；准备劳动保护用品，按规定穿戴。

2）规范施工。严格执行相关的工艺规范，包括：

①线缆接续的方法、防护，空中线的固定、余兜；管孔的空余量，强电/弱电线的布局及端头的余量等；

②支架的固定方法，生根的牢固性，立杆的下埋深度等；

③隐蔽工程的隐蔽方法等。

3）文明施工。基础施工必须注意：

①对环境的保护，包括与环境协调，尽可能地减小对环境的破坏，及时恢复受影响的环境状态。

②对施工人员健康的保护，做好劳动保护，避免伤害事故。

③做到安全施工，防止火险、用电事故等不确定的安全因素。

4）成品保护。对完成的基础施工，为保证后续安装的质量，必须做好成品保护，如安装孔（螺栓）、线缆头及各种支架表面的保护等。

完成后施工，特别是线缆要做清晰、准确的标识，标识不要求是永久性的，但能保持到前端设备安装完毕。

5）文件管理。基础施工完成后要形成相关的技术文件，特别是隐蔽施工的部分，为后续施工和系统维护、维修提供完整的信息。

（2）质量要求

基础施工通用的质量要求有：

1）符合设计要求，能保证设备的正常工作，保证系统的防范区、视场区、照明区等符合设计要求；

2）符合工艺规范，支架的安装牢固、稳定，能保证前端设备的垂直、平整；管路与线缆施工能保证线缆的安全、可靠及寿命；

3）便于设备安装和维修，为后续施工提供良好条件；

4）不破坏环境，及时恢复现场环境（绿地、路面等），不对墙面、地面造成污损。

第 2 节　实体防护设备

一、实体防护概述

1. 概述

国家标准 GB 50348《安全防范工程技术》规定实体防范（即物防）是指：用于安全防范目的，能延迟风险事件发生的各种实体防护手段，包括建筑物、屏障、器具、设备、系统等。

说明实体防范的概念很宽泛，与建筑本身及电子防范系统有密切的联系，是安全防范体系中不可缺少的组成部分。

安全防范系统强调人、物、技的有机结合和相互补充。其实，由实体防护设备构成的物防系统是人类最古老、最有效的防范手段。中国的万里长城、城廓/建筑的围墙是抵御入侵的基本设施；门及锁则是个人财产保护的重要手段。可以说安全防范（防范人的恶意行为）的概念是从锁的使用产生的。

2. 实体防护在安防系统中的作用

在长期的实践过程中，实体防护设备确立在安全防范体系中的地位和作用主要表现在：

（1）实现安全防范系统基本功能

前面介绍过，安全防范系统必须具备三个基本功能：探测、延迟和反应。这些功能通常用时间来度量。安防系统的延迟功能由多种因素构成，如人防的威慑作用、技术系统的阻止和警示作用等，但最主要的是由物防对入侵行为的阻滞来实现。

有效的延迟入侵活动，实体防护的作用是不可替代的。原因是其他因素的延迟作用是可以规避的，而且，能够延迟的时间有限。实体防护设施有形（物理）的存在，不可规避、直接地阻挡和延迟入侵活动。同时，好的实体防护设施也具有威慑功能，并能对人员和财产起到直接的保护作用。如银行营业场所的防弹玻璃屏障，有效地隔离了公共区和要害区，保护了工作人员和财产的安全，是其他任何防范手段做不到的。

安防系统可以根据系统的总体要求，设计和设置实体防护设备（施）。如根据攀越时间，设计墙高；根据系统的延迟要求，规定防盗门或保险柜的防破坏等级。

以防范冲击为主要目标的系统，通常是以实体防护体系为核心来规划和设计。如核设施、军事基地、重要仓库等，通过实体设施划分控制区、监视区、要害区等，通过高墙、深沟和足够的距离来实现系统的延迟。

（2）技术防范的基础

在综合性安全防范系统中，实体防护设施与技术防范系统是密切结合的，前者是后者的基础。例如，建筑、小区的围墙除本身的防范功能外，还是周界入侵报警系统的基础。

技术系统的设计必须考虑环境因素，其中，重要的是建筑的基础设施和环境的地理条件，这些因素本身具有防范的功能，但不完善，通过技术系统的补充，形成完善、有效的防范系统。因此，技术系统的功能设计、设备选择都要根据这些基础条件来确定。

除上述周界入侵探测外，视频监控、出入口控制的设计和设备选择都要以实体防护设施为基础。

（3）技术防范系统的重要组成

目前，很多安防产品将物防和技防功能集为一体，实体防护已成为技术防范系统的一部分，典型的实例就是出入口控制系统。出入口控制系统中的锁定机构、联动装置主要是实体防护产品，它们决定了系统的抗冲击能力，对系统的通过率和友好性也有很大影响。目前，特殊的装置和实体结构的设计已成为出入口系统的特色和发展方向之一。同时，这些系统的设计和安装又与建筑基础设施有密切的关系。

实体防护产品本身具有很高的技术含量，其防护能力体现在抗机械力和抗技术的破坏，如防盗门和机械锁。许多实体防护产品与电子探测结合，使之除具延迟功能外，还具探测功能，是技术防范的组成部分。如带报警功能的门窗、保险柜、墙体等。

随着技术和材料的发展，许多实体防护产品已从纯机械产品逐步转变为机电产品。因此，实体防护产品与电子防护产品的界线越来越模糊了，实体防护产品已成为技术防范系统的重要组成。

(4) 降低系统成本的有效途径

安全防范系统的建设存在着功能与经济性的选择，在实现相同功能的前提下，存在不同系统模式和产品的选择。有时，经济性会成为重要的出发点。实践证明，充分、合理地利用建筑和环境基础设施，适当地选择实体防护产品是降低系统建设成本的有效途径。

二、实体防护系统的设计和产品

实体防护产品的应用不是孤立的，因此，安防系统总体设计要包括实体防护的设计，或作为一个子系统。

1. 实体防护系统的设计原则

实体防护系统设计应遵循以下的基本原则：

(1) 符合系统总体设计目标

实体设施和产品是安防系统的一部分，是完成系统总体设计目标的重要因素。因此，要根据系统的总体目标，分解出对实体设施和产品的具体技术要求。

要清楚地掌握建筑基础设施的防护能力、结构状况，以此为基础条件进行系统的总体设计。

目前，两者脱离的现象比较普遍，或对实体防护产品不提任何要求，或不考虑实体防护的条件，千篇一律地设计系统。

(2) 与探测系统结合

尽可能地将探测系统与实体防护设施结合起来，尽可能做到把探测空间提前(延伸探测区)，实际是延长系统的延迟时间。

(3) 均衡性

实体防护系统设计要注意均衡性。所谓均衡是相对的概念，就是要求在各个部位都能有足够的延迟作用。

(4) 纵深防护

在防范区的各个区域和部位都采用实体防护手段来提高系统的防范功能。系统不能只有一道实体防线。

实体防护系统的设计，本质上就是安全防范系统延迟功能的设计。在以实体防护为主的系统中，是设计的核心内容。

2. 常用实体防护产品

根据上面介绍的定义，实体防护产品包括的品种很多，分类的方法也很多，本书主要对安防系统中常用的，在市场以单体形式出现的产品做简单的介绍。

（1）实体防护产品的分类

1）实体屏障，主要指各种围栏和隔离装置，构成屏障的材料也可以归于此类，如各种安全玻璃；

2）安全门类，包括防盗安全门、金库门和防尾随门等；

3）保险柜类，主要是保险柜（箱）等，以及具有防护功能的展品柜、各式小型金库和提款箱，也可以列入该类产品；

4）锁具类，主要指机械防盗锁，也包括电子锁、汽车防盗锁等；

5）个体防护装置，主要包括能防止弹片、爆炸、暴力冲击，保障个人生命安全的装备，如门、防弹/爆服、防弹/爆头盔、防爆服；

6）移动防护设备，包括防弹车、可拆卸防护屏障等。

（2）常用产品

1）防盗安全门。国家标准对防盗安全门的定义是：具有一定防破坏能力和装有防盗锁的门。其防护能力来自两方面：一方面是门体，能抗拒机械力破坏，防止人通过；另一方面是锁具，能防止通过机械力破坏和技术开启，防止门被非法开启。防盗安全门是对这种门的专业称呼，区别于普通的建筑门。

防盗安全门有三种基本结构形式：全封闭式、栅栏式和折叠式；又有外开和内开之分。

防破坏能力是防盗安全门的基本技术指标，测试时，使用规定的工具，对门进行破坏，根据完成规定的破坏内容所需要的时间，判定产品的安全防护等级，或是否合格。

试验方法（破坏内容）是根据防盗安全门容易被人施加破坏的部位来确定的，主要是：

①以技术手段开启门锁，常用的方法有：配备多种同型式钥匙，采用开锁工具；

②用暴力手段破坏门锁，致使门锁失效，门被开启；

③用破坏性手段打断门铰链，将门打开；

④用机械力破坏门闩，使门开启；

⑤用机械力在门扇上开启一个可以使人通过的洞，或可以使手伸进去，从内部打开锁的洞。

国家标准 GB 17565 防盗安全门以表格方式规定防盗安全门的防护等级，见表8—1。

表8—1 防盗安全门的防盗安全级别

项目	级别			
	甲级	乙级	丙级	丁级
防破坏时间/min	≥30	≥15	≥10	≥5

金库门主要应用于银行金库、高度危险品库等部位。在结构强度上，锁具配置上及其防护要求远远高于防盗安全门。通常采用电子密码锁，可控制开门的时间，有防突然闯进的功能。安装在地下的金库门还要有防透水功能。

防尾随门主要应用在银行营业场所、要人访客系统。防止被人跟随或胁迫。防尾随门由两个门扇和中间全封闭的通道组成，当第一个门扇开启之后，必须关闭第一个门扇才能开启第二个门扇。控制器安装在最安全区，可以控制两个门扇同时开启或关闭。防尾随门的抗冲击强度基本上与防盗安全门相同。

2）保险柜（箱），保险柜是人们在日常生活中广泛使用的保护财产（金钱、金银首饰、证券、文件等）、物品的装置。按照防护功能的不同，通常分为普通保险柜、防盗保险柜、防火保险柜、专用保险柜（枪柜、危险品柜）等。

安防系统应用的防盗保险柜基本上是一个带门的箱体，当门锁闭后，形成封闭的能够抗拒各种风险（机械力冲击、火、高温和腐蚀等）的空间，保证放置其内的物品不被盗走和损害。通常采用电子密码锁和机械锁的组合方式作为锁定机构。因此，保险柜有两个重要部分决定了它的防护能力，一是柜体，必须具有一定的抗冲击强度；二是锁具，能防止非正常开启。

国家标准GB 10409防盗保险柜规定了防盗保险柜的试验方法，同防盗安全门一样，采用规定的试验工具，对防盗保险柜的锁具、柜体进行破坏性试验，根据非正常进入的净工作时间，来确认防盗保险柜的防护等级，或是否合格。具体见表8—2。

表8—2 防盗保险柜的分类和抗破坏要求

防盗保险柜分类	抗破坏试验使用工具	破坏方式（进入方式）	净工作时间（min）
A1	普通手工工具、便携式电动工具和磨头	打开柜门或在柜门、柜体上造成38 cm² 的通孔	15
A2	普通手工工具、便携式电动工具、磨头和专用便携式电动工具	打开柜门或在柜门、柜体上造成38 cm² 的通孔	30
B1	普通手工工具、便携式电动工具、磨头和专用便携式电动工具和割炬	打开柜门或在柜门、柜体上造成13 cm² 的通孔	15
B2	普通手工工具、便携式电动工具、磨头和专用便携式电动工具和割炬	打开柜门或在柜门、柜体上造成13 cm² 的通孔	30

续表

防盗保险柜分类	抗破坏试验使用工具	破坏方式（进入方式）	净工作时间（min）
B3	普通手工工具、便携式电动工具、磨头和专用便携式电动工具和割炬	打开柜门或在柜门、柜体上造成 13 cm^2 的通孔	60
C	普通手工工具、便携式电动工具、磨头和专用便携式电动工具、割炬和炸药	打开柜门或在柜门、柜体上造成 13 cm^2 的通孔	60

有些防盗保险柜还安装有报警装置，采用本地报警方式；也有些产品装有报警通信接口，通过网络连接到本人的手机或报警中心，是一种很有应用前景的方向。

活动金库采用装配式结构，其内部容积一般不大于 2 m^3，在现场进行装配，非常方便临时性的应用。

防盗保险箱是一种应用于宾馆和家庭，保存贵重物品的小型箱体。产品体积小，质量轻，具有一定的防盗能力，应用时最好与墙体或地面固定连接（生根）。

银行提款箱主要用于货币、证券及票据的转移。以上三种产品具有基本相同的功能和结构特点，属于防盗保险柜类产品，评价其防护性能的试验方法也与防盗保险箱柜基本相同。

3）机械防盗锁。从以上两个产品，可以看出机械防盗锁的重要性，它是许多实体产品的重要组成部分，同时，也有许多独立的应用，如车锁、枪锁、挂锁等。

在出入口控制系统一章，介绍了锁具有出入控制系统全部要素，在实体产品和一般应用中，锁的基本功能是：锁闭封闭空间的活动部件，实现空间内、外的隔离。

机械锁主要有三种形式：

① 外装锁，锁身安装在门体内表面；

② 插芯锁，锁身安装在门体中间；

③ 挂锁，锁身外挂在门鼻上。

机械锁的工作原理是通过钥匙带动一个拨杆做圆周运动，来拉动锁舌的伸出或回缩，实现锁的闭锁与开启功能。锁芯是锁的核心部件，既是一个精密的机械装置，也是一个保密装置。其安全性越高，结构越复杂。锁芯好像是一个解码器，钥匙就是密码（载于齿形），当两者吻合（通过密码认证），锁芯的上下两排弹子排成一条直线，即可以转动，锁被开启；没钥匙或插入别的钥匙时，两排弹子不排成一线。锁芯不能转动，锁处于锁闭状态。

评价机械锁的防护性能主要从下面几点：

第一，密钥量。一种型号的锁可以形成不同钥匙的数量称为密钥量，密钥量大，锁芯的结构复杂。提高密钥量的途径有：增加锁孔（钥匙齿）的数量，增加不同长度弹子的数量（级差）。锁的密钥量计算公式已在前面介绍了（参见第 6 章）。

第二，互开率。原配的钥匙可以开锁，若非原配钥匙将锁打开叫做互开。互开是由于同型钥匙间的相似性和锁具存在机械公差所致。

为减少互开率，要提高锁的加工精度，同时，要减小钥匙的相似度。增加弹子交换数也是有效的方法。

电子锁的应用越来越多，但机械锁不会被完全代替，可靠性以及低廉的价格决定了它的足够的市场占有率，机电一体化是锁具发展的方向，但要以机械锁为基础，因为实体防护系统的锁定只能采用机构装置。

4）实体屏障，主要指各种围栏和隔离装置，包括构成屏障的材料。

实体屏障有时被忽视了，其实它是最常用和常见的实体防护装置。有些是专门针对安防的要求构建的，如银行营业场所的防弹玻璃墙和防尾随门；更多是建筑功能的要求，但它也具有防护的功能，如建筑的墙体、小区的围墙等。

实体屏障的功能主要有隔离和防冲击。

①隔离，是最有效的防护手段，物理距离可保证系统有足够延迟时间。

②防冲击、屏障本身具有抗拒各种冲击（防弹、入侵、暴力）的能力，可直接保护生命、财产的安全。

一般实体屏障的防护性能可用攀越、破坏后穿越所需时间来度量，作为计算系统延迟的基础的数据；特殊类屏障则用其抗拒冲击的能力来度量，不同的产品，进行不同的试验。如防弹屏障，测试它阻止弹头穿透的能力；防尾随系统，测试它防止暴力闯入的能力。

思考题

1. 简述安防工程基础施工的范围，及主要包括的内容。
2. 简述基础的通用规范，说明文明施工的含义。
3. 简述基础施工的质量要求。
4. 简述实体防护设备在安防系统中的作用，技防系统与物防系统的关系。
5. 简述实体防范系统的设计原则。
6. 常用的实体防产品有哪些？评价其防护性能的方法主要是什么？

第9章 安全防范相关法规和标准简介

第1节 安全防范相关法规

一、法规概述

1. 法规定义

法规是带有强制性的、体现管理机构或公共意志的，在一定范围或领域内具有约束力的规定。法规是立法、执法的依据和基础。

广义的行政法规，既包括国家权力机构根据宪法制定的关于国家行政管理的各种法律、法令，也包括国家行政机关根据宪法、法律、法令，在其职权范围内制定的关于国家行政管理的各种法规。

《中华人民共和国宪法》规定，全国人民代表大会及其常务委员会行使国家立法权，是国家的立法机关。宪法还规定，省、直辖市的人民代表大会和它的常务委员会，在不同现行宪法、法律、行政法规相抵触的前提下，可以制定地方性法规，报全国人民代表大会常务委员会备案。从广义的“法”而言，立法机关的范围相应扩大，如国务院可以制定行政法规，国务院令第421号《企业事业单位内部治安保卫条例》中规定，县级以上各级人民政府“负责本地治安保卫和安全防范的法律支持、技术保障工作，如制定相应的地方法规和技术标准等。”

2. 法规的划分

我国的法规分为国家法规、地方法规、行业法规。从法规的作用范围来区分，又可分为全社会的、长期的、局部或特定事项的、有限时间内的等。

法规通常包括两大类，即行政法规和技术法规。其特征如下：

（1）行政法规的特征

1）所规范的内容是国家权力机构单方面意志的表示，而不以相对一方是否同意为先决条件；

2）具有强制性。在指定范围内具有普遍的约束力，由国家行政强制力保证其实施；

3）种类多、内容广、数量大，涉及各行各业，并且不断变化。但其内容必须是针对某一类抽象的事件，而不是某个具体的事件和具体问题；在形式上必须有比较正规的法规条文形式和结构；在时效上有相对的稳定性；制定必须经过法定程序。

（2）技术法规是强制性的、对特定的产品和技术领域做出的规定和要求。

世界贸易组织贸易技术壁垒协定关于“技术法规”的定义，即“强制执行的规定产品特性或相应加工方法的，包括可适用的行政管理规定在内的文件。技术法规也可包括或专门规定用于产品、加工或生产方法的术语、符号、包装标志或标签要求”。

二、安全防范相关法规简介

1. 安全防范相关法规的类型

我国的与安全防范相关的行政法规主要是政府令和执法专项规定，常用名称有条例、规定、办法等。我国的安全防范相关国家法规、行业法规通常由国务院、公安部制定，安全防范相关地方法规通常由县级以上各级人民代表大会和人民政府制定。

我国的安全防范相关技术法规主要是特定的技术要求和规定，包括强制性标准。我国的安全防范相关技术法规通常由公安部组织制定，或由技术部门和标准化机构制定，由公安部、国务院批准。县级以上各级人民政府制定相应的地方技术标准。

2. 安全防范相关法规的核心内容

安全防范法规的作用是形成有序、公平、公正的法制环境和政策环境，为依法行政、加强监管提供公开、透明的依据，同时，法规又有对行业发展和社会需求的引导和拉动影响。因此，安全防范行业相关法规的核心内容通常是管理安全防范行业、规范安全防范市场方面的。由于安全防范行业是特定的、有其特殊性的行业，法规内容的重心必然围绕着提高社会整体防范水平、应对突发事件和生命、财产安全以及产品与工程质量等方面。

比如，国务院令第 421 号《企业事业单位内部治安保卫条例》对内部治安保卫工作做出全面规定，要求政府部门要领导监督、公安机关要履行职责、相关单位要贯彻实施，涉及人力防范、技术防范、实体防范许多要求。其中包括："单位内部治安保卫工作贯彻预防为主、单位负责、突出重点、保障安全的方针。""单位内部治安保卫工作应当突出保护单位内人员的人身安全，……""单位的主要负责人对本单位的内部治安保卫工作负责。""单位内部治安保卫人员应当依法、文明履行职责，不得侵犯他人合法权益。治安保卫人员依法履行职责的行为受法律保护。""关系全国或者所在地区国计民生、国家安全和公共安全的单位是治安保卫重点单位。""治安保卫重点单位应当确定本单位的治安保卫重要部位，按照有关国家标准对重要部位设置必要的技术防范设施，并实施重点保护。""治安保卫重点单位应当在公安机关指导下制定单位内部治安突发事件处置预案，并定期演练。"等。这些要求以政府令的形式发布全社会，充分表明政府对社会公共安全的重视和支持。国务院令第 421 号对于安全防范行业非常重要、非常具体，具有目前行业的"大法"作用。

又如，中华人民共和国公安部（公科［2004］50 号）《关于规范安全技术防范行业管理工作几个问题的通知》对安全防范行业的产品管理作出几项具体规定，包括对列入继续实施生产登记批准制度的 5 类产品的管理规定，对列入强制性认证产品目录产品的管理规定，以及对取消生产登记批准制度且未纳入强制性认证目录的产品推行自愿性认证制度的规定。

三、劳动法、劳动合同法和就业促进法简介

1. 劳动法

劳动法是国家为了保护劳动者的合法权益，调整劳动关系，建立和维护适应社会主义市场经济的劳动制度，促进经济发展和社会进步，根据宪法而制定的法律。从狭义上讲，我国现行劳动法是指由中华人民共和国第八届全国人民代表大会常务委员会第八次会议于 1994 年 7 月 5 日通过，自 1995 年 1 月 1 日起施行的《中华人民共和国劳动法》；广义的理解，劳动法是一种统称，泛指调整劳动关系以及与劳动关系有密切联系的其他关系的法律规范的总和。

劳动关系是指人们在劳动过程中彼此之间形成的关系，其中主要是劳动者与其所在用人单位双方之间的关系。与劳动关系有密切联系的其他关系包括政府部门对

执行劳动法的监督检查和劳动者就业、职业培训、社会保险、解决劳动争议等多方面。

从《中华人民共和国劳动法》的目录可以了解其概要：第一章、总则；第二章、促进就业；第三章、劳动合同和集体合同；第四章、工作时间和休息休假；第五章、工资；第六章、劳动安全卫生；第七章、女职工和未成年工特殊保护；第八章、职业培训；第九章、社会保险和福利；第十章、劳动争议；第十一章、监督检查；第十二章、法律责任；第十三章、附则。

《中华人民共和国劳动法》的总则（第一条）表明，立法的目的与作用是：保护劳动者合法权益，调动劳动者积极性；调整劳动关系，建立和谐、稳定的劳动关系，促进生产力的发展；建立和维护适应社会主义市场经济的劳动制度。我国制定劳动法的依据是宪法。

就劳动者而言，《中华人民共和国劳动法》（第三条）规定了劳动者享有的合法权益：平等就业和选择职业的权利、取得劳动报酬的权利、休息休假的权利、获得劳动安全卫生保护的权利、接受职业技能培训的权利、享受社会保险和福利的权利、提请劳动争议处理的权利以及法律规定的其他劳动权利。同时，劳动者应当完成劳动任务，提高职业技能，执行劳动安全卫生规程，遵守劳动纪律和职业道德，履行劳动义务和劳动合同。

劳动关系的建立和调整不仅需要劳动者及其用人单位的共同努力，也需要社会的发展与推动，需要不断完善适应社会主义市场经济的劳动制度，特别需要依法办事。用人单位与劳动者发生劳动争议，当事人可以依法申请调解、仲裁、提起诉讼，也可以协商解决。各级人民政府劳动行政部门依法对用人单位遵守劳动法律、法规的情况进行监督检查，对违反劳动法律、法规的行为有权制止，并责令改正。

2. 劳动合同法

《中华人民共和国劳动合同法》由中华人民共和国第十届全国人民代表大会常务委员会第二十八次会议于 2007 年 6 月 29 日通过，自 2008 年 1 月 1 日起施行。

《中华人民共和国劳动合同法》的总则（第一条）表明，立法的目的与作用是：为了完善劳动合同制度，明确劳动合同双方当事人的权利和义务，保护劳动者的合法权益，构建和发展和谐稳定的劳动关系。因此，我国的劳动合同法与劳动法的立法目的与作用相一致，而且对劳动合同的法定要求更为具体、细致，更有利于完善劳动合同制度。

从《中华人民共和国劳动合同法》的目录可以了解其概要：第一章、总则；第二章、劳动合同的订立；第三章、劳动合同的履行和变更；第四章、劳动合同的解除和终止；第五章、特别规定（第一节、集体合同；第二节、劳务派遣；第三节；非全日制用工）；第六章、监督检查；第七章、法律责任；第八章、附则。

劳动合同，也称劳动契约、劳动协议，指劳动者与用人单位之间为确立劳动关系、明确双方责任、权利和义务而订立的协议。用人单位包括企业、个体经济组织、民办非企业单位、国家机关、事业单位、社会团体等。根据协议，劳动者加入某一用人单位，承担某项工作和任务，履行劳动岗位职责，遵守单位内部的劳动纪律和规章制度。用人单位有义务按照劳动者的劳动数量和质量支付劳动报酬，并根据劳动法律、法规和双方的协议，提供各种劳动条件，保证劳动者享受本单位成员的各种权益和福利待遇。

归结起来，劳动合同法法定的主要内容包括：用人单位与劳动者之间遵循合法、公平、平等自愿、协商一致、诚实信用的原则，按照一定的条件与要求，订立劳动合同而建立劳动关系；劳动合同的必备条款（劳动合同法中列举了九项）；约定服务期（用人单位为劳动者提供专项培训费用，对其进行专业技术培训的，可以与该劳动者订立相关协议）；约定保密事项（约定保守用人单位的商业秘密和与知识产权相关的保密事项）；竞业限制人员（限于用人单位的高级管理人员、高级技术人员和其他负有保密义务的人员）；劳动合同无效或者部分无效（劳动合同法中列举了三种情形[①]）；劳动合同应当履行，双方协商一致可以变更劳动合同；劳动合同的解除分为三种，即双方协商解除、劳动者单方解除（劳动合同法中列举了七种以上情形[②]）和用人单位单方解除（劳动合

---

① 下列劳动合同无效或者部分无效：(一) 以欺诈、胁迫的手段或者乘人之危，使对方在违背真实意思的情况下订立或者变更劳动合同的；(二) 用人单位免除自己的法定责任、排除劳动者权利的；(三) 违反法律、行政法规强制性规定的。对劳动合同的无效或者部分无效有争议的，由劳动争议仲裁机构或者人民法院确认。

② 用人单位有下列情形之一的，劳动者可以解除劳动合同：(一) 未按照劳动合同约定提供劳动保护或者劳动条件的；(二) 未及时足额支付劳动报酬的；(三) 未依法为劳动者缴纳社会保险费的；(四) 用人单位的规章制度违反法律、法规的规定，损害劳动者权益的；(五) 因以欺诈、胁迫的手段或者乘人之危，使对方在违背真实意思的情况下订立或者变更劳动合同而致使劳动合同无效的；(六) 法律、行政法规规定劳动者可以解除劳动合同的其他情形。

用人单位有下列情形之一的，劳动者可以立即解除劳动合同，不需事先告知用人单位：用人单位以暴力、威胁或者非法限制人身自由的手段强迫劳动者劳动的，或者用人单位违章指挥、强令冒险作业危及劳动者人身安全的。

同法中列举了九种以上情形[①]），但是，劳动者出现另外一些情形时（劳动合同法中列举了六种情形[②]），用人单位不能解除劳动合同；劳动合同终止有不同的可能和情形（劳动合同法中列举了六种以上情形[③]）；集体合同、劳务派遣、非全日制用工的特别规定；政府部门负责劳动合同制度实施的监督管理；法律责任（违反劳动合同法时，用人单位、劳务派遣单位和劳动者各自应承担的赔偿、补偿责任；对劳动行政部门和其他有关主管部门及其工作人员，失职的依法给予行政处分，构成犯罪的要依法追究刑事责任等）。

3. 就业促进法

《中华人民共和国就业促进法》由中华人民共和国第十届全国人民代表大会常务委员会第二十九次会议通过，自 2007 年 8 月 30 日起施行。

《中华人民共和国就业促进法》的总则（第一条、第二条）表明，立法的目的与作用是：为了促进就业，促进经济发展与扩大就业相协调，促进社会和谐稳定。国家把扩大就业放在经济社会发展的突出位置，实施积极的就业政策，坚持劳动者自主择业、市场调节就业、政府促进就业的方针，多渠道扩大就业。

从《中华人民共和国就业促进法》的目录可以了解其概要：第一章、总则；第二章、政策支持；第三章、公平就业；第四章、就业服务和管理；第五章、职业教

---

① 劳动者有下列情形之一的，用人单位可以解除劳动合同：（一）在试用期间被证明不符合录用条件的；（二）严重违反用人单位的规章制度的；（三）严重失职，营私舞弊，给用人单位造成重大损害的；（四）劳动者同时与其他用人单位建立劳动关系，对完成本单位的工作任务造成严重影响，或者经用人单位提出，拒不改正的；（五）因以欺诈、胁迫的手段或者乘人之危，使对方在违背真实意思的情况下订立或者变更劳动合同而致使劳动合同无效的；（六）被依法追究刑事责任的。

有下列情形之一的，用人单位提前三十日以书面形式通知劳动者本人或者额外支付劳动者一个月工资后，可以解除劳动合同：（一）劳动者患病或者非因工负伤，在规定的医疗期满后不能从事原工作，也不能从事由用人单位另行安排的工作的；（二）劳动者不能胜任工作，经过培训或者调整工作岗位，仍不能胜任工作的；（三）劳动合同订立时所依据的客观情况发生重大变化，致使劳动合同无法履行，经用人单位与劳动者协商，未能就变更劳动合同内容达成协议的。

此外，有下列情形之一的，用人单位经过报告、审批后裁员，也将导致解除劳动合同：（一）依照企业破产法规定进行重整的；（二）生产经营发生严重困难的；（三）企业转产、重大技术革新或者经营方式调整，经变更劳动合同后，仍需裁减人员的；（四）其他因劳动合同订立时所依据的客观经济情况发生重大变化，致使劳动合同无法履行的。

② 劳动者有下列情形之一的，用人单位不得依照以上情形的规定解除劳动合同：（一）从事接触职业病危害作业的劳动者未进行离岗前职业健康检查，或者疑似职业病病人在诊断或者医学观察期间的；（二）在本单位患职业病或者因工负伤并被确认丧失或者部分丧失劳动能力的；（三）患病或者非因工负伤，在规定的医疗期内的；（四）女职工在孕期、产期、哺乳期的；（五）在本单位连续工作满十五年，且距法定退休年龄不足五年的；（六）法律、行政法规规定的其他情形。

③ 有下列情形之一的，劳动合同终止：（一）劳动合同期满的；（二）劳动者开始依法享受基本养老保险待遇的；（三）劳动者死亡，或者被人民法院宣告死亡或者宣告失踪的；（四）用人单位被依法宣告破产的；（五）用人单位被吊销营业执照、责令关闭、撤销或者用人单位决定提前解散的；（六）法律、行政法规规定的其他情形。

劳动合同期满，有不得解除劳动合同规定的情形之一的，劳动合同应当续延至相应的情形消失时终止。但是，在本单位患职业病或者因工负伤并被确认丧失或者部分丧失劳动能力的劳动者的劳动合同的终止，按照国家有关工伤保险的规定执行。

育和培训；第六章、就业援助；第七章、监督检查；第八章、法律责任；第九章、附则。

《中华人民共和国就业促进法》中，与参加职业培训的人员关系最为密切的是第五章职业教育和培训的下列条文：

第四十四条 国家依法发展职业教育，鼓励开展职业培训，促进劳动者提高职业技能，增强就业能力和创业能力。

第四十六条 县级以上人民政府加强统筹协调，鼓励和支持各类职业院校、职业技能培训机构和用人单位依法开展就业前培训、在职培训、再就业培训和创业培训；鼓励劳动者参加各种形式的培训。

第五十一条 国家对从事涉及公共安全、人身健康、生命财产安全等特殊工种的劳动者，实行职业资格证书制度，具体办法由国务院规定。

第2节 安全防范标准简介

一、标准与标准化

世界贸易组织WTO/TBT规则（技术性贸易壁垒 Technical Barriers to Trade）对标准的定义为“由公认机构批准的，非强制性的，为了通用或反复使用的目的，为产品或相关生产方法提供规则、指南或特性的文件。标准也可以包括或专门规定用于产品、加工或生产方法的术语、符号、包装标准或标签要求”。

简言之，标准是公认的、合法的、能够反复使用的一系列准则、规则、方法和特性要求等的总和。

因此，有了标准，在一定范围内可以获得统一应用和秩序，对特定活动有共同的过程和结果。标准和标准化对生产、研发、服务、管理、市场准入与监管等各个领域的支持、支撑与协调作用都是非常显著和不可或缺的。

强制性标准作为技术法规，在推广先进而成熟的技术应用、限制落后技术应用、提高效率、防止资源过度使用或浪费、保护环境、保护人身健康与安全，以及保护我国民族工业、消除贸易壁垒等方面，具有无可替代的重大作用。

在《中华人民共和国标准化法条文解释》中，“标准化”的含义是：在经济、技术、科学及管理等社会实践中，对重复性事物和概念通过制定、实施标准，达到统一，以获得最佳秩序和社会效益的过程。

我国国家标准（GB 3935.1—1996）中规定的“标准化”定义是：为在一定范围内获得最佳秩序，对实际的或潜在的问题制定共同的和重复使用的规则的活动（上述活动主要包括制定发布及实施标准的过程）。

在我国，标准和标准化工作由政府负责和推动。《中华人民共和国标准化法实施条例》指出：“国家有计划地发展标准化事业。标准化工作应当纳入各级国民经济和社会发展计划。”“标准化工作的任务是制定标准、组织实施标准和对标准的实施进行监督。”

我国安全防范标准经过近二十年的发展，从无到有，逐渐形成体系，面向和服务于公安业务、面向和服务于安防行业、面向和服务于企业和用户，在社会公共安全体系中具有举足轻重的作用。

二、标准化组织与机构

标准化组织通常分为国际性标准化组织、区域性标准化组织、行业性标准化组织和国家标准化组织。

1. 我国的标准化组织与机构

按照《中华人民共和国标准化法》（第五条）规定，全国标准化工作由国务院标准化行政主管部门统一管理，国家各部门、各行业的标准化工作由国务院有关行政主管部门分工管理；各省、自治区、直辖市的标准化工作由省、自治区、直辖市标准化行政主管部门统一管理，省、自治区、直辖市各部门、各行业的标准化工作由政府有关行政主管部门分工管理；市、县标准化行政主管部门和有关行政主管部门，按照省、自治区、直辖市政府规定的各自的职责、管理本行政区域内的标准化工作。

目前，国务院标准化行政主管部门是国家质量监督检验检疫总局，国家标准化管理委员会统一管理全国标准化工作，设立相关专业（行业）标准化技术委员会。受国家标准化管理委员会委托，公安部负责管理本部门、公共安全行业的标准化工作，包括制定公安部门、公共安全行业的标准化工作规划、计划；承担国家下达的草拟国家标准的任务，组织制定行业标准；指导省、自治区、直辖市公安部门的标准化工作；组织公安部门、公共安全行业实施标准；对标准实施情况进行监督检查；经国务院标准化行政主管部门授权，分工管理公共安全行业的产品质量认证工作。

这些标准化行政主管部门组织标准的立项、制修订并审查、批准，以特定形式发布，作为共同遵守的准则和依据。

2. 我国安全防范标准化组织与机构

经原国家质量技术监督局批准，我国于1987年成立全国安全防范报警系统标准化技术委员会（简称安防标委会，英文全称为National Technical Committee 100 on Security & Protection Alarm Systems of Standardization Administration of China，缩写为SAC/TC100）是安全防范标准化机构，其常设机构为TC100秘书处，设在公安部第一研究所（北京），接受国家标准化管理委员会统一管理。

安防标委会下设两个分技术委员会。实体防护分技术委员会（缩写为SAC/TC100/SC1）于2000年成立，其常设机构SAC/TC100/SC1秘书处设在公安部第三研究所（上海）；另一个是人体生物特征识别应用分技术委员会（缩写为SAC/TC100/SC2），于2007年成立，其常设机构SAC/TC100/SC2秘书处设在公安部第一研究所（北京）。

我国安全防范标准化技术机构层次如下：

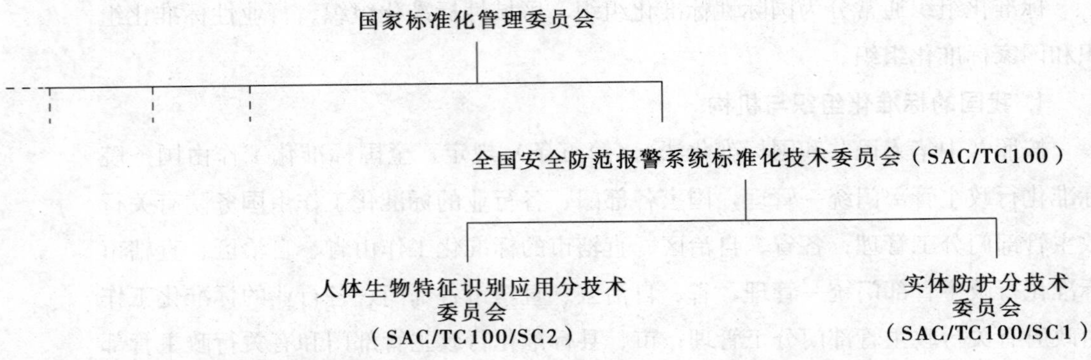

3. 国际标准化机构

国际标准化机构中和安全防范行业标准关联较为紧密的是：

(1) 国际标准化组织（ISO－International Organization for Standardization）。

(2) 国际电工委员会（IEC－International Electrotechnical Commission）。其中，国际电工委员会/报警系统技术委员会（IEC/TC79 报警系统 Alarmsystems）和我国的安全防范标准化机构是对口的。

(3) 国际电信联盟（ITU－International Telecommunication Union）

此外，随着经济的发展，还出现了一些有影响的企业（产业）团体/联盟和技术团体/联盟的组织与机构，提出、制定并执行适合自身的企业（产业）团体/联盟标准。

三、安全防范标准类别和体系

1. 我国安全技术防范标准体系对标准的分类

在我国安全技术防范标准体系中，将标准类别划分为：

（1）个性标准与共性标准

直接表达一种标准化对象（产品或系列产品、过程、服务或管理）的个性特征的标准称为个性标准；同时表达存在于若干种标准化对象间所共有的共性特征的标准，称为共性标准。

（2）相关标准

属其他体系（行业、专业）而受本体系直接采用非关系密切的标准为本体系的相关标准。

（3）基础标准

在安全技术防范行业内作为其他标准的基础并普遍使用，具有广泛指导意义的标准（其中，又可分为技术基础标准和管理基础标准）。

（4）专业、专业通用标准

安全技术防范行业内按产品、工程、服务或管理的技术要素的不同而划分的技术领域，称为专业；在本专业内作为其他标准的基础被普遍使用，具有指导意义的标准，称为专业通用标准。

（5）门类、门类通用标准

安全技术防范行业的某专业领域内按产品、工程、服务或管理的具体情况的不同而划分的相关类别，称为门类；在本门类中普遍使用的标准，称为门类通用标准。

2. 标准体系和标准体系表

根据国家标准 GB/T 13016《标准体系表编制原则和要求》中的定义，“标准体系”是一定范围内的标准按照内在联系形成的科学的有机整体，“标准体系表”是一定范围内的标准体系内的标准按一定形式排列起来的图表。从另一个角度而言，标准体系和标准体系表是一种带有指导性的技术文件，是编制标准制修订规划和年度计划的基础，是一种包括现有、正在制定和预计开发的标准和表明标准的全面科学组成的文件，并将随着行业的发展而不断地得到更新和充实。

标准体系（表）的编制，应遵从“全面成套、层次恰当、划分明确、科学合理”的原则。标准体系（表）的组成元素应是标准（或标准元素），而不是产品、过程、服务或管理本身。因此，标准体系的构架应该根据标准化对象的个性特征

（形成个性标准）和共性特征（形成共性标准），将标准元素按不同层次进行排列和组合。因此，标准体系的构架方式可有多种。

3. 我国的安全防范标准体系

全国标准体系表可分为五个层次：个性标准为底层，依次往上为共性标准（从一定范围内的若干标准中提取共性特征而制定）——门类通用标准、专业通用标准、行业通用标准、全国通用标准。行业标准体系一般分为四层。标准体系是开放的、可扩充的，也不可能一成不变，在应用的同时，是需要不断修订、补充、完善的。

目前，我国的安全防范标准体系按照行业标准体系的划分，为四层结构：通用标准、专业标准、门类标准及产品（服务）标准，共有 200 多个标准元素，成为下层大、上层小的“塔式”结构。随着科学技术与应用的发展，SAC/TC100 秘书处提出对现有的标准体系需要进行修订，要增加新内容、新元素，如生物特征识别应用、城市监控报警联网、社会安全风险评估等。

我国现有的安全防范标准体系及体系表见附录 1。

与国际标准相比，我国的安防标准化工作总体上并不落后，有些还处于国际的先进水平，比如：

（1）与我国 SAC/TC100 对口的 IEC/TC79 尚未建立标准体系，而我国已建立较为完整的标准体系并逐步实施；

（2）我国安全防范标准化涉及的范围比国外的宽，国外基本上以入侵探测报警、视频监控、出入口控制方面为主，而我国除这些方面以外，还有防爆安全检查、实体防护、人体生物特征识别等多个方面；

（3）我国目前制定的城市监控报警联网系统标准体系，在国外还没有相应标准。

我国安全防范标准化工作不足之处是安全防范标准体系还未能得到全面实施，一些标准的水平尚待提高，一些标准的标龄超过了 5 年，还有一些标准空缺，而且标准制修订时间偏长。

为了构建和谐社会与社会治安综合治理，提高社会公共安全水平，公安部提出了“平安城市”规划，其核心是在全国开展“城市监控报警联网系统”建设，将先期开展的试点工作命名为“3111”试点工程［“3”即在省（自治区、直辖市）、市、县（区）三级开展监控报警联网系统试点工程，“1”则分别为每个省（自治区、直辖市）确定一个市（区），有条件的地市确定一个县（区），有条件的县（区）确定一个社区或街区］。如此范围大、涉及面广、建设时间紧迫的项目，标准化是必不可少的支撑，以一系列的标准规范、指导城市监控报警联网系统的规划、设计、工程实施、系统检测、竣工验收等各项工作。

2007 年，公安部批准了 SAC/TC100 秘书处组织制定的《城市监控报警联网系统试点工程标准体系》。该标准体系包括标准体系框架和标准明细表，分为四个方面：通用（基础）标准（包含 2 个标准）、技术标准（包括 9 个标准）、管理标准（包括 4 个标准）和测评标准（包括 3 个标准），共 18 项标准，见附录1。

这个标准体系是为完成“3111”试点工程而制定的系列标准框架，并不是一个严格意义上的独立、完整的标准体系，并且采用了与安全防范标准体系不同的“树型”结构，今后它将被纳入 SAC/TC100 的新标准体系之中。

四、标准的制定

1. 制定标准

制定标准是指根据社会发展的需要和科学技术发展的水平，制定过去没有而现在需要进行制定的标准，即制定一项新的标准。

《中华人民共和国标准化法》规定：“制定标准应当有利于保障安全和人民的身体健康，保护消费者的利益，保护环境。”“制定标准应当有利于促进对外经济技术合作和对外贸易。”“制定标准应当发挥行业协会、科学研究机构和学术团体的作用。制定标准的部门应当组织由专家组成的标准化技术委员会，负责标准的草拟，参加标准草案的审查工作。”

《中华人民共和国标准化法实施条例》还规定：“国家鼓励采用国际标准和国外先进标准，积极参与制定国际标准。”“制定标准应当有利于合理利用国家资源，推广科学技术成果，提高经济效益，并符合使用要求，有利于产品的通用互换，做到技术上先进，经济上合理。”“制定标准应当做到有关标准的协调配套。”“国家标准由国务院标准化行政主管部门编制计划，组织草拟，统一审批、编号、发布。”“制定标准应当发挥行业协会、科学技术研究机构和学术团体的作用。制定国家标准、行业标准和地方标准的部门应当组织由用户、生产单位、行业协会、科学技术研究机构、学术团体及有关部门的专家组成标准化技术委员会，负责标准草拟和参加标准草案的技术审查工作。未组成标准化技术委员会的，可以由标准化技术归口单位负责标准草拟和参加标准草案的技术审查工作。制定企业标准应当充分听取使用单位、科学技术研究机构的意见。”

制定标准需要创新。我国的标准创新要形成以企业为主体参与制定国际标准和国家标准的新机制，鼓励和支持企业将自主创新的技术融入行业标准、协会标准或企业联盟标准、国家标准中，确保标准与知识产权的有机结合，推动技术进步。

SAC/TC100 秘书处提出了鼓励企业参与标准制修订工作的一种模式就是：依托企业，选派专家，秘书处协调。

2. 标准的复审、修订与废止

《中华人民共和国标准化法》规定："标准实施后，制定标准的部门应当根据科学技术的发展和经济建设的需要适时进行复审，以确认现行标准继续有效或者予以修订、废止。"

标准的有效期是有限的，在标准实施了一定时期后应进行复审，审查标准有无与法规和科学技术发展不适应的内容，若标准无须改动则确认有效，可继续使用；若仅有小部分改动或不做实质性改动时，常用修改标准通知单的办法予以更改；若大部分内容需要做改动或做实质性修改，则不仅可能修订该标准的内容，还可能修改其框架、结构乃至名称。通常修订标准不改动标准代号（编号），仅将原年号改为修订后的年号。

若标准与法规和科学技术发展已不适应则可废止，或国家标准实施后，相应的行业标准应自行废止；国家标准、行业标准实施后，相应的地方标准应自行废止。

五、标准的使用指导

1. 标准的查询

查询标准有多种多样的方式、方法，可以向标准化管理机构、标准化情报机构、质量监督管理部门、行业管理部门和学术组织等查询标准。

利用网络进行查询是最便捷的。如国家标准化管理委员会的网站（http://www.sac.gov.cn）就提供国家标准查询，还提供强制性标准免费查阅。除了国家标准化管理委员会外，各标准化技术委员会的网站提供本委员会专业范围内的标准查询。此外，还有不少网站提供标准查询服务。但要注意，标准的发布是严格限定于专门机构的，标准的全文应该以正式出版物和正规电子版为准。

中国标准化研究院标准馆是我国收藏国际、国外以及国内标准与标准化刊物最全面的单位，它也提供标准查询服务。查询要全面，不要遗漏。可以依据标准类别或技术（产品）领域、标准号、标准名称或标准名称中的关键词、制定标准的组织机构（包括技术委员会、分技术委员会、工作组）等要素进行查询。显然，查询中不能忽略对上述总体标准、基础标准、通用标准等的查询。

对获得的标准信息要特别注意以下两点甄选：

（1）标准的有效期。标准自实施之日起，至标准修订、废止或复审重新确认的时间，称为标准的有效期（简称标龄）。我国规定国家标准实施 5 年后要复审，即国家标准有效期一般为 5 年。ISO 标准也是每 5 年复审一次。因此，对实施时间已较长的标准，要注意是否可能被修订、废止或是否出现替代标准。

（2）标准的直接对应或间接关联性。标准从名称到内容都是要查找的，即直接对应的，便于直接采用；但标准的种类、数量常常还满足不了广泛应用的需求，有时查找不到直接对应的标准，就得注意间接关联的标准、相关标准，如电子密码装置与防盗保险柜、防盗门、出入口控制系统、楼宇防盗对讲系统、车辆防盗报警系统等标准是相关联的；又如家庭防盗报警系统与报警控制器、入侵探测器、报警传输系统等标准是相关联的。

2. 标准的使用

（1）直接对照、采用对应的标准与条文

如上所述，获得直接对应的标准，就可以直接对照、采用或引用该标准的条文。

（2）参考、等效采用间接关联的标准与条文

如上所述，获得间接关联的标准，再分清其条文是直接对应的或间接关联的，对直接对应的条文仍然可以直接对照、采用，对间接关联的条文则可参考、等效采用（即虽有改变但不影响其实质的应用），至少可以借鉴该标准、该条文的实质思路与要求。特别是在当前，一方面，安全防范标准还不能满足行业快速发展的应用需求，另一方面，也不需要对所有的应用都制定出全国、全行业的标准，因此，企业采用间接关联的、相关的标准与条文是非常重要的。

（3）标准创新

标准要适应社会日益增长的需要，就需要创新，在现有标准的基础上发展，即利用现有标准成果制定出新水平、新领域、新范畴的标准，在现有标准体系基础上增添新的元素、新的层次，甚至形成新的体系。我国的标准创新要形成以企业为主体参与国际标准和国家标准制修订的新机制，鼓励和支持企业将自主创新的技术融入行业标准、协会标准或企业联盟标准、国家标准中，确保标准与知识产权的有机结合，推动技术进步。显然，标准创新要在掌握以上应用标准的基础上，不仅要有创新的知识、技术，还要具有标准化的理念、知识，掌握标准化的规则、方法。

总结起来说，应用标准的方法通常包括——直接采用（对照、引用）、转变再用（参照、参考、借鉴）、创新。显然，这些方法不是相互孤立的，实际上应该综合起来使用。

五、安全防范系统（工程）主要标准概要

1. GB 50348—2004《安全防范工程技术规范》及其配套标准概要

该标准是我国安全防范行业第一部内容完整、格式规范并纳入国家工程建设标准体系的工程建设标准。该标准属于安全防范工程的基础性通用标准，是安全防范工程建设的总规范（其下层还有《入侵报警系统工程设计规范》《视频安防监控系统工程设计规范》《出入口控制系统工程设计规范》《防爆安全检查系统工程设计规范》等系列专项规范）。

该标准的属性和级别为强制性国家标准，全文总计八章，在第三、第四、第五、第六、第七、第八章中共91条（款）为强制性条文。

该标准主要包括总则（安全防范工程总体的、原则的要求）、安全防范工程设计通用要求、高风险对象的安全防范工程设计、普通风险对象的安全防范工程设计、安全防范工程施工、安全防范工程检验、安全防范工程验收等内容。该标准总结了我国安全防范工程建设20多年来的实践经验，吸收了国内外相关领域的最新技术成果，填补了国内空白，是一部具有前瞻性和创新性的工程建设技术规范。在该标准中提出的安全防范工程设计应遵循的七项基本原则、安全防范的三种基本手段（人防、物防、技防）有机结合和三个基本要素（探测、反应、延迟）相互协调，以及安全性设计、可靠性设计、电磁兼容性设计、环境适应性设计、系统集成设计等观点，较好地适应了科学技术发展的趋势，体现了标准化与时俱进的精神。

总规范GB 50348—2004《安全防范工程技术规范》的配套标准已颁布了GB 50394—2007《入侵报警系统工程设计规范》、GB 50395—2007《视频安防监控系统工程设计规范》、GB 50396—2007《出入口控制系统工程设计规范》，它们依据总规范的要求，分别对各自子系统工程的设计做出了规定和要求。

2. GA 308—2001《安全防范系统验收规则》概要

该标准对安全防范系统的质量验收，从设计、施工、效果及技术服务等方面提出了必须遵循的基本要求，是对安全防范系统（工程）进行验收的依据。该标准适用于一级、二级安全防范系统（工程）的验收，三级安全防范系统（工程）的验收可适当简化。

该标准分章节规定了系统（工程）的验收条件、验收组织与职责、验收内容、验收结论与整改。

该标准也是与GB 50348—2004《安全防范工程技术规范》关联密切的标准。

3. GA/T 75—1994《安全防范工程程序与要求》概要

该标准规定了安全防范工程立项、招标、委托、设计、审批、安装、调试、验收的通用程序和管理要求。该标准适用于所有的安全防范工程。

该标准按照工程规模（风险等级或工程投资额）将安全防范工程分为一级、二级、三级；分章节规定了工程立项、资格审查与工程招标和委托，工程设计、工程实施、竣工和初验、工程验收条件。

该标准也是与 GB 50348—2004《安全防范工程技术规范》关联密切的标准。

4. 风险等级和安全防护级别的相关标准概要

（1）GA 26—1992《军工产品储存库风险等级和安全防护级别的规定》概要

1）该标准规定了军工产品储存库的风险等级和安全防护级别，是建设、监督检查军工产品储存库安全防范系统工程的依据。

2）该标准适用于军工产品的科研、试制、生产及使用单位。

3）该标准规定了军工产品储存库划分为一级、二级、三级风险，并规定了对应的防护级别以及报警系统要求、安全防范组织措施要求与认定、审批与验收要求。

4）该标准涉及防火方面的要求，应按照《中华人民共和国消防条例》执行。

（2）GA 27—2002《文物系统博物馆风险等级和安全防护级别的规定》概要

1）该标准规定了文物系统博物馆及其藏品、藏品部位风险等级的划分、防护级别的确定、安全防范系统技术要求和管理要求。该标准既适用于文物系统博物馆，也适用于考古所（队）、文物管理所、文物商店、各级文物保护单位。非文物系统博物馆可参照使用。

2）该标准根据《中华人民共和国文物保护法》《文物藏品定级标准》《博物馆藏品管理办法》的有关规定进行风险分类，对风险单位、风险部位划分为一级、二级、三级风险，并规定了对应的防护级别以及安全防范系统技术要求、管理要求。

（3）GA 28—1992《货币印制企业风险等级和安全防护级别的规定》概要

1）该标准规定了货币印制企业有关部门的风险等级和防护级别要求，是货币印制企业设计安全防范系统工程、采取相应防护措施、检查监督的依据。

2）该标准适用于印制行业的印钞厂、造币厂、金银提炼加工厂、钞票纸厂及印制研究所。

（4）GA 38—2004《银行营业场所风险等级和防护级别的规定》概要

1）该标准对银行系统营业场所风险等级划分和防护级别要求作出了规定，是设计银行系统营业场所安全防范工程，采取相应防护措施，检查监督的依据。

2）该标准适用于银行系统营业场所，也适用于其他金融机构的营业场所。

(5) GA 586—2005《电影电视系统重点单位重要部位的风险等级和安全防护级别》概要

该标准对电影电视系统重点单位重要部位的风险等级和安全防护级别要求做出了规定，是设计电影电视系统重点单位、重要部位安全防范工程，采取相应防护措施，检验验收的依据。

5. 安全防范工程（系统）常用标准概要

安全防范设计评估师所关联紧密的标准是安全防范工程（系统）的有关标准，除了以上标准外，常用标准还包括：

(1) GB/T 16571—1996《文物系统博物馆安全防范工程设计规范》概要

该标准规定了文物系统博物馆安全防范工程的设计要求，是设计文物系统博物馆安全防范工程的技术依据。该标准适用于文物系统博物馆及重点文物保护单位、文物商店、考古研究所和其他收集文物标本的场所。工艺美术、档案馆等可参照使用。

(2) GB/T 16676—1996《银行营业场所安全防范工程设计规范》概要

1）该标准规定了银行营业场所安全防范工程设计规范，是设计、审查银行营业场所安全防范工程的技术依据。该标准适用于银行营业场所和其他金融机构营业场所的安全防范工程。

2）该标准与GA 38《银行营业场所风险等级和防护级别的规定》配套使用。

(3) GB/T 16677—1996《报警图像信号有线传输装置》概要

该标准规定了报警图像信号有线传输装置的性能要求、试验方法。该标准是设计、制造和验收报警图像信号有线传输装置的基本依据。该标准适用于安全防范报警系统中的视频信号同轴电缆、光缆、双绞线传输装置，其他与报警信号关联的视频信号有线介质传输装置，亦可参照使用。

(4) GA/T 70—1994《安全防范工程费用概预算编制办法》概要

该标准规定了安全防范工程费用的构成和计算方法，是编制安全防范工程概算、预算和决算的依据。对实行招标、投标的工程可以作为设计标底的基础。该标准适用于所有安全防范工程。

(5) GA/T 74—2000《安全防范系统通用图形符号》概要

该标准规定了安全防范系统技术文件中使用的图形符号。该标准适用于安全防范工程设计、施工文件中的图形符号的绘制和标注。

(6) GA/T 75—1994《安全防范工程程序与要求》概要

1）该标准规定了安全防范工程立项、招标、委托、设计、审批、安装、调试、验收的通用程序和管理要求。

2）该标准与 GA 308《安全防范系统验收规则》配套使用。

(7) GA 308—2001《安全防范系统验收规则》概要

1）该标准对安全防范系统的质量验收，从设计、施工、效果及技术服务等方面提出了必须遵循的基本要求，是对安全防范系统（工程）进行验收的依据。该标准适用于一级、二级安全防范系统（工程）的验收，三级安全防范系统（工程）的验收可适当简化。

2）该标准与 GA/T 75—1994《安全防范工程程序与要求》配套使用。

(8) GA/T 367—2001《视频安防监控系统技术要求》概要

该标准规定了建筑物内部及周边地区安全技术防范用视频监控系统（以下简称系统）的技术要求，是设计、验收安全技术防范用电视监控系统的基本依据。该标准适用于以安防监控为目的的新建、扩建和改建工程中的电视监控系统的设计，其他领域的视频监控系统可参照使用。

(9) GA/T 368—2001《入侵报警系统技术要求》概要

该标准规定了用于保护人、财产和环境的入侵报警系统（手动式和被动式）的通用技术要求，是设计、安装、验收入侵报警系统的基本依据。该标准适用于建筑物内、外部入侵报警系统。该标准不涉及远程中心，也不包括入侵报警系统与远程中心之间的通信数据的加载和卸载。

(10) GA/T 394—2002《出入口控制系统技术要求》概要

该标准规定了出入口控制系统的技术要求，是设计、验收出入口控制系统的基本依据。该标准适用于以安全防范为目的，对规定目标信息进行登录、识别和控制的出入口控制或设备，不包括其他出入口控制系统或设备［如楼宇对讲（可视）系统、防盗安全门等］。

(11) GB 50198—1994《民用闭路监控电视系统工程技术规范》概要

制定该标准是为了在民用闭路电视系统（以下简称系统）的工程设计与施工中，贯彻执行国家的技术经济政策，做到技术先进、经济合理、安全实用、确保质量。该规范适用于以监视为主要目的的民用闭路电视系统的新建、扩建和改建工程的设计、施工及验收。

我国现行的安全防范标准目录（截至 2009 年 4 月）见附录 2。

思　考　题

1. 简述我国安全防范法规的类型。
2. 简述安全防范法规的作用。
3. 简述标准和标准化的含义及其作用。
4. 简述我国的、行业的和国际的标准化机构。
5. 简述标准的属性。
6. 简述我国的安全防范标准体系。
7. 简述使用标准的方式、方法。

附录 1

安全防范行业标准体系和体系表

一、安全防范行业标准体系和体系表

全国安全防范报警系统标准化技术委员会（SAC/TC100）在制定安全防范行业标准体系表时，以技术为主线的结构层次分为四层：基础标准、专业通用标准、门类通用标准和产品（工程、服务）标准；以管理为主线的结构层次分为三层：基础标准、专业通用标准、行业管理标准，预计整个体系将包括约 300 个标准元素。2000 年提出的此体系表共列入 226 个标准元素，其余标准元素待此体系表修订时予以补充，至今也确实不断地增加了新的元素。

安全技术防范行业标准体系结构框图（2000 年制定）

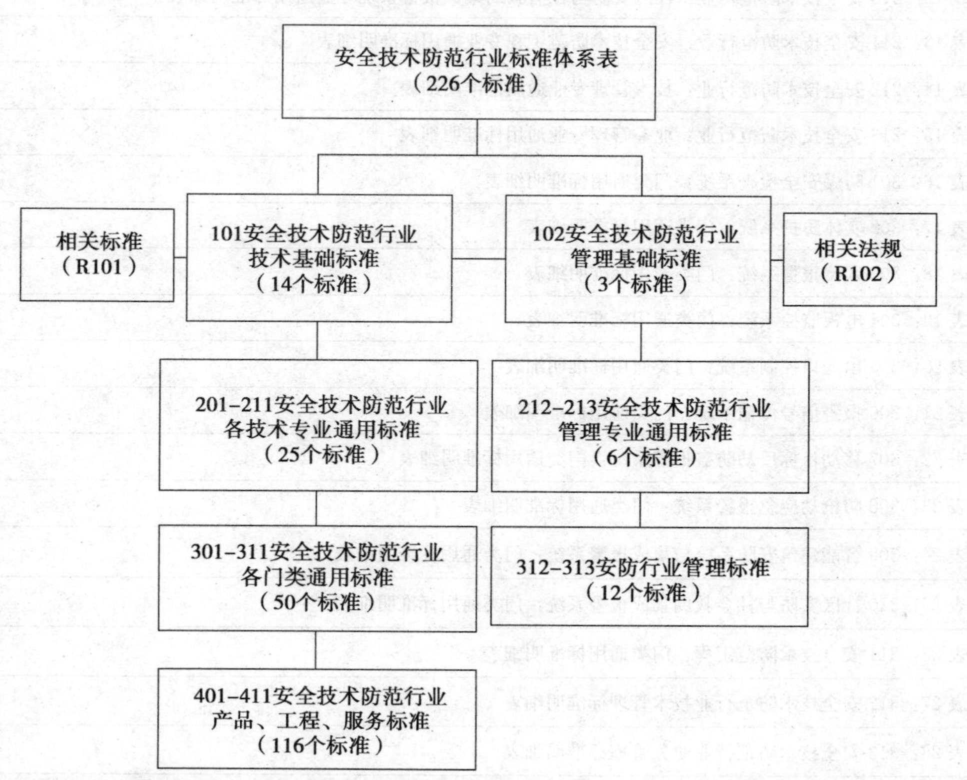

安全技术防范行业标准体系表的标准明细表由 39 个表格构成，表 1～39 分别对应体系表结构框图的相应部分。

此标准明细表把已制定、正在制定和将要制定的标准按层次、类别一一列出。

安全技术防范行业标准体系的标准明细表目录（2000年制定）

表1：101 安全技术防范行业技术基础标准明细表
表2：102 安全技术防范行业管理基础标准明细表
表3：201 安全技术防范行业：防爆安全检查系统专业通用标准明细表
表4：202 安全技术防范行业：实体防护系统专业通用标准明细表
表5：203 安全技术防范行业：入侵报警系统专业通用标准明细表
表6：204 安全技术防范行业：电视监控系统专业通用标准明细表
表7：205 安全技术防范行业：出入口控制系统专业通用标准明细表
表8：206 安全技术防范行业：报警信号传输系统专业通用标准明细表
表9：207 安全技术防范行业：移动目标反劫防盗报警系统专业通用标准明细表
表10：208 安全技术防范行业：防抢劫应急报警系统专业通用标准明细表
表11：209 安全技术防范行业：智能建筑安防系统与集成报警系统专业通用标准明细表
表12：210 安全技术防范行业：社区安防与社会救助集成报警系统专业通用标准明细表
表13：211 安全技术防范行业：安全技术防范工程专业通用标准明细表
表14：212 安全技术防范行业：技术管理专业通用标准明细表
表15：213 安全技术防范行业：业务管理专业通用标准明细表
表16：301 防爆安全检查系统：门类通用标准明细表
表17：302 实体防护系统：门类通用标准明细表
表18：303 入侵报警系统：门类通用标准明细表
表19：304 电视监控系统：门类通用标准明细表
表20：305 出入口控制系统：门类通用标准明细表
表21：306 报警信号传输系统：门类通用标准明细表
表22：307 移动目标反劫防盗报警系统：门类通用标准明细表
表23：308 防抢劫应急报警系统：门类通用标准明细表
表24：309 智能建筑安防系统与集成报警系统：门类通用标准明细表
表25：310 社区安防与社会救助集成报警系统：门类通用标准明细表
表26：311 安全技术防范工程：门类通用标准明细表
表27：312 安全技术防范行业技术管理标准明细表
表28：313 安全技术防范行业业务管理标准明细表
表29：401 防爆安全检查系统：产品标准明细表
表30：402 实体防护系统：产品标准明细表

续表

表31：403 入侵报警系统：产品标准明细表
表32：404 电视监控系统：产品标准明细表
表33：405 出入口控制系统：产品标准明细表
表34：406 报警信号传输系统：产品标准明细表
表35：407 移动目标反劫防盗报警系统：产品标准明细表
表36：408 防抢劫应急报警系统：产品标准明细表
表37：409 智能建筑安防系统与集成报警系统：产品标准明细表
表38：410 社区安防与社会救助集成报警系统：产品标准明细表
表39：411 安全技术防范工程：技术规范明细表

安全技术防范行业标准体系的标准明细表

表1： **101 安全技术防范行业技术基础标准明细表**

编号	标准名称	宜定级别	优先级	国际、国外相关标准号	标准代号和编号	备注
101.01	安全技术防范行业标准体系表	GA/T	H			
101.02	安全技术防范行业名词术语	GA/T	H			
101.03	安全技术防范报警系统通用图形符号	GA/T	H		GA/T 74—2000	
101.04	报警传输系统的要求　第1部分～第5部分	GA	H	IEC 60839—5	GA/T 600.1～600.10—2006	系列标准共5个
	报警传输系统串行数据接口的信息格式与协议第1部分～第10部分	GA		IEC	GA/T 379.1～379.10—2002	系列标准共10个
101.05	安全技术防范产品分类与代码	GA	H		GA/T 405—2002	
101.06	安全技术防范产品检验规则	GA	H			
101.07	安全技术防范报警设备安全性要求和试验方法	GB	H		GB 16796—1997	2007年修订中
101.08	安全技术防范报警设备电磁兼容性要求和试验方法	GA	H	IEC 60839—1—3：1988		
101.09	报警系统环境试验	GB	H	IEC 60839—1—3：1988	GB/T 15211—1994	
101.10	报警系统电源装置、测试方法和性能规范	GB/T	H	IEC 60839—1—2：1987	GB/T 15408—1994	2007年修订中
101.11	报警系统告警信号及装置技术要求	GA	M			
101.12	安全技术防范报警系统有效性评价方法	GA	M			
101.13	安全防范工程程序与要求	GA/T	H		GA/T 75—1994	
101.14	安全防范工程技术规范	GB	H		GB 50348—2004	安全防范工程总规范
	安全防范系统雷电浪涌防护技术要求	GA/T			GA/T 670—2006	

表 2： 102 安全技术防范行业管理基础标准明细表

编号	标准名称	宜定级别	优先级	国际、国外相关标准号	标准代号和编号	备注
102.01	安全技术防范管理与目标考核导则	GA/T	M			
102.02	安全技术防范中介机构与社团组织发展指南	GA/T	M			
102.03	安全技术防范质量评估认证组织体系	GA/T	H			

表 3： 201 安全技术防范行业：防爆安全检查系统专业通用标准明细表

编号	标准名称	宜定级别	优先级	国际、国外相关标准号	标准代号和编号	备注
201.01	防爆安全检查系统的系统构成与技术要求	GA	M			
201.02	防爆安全检查专业的门类划分细则	GA/T	L			

表 4： 202 安全技术防范行业：实体防护系统专业通用标准明细表

编号	标准名称	宜定级别	优先级	国际、国外相关标准号	标准代号和编号	备注
202.01	实体防护系统的系统构成与技术要求	GA/T	M			
202.02	实体防护专业的门类划分细则	GA/T	L			

表 5： 203 安全技术防范行业：入侵报警系统专业通用标准明细表

编号	标准名称	宜定级别	优先级	国际、国外相关标准号	标准代号和编号	备注
203.01	入侵报警系统技术要求	GA/T	H		GA/T 368—2001	
203.02	入侵报警专业的门类划分细则	GA/T	M			

表 6： 204 安全技术防范行业：电视监控系统①专业通用标准明细表

编号	标准名称	宜定级别	优先级	国际、国外相关标准号	标准代号和编号	备注
204.01	安全技术防范电视监控系统的系统构成与技术要求	GA	H		GA/T 367—2001	
204.02	安全技术防范电视监控专业的门类划分细则	GA/T	M			

① 自 GA/T 367—2001、GB 50348—2004 标准发布后，安全防范行业采用的“电视监控系统”已统一名称为“视频安防监控系统”。以下同。

表7:　　205安全技术防范行业：出入口控制系统专业通用标准明细表

编号	标准名称	宜定级别	优先级	国际、国外相关标准号	标准代号和编号	备注
205.01	出入口控制系统技术要求	GA	H		GA/T 394—2002	
205.02	出入口控制专业的门类划分细则	GA/T	L			
	黑白可视对讲系统	GA/T			GA/T 269—2001	
	联网型可视对讲系统技术要求	GA/T			GA/T 678—2007	

表8:　　206安全技术防范行业：报警信号传输系统专业通用标准明细表

编号	标准名称	宜定级别	优先级	国际、国外相关标准号	标准代号和编号	备注
206.01	报警信号传输系统的系统构成与技术要求	GA	H	IEC 60839—5—1		
206.02	报警信号传输专业的门类划分细则	GA/T	M			

表9：207安全技术防范行业：移动目标反劫防盗报警系统专业通用标准明细表

编号	标准名称	宜定级别	优先级	国际、国外相关标准号	标准代号和编号	备注
207.01	移动目标报警系统的系统构成与技术要求	GB/Z	H			
207.02	移动目标报警专业的门类划分细则	GA/T	M			

表10:　　208安全技术防范行业：防抢劫应急报警系统专业通用标准明细表

编号	标准名称	宜定级别	优先级	国际、国外相关标准号	标准代号和编号	备注
208.01	防抢劫应急报警系统的系统构成与技术要求	GA	H			
208.02	防抢劫应急报警专业的门类划分细则	GA/T	L			

表11:　　209安全技术防范行业：智能建筑安防系统与集成报警系统专业通用标准明细表

编号	标准名称	宜定级别	优先级	国际、国外相关标准号	标准代号和编号	备注
209.01	智能建筑安防系统的系统构成与总体要求	GB	H		GB/T 50314—2000	
209.02	智能建筑安防系统的集成模式与评估方法	GA	M			

表12:　　210安全技术防范行业：社区安防与社会救助集成报警系统专业通用标准明细表

编号	标准名称	宜定级别	优先级	国际、国外相关标准号	标准代号和编号	备注
210.01	社区安防与社会救助报警系统的系统构成与总体要求	GB	H			
210.02	社区安防与社会救助报警系统的集成模式与评估方法	GB	M			

表 13：　211 安全技术防范行业：安全技术防范工程专业通用标准明细表

编号	标准名称	宜定级别	优先级	国际、国外相关标准号	标准代号和编号	备注
211.01	安全技术防范工程勘察设计规范	GA	H			
211.02	安全技术防范工程施工、监理规范	GA	M			
211.03	安全技术防范工程质量检验规范	GA	H			
211.04	安全防范系统验收规则	GA	H		GA 308—2001	
211.05	安全技术防范工程应用指南（服务规范）	GA	H			

表 14：　212 安全技术防范行业：技术管理专业通用标准明细表

编号	标准名称	宜定级别	优先级	国际、国外相关标准号	标准代号和编号	备注
212.01	安全技术防范标准化工作导则	GA/T	L			
212.02	安全技术防范质量检验工作导则	GA/T	H			
212.03	安全技术防范成果奖励推广指南	GA/T	M			

表 15：　213 安全技术防范行业：业务管理专业通用标准明细表

编号	标准名称	宜定级别	优先级	国际、国外相关标准号	标准代号和编号	备注
213.01	安全防范技术中长期发展规划编制指南	GA/T	M			
213.02	安全防范技术人才培养指南	GA/T	L			
213.03	安全技术防范业务社会化发展指南	GA/T	M			

表 16：　301 防爆安全检查系统：门类通用标准明细表

编号	标准名称	宜定级别	优先级	国际、国外相关标准号	标准代号和编号	备注
301.01	炸药探测设备技术要求	GA	L			
301.02	爆炸物处置设备技术要求	GA	L			
301.03	防爆安全检查设备技术要求	GA	L			
301.04	金属武器探测设备技术要求	GA	L			

表 17：　302 实体防护系统：门类通用标准明细表

编号	标准名称	宜定级别	优先级	国际、国外相关标准号	标准代号和编号	备注
302.01	高安全防盗锁具通用技术要求	GA	H			
302.02	防盗安全门、柜、箱通用技术要求	GA	L			
302.03	实体防护车辆通用技术要求	GA	L			
302.04	实体防护材料通用技术要求	GA	L			

表18： 303入侵报警系统：门类通用标准明细表

编号	标准名称	宜定级别	优先级	国际、国外相关标准号	标准代号和编号	备注
303.01	入侵探测器通用技术条件	GB	H	IEC 60839—2—2	GB 10408.1—2000	2007年修订中
303.02	报警控制器/显示/通信装置通用技术条件	GB	H			
303.03	告警装置通用技术条件	GA	M			
303.04	入侵报警系统应用指南	GA	M	IEC 60839—1—4		

表19： 304电视监控系统：门类通用标准明细表

编号	标准名称	宜定级别	优先级	国际、国外相关标准号	标准代号和编号	备注
304.01	安全防范电视监控系统前端设备通用技术要求	GA	L			采用相关标准
304.02	安全防范电视监控系统视频传输设备通用技术要求	GA	M			
304.03	安全防范电视监控系统控制/显示/记录设备通用技术要求	GA	H			含多媒体设备
304.04	安全防范电视监控系统应用指南	GA	H			

表20： 305出入口控制系统：门类通用标准明细表

编号	标准名称	宜定级别	优先级	国际、国外相关标准号	标准代号和编号	备注
305.01	出入口控制系统目标身份信息装置通用技术要求	GA	L			采用相关标准
305.02	出入口控制系统目标识别装置通用技术要求	GA	H			
305.03	出入口控制系统信号处理/显示/编程装置技术要求	GA	M			
305.04	出入口控制系统执行机构通用技术要求	GA	H			
305.05	出入口控制系统通信设备通用技术条件	GA	M			
305.06	出入口控制系统应用指南	GA	M			

表21： 306报警信号传输系统：门类通用标准明细表

编号	标准名称	宜定级别	优先级	国际、国外相关标准号	标准代号和编号	备注
306.01	使用专用线路的报警信号传输系统通用技术要求	GA	M	IEC 60839—5—1～60839—5—6		

续表

编号	标准名称	宜定级别	优先级	国际、国外相关标准号	标准代号和编号	备注
306.02	使用公共交换电话网数字通信链路的报警信号传输系统通用技术要求	GA	H	IEC 60839—5—1～60839—5—6		
306.03	使用公共交换电话网语音通信链路的报警信号传输系统通用技术要求	GA	H	IEC 60839—5—1～60839—5—6		
306.04	报警传输系统中串行数据接口的报文格式与协议总要求	GA	H	IEC 60839—5—1～60839—5—6		
306.05	报警传输系统中串行数据接口的报文格式与协议分层协议	GA	H	IEC 60839—7—1		
306.06	报警信号无线传输空间接口技术要求	GA	H			
306.07	报警传输系统应用指南	GA	M			

表 22：　307 移动目标反劫防盗报警系统：门类通用标准明细表

编号	标准名称	宜定级别	优先级	国际、国外相关标准号	标准代号和编号	备注
307.01	车辆防盗报警系统（VSAS）	GA	L	IEC 60839—10		
307.02	地标定位式联网报警系统通用技术要求	GA/Z	H			
307.03	测距定位式联网报警系统通用技术要求	GA/Z	H			
307.04	卫星导航定位式（GPS）联网报警系统通用技术条件	GB/Z	H			
307.05	全国无线报警网应用指南	GB/T	M			
	车辆反劫防盗联网报警系统通用技术条件	GA/T			GA/T 533—2005	

表 23：　308 防抢劫应急报警系统：门类通用标准明细表

编号	标准名称	宜定级别	优先级	国际、国外相关标准号	标准代号和编号	备注
308.01	固定目标防抢劫应急报警系统技术要求	GA	H			
308.02	移动目标防抢劫应急报警系统技术要求	GA/Z	H			
308.03	与 110 联网的应急报警系统技术要求	GA	H			

表24： 309智能建筑安防系统与集成报警系统：门类通用标准明细表

编号	标准名称	宜定级别	优先级	国际、国外相关标准号	标准代号和编号	备注
309.01	智能建筑中分散式安防系统技术要求	GB	H			
309.02	智能建筑中组合式安防系统技术要求	GB	H			
309.03	智能建筑中系统集成式安防系统的技术要求	GB	H			

表25： 310社区安防与社会救助集成报警系统：门类通用标准明细表

编号	标准名称	宜定级别	优先级	国际、国外相关标准号	标准代号和编号	备注
310.01	居民小区联网报警系统通用技术要求	GB/Z	H			
310.02	小康住宅区联网报警系统通用技术要求	GB/Z	M			
310.03	豪华别墅区联网报警系统通用技术要求	GB/Z	M			
310.04	特殊单位联网报警系统通用技术要求	GA	H			

表26： 311安全技术防范工程：门类通用标准明细表

编号	标准名称	宜定级别	优先级	国际、国外相关标准号	标准代号和编号	备注
311.01	入侵报警系统工程设计规范	GB	H		GB 50394—2007	GB 50348配套标准
311.02	视频安防监控系统工程设计规范	GB	H		GB 50395—2007	GB 50348配套标准
311.03	出入口控制系统工程设计规范	GB	H		GB 50396—2007	GB 50348配套标准
311.04	防爆安全检查系统工程设计规范	GA	M			
311.05	实体防护系统工程设计规范	GA	M			
311.06	安全防范集成系统设计规范	GA	M			

表27： 312安全技术防范行业技术管理标准明细表

编号	标准名称	宜定级别	优先级	国际、国外相关标准号	标准代号和编号	备注
312.01	技防产品质量认证指南	GA	H			
312.02	技防产品生产许可证实施细则	GA	M			
312.03	技防产品市场准入指南	GA	M			
312.04	安全防范工程质量认证指南	GA	H			
312.05	安全防范工程费用定额编制指南	GA/T	M		GA/T 70—1994	修订中
312.06	安全防范行业工程设计、施工、监理、咨询执业资质	GA	H			

续表

编号	标准名称	宜定级别	优先级	国际、国外相关标准号	标准代号和编号	备注
312.07	安防行业信息标准编制指南	GA	M			
	安全技术防范管理信息代码	GA/T			GA/T 550—2005	
	安全技术防范管理信息基本数据结构	GA/T			GA/T 551—2005	

表 28：　313 安全技术防范行业业务管理标准明细表

编号	标准名称	宜定级别	优先级	国际、国外相关标准号	标准代号和编号	备注
313.01	安全防范对象风险等级与防护级别评估指南	GA/T	M			
313.02	军工产品储存库风险等级和安全防护级别的规定	GA	H		GA 26—1992	2007 年修订中
313.03	文物系统博物馆风险等级和安全防护级别的规定	GA	H		GA 27—2002	2007 年修订中
313.04	货币印制企业风险等级和安全防护级别的规定	GA	M		GA 28—1992	
313.05	银行营业场所风险等级和安全防护级别的规定	GA	M		GA 38—2004	
	广播电影电视系统重点单位重要部位的风险等级和安全防护级别	GA			GA 586—2005	

表 29：　401 防爆安全检查系统：产品标准明细表

编号	标准名称	宜定级别	优先级	国际、国外相关标准号	标准代号和编号	备注
401.01	微剂量 X 射线安全检查设备　第 1 部分：通用技术要求	GB	H	GB 15208.1—2005		
	微剂量 X 射线安全检查设备　第 2 部分：测试体	GB	H	GB 15208.2—2006		
401.02	便携式 X 射线安全检查设备技术条件	GB	H		GB 12664—2003	2005 年废止，拟改为 GA 标准
401.03	通过式金属探测门通用技术条件	GB	H		GB 15210—1994	
401.04	手持式金属探测器技术条件	GB	H		GB 12899—2003	2005 年废止，拟改为 GA 标准
401.05	机械钟控定时引爆装置探测器	GA/T	H		GA/T 71—1994	
401.06	防爆毯	GA	H		GA 69—1994	转警标委技术归口

续表

编号	标准名称	宜定级别	优先级	国际、国外相关标准号	标准代号和编号	备注
401.07	便携式炸药检测箱技术条件	GA	H		GA 60—1993	
401.08	爆炸物销毁器技术条件	GB	H		GB 12662—1990	2007年修订中
401.09	排爆机器人通用技术条件	GA/T	H		GA/T 142—1996	
401.10	手持式警用强光器通用技术要求与试验方法	GA/T	H		GA/T 64—1993	转警标委技术归口
401.11	脉冲式冷阴极便携式X射线安全检查设备	GA	H			
401.12	炸药蒸汽探测器	GA	M			

表30：　402实体防护系统：产品标准明细表

编号	标准名称	宜定级别	优先级	国际、国外相关标准号	标准代号和编号	备注
402.01	防盗保险柜	GB	H		GB 10409—2001	2005年废止，拟改为推荐性
402.02	防盗保险箱	GA	H		GA 166—2006	
402.03	金库门通用技术条件	GA/T	H		GA/T 143—1996	
402.04	便携式防盗安全箱	GA/T	H		GA/T 3—1991	
	银行用保管箱通用技术条件	GA			GA 501—2004	
	提款箱	GA			GA 746—2008	
402.05	防盗安全门通用技术条件	GA→GB	H		GB 17565—1998 (GA 25—1992)	2007年升为国标
402.06	防弹复合玻璃	GA	H		GA 165—1997	
402.07	专用运钞车防护技术条件	GA	H		GA 164—2005	拟升为国标
402.08	机械防盗锁	GA	H		GA/T 73—1994	2007年修订中
402.09	防刺背心	GA	H		GA 68—1994	转入警标委技术归口
402.10	防弹玻璃	GA	M			
	防爆炸复合玻璃	GA			GA 667—2006	
402.11	警用防弹衣通用技术条件	GA	H		GA 141—1996	转入警标委技术归口
402.12	高安全电子密码锁	GA	H		GA 374—2001	
402.13	高安全电动防盗锁	GA	M			
	电子防盗锁	GA			GA 374—2001	

续表

编号	标准名称	宜定级别	优先级	国际、国外相关标准号	标准代号和编号	备注
	指纹防盗锁通用技术要求	GA			GA 701—2007	
402.14	楼宇对讲系统及电控防盗门通用技术条件	GA	H		GA/T 72—2005	
	银行营业场所透明防弹玻璃屏障安装规范	GA/T			GA/T 518—2004	
	防尾随联动互锁安全门通用技术条件	GA			GA 576—2005	

表 31：　403 入侵报警系统：产品标准明细表

编号	标准名称	宜定级别	优先级	国际、国外相关标准号	标准代号和编号	备注
403.01	入侵探测器第 2 部分：室内用超声波多普勒探测器	GB	H		GB 10408.2—2000	
403.02	入侵探测器第 3 部分：室内用微波多普勒探测器	GB	H		GB 10408.3—2000	
403.03	入侵探测器第 4 部分：主动红外入侵探测器	GB	H		GB 10408.4—2000	
403.04	入侵探测器第 5 部分：室内用被动红外入侵探测器	GB	H		GB 10408.5—2000	
403.05	入侵探测器第 6 部分：微波和被动红外复合入侵探测器	GB	H		GB 10408.6—1991	2007 年修订中
403.06	入侵探测器第 7 部分：超声和被动红外复合入侵探测器	GB	H		GB 10408.7—1996	2005 年废止
403.07	入侵探测器第 9 部分：室内用被动式玻璃破碎探测器	GB	H		GB 10408.9—2001	
403.08	次声波入侵探测器	GA	L			
403.09	入侵探测器第 8 部分：振动入侵探测器	GB/T	H		GB 10408.8—1997	2007 年修订中
403.10	开口电缆周界入侵探测器	GA	M			
403.11	电场周界入侵探测器	GA	M			
403.12	磁场周界入侵探测器	GA	L			
403.13	颤动/压力感应式周界入侵探测器	GA	L			
403.14	栅栏骚动周界入侵探测器	GA	L			
403.15	拉紧线周界入侵探测器	GA	M			
403.16	主动红外周界入侵探测器	GB	M		GB 1048.4—2000	

续表

编号	标准名称	宜定级别	优先级	国际、国外相关标准号	标准代号和编号	备注
403.17	微波周界入侵探测器（遮挡式微波入侵探测器技术要求和试验方法）	GB	H		GB 15407—1994	2007年拟被《周界入侵探测系统技术要求》替代
403.18	视频运动周界入侵探测器（视频入侵报警器）	GB	H		GB 15207—1994	2007年拟被《智能视频分析系统技术要求》替代
403.19	磁开关入侵探测器	GB	H		GB 15209—2006	
403.20	接近/接触式入侵探测器	GA	L			
403.21	压力垫探测器	GA	L			
403.22	电话报警器	GA	H			
403.23	无线报警器	GA	H			
403.24	本地有线报警控制/显示器	GA	L			
403.25	防盗报警控制器通用技术条件	GB	H		GB 12663—2001	
403.26	防盗报警中心控制台	GB/T	H		GB/T 16572—1996	2005年废止

表32:　　404电视监控系统：产品标准明细表

编号	标准名称	宜定级别	优先级	国际、国外相关标准号	标准代号和编号	备注
404.01	警用摄像机与镜头的连接	GA	H		GA/T 45—1993	
	警用摄像机与镜头C、Cs型连接螺纹	GA			GA/T 46—1993	
	警用摄像机与镜头D型连接螺纹	GA			GA/T 63—1993	
404.02	安全防范电视监控系统视频时序切换器通用技术要求	GA	H			
404.03	视频安防监控系统矩阵切换设备通用技术要求	GA/T	H		GA/T 646—2006	
404.04	安全防范电视监控系统画面分割器通用技术要求	GA	H			
404.05	安全防范电视监控系统场切换、帧切换设备技术要求	GA	H			
404.06	视频分配器通用技术条件	GA	H			
404.07	安全防范电视监控系统中央控制台技术要求（主控、副控、远程监控）	GA	H			
404.08	安全防范电视监控系统显示设备技术要求	GA	H			

续表

编号	标准名称	宜定级别	优先级	国际、国外相关标准号	标准代号和编号	备注
404.09	安全防范电视监控系统记录设备技术要求	GA	H			
	视频安防监控数字录像设备	GB			GB 20815—2007	
404.10	报警图像信号有线传输装置	GB	H		GB/T 16677—1996	2007年修订中
404.11	安全防范电视监控系统图像信号无线传输设备技术要求	GA	L			
404.12	安全防范电视监控系统监控中心综合管理软件	GA	M			
404.13	视频模式—数字转换软件	GA	M			
404.14	视频信号数据压缩软件	GA	M			
	视频安防监控系统变速球摄像机	GA/T			GA/T 645—2006	
	视频安防监控系统前端设备控制协议V1.0	GA/T			GA/T 647—2006	

表33：　　405出入口控制系统：产品标准明细表

编号	标准名称	宜定级别	优先级	国际、国外相关标准号	标准代号和编号	备注
405.01	出入口控制系统接触式IC卡技术要求	GA	L			采用相关标准
405.02	出入口控制系统非接触式IC卡技术要求	GA	L			
405.03	出入口控制系统磁卡技术要求	GA	L			
405.04	出入口控制系统光学卡技术要求	GA	L			
405.05	生物统计学（指纹、眼纹、掌纹、声纹等）特征卡技术要求	GA	L			
405.06	接触式IC卡识别装置技术要求（读卡器）	GA	H			
405.07	非接触式IC卡识别装置技术要求（读卡器）	GA	H			
405.08	磁条卡识别装置技术要求	GA	L			
405.09	条码卡识别装置技术要求	GA	L			
405.10	光卡识别装置技术要求	GA	H			
405.11	生物统计学特征卡识别装置技术要求	GA	M			
405.12	门禁控制器技术要求	GA	H			
405.13	网络控制器技术要求	GA	L			
405.14	通信控制器技术要求	GA	L			

表 34：　　406 报警信号传输系统：产品标准明细表

编号	标准名称	宜定级别	优先级	国际、国外相关标准号	标准代号和编号	备注
406.01	总线制报警传输装置技术条件	GA	H			
406.02	N+m 制式报警传输装置技术条件	GA	H			
406.03	局域网报警传输装置通用技术条件	GA	H	IEC 60839—7—1～60839—7—4	GA/T 379.1～GA/T 379.4	
406.04	与 ISO8482 相一致的采用两线制的报警系统接口	GA	H	IEC 60839—7—5	GA/T 379.5	
406.05	采用 CCITTV24/V28 信号的报警系统接口	GA	H	IEC 60839—7—6	GA/T 379.6	
406.06	插换式报警系统收发信机的报警系统接口	GA	H	IEC 60839—7—7	GA/T 379.7	
406.07	采用 CCITTV23 信号传输方式的专用通信信道的 PTT 接口	GA	H	IEC 60839—7—11 IEC 60839—7—12	GA/T 379.8 GA/T 379.9	
406.08	采用 CCITTV24/V28 信号的终端接口	GA	H	IEC 60839—7—20	GA/T 379.10	

表 35：　　407 移动目标反劫防盗报警系统：产品标准明细表

编号	标准名称	宜定级别	优先级	国际、国外相关标准号	标准代号和编号	备注
407.01	车辆防盗报警系统（VSAS）小客车	GA	H	IEC 60839—10—1：1995	GA 2—1999	已被 GB 20816—2006 替代
	车辆防盗报警系统乘用车	GA→GB		IEC 60839—10—1：1995	GB 20816—2006	
	车辆反劫防盗联网报警系统中车载防盗设备与车载无线通信终接设备之间的接口	GA/T			GA/T 440—2003	
407.02	无线报警网基站设备通用技术条件	GA/Z	H			
407.03	无线报警网终端设备通用技术条件	GA/Z	H			
407.04	车辆防盗报警器材安装规范	GA	H		GA 366—2001	

表 36：　　408 防抢劫应急报警系统：产品标准明细表

编号	标准名称	宜定级别	优先级	国际、国外相关标准号	标准代号和编号	备注
408.01	手触发式有线紧急报警开关通用技术条件	GA	H			
408.02	脚触发式有线紧急报警开关通用技术条件	GA	H			
408.03	便携式无线紧急报警开关通用技术条件	GA	H			
408.04	与 110 联网的报警系统通信接口通用技术条件	GA	H			

表 37：　　409 智能建筑安防系统与集成报警系统：产品标准明细表

编号	标准名称	宜定级别	优先级	国际、国外相关标准号	标准代号和编号	备注
409.01	楼宇对讲设备、系统通用技术条件	GA	H			
409.02	可视对讲设备、系统通用技术条件	GA	H		GA/T 269—2001	
409.03	电子巡查系统技术要求	GA	M		GA/T 644—2006	
409.04	停车库（场）管理软件	GA	H			
409.05	组合式安防系统管理软件	GA	L			
409.06	集中监控式安防系统管理软件	GA	H			
409.07	集成式安防系统管理软件	GA	M			

表 38：　　410 社区安防与社会救助集成报警系统：产品标准明细表

编号	标准名称	宜定级别	优先级	国际、国外相关标准号	标准代号和编号	备注
410.01	有线报警调度台技术要求和试验方法	GA	L			采用有关标准
410.02	无线报警调度台技术要求和试验方法	GA	L			采用有关标准
410.03	报警中心管理软件	GA	H			
410.04	防区地理信息与警情显示软件	GA	H			
410.05	警情分析和预案处理软件	GA	H			
410.06	多媒体显示综合软件	GA	H			

表 39：　　411 安全技术防范工程：技术规范明细表

编号	标准名称	宜定级别	优先级	国际、国外相关标准号	标准代号和编号	备注
411.01	民用建筑安全技术防范工程规范（含居民住宅、住宅小区）	GB	H			
411.02	公用建筑安全技术防范工程规范（含商场、宾馆、医院、办公楼、厂房、智能大厦）	GB	H			
411.03	文物系统博物馆安全防范工程设计规范	GB	H		GB/T 16571—1996	2007 年修订中
411.04	银行营业场所安全防范工程设计规范	GB	M		GB/T 16676—1997	2007 年修订中
411.05	军工产品储存库安全技术防范工程规范（含军工产品库、各类主要物资库等）	GB	H			
411.06	货币印制企业建筑安全技术防范工程规范（含货币、邮票、有价证券印制企业）	GB	M			
411.07	空港、车站、码头安全技术防范工程设计规范	GB	M			
	安全防范工程费用概预算编制方法	GA			GA/T 70—2004	

二、城市监控报警联网系统标准体系

为配合公安部正在全国开展的城市监控报警联网系统试点工程（“3111”试点工程）的建设，指导并规范试点工程建设中规划、设计、工程实施、系统检测、竣工验收等各项工作，根据公安部科技局的工作部署，SAC/TC100 秘书处组织业内外专家编制了《城市监控报警联网系统试点工程标准体系》。

该标准体系只是针对试点工程的基本需求而制定的系列标准框架，并不是严格意义上的“标准体系”，其内容将会纳入 SAC/TC100 的新标准体系之中。

1. 城市监控报警联网系统试点工程标准体系框架

城市监控报警联网系统试点工程标准体系框架

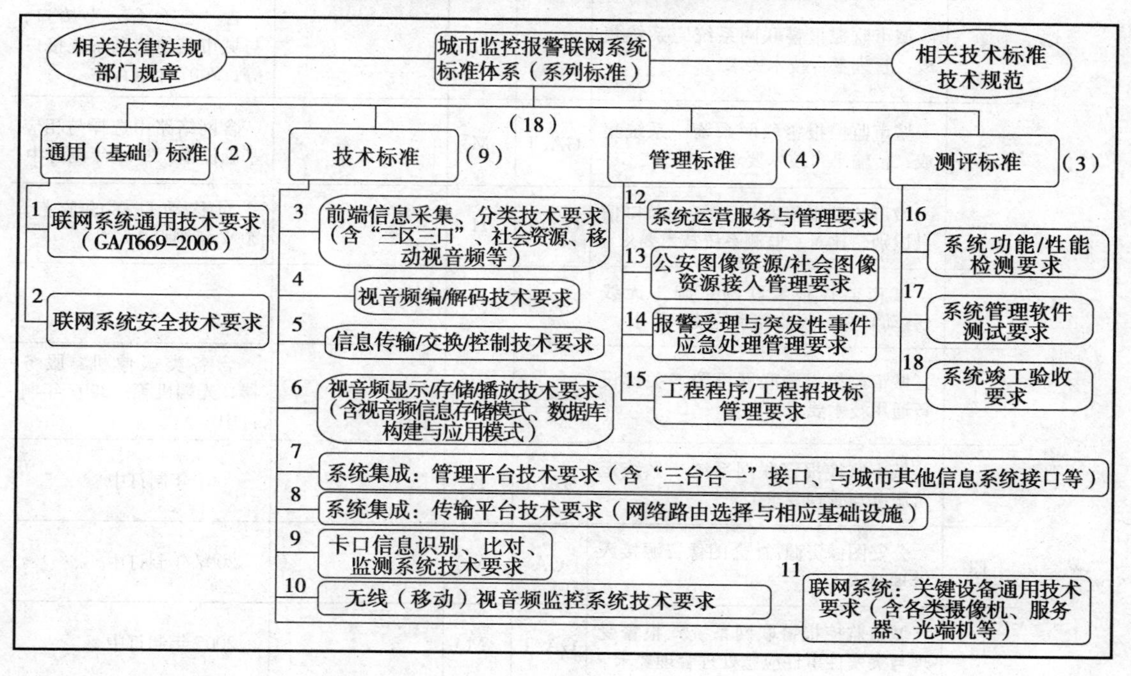

2. 城市监控报警联网系统标准明细表

表　城市监控报警联网系统标准明细表

编号	标准名称	宜定级别	优先级	标准代号和编号	备注
1	城市监控报警联网系统　通用技术要求	GA/T	H	GA/T 669—2006	已发布
2	城市监控报警联网系统　联网系统安全技术要求	GA	H		2007 年制订中

续表

编号	标准名称	宜定级别	优先级	标准代号和编号	备注
3	城市监控报警联网系统　前端信息采集、分类技术要求	GA/T	H		含“三区三口”、社会资源、移动视音频等要求；2007年制订中
4	城市监控报警联网系统　视音频编/解码技术要求	GA/T	H		2007年制订中
5	城市监控报警联网系统　信息传输/交换/控制技术要求	GA/T	H		2007年制订中
6	城市监控报警联网系统　视音频显示/存储/播放技术要求	GA/T	H		含视音频信息存储模式、数据库构建与应用模式；2007年制订中
7	城市监控报警联网系统　系统集成：管理平台技术要求	GA/T	H		含“三台合一”接口、与城市其他信息系统接口等；2007年制订中
8	城市监控报警联网系统　系统集成：传输平台技术要求	GA/T	M		含网络路由选择与相应基础设施；2007年制订中
9	城市监控报警联网系统　卡口信息识别、比对、监测系统技术要求	GA/T	H		对移动目标的监控；2007年制订中
10	城市监控报警联网系统　无线（移动）视音频监控系统技术要求	GA/T	M		
11	城市监控报警联网系统　关键设备通用技术要求	GA/T	M		含各类摄像机、服务器、光端机等；2007年制订中
12	城市监控报警联网系统　系统运营服务与管理要求	GA/T	H		2007年制订中
13	公安图像资源/社会图像资源接入管理要求	GA	M		2007年制订中
14	城市监控报警联网系统　报警受理与突发性事件应急处理管理要求	GA/T	M		2007年制订中
15	城市监控报警联网系统　工程程序/工程招投标管理要求	GA/Z	L		2007年制订中
16	城市监控报警联网系统　系统功能/性能检测要求	GA/T	H		2007年制订中
17	城市监控报警联网系统　系统管理软件测试要求	GA/T	M		2007年制订中
18	城市监控报警联网系统　系统验收（评估）通用要求	GA/T	H		2007年制订中

SAC/TC100 关于组织实施《城市监控报警联网系统标准体系》的通知

TC100 秘字［2007］第 06 号

SAC/TC100 委员、通信委员、顾问、专家，“城市监控报警联网系统系列标准”各编制工作组：

SAC/TC100 秘书处组织编制的《城市监控报警联网系统标准体系》已经公安部批准（公科［2007］第 8 号）。根据公安部批文要求，SAC/TC100 秘书处将组织实施该标准体系（该标准体系内容附后）。请 SAC/TC100 委员、通信委员、顾问、专家，参与《城市监控报警联网系统试点工程系列标准》编制工作的各工作组、各参编单位和参编人员认真学习、理解该标准体系，并根据该标准体系框架、标准明细表的要求，做好相关标准的起草工作。

SAC/TC100 秘书处

二零零七年三月二十六日

附录 2

安全防范标准目录

GB 10408.1—2000　入侵探测器　第 1 部分：通用要求

GB 10408.2—2000　入侵探测器　第 2 部分：室内用超声波多普勒探测器

GB 10408.3—2000　入侵探测器　第 3 部分：室内用微波多普勒探测器

GB 10408.4—2000　入侵探测器　第 4 部分：主动红外入侵探测器

GB 10408.5—2000　入侵探测器　第 5 部分：室内用被动红外入侵探测器

GB 10408.6—1991　入侵探测器　第 6 部分：微波和被动红外复合入侵探测器（2007 年修订中）

GB/T 10408.8—1997　入侵探测器　第 8 部分：振动入侵探测器（2007 年修订中）

GB 10408.9—2001　入侵探测器　第 9 部分：室内用被动式玻璃破碎探测器

GB 10409—2001　防盗保险柜（代替 GB 10409—1989）（2005 年废止，拟改为推荐性）

GB 12662—1990　爆炸物销毁器技术条件（2007 年修订中）

GB 12663—2001　防盗报警控制器通用技术条件

GB 12664—2003　便携式 X 射线安全检查设备通用规范（2005 年废止，拟改为行业标准）

GB 12899—2003　手持式金属探测器技术条件（2005 年废止，拟改为行业标准）

GB 15207—1994　视频入侵报警器（2007 年拟被《智能视频分析系统技术要求》替代）

GB 15208.1—2005　微剂量 X 射线安全检查设备　第 1 部分：通用技术要求

GB 15208.2—2006　微剂量 X 射线安全检查设备　第 2 部分：测试体

GB 15209—2006　磁开关入侵探测器

GB 15210—2003　通过式金属探测门通用技术规范

GB 15211—1994　报警系统环境试验

GB 15322—1994　可燃气体探测器技术要求和试验方法

GB 15407—1994　遮挡式微波入侵探测器技术要求和试验方法（2007 年拟被

《遮挡式微波入侵探测器》替代，修订中）

GB/T 15408—1994　报警系统电源装置、测试方法和性能规范（2007年修订中）

GB 15740—1995　汽车防盗装置性能要求

GB 16282—1996　119火灾报警系统通用技术条件

GB/T 16571—1996　文物系统博物馆安全防范工程设计规范（2007年修订中）

GB/T 16572—1996　防盗报警中心控制台（2005年废止）

GB/T 16676—1996　银行营业场所安全防范工程设计规范（2007年修订中）

GB/T 16677—1996　报警图像信号有线传输装置（2007年修订中）

GB 16796—1997　安全防范报警设备安全要求和试验方法（2007年修订中）

GB 16810—1997　保险柜耐火性能试验方法

GB 17565—2007　防盗安全门通用技术条件

GB 17840—1999　防弹玻璃

GB—20815—2007　视频安防监控数字录像设备

GB 20816—2006　车辆防盗报警系统　乘用车

GB/T 21564.1—2008　报警传输系统　串行数据接口的信息格式和协议　第1部分：总则

GB/T 21564.2—2008　报警传输系统　串行数据接口的信息格式和协议　第2部分：公共应用层协议

GB/T 21564.3—2008　报警传输系统　串行数据接口的信息格式和协议　第3部分：公用数据链层协议

GB/T 21564.4—2008　报警传输系统　串行数据接口的信息格式和协议　第4部分：公用传输层协议

GB/T 21564.5—2008　报警传输系统　串行数据接口的信息格式和协议　第5部分：数据接口

GB 50348—2004　安全防范工程技术规范

GB 50394—2007　入侵报警系统工程设计规范

GB 50395—2007　视频安防监控系统工程设计规范

GB 50396—2007　出入口控制系统工程设计规范

06SX503　安全防范系统设计与安装（建筑标准设计图集）(2007年)

GB/T ×××××—200×　居民住宅小区安全防范系统技术要求（2007年制订）

GA/T 3—1991　便携式防盗安全箱

GA 26—1992　军工产品储存库风险等级和安全防护级别的规定

GA 27—2002　文物系统博物馆风险等级和安全防护级别的规定

GA 28—1992　货币印制企业风险等级和安全防护级别的规定

GA 38—2004　银行营业场所风险等级和安全防护级别的规定

GA/T 45—1993　警用摄像机与镜头连接

GA/T 46—1993　警用摄像机与镜头 C、Cs 型连接螺纹

GA 60—1993　便携式炸药检测箱技术条件

GA/T 63—1993　警用摄像机与镜头 D 型连接螺纹

GA/T 64—1993　手持式警用强光器通用技术要求与试验方法

GA 68—1994　防刺背心

GA 69—1994　防爆毯

GA/T 70—2004　安全防范工程费用概预算编制方法

GA/T 71—1994　机械钟控定时引爆装置探测器

GA/T 72—2005　楼宇对讲系统及电控防盗门通用技术条件

GA/T 73—1994　机械防盗锁（2007 年修订中）

GA/T 74—2000　安全防范系统通用图形符号

GA/T 75—1994　安全防范工程程序与要求

GA 141—1996　警用防弹衣通用技术条件

GA/T 142—1996　排爆机器人通用技术条件

GA/T 143—1996　金库门通用技术条件

GA 164—2005　专用运钞车防护技术条件

GA 165—1997　防弹复合玻璃

GA 166—2006　防盗保险箱

GA/T 269—2001　黑白可视对讲系统

GA 308—2001　安全防范系统验收规则

GA 330—2001　351 兆报警传输技术规范

GA 366—2001　车辆防盗报警器材安装规范

GA/T 367—2001　视频安防监控系统技术要求

GA/T 368—2001　入侵报警系统技术要求

GA 374—2001　电子防盗锁

GA/T 379.1—2002　报警传输系统串行数据接口的信息格式和协议　第 1 部

分：总则

GA/T 379.2—2002 报警传输系统串行数据接口的信息格式和协议 第2部分：公用应用层协议

GA/T 379.3—2002 报警传输系统串行数据接口的信息格式和协议 第3部分：公用数据链路层协议

GA/T 379.4—2002 报警传输系统串行数据接口的信息格式和协议 第4部分：公用传输层协议

GA/T 379.5—2002 报警传输系统串行数据接口的信息格式和协议 第5部分：按照ISO/IEC 8482采用双线配置的报警系统接口

GA/T 379.6—2002 报警传输系统串行数据接口的信息格式和协议 第6部分：采用ITU—T建议V.24/V.28信令的报警系统接口

GA/T 379.7—2002 报警传输系统串行数据接口的信息格式和协议 第7部分：插入式报警系统收发器的报警系统接口

GA/T 379.8—2002 报警传输系统串行数据接口的信息格式和协议 第8部分：与PSTN接口处采用ITU—T建议V.23信令的数字通信系统中的串行协议

GA/T 379.9—2002 报警传输系统串行数据接口的信息格式和协议 第9部分：采用ITU—T建议V.23信令的专用信道所使用的PTT接口

GA/T 379.10—2002 报警传输系统串行数据接口的信息格式和协议 第10部分：采用ITU—T建议V.24/V.28信令的终端接口

GA 394—2002 出入口控制系统技术要求

GA/T 405—2002 安全技术防范产品分类与代码

GA/T 440—2003 车辆反劫防盗联网报警系统中车载防盗设备与车载无线通信终接设备之间的接口

GA/T 497—2004 公路车辆智能监测记录系统通用技术条件

GA 501—2004 银行用保管箱通用技术条件

GA/T 518—2004 银行营业场所透明防弹玻璃屏障安装规范

GA/T 550—2005 安全技术防范管理信息代码

GA/T 551—2005 安全技术防范管理信息基本数据结构

GA/T 553—2005 车辆反劫防盗联网报警系统通用技术条件

GA 576—2005 防尾随联动互锁安全门通用技术条件

GA 586—2005 广播电影电视系统重点单位重要部位的风险等级和安全防护级别

GA/T 600.1—2006　报警传输系统的要求　第 1 部分：系统的一般要求

GA/T 600.2—2006　报警传输系统的要求　第 2 部分：设备的一般要求

GA/T 600.3—2006　报警传输系统的要求　第 3 部分：利用专用报警传输通路的报警传输

GA/T 600.4—2006　报警传输系统的要求　第 4 部分：利用公共电话交换网络的数字通信机系统的要求

GA/T 600.5—2006　报警传输系统的要求　第 5 部分：利用公共话音交换网络的数字通信机系统的要求

GA/T 644—2006　电子巡查系统技术要求

GA/T 645—2006　视频安防监控系统　变速球摄像机

GA/T 646—2006　视频安防监控系统　矩阵切换设备通用技术要求

GA/T 647—2006　视频安防监控系统　前端设备控制协议 V1.0

GA 667—2006　防爆炸复合玻璃

GA/T 669.1—2008　城市监控报警联网系统　技术标准　第 1 部分：通用技术要求

GA/T 669.2—2008　城市监控报警联网系统　技术标准　第 2 部分：安全技术要求

GA/T 669.3—2008　城市监控报警联网系统　技术标准　第 3 部分：前端信息采集技术要求

GA/T 669.4—2008　城市监控报警联网系统　技术标准　第 4 部分：视、音频编、解码技术要求

GA/T 669.5—2008　城市监控报警联网系统　技术标准　第 5 部分：信息传输、交换、控制技术要求

GA/T 669.6—2008　城市监控报警联网系统　技术标准　第 6 部分：视、音频显示、存储、播放技术要求

GA/T 669.7—2008　城市监控报警联网系统　技术标准　第 7 部分：管理平台技术要求

GA/T 669.9—2008　城市监控报警联网系统　技术标准　第 9 部分：卡口信息识别、比对、监测系统技术要求

GA/T 670—2006　安全防范系统雷电浪涌防护技术要求

GA/T 678—2007　联网型可视对讲系统技术要求

GA 701—2007　指纹防盗锁通用技术要求

GA 745—2008　银行自助设备　自助银行安全防范的规定

GA 746—2008　提款箱

GA/T 761—2008　停车场（库）安全管理系统技术要求

GA/T 792.1—2008　城市监控报警联网系统　管理标准　第1部分：图像信息采集、接入、使用管理要求

GA/T 793.1—2008　城市监控报警联网系统　合格评定　第1部分：系统功能性能检验规范

GA/T 793.2—2008　城市监控报警联网系统　合格评定　第2部分：管理平台软件检测规范

GA/T 793.3—2008　城市监控报警联网系统　合格评定　第3部分：系统验收规范